国家出版基金资助项目·“十二五”国家重点图书

航天科学与工程专著系列

ELECTRICAL ENERGY CONVERSI ATION
TECHNIQUES FOR SERIES-CONNECTED ENERGY STORAGE SYSTEM

串联储能电源能量变换与均衡技术

杨世彦　刘晓芳　杨　威　编著

哈爾濱工業大學出版社
HARBIN INSTITUTE OF TECHNOLOGY PRESS

内容提要

根据电能存储技术的研究和应用现状，本书首先简要介绍各类储能电源，着重介绍目前广泛应用于电动车辆、不间断电源、分布式发电及其他电能存储技术相关领域的动力电池、超级电容和高压电容等电压源型储能元件的结构、原理、特性及描述方法；在此基础上，分析电压源型储能电源的充电模式与对能量转换效率的影响，讨论高效功率变换技术在充电电源中的应用；介绍无源、有源均衡技术的实现方法，以降低均衡损耗、提高均衡速度、简化均衡系统结构为目标，介绍均衡系统结构分析方法；为满足对储能系统的多重要求，分析混合储能系统的结构、能量配比，介绍功率变换优化设计和系统能量分配、功率流控制方法；最后，结合应用技术研究成果，通过多个实例介绍了上述内容的具体应用。

本书可供电气工程领域的教师、研究生和本科高年级学生使用，也可供相关研究人员及工程技术人员阅读参考。

图书在版编目(CIP)数据

串联储能电源能量变换与均衡技术/杨世彦，刘晓芳，杨威编著.
—哈尔滨：哈尔滨工业大学出版社，2014.1
国家出版基金资助项目·“十二五”国家重点图书·航天科学与工程专著系列
ISBN 978－7－5603－4119－4

Ⅰ.①串…　Ⅱ.①杨…　②刘…　③杨…　Ⅲ.①蓄电池组－储能电容器－能量转换－研究　Ⅳ.①TM912　②TM531

中国版本图书馆 CIP 数据核字(2013)第 130310 号

策划编辑　王桂芝
责任编辑　李长波　李子江
出版发行　哈尔滨工业大学出版社
社　　址　哈尔滨市南岗区复华四道街 10 号　邮编 150006
传　　真　0451－86414749
网　　址　http://hitpress.hit.edu.cn
印　　刷　黑龙江省地质测绘印制中心印刷厂
开　　本　787mm×1092mm　1/16　印张 20　字数 390 千字
版　　次　2014 年 1 月第 1 版　2014 年 1 月第 1 次印刷
书　　号　ISBN 978－7－5603－4119－4
定　　价　48.00 元

前　言

自人类开始应用电力，电能存储技术已有一百多年的历史。如今，电能存储技术已在电力系统稳定、新能源发电、分布式发电、电动汽车、不间断电源和后备电源等方面得到了广泛应用，但社会发展也对电能存储技术提出了越来越高的要求。例如，智能电网的构建将促进储能技术升级，推动储能需求尤其是大规模储能需求的快速增长，大规模储能技术已成为构建智能电网及实现目标不可或缺的关键技术之一。

电能的存储方式主要可分为机械储能、电磁储能、电化学储能和相变储能等。尽管各种储能方式的相关技术已取得了长足的进步，但目前还没有任何一项储能技术完全胜任各种应用领域的要求。无论哪种储能器件都不能完全兼顾安全性、高比功率、高比能量、长使用寿命、技术成熟以及工作温度范围宽等多方面的要求。相比之下，技术进步最快的是化学储能。化学储能种类比较多，技术发展水平和应用前景也各不相同。从1860年铅酸蓄电池诞生，各类蓄电池经历了百余年的发展。蓄电池储能成为目前最成熟、最可靠的储能技术。据预测，未来一二十年将是高比参数动力电池，尤其是高能密度的锂离子电池的高速发展阶段。超级电容器是20世纪80年代兴起的另一种新型储能器件，由于使用特殊材料制作电极和电解质，这种电容器的存储容量是普通电容器的20～1 000倍，同时又保持了传统电容器释放能量速度快的优点。但是，无论动力电池还是超级电容器，储能单体的电压都比较低，实际应用中通常会将几个甚至上百个单体串联构成电压合适的储能电源。在对现有储能技术进行创新，大力度开发新型储能器件的同时，现阶段采用两种或者更多种能源的复合储能技术，如超级电容器与锂离子电池构成的复合储能系统，可以使储能系统的整体性能得以提升。这类串联储能电源及其复合系统，由于所用储能器件的技术相对成熟，应用范围广，因而相关应用技术研究受到了广泛关注。

作者围绕承担和参加完成的国家自然科学基金、863项目、黑龙江省科技攻关重大项目和台达电力电子科教发展基金计划及企业合作项目开展过一些研究工作，具体的项目支撑有：串联储能电源高效均衡系统结构及控制策略研究（项目编号51207034）、多脉波整流系统直流侧谐波抑制方法研究（项目编号51107019）、解放牌混合动力城市客车电机驱动及控制系统（项目编号2001AA501513）、以超级电容为能源的电动公交客车（项目编号GA02A201）、超级电容及电动汽车关键技术（项目编号GA06A305）、串联储能电源高效均衡系统的研究（项目编号DREG2008014）等。本书是作者围绕串联储能电源能量变换与均衡等相关内容所做的一些科研工作的总结。

全书共分5章：第1章简要介绍各类储能电源，着重介绍动力电池、超级电容和高压电容等电压源型储能元件的结构、原理、特性及描述方法；第2章分析电压源型储能电源的充电模式，介绍适用于动力电池和高压电容器充电的全桥开关变换电路及组合，并介绍具有网侧电流谐波抑制功能的整流技术，最后介绍无线电能传输技术的发展及此类充电技术的相关研究；第3章介绍无源、有源均衡技术的实现方法，以降低均衡损耗、提高均衡速度、简化均衡系统结构为研究目标，介绍均衡系统结构分析方法；第4章分析混合储能系统的结构、能量配比，介绍功率变换优化设计和系统能量分配、功率流控制方法；第5章通过总结从事过的科研工作，以超级电容电动公交客车直流驱动、锂离子动力电池组均衡系统和动力电池组充电电源及其控制为例，介绍储能电源变换技术应用方面的一些体会和经验。

本书第1、4章由刘晓芳撰写，第2、5章由杨威撰写，第3章由杨世彦撰写。博士研究生盖晓东、黄军、孟凡刚、于春来、于海芳参加了相关研究工作，陈洋、张智杰参加了本书的编辑和整理工作。

在编写本书的过程中，作者参考了国内外学者的著作和文章，在此对文献作者表示衷心的感谢！

限于时间和作者的学识水平，书中难免会有不妥或疏漏之处，敬请广大读者批评指正。

作　者
2013年8月

目　　录

第 1 章 储能电源及其工作特性

储能电源通常需要将电能转化为其他类型的能量，在特定时间段内，将此种类型的能量再次反转为电能以用于生产生活所需。储能技术主要有化学储能（如铅酸电池、镍氢蓄电池、锂离子电池、液流储能电池等）、物理储能（如抽水蓄能、压缩空气储能、飞轮储能等）、电场储能（如超级电容器）和电磁储能（如超导电磁储能等）。目前技术进步最快的是化学储能，其中液流、锂离子及钠硫电池技术在安全性、能量转换效率和经济性等方面取得了重大突破，产业化应用的条件日趋成熟。本章介绍主要储能电源及其工作特性，重点阐述电压源型储能电源特性及其模型描述，为后续章节关于储能电源能量变换与均衡技术的讨论和研究奠定基础。

1.1 电能存储技术的应用领域

1. 电能存储技术在电力系统中的应用

（1）负荷调平。为了增进电能的利用效率，使用合适的电能储存系统可以在不增加电网容量投资的基础上，满足负荷高峰时的需求。负荷情况可能每天、每小时或每季节都有不同的变化，必须有足够容量的设备提供高峰时的需求。理论上，发电和用电应该是相等的。发电设备必须能较快地实现投入和切除，比如，微型燃气轮机的反应时间较长，抽水蓄能电站的投入时间较短，然而，石化燃料电站及核电站均不适合频繁起停。此外，这些电站在固定于某个输出时才能达到较高的效率。因此，让大型电站处于连续运行状态，并通过寻找合适的电源方式以便在用电低谷时吸收电能，在用电高峰时发出电能以平抑需求和供给的差异的方式被认为是经济性和效率较高的一种方式。

（2）提高电能质量。越来越多的电子型负荷对电压很敏感，特别是对电压骤降或短时的供电中断非常敏感。采用一些储能设备，如蓄电池、飞轮等，并与无功补偿设备相结合，可以通过快速的电能存取来响应负荷的波动，吸收多余的能量或补充缺额的能量，实现大功率的动态调节，很好地适应频率调节和电压与功率因数的校正，从而提高系统运行的稳定性。对于供电紧张的电力系统来说，分布式储能系统可以有三种方式实现可靠供电：

① 在关键时刻提供辅助电能；

② 将供电负荷需求从负荷峰值时刻转移到负荷低谷时刻；

③ 在强制停电或供电中断的情况下向用户提供电能。

另外，储能系统还可以通过快速的无功调节来稳定供电端的电压质量。

(3) 辅助可再生能源发电以获得稳定的电力输出。由于风能、太阳能等可再生能源的输出受环境影响因素较大，当容量较大的该类发电系统直接并网运行时会给电网带来不稳定问题，利用电池储能系统与新能源发电装置联合运行，对其进行稳定性干预，可使随机变化的输出能量转换为稳定的输出能量而解决上述问题。通常电力系统的运行人员调节发电机的输出功率以适应负荷的变化，但如果发电侧本身是间歇式的、不可调的，则运行人员无法实现有效的调节，此时，储能是最好的办法。在我国，往往通过110 kV以上等级的高压输电线将大容量的风电接入电力系统，此时需要大容量的储能设备。当一个电力系统中的风电比例较小时，通常利用其他常规发电技术(如煤电)与风电变化的输出相配合。常规的发电技术的热备用和冷备用也应有所增加，但当风电比例较大时，仅用常规手段难以满足调节需求。

2. 电能存储技术在新能源汽车中的应用

基于缓解能源危机和抑制环境污染的双重考虑，大力发展新能源汽车是实现能源安全、环境保护以及汽车工业实现跨越式、可持续发展的需要。新能源汽车是指采用非常规的车用燃料来作为动力源，或者使用常规的车用燃料，采用新型的动力装置，包括混合动力汽车(Hybrid Electric Vehicles，HEV)、纯电动汽车(Battery Electric Vehicle，BEV)、燃料电池电动汽车(Fuel Cell Electric Vehicles，FCEV)以及其他新能源汽车等。

各种新能源汽车中，混合动力汽车是目前新能源汽车的研究热点，已经实现小规模的产业化生产。整个混合动力汽车行业产业链大致分为四个部分：金属原材料 → 电池材料 → 汽车用动力电池 → 混合动力汽车。产业化的技术制约主要是两点：汽车用动力电池和电池材料的产业化生产。车用动力蓄电池是混合动力汽车产业化的关键，具有极高的性能要求。发电机组＋驱动电机＋储能装置构成了汽车混合动力系统的基本技术平台，目前发电机组和驱动电机的研制均已实现技术上的突破，储能装置成为混合动力汽车实现产业化的重要“瓶颈”。

目前混合动力汽车使用各种蓄电池作为储能装置，车用动力蓄电池具有很强的性能要求：

① 高能量密度：至少与汽油相当，$100 \sim 1\,000\ \mathrm{W \cdot h \cdot kg^{-1}}$；

② 高功率密度：$300 \sim 1\,500\ \mathrm{W/kg}$；

③ 长寿命：与车同寿命；

④ 宽工作温度范围：－45 ～ 80 ℃；

⑤ 具有较高的安全性与可靠性；

⑥ 低成本；

⑦ 环保无污染。

尤其需要指出的是，作为车用动力储能设备，安全性能尤其需要重视。高能量密度的蓄电池、高功率密度的超级电容器等的发明，以及车用电动轮技术的开发和实用化等，促进了纯电动汽车的进一步发展。

3. 电能存储技术在不间断电源中的应用

不间断电源(Uninterruptible Power Supply，UPS)是一种能为负载提供连续电能的供电系统，作为计算机的重要外设，已从最初的提供后备时间的单一功能发展到今天提供后备时间及改善电网质量的双重功能。UPS 具有供电可靠性高、供电质量高、效率高、损耗低及故障率低、容易维护等特点，在保护计算机数据、改善电网质量、防止停电和电网污染对用户造成危害等方面起着重要的作用。

1.2　电化学蓄电池

1.2.1　铅酸电池

铅酸电池是目前世界上广泛使用的一种动力电源，与其他动力电池相比有制造工艺简单、价格低廉、电压平稳、安全性好等特点。小型铅酸电池主要用于便携式家用电器，也大量用于计算机和小型不间断电源。中型铅酸电池多用于启动、照明、点火等。大型铅酸电池广泛用于邮电通信、瞬时备用电源、大型电源、太阳能和风力发电系统的配套能源，在负载调峰用电源方面也有较多应用。

1. 工作原理

铅酸蓄电池是由浸渍在电解液中的正极板(二氧化铅 PbO_2)和负极板(海绵状纯铅 Pb)组成的，电解液是硫酸(H_2SO_4)的水溶液。当蓄电池和负载接通放电时，正极上的 PbO_2 和负极上的铅都发生电化学变化，正电极上的部分 PbO_2 转变为 $PbSO_4$，负电极上的一部分铅粉也转变为 $PbSO_4$。其反应是遵循正负极都生成 $PbSO_4$ 的所谓双极硫酸盐化理论。电池充电时正负极上的 $PbSO_4$ 又分别转变成 PbO_2 和铅。电解液 H_2SO_4 的浓度在放电时逐渐下降，其密度减小；充电时 H_2SO_4 的浓度上升，其密度增加。其正负极的

反应分别为

$$负极：Pb + SO_4^{2-} \underset{充电}{\overset{放电}{\rightleftharpoons}} PbSO_4 + 2e$$

$$正极：PbO_2 + 4H^+ + SO_4^{2-} + 2e \underset{充电}{\overset{放电}{\rightleftharpoons}} PbSO_4 + 2H_2O$$

$$总反应：PbO_2 + Pb + 2H_2SO_4 \underset{充电}{\overset{放电}{\rightleftharpoons}} 2PbSO_4 + 2H_2O$$

当上述电化学反应方程式由左向右进行时，是铅酸蓄电池的放电反应；当上述电化学反应方程式由右向左进行时，是铅酸蓄电池的充电反应。在充电时，正极由硫酸铅（$PbSO_4$）转化为二氧化铅（PbO_2）后将电能转化为化学能储存在正极板中；负极由硫酸铅（$PbSO_4$）转化为海绵状铅（Pb）后将电能转化为化学能储存在负极板中。在放电时，正极由二氧化铅（PbO_2）变成硫酸铅（$PbSO_4$）而将化学能转换成电能向负载供电，负极由海绵状铅（Pb）变成硫酸铅（$PbSO_4$）而将化学能转换成电能向负载供电。

从反应式可知，充放电过程伴随着氧化还原反应，该反应可以一分为二，其一是铅原子失去两个电子，成为 Pb^{2+}，并与 SO_4^{2-} 生成 $PbSO_4$；与此同时，PbO_2 得到电子发生还原反应，与 H^+ 和 SO_4^{2-} 一起生成 $PbSO_4$ 和水。

化学电源是使氧化和还原两个过程分别在两个电极上进行，使电子从外电路上转移从而使化学能转化为电能的装置。图 1.1 就是铅酸蓄电池的放电示意图及结构示意图。在负极上铅原子发生氧化反应，放出电子。由于两极板间有隔板和硫酸溶液隔开，电子需经外电路通过负载转移到正极去。在溶液内 H_2SO_4 分子电离成 H^+ 和 SO_4^{2-} 离子。这些离子的外面都有水合膜，带电荷的离子在电场的作用下迁移导电，构成整个电流的回路。

铅酸蓄电池在充放电过程中，正极和负极必须同时以同当量、同状态（如充电或放电）进行电化学反应才能实现上述充电或放电过程，任何情况下都不可能由正极或负极单独完成。铅酸蓄电池在充电时会有气体析出，因为在其完成正常充放电过程的同时，伴随着多种化学反应。电解液中含有 Pb^+、H^+、HO^-、SO_4^{2-} 等带电离子，在充电末期铅酸蓄电池正、负极分别还原为 PbO_2 和 Pb 时，部分 H^+ 和 HO^- 会在充电状态下产生 H_2 和 O_2 两种气体，其方程式如下：

$$2H^+ + 2HO^- = 2H_2\uparrow + O_2\uparrow$$

铅酸蓄电池在充电过程中，正极极板的 $PbSO_4$ 逐渐转化为 PbO_2，当持续充电一段时间之后，电池的端电压会出现急速上升的现象。铅酸蓄电池因为内部材料性质的关系，为保证安全有效地充电，在充电过程中，电池充电电流需配合电池本身温度做适当调整。一般，当温度上升时，需降低充电电流；当温度下降时，则需升高充电电流。电池在充电过程

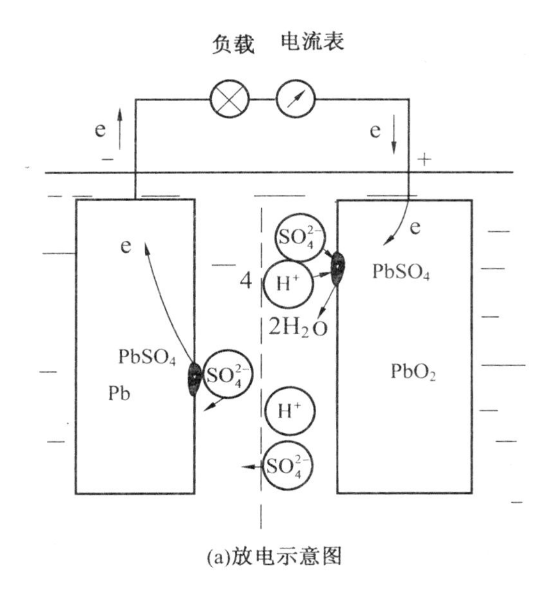

(a)放电示意图

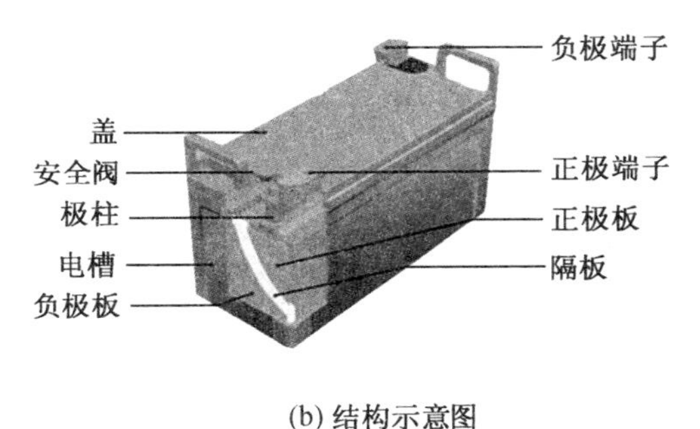

(b) 结构示意图

图 1.1　铅酸蓄电池的放电示意图及结构示意图

中其温度在 0 ～ 40 ℃ 时，基本上不需考虑温度的补偿效应，但当温度超过这个范围时，在充电过程中就需要考虑温度补偿。充电过程中，典型的铅酸蓄电池温度系数为 −3.3 mV/ ℃。单体铅酸蓄电池的标称电压值为 2 V，一般来说，单体铅酸蓄电池的放电终止电压为 1.75 V，若超过放电终止电压继续进行深度放电，会对蓄电池内部结构造成永久性破坏，缩短电池的循环使用寿命。

铅酸蓄电池工作电压较平稳，既可以以小电流放电，也可以以很大的电流放电，工作温度范围宽，可在 40 ～ 65 ℃ 范围中工作，具有价格低廉、完全密封、不用补液、体积小、能量密度高、输出功率大、内阻极小、放电能力强、自放电慢、使用寿命长和不腐蚀设备、不污染环境等优点。其明显的缺点是质量大、质量比能量低、充电速度慢等。

2. 铅酸蓄电池的充放电特性

下面以单格(Cell) 为例叙述铅酸蓄电池的充放电特性。

(1) 铅酸蓄电池的容量。铅酸蓄电池的容量有理论容量、实际容量和额定容量之分。理论容量是根据活性物质按一定的方法计算的最高值;实际容量是按一定条件件放电能输出的电量,小于理论容量;额定容量也称为保证容量,是按国家颁布的标准,在一定放电条件下应该放出的最低限度的容量值。

容量一般用大写字母 C 及其下角标(放电率)表示,单位有安时(A·h)和瓦时(W·h)两种。电池外壳上一般标注的安时(A·h)数就是额定容量。容量必须标注放电率的原因是同一块电池在不同放电率条件下得出的容量是不同的。

影响电池实际容量的因素很多,归根结底是能参加电化学反应活性物质的多少以及相应条件。例如,电池中某个单格出现故障,即使仅是一个极(假设是阳极),则这块电池的实际容量取决于这个故障单格的容量。此外,电解液是否充足也会影响实际容量,极板的孔隙被堵塞,内部的活性物质接触不到电解液也会使实际容量减小。

(2) 铅酸蓄电池单格的电动势和端电压。电池电动势是指蓄电池在不充电也不放电状态下正、负极板之间的电位差,即开路电压——电动势 E_0,其大小与电解液的相对密度和温度有关,当相对密度在 1.050 ~ 1.300 范围内时,可由经验公式计算其近似值,即

$$E_0 = 0.85 + d \tag{1.1}$$

式中,E_0 为电池电动势,V;d 为极板孔隙内 25 ℃ 时的电解液相对密度;0.85 为铅酸电池常数。该电压具有负温度系数,温度每升高 1 ℃,电压下降 4 mV 左右。

(3) 铅酸蓄电池的放电特性。电池向外电路输出电能的工作过程称为放电,放电电流的大小由外电路的负载大小决定,通常用“放电率”表示电池放电电流的大小。“放电率”指电池放电的速率,一般有“时率”和“倍率”两种表示法。时率是指以放电时间(h)表示的放电速率。这时的放电电流 I 等于额定容量 C 与放电时间的比值。倍率是指放电电流用额定容量 C 的倍数表示的放电速率。如额定容量 1 h 放电完毕,称为 $1C$ 放电;5 h 放电完毕,则称为 $1/5 = 0.2C$ 放电。电极的结构不同,所适宜的放电电流范围也不同,分为低倍率放电类型、中倍率放电类型、高倍率放电类型和超高倍率放电类型等四种。

单格电池的放电特性采用端电压随放电时间的变化表示为

$$U \approx E_0 - \Delta U \tag{1.2}$$

式中,U 为端电压;E_0 为电动势;ΔU 为电池极化电压(可近似认为是电池内阻压降)。电池内阻很小,一般是毫欧姆级。单格电池按 $0.05C$(20 h 率) 连续放电时端电压放电曲线如图 1.2 所示。

该曲线共分四段,分析如下:

①A 段(2.11 ~ 2.0 V) 为开始放电段。该阶段首先消耗的是极板孔隙内的硫酸,这

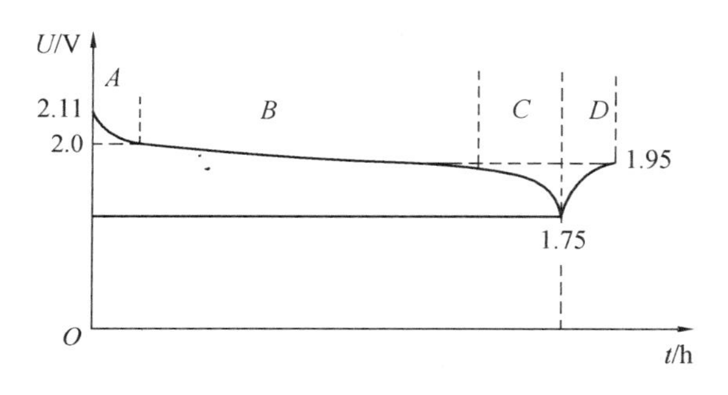

图 1.2　0.05C 电流放电特性

部分硫酸非常有限，所以极板孔隙内硫酸密度迅速下降，由前述经验公式可知，端电压随之迅速下降。

②B 段(2.0 ～ 1.85 V)为相对稳定段。随着极板孔内外硫酸浓度差的加大，孔外硫酸向孔内扩散随之加快，当孔内硫酸的消耗速度和孔外补充速度接近平衡时，孔隙内硫酸密度稳定，对外端电压趋于稳定。当然，极板孔隙内硫酸密度总的趋势还是下降的，只不过是降速缓慢，对应曲线较为平直。这个阶段是放电最佳阶段，这段曲线称为放电平台。

③C 段(1.85 ～ 1.75 V)为放电末段。曲线迅速下降，由以下几个原因造成：

a. 放电接近终了，极板孔隙外的硫酸密度大大降低，难以维持与孔内足够的密度差，离子向孔内扩散速度减慢；

b. 放电生成物硫酸铅 $PbSO_4$ 增加，附着在极板表面，势必堵塞孔隙，阻碍孔外硫酸向内扩散；

c. 硫酸铅本身导电性能很差，蓄电池内阻迅速增加，内阻电压降随之增加，加剧端电压下降。

一般将 1.75 V 作为铅酸蓄电池的截止电压，继续放电称为过放电，过放电会缩短电池寿命。不同格数电池的截止电压＝1.75 V×格数，如标称 12 V 的电池 6 个格，截止电压为 10.5 V。

④D 段(1.75 ～ 1.95 V)为停止放电后反弹段。当放电达到截止电压 1.75 V 时，切断外电路停止放电，由于极板孔隙外的硫酸密度比孔内高，会慢慢向孔隙内部扩散，使得极板孔隙内硫酸密度上升，这时端电压就会反弹回升，回升值与电池有关，也与停止放电后时间有关。

(4) 铅酸蓄电池的充电特性。将外电路输入给电池的电能转化为化学能储存起来的过程称为充电。一般是把市电整流转变为直流电后作为充电电源。

图 1.3 所示是单格电池按 0.1C 恒流连续充电时端电压形成的曲线，$U=E_0+\Delta U$。也按几段进行分析：

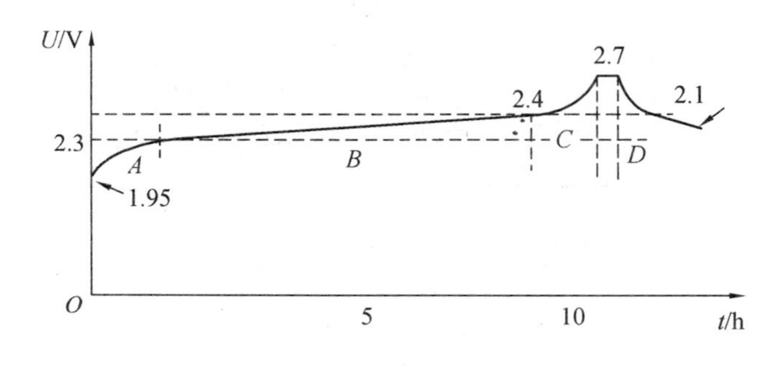

图 1.3 0.1C电流充电特性

①A段(1.95 ~ 2.3 V)为开始充电阶段。由于充电过程是 $PbSO_4$ 转化为 PbO_2 和 Pb,并有 H_2SO_4 生成,开始接通充电电源时,极板孔隙内硫酸迅速增多,电解液密度增大,电动势迅速上升。

②B段(2.3 ~ 2.4 V)为相对稳定阶段。极板孔隙内硫酸密度大于孔隙外部,就会向孔外扩散,当生成硫酸的速率和扩散速率相等时,由于扩散,活性物质表面及微孔内的硫酸浓度不再急剧上升,端电压的上升较为缓慢,孔内电解液浓度将随着整个容器内的电解液密度上升,这一过程持续时间较长。这一阶段,充电电能主要转化为化学能,即阳极的 $PbSO_4$ 变为 PbO_2,阴极的 $PbSO_4$ 变为绒状铅,硫酸密度增加。

③C段(2.4 ~ 2.7 V)为迅速上升阶段。这一阶段,电池极板上可参加反应的活性物质 90% 都被还原为 PbO_2 和绒状铅了,由于阳极开始析出 O_2、阴极开始析出 H_2,极板和电解液接触面积减小,内阻增大,极化电压增加,为了保持恒流,端电压剧增。如继续用此电流充电,电能的大部分将用于电解水,会产生大量气泡,严重时甚至呈现“沸腾现象”。其后果会引起失水,以及气体冲刷导致活性物质脱落。

这个阶段的后期,因两极上大量析出气体,进行水的电解过程时,端电压又达到一个新的稳定值,其数值取决于氢和氧的过电位,正常情况下该恒定值约为 2.6 V。

④D段(2.7 ~ 2.1 V)为停止充电迅速跌落阶段。切断充电电源后,电池开路电压因极化电压的消失而迅速降低,极化电压中的欧姆极化立即消失,浓差极化的消失因离子扩散到均匀需一定时间,而电化学极化的消失是在毫秒级。

铅酸蓄电池充电终了的特征是:

① 蓄电池内产生大量气泡,呈“沸腾”状;

② 电池端电压稳定在最高值或充电电流稳定在最低值,并保持 2 h 以上不变;

③ 电解液的相对密度在规定环境下达到规定值,且保持 2 h 不再上升。

实际应用中,用得多的不是单格而是整块电池,例如 12 V 电池由六个单格串联起来,时间和电流是相同的，如果各格均衡，电压就是单格的 6 倍。

目前比较常见的为三段式充电方式：第一个阶段为充电限流阶段，即恒流阶段；第二个阶段为恒压阶段（高恒压阶段）；第三个阶段为涓流阶段（低恒压阶段）。第二阶段和第三阶段的相互转换是由充电电流决定的，电流大于某值进入前两个阶段，小于该值进入第三阶段，这个电流值称为转换电流，也称为转折电流。充电过程各阶段的电压值和电流值不是任意的，其重要参数有的与电池格数有关，有的与电池的容量有关，有的与温度有关，还与电池板栅配方有关。

1.2.2　镍基蓄电池

镍基蓄电池包括镍镉（Ni－Cd）蓄电池和镍氢（Ni－MH）蓄电池。镍镉蓄电池负极材料为海绵状镉粉和氧化镉粉，电解液通常为氢氧化钠（NaOH）或氢氧化钾（KOH）溶液。由于废弃镍镉蓄电池对环境有污染，该系列的电池将逐渐被性能更好的金属氢化物镍电池所取代。本节将以 Ni－MH 蓄电池为例，介绍镍基电池的工作原理及特性。

1. 工作原理

镍氢蓄电池是一种碱性电池，正极板材料为氢氧化镍，负极板活性材料为高能储氢合金，电解液通常用 KOH 水溶液并加入少量的 NiOH，隔膜采用多孔维尼纶无纺布或尼龙无纺布等。镍氢蓄电池的电化学原理与传统的镍镉蓄电池相比，主要差别在于储氢合金取代了镉负极。作为负极材料的储氢合金是由 A 和 B 两种金属形成的合金，其中 A 金属可以吸进大量氢，形成稳定的氢化物；而 B 金属不能形成稳定的氢化物，氢很容易在其中移动。也就是说，A 金属控制着氢的吸藏量，而 B 金属控制着吸放氢的可逆性。按照合金的晶体结构，储氢合金可分为 AB5 型、AB2 型、AB 型、A2B 型及固溶体型等，其中主要使用稀土金属的是 AB5 型合金。作为镍氢蓄电池负极材料的 AB5 型储氢合金，最初研究使用的是 $LaNi_5$ 合金，由于价格问题，逐渐改用了 $MnNi_5$ 系合金，在实用化过程中又使用少量 Al、Mn、Co 等来置镍。实际上注入电池中的 KOH 电解质水溶液不仅起离子迁移电荷作用，而且 KOH 电解质水溶液中 OH^- 和 H_2O 在充放电过程中都参与反应。镍氢蓄电池的充放电化学反应如下所示，其中 M 为储氢合金，MH 为金属氢化物。

正极：$NiOOH + H_2O + e \xrightleftharpoons[\text{充电}]{\text{放电}} Ni(OH)_2 + OH^-$

负极：$MH + OH^- \xrightleftharpoons[\text{充电}]{\text{放电}} M + H_2O + e$

总反应：$NiOOH + MH \xrightleftharpoons[\text{充电}]{\text{放电}} Ni(OH)_2 + M$

从式中看出，镍氢蓄电池正常充放电时负极里的氢原子转移到正极成为质子，充电时正极的质子转移到负极成为氢原子，不产生氢气，碱性电解质水溶液并不参加电池反应。镍氢蓄电池的工作原理如图 1.4 所示。

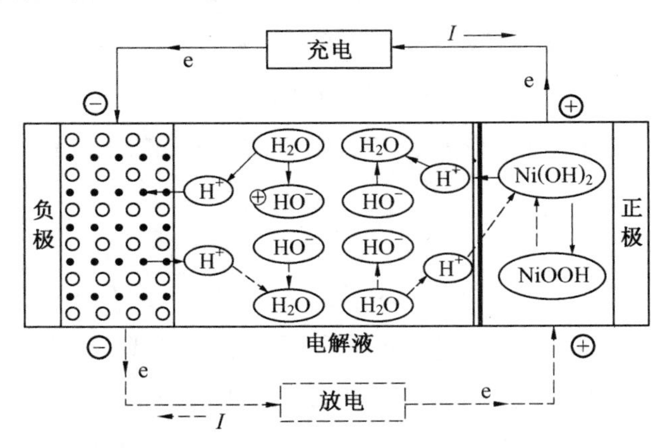

图 1.4 镍氢蓄电池的工作原理示意图

镍氢蓄电池非正常使用有两种：过充电和过放电。充电时，若没有适宜的充电控制方法来严格地控制充电，或者控制失灵，电池充足电后未及时停止充电，造成过充电；电池在深度放电使用中，串联电池组中容量小的电池，可能在其他电池推动下，出现反极的过放电情况。

过充电时正极上的 $Ni(OH)_2$ 全部转化为 NiOOH，充电反应转变为在正极上发生电解水的析氧反应，负极上除生成电解水的析氢反应外，还存在 O_2 的复合反应。其反应式为

正极：$4OH^- \longrightarrow O_2\uparrow + 2H_2O + 4e$

负极：$2H_2O + 2e \longrightarrow H_2\uparrow + 2OH^-$

总反应：$2H_2O \rightleftharpoons 2H_2\uparrow + O_2\uparrow$

镍氢蓄电池过量充电时，正极板析出氧气，负极板析出氢气。由于有催化剂的氢电极面积大，而且氢气能够随时扩散到氢电极表面，因此，氢气和氧气能够很容易地在镍氢蓄电池内部再化合生成水，使容器内的气体压力保持不变。这种再化合的速率很快，可以使镍氢蓄电池内部氧气的浓度不超过千分之几。

过放电时，正极上电化学活性的 NiOOH 全部转化为 $Ni(OH)_2$，电极反应变为生成 H_2 的电解水反应。反应式如下：

正极产生 H_2：$2H_2O + 2e \longrightarrow H_2\uparrow + 2OH^-$

负极消耗 H_2：$H_2\uparrow + 2OH^- \longrightarrow 2H_2O + 2e$

以上两反应式互为逆反应，这时电池内的物质运动为氢气从正极上生成，在负极上复

合，正负极之间电压为 −0.2 V左右，这种现象称为电池反极，−0.2 V为反极电压。过放电时电池会自动达到平衡状态，电池温度较同样电流过充电时低得多，因为过放电时消耗的功率为反极电压 −0.2 V 与过放电电流的乘积，是过充电时电压 1.5 V 与电流乘积的 1/7.5，这就是镍氢蓄电池过放电保护机理。从电池反应可以看出，镍氢蓄电池具有长期过放电和过充电保护能力。

2. 镍氢蓄电池的充放电特性

镍氢蓄电池的正极为氧化镍电极。在碱性溶液中，充电态为 NiOOH，放电态为 $Ni(OH)_2$。$Ni(OH)_2$ 是不导电物质，阳极氧化后 NiOOH 具有半导体性质，氧化镍电极为 P 型半导体，通过电子及空穴进行导电。$Ni(OH)_2$ 浸于电解液中，在两相界面上产生双电层，如图 1.5 所示。

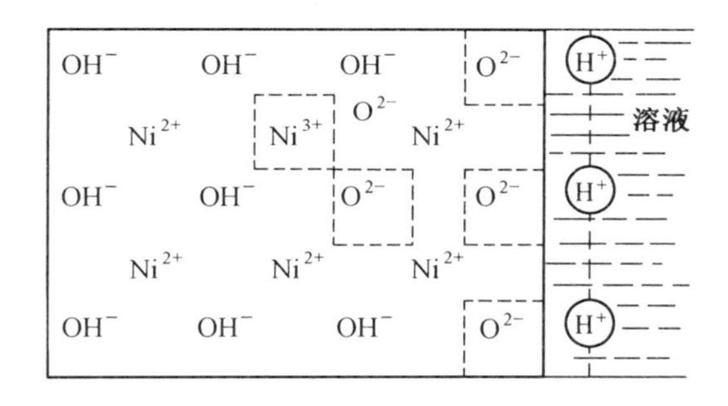

图 1.5 $Ni(OH)_2$ 电极 — 溶液界面双电层的形成

镍氢蓄电池应在 0 ～ 40 ℃ 的环境温度下进行充电，环境温度的变化会影响镍氢蓄电池的充电效率，在 10 ～ 30 ℃ 下镍氢蓄电池的充电效率最高。在低于 0 ℃ 的条件下给镍氢蓄电池充电时，镍氢蓄电池内的气体吸收反应将不正常，结果将导致镍氢蓄电池内压升高，这会促使镍氢蓄电池排气阀启动，释放出碱性气体，最终致使镍氢蓄电池性能不断下降而影响电池的使用寿命。在高于 40 ℃ 的条件下给镍氢蓄电池充电时，镍氢蓄电池的充电效率将下降。

镍氢蓄电池具有较好的低温放电特性，即使在 −20 ℃ 环境温度下，采用大电流（以 1*C* 放电速率）放电，放出的电量也能达到标称容量的 85% 以上。但是，在高温（+40 ℃ 以上）时，电池的蓄电容量将下降 5% ～ 10%。这种由于自放电（温度越高，自放电率越大）而引起的容量损失是可逆的，通过几次充放电循环就能恢复到最大容量。图 1.6 所示为镍氢蓄电池在 25 ℃ 时不同倍率下的放电曲线。

镍氢蓄电池和镍镉蓄电池的充电过程非常相似，都要求恒流充电，两者的差别主要在快速充电时为防止电池过充而采用的检测方法上。充电器对电池进行恒流充电，同时检测电池的电压和其他参数，当电池电压缓慢上升达到某个峰值时，镍氢蓄电池的快速充电过程终止。为避免损坏电池，电池温度过低时不能进行快速充电。当电池温度低于 10 ℃时，应采用涓流充电方式。待电池温度一旦达到规定数值后，必须立即停止涓流充电而进入快速恒流充电阶段。电池在不同的测试条件下，其充电性能是不同的，这与电池本身的结构有密切的关系；同时，充电电流、环境温度等都会对充电性能产生影响。充电过程的终点控制是一个非常重要且实际的问题。充电终止方式是一种智能的充电保护机制，即在充电将满时，充电器检测到电池的开路相关参数的变化来判断充电终点，从而及时截止充电过程或者改为涓流充电，以防止过充的发生。早期的充电终止控制方式由定时控制和最高温度控制，现在发展到电压变化率控制、温差控制及温度变化率控制等多种控制方式相互组合的控制方式。图 1.7 为三种不同充电终止控制方式下的充电曲线。

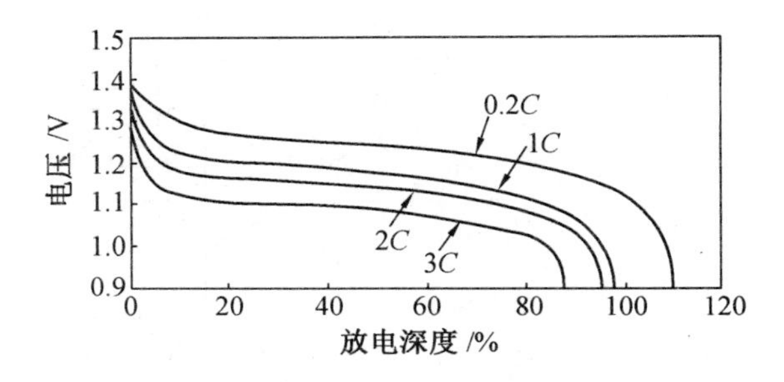

图 1.6 Ni－MH 电池在 25 ℃ 时不同倍率下的放电曲线

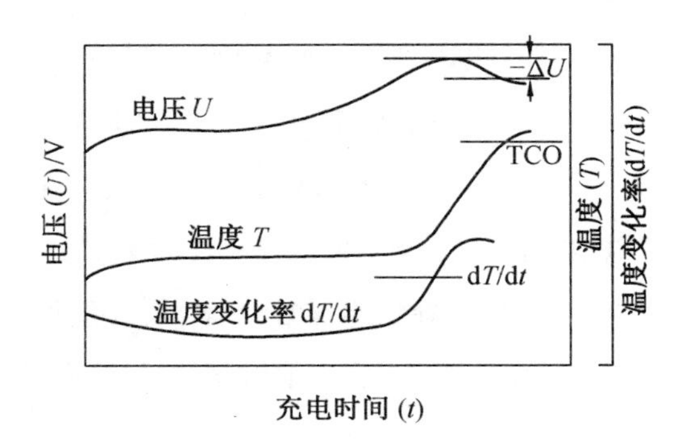

图 1.7 三种不同充电终止控制方式下的充电曲线

3. 镍氢蓄电池的性能特点

镍氢蓄电池以氢氧化镍为正极，高能储氢合金材料为负极，这使得镍氢蓄电池具有更大的能量密度。同镍镉蓄电池相比，镍氢蓄电池具有以下显著优点：

① 能量密度高，同尺寸电池，容量是镍镉蓄电池的 1.5 ～ 2 倍；

② 环境相容性好，无镉污染，所以镍氢蓄电池又被称为绿色环保电池；

③ 可大电流快速充放电，充放电速率高；

④ 电池工作电压为1.2 V,镍氢蓄电池是镍镉蓄电池的换代产品,电池的物理参数,如尺寸、质量和外观可与镍镉蓄电池互换,电性能也基本一致,充放电曲线相似,放电曲线非常平滑,故使用时可完全替代镍镉蓄电池,而不需要对设备进行任何改造;

⑤ 低温性能好,耐过充放能力强。

试验和研究结果表明,镍氢蓄电池存在一定的记忆效应,其中放电深度、放电速率、循环次数对镍氢蓄电池的记忆效应影响很大,经过几次全充放电循环可以消除记忆效应。

镍氢蓄电池的缺点是自放电与寿命不如镍镉蓄电池,但也能达到500次循环寿命和国际电工委员会的推荐标准。吸氢电极自放电包括可逆自放电和不可逆自放电。可逆自放电的主要原因在于环境压力低于电极中金属氢化物的平衡氢压,氢气会从电极中脱附出来。当吸氢电极与氧化镍正极组成镍氢蓄电池时,这些逐出的氢气与正极活性物质NiOOH反应生成$Ni(OH)_2$,失去了电池的容量,可以通过再充电复原。不可逆自放电主要由负极的化学或电化学因素引起。如合金表面电势较负的稀土元素与电解液反应形成氢氧化物等,例如含La稀土在表面偏析,并生成$La(OH)_3$,使合金组成发生变化,吸氢能力下降,无法用充电方法复原。

1.2.3　锂离子电池

锂离子电池是在锂电池的基础上发展起来的一类新型电池,因其具有比能量高、电池电压高、工作温度范围宽、储存寿命长等优点,已广泛应用于军事和民用电器中。锂离子电池与锂电池在原理上的相同之处是:两种电池都采用了一种能使锂离子嵌入和脱出的金属氧化物或硫化物作为正极,采用一种有机溶剂无机盐体系作为电解质。不同之处是:在锂离子电池中采用可使锂离子嵌入和脱出的碳材料代替纯锂作为负极。锂电池的负极采用金属锂,在充电过程中,金属锂会在锂负极上沉积,产生枝晶锂。枝晶锂可能穿透隔膜,造成电池内部短路,以致发生爆炸。为克服锂电池的这种不足,提高电池的安全可靠性,锂离子电池应运而生。

锂离子电池的正极材料必须有能接纳锂离子的位置和扩散的路径,由锂的活性化合物组成,具有高插入电位层状结构的过渡金属氧化物,如$LiCoO_2$、$LiFePO_2$、$LiMn_2O_4$、三元复合材料等,是目前已应用的性能较好的正极材料。根据正极材料不同,锂离子电池可分为钴酸锂电池、镍酸锂电池、锰酸锂电池、磷酸铁锂电池。在动力电池领域,锰酸锂和磷酸铁锂是最有前途的正极材料。二者相对钴酸锂具有更强的价格优势,具有优秀的热稳定性和安全性。在通信电池领域,三元素复合材料和镍酸锂是最有可能成为替代钴酸锂的正极材料。三元素复合材料相对钴酸锂具有比价优势和更高的安全性,而镍酸锂容量更高。

理想的锂离子电池负极材料应满足以下几个特点：

① 大量 Li^+ 能够快速、可逆地嵌入和脱出，以便得到高的容量密度；

②Li^+ 嵌入、脱出的可逆性好，主体结构没有或者变化很小；

③Li^+ 嵌入、脱出过程中，电极电位变化尽量小，保持电池电压的平稳；

④ 电极材料具有良好的表面结构，固体电解质中间相对稳定、致密；

⑤Li^+ 在电极材料中具有较大扩散系数，变化小，便于快速充放电。目前市面上的锂离子电池，负极材料大多都为碳系材料。钛酸锂作为锂离子电池负极材料是近几年被广泛关注并研究的。钛酸锂可与锰酸锂、三元材料或磷酸铁锂等正极材料组成 2.4 V 或 1.9 V 的锂离子二次电池。此外，它还可以用作正极，与金属锂或锂合金负极组成 1.5 V 的锂二次电池。由于钛酸锂的高安全性、高稳定性、长寿命和绿色环保的特点，被认为将会成为新一代锂离子电池的负极材料而被广泛应用在新能源汽车、电动摩托车和要求高安全性、高稳定性和长周期的应用领域。钛酸锂电池被认为“或将成为电动汽车领域的一匹‘黑马’”。

碳层间化合电解质为溶解的锂盐（如 $LiPF_6$、$LiAsF_6$、$LiClO_4$ 等）的有机溶剂。溶剂主要有碳酸乙烯酯（EC）、碳酸丙烯酯（PC）、碳酸二甲酯（DMC）和氯碳酸酯（ClMC）等。至于液态锂离子电池与聚合物锂离子电池的分类，考虑的是电解液的不同。电解液为液态物质则为液态锂离子电池，为有机聚合物则为聚合物锂离子电池。现在市面上常见的为聚合物锂离子电池。Li^+ 在两个电极之间往返脱嵌，被形象地称为“摇椅电池”。

1. 锂离子电池的工作原理

电池的负极主要是石墨衍生物，正极是大量的金属氧化物材料。如图 1.8 所示，忽略实际几何结构中的边缘效应，正、负极活性粒子均等效为球形，锂离子存在于这些活性粒子晶格中间的空隙内，正、负电极嵌入材料中的锂离子量决定了两个电极电势，从而决定了电池的端电压；同时两个电极嵌入材料中的锂离子量也决定了电池的荷电状态（SOC）[23]。

锂离子电池的化学表达式为

$$(-)C_n \mid LiPF_6 - EC + DMC \mid LiM_xO_y(+)$$

则电池反应为

$$LiM_xO_y + nC \underset{充电}{\overset{放电}{\rightleftharpoons}} Li_{1-x}M_xO_y + Li_xC_n$$

结合图 1.8，简述锂离子电池的放电过程，放电开始时，负极活性粒子表面与电解液界面处发生电化学反应，导致粒子表面的锂离子浓度降低，于是：

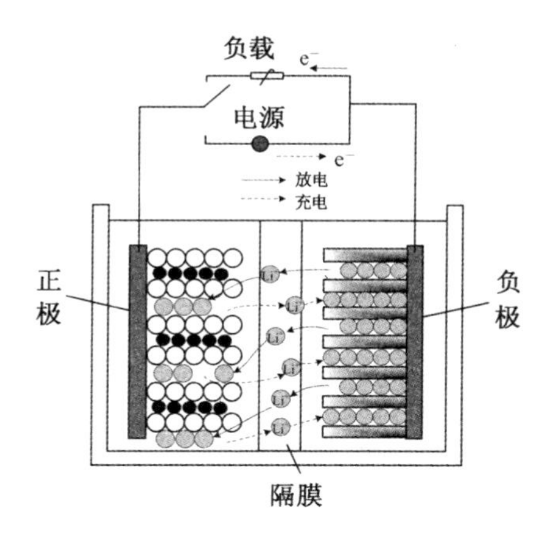

图 1.8　锂离子电池工作原理

① 负极活性粒子中出现锂离子浓度差异，导致锂离子由活性粒子内部向表面扩散；

② 界面处电化学反应所产生的锂离子进入溶液中，局部锂离子浓度提高，在负极极片内部产生了浓度差异，导致锂离子由负极向正极方向的扩散与迁移。

同时，在正极活性粒子表面与电解液界面处发生电化学反应，粒子表面的锂离子浓度升高，于是：

① 正极活性粒子内出现锂离子浓度差异，导致锂离子由外向内的扩散；

② 界面处发生电化学反应消耗了电解液中的锂离子，导致局部锂离子浓度降低，在正极极片内部产生浓度差异，更有利于锂离子由负极向正极方向扩散和迁移。

由于整个电池需保证质平衡，负极区脱出多少锂离子，正极区就会嵌入多少锂离子。在整个反应中，为保证活性粒子的电荷平衡，在产生一个锂离子的同时一个电子也被释放出，通过外电路由负极区域到达正极区域从而形成了放电电流。充电过程与上述过程相反。

在正常充放电情况下，锂离子在层状结构的碳材料和层状结构氧化物的层间嵌入和脱出，一般只引起材料的层面间距变化，不破坏其晶体结构，在充放电过程中，负极材料的化学结构基本不变。因此，从充放电反应的可逆性看，锂离子电池反应是一种理想的可逆反应。

正极锂离子插入反应式为

$$LiCoO_2 \longrightarrow xLi^+ + Li_{1-x}CoO_2 + xe$$

负极采用碳电极，从理论上讲，每 6 个碳原子可吸藏一个锂离子，锂离子插入反应式为

$$xe + x\mathrm{Li}^+ + 6\mathrm{C} \longrightarrow \mathrm{Li}_x\mathrm{C}_6$$

锂离子电池很少有记忆效应，因为记忆效应的原理是结晶化，在锂电池中几乎不会产生这种反应。但是，锂离子电池在多次充放电后容量仍然会下降。过度充电和过度放电，将对锂离子电池的正负极造成永久的损坏，可以直观地理解，过度放电将导致负极碳过度释出锂离子而使得其片层结构出现塌陷，过度充电将把太多的锂离子硬塞进负极碳结构里去，而使得其中一些锂离子再也无法释放出来。这也是为何锂离子电池通常需要配有智能充放电控制电路的原因。

2. 锂离子电池的主要性能特点

不同电极材料的锂离子电池主要性能对比见表 1.1。除了表中所列的性能差别，锂离子电池与其他动力电池相比表现出一些共性的特点：

表 1.1 不同电极材料的锂离子电池主要性能对比

化学体系	负极 / 正极	理论容量 /(mA·h·g^{-1})	实际容量 /(mA·h·g^{-1})	循环次数	最大持续放电电流	标称电压 /V
钴酸锂	$\mathrm{LiC_6/LiCoO_2}$	274	140 ~ 155	> 300	0.5C	3.7
镍基三元材料	$\mathrm{LiC_6/LiNi_xCo_yAl_z}$	278	155 ~ 165	> 800	1C	3.6
锰酸锂	$\mathrm{LiC_6/LiMn_2O_4}$	148	100 ~ 120	> 500	1C	3.8
磷酸铁锂	$\mathrm{LiC_6/LiFePO_4}$	170	130 ~ 140	> 2k	2 ~ 5C	3.2
钛酸锂	$\mathrm{Li_4Ti_5O_{12}/LiMnO_2}$	175	150 ~ 160	> 20k	6C	2.4

(1) 锂离子电池的优点表现在容量大、工作电压高。容量为同等镍镉蓄电池的 2 倍，更能适应长时间的通信联络；而通常的单体锂离子电池的工作电压为 3.2 ~ 4.2 V，是镍镉和镍氢蓄电池的近 3 倍。

(2) 荷电保持能力强，允许工作温度范围宽。在(20±5) ℃ 下，以开路形式储存 30 天后，电池的常温放电容量大于额定容量的 85%。锂离子电池具有优良的高低温放电性能，可以在 −20 ~ +55 ℃ 工作，高温放电性能优于其他各类电池。

(3) 循环使用寿命长。锂离子电池采用碳负极，在充放电过程中，碳极不会生成枝晶锂，从而可以避免电池因为内部枝晶锂短路而损坏。在连续充放电 1 200 次后，电池的容量依然不低于额定值的 60%，远远高于其他各类电池，具有长期使用的经济性。

(4) 安全性高，可安全快速充放电。与金属锂电池相比较，锂离子电池具有抗短路，抗过充、过放，抗冲击，防振动等特点；由于其负极采用特殊的碳电极代替金属锂电极，因此允许快速充放电，安全性能大大提高。

(5) 无环境污染。电池中不含有镉、铅、汞这类有害物质，也不含磁性材料，是一种洁净的化学能源。

(6) 无记忆效应。可随时反复充放电使用。

(7) 体积小、质量轻、比能量高。通常锂离子电池的比能量可达镍镉蓄电池的 2 倍以上，与同容量镍氢蓄电池相比，体积可减少 30%，质量可降低 50%，有利于便携式电子设备小型轻量化。

3. 锂离子电池充放电特性

锂离子电池标称电压值差别很大，对应的额定电压也不同，所以对锂离子电池进行充电时，必须先行确定该锂离子电池的标称电压及额定电压值，否则会发生电池容量无法充满或电池过充电的情况。典型锂离子电池的适宜充电电流在 $0.1C \sim 0.5C$ 之间，充电电流太小会延长充电时间；充电电流太大，会破坏电池内部材料结构。

锂离子电池充电要求较高，需要精密的充电电路确保充电过程的安全，充电电源电压允许差值限定在终止充电电压的 ±1% 左右，避免电池的永久性损坏。由于不同厂商不同规格锂离子电池特性均不相同，因而建议在充电时充电速率根据电池厂商规定的电流范围进行选择，并附加限流电路以免发生过流。锂离子电池充电的温度范围较宽，但在大电流充电时需时时检测电池温度，防止过热而损坏电池或发生爆炸。通常在 $0.5C$ 的充电速率下，电池内部发生化学反应并释放能量，电池温度会出现明显的上升现象。

单体电池充放电时，电池容量(荷电量)是电压的单调函数。在较高容量时，电池电压和容量也基本呈线性。图 1.9 所示为不同放电电流下电池电压随容量变化的曲线。

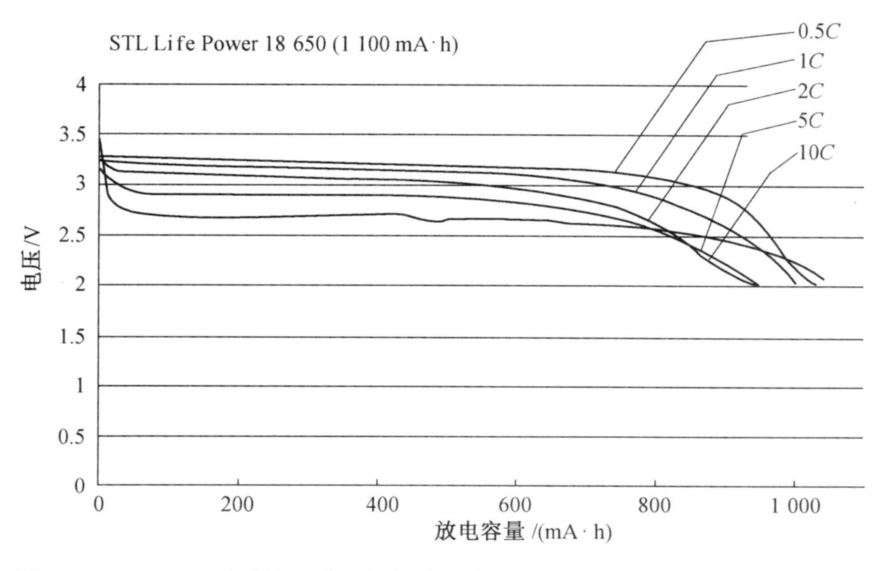

图 1.9　STL18650 磷酸铁锂动力电池(容量为 1 100 mA·h)不同放电率时的放电特性

由图 1.9 可见，在高 SOC 的状态下，电池的荷电量和电压基本呈线性，可以方便地用电压来估计荷电量。但是，由于电池内阻的存在，放电电流越大，相同容量所对应的电池电压越低。所以只有在同一电流参考下，才能用电压值来比较同一电池的相对荷电状态。

温度对电池的充放电性能影响很大。虽然锂离子电池的使用环境温度范围比较宽，但是环境温度对电池的放电容量有很大影响，当温度低于 −10 ℃ 时，电池可以放出的容量减小 20%，所以充放电时，保持电池单体的温度一致性也很重要。

图 1.10 为锂离子电池在不同放电电流下，电池端电压对时间的变化曲线。其中，最大电流为 1C，最小为 0.1C，放电截止电压为 3 V。放电实验开始之前，电池为 4.2 V。电池随着放电电流的增加，端电压下降斜率变大，可放电时间随之减少。放电电流为 0.1C 时，可放电 9.7 h；而以 1C 放电时，仅能工作 37 min。

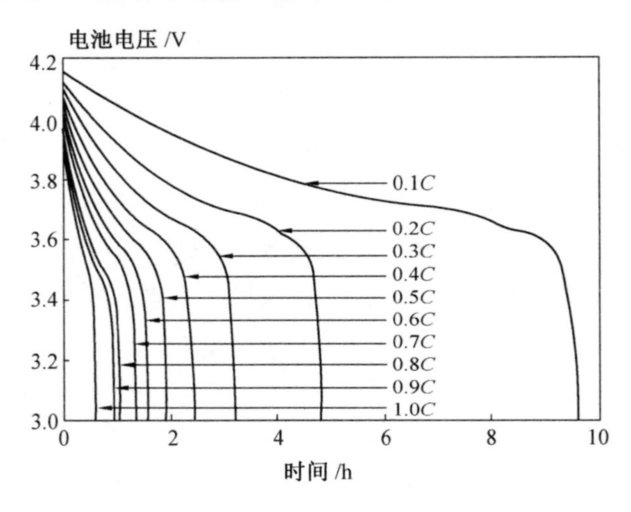

图 1.10　不同放电电流下电池电压的变化

锂离子电池的终止放电电压为 2.5 V，若电池电压过低（小于 2.5 V），需先对电池进行小电流预充电，直到电池电压恢复到 2.5 V 时再转为恒流或恒压的正常充电方式。

锂离子电池的气化电压为 4.5 V。在充电过程中，若锂离子电池端电压超过 4.5 V，电解液浓度饱和，输入的电能无法再转化为化学能，多输入的电能转化为热能，使得电池内部温度上升。上升的温度会将电解液分解为气体，导致电池内部压力上升，最后安全压力阀打开，导致漏液。由于电解质为可燃性的有机溶剂，因此过充、过放电都会造成燃烧爆炸的危险，所以锂离子电池一定要加装防过充电、过放电的保护电路。

锂离子电池单体电压比较低，实际应用中通常会将几十个至上百个单体串联构成电压合适的电池组。单体电池串联前，必须经过严格筛选，其充放电曲线必须一致，并且单体电池的工作温度也不能有太大差异。但是由于使用过程中自放电电流不同等原因，不同电池单体的性能总会慢慢出现差异。锂离子电池不能耐过充，所以不能用适当过充的方法达到单体电池间的性能一致，只能采用附加均衡充电控制电路来保证单体电池间的均衡。这也是目前锂离子电池应用领域的一个研究热点。

开路电压是锂离子电池SOC很好的表征量。在高荷电状态下，开路电压才能很好地表征电池的荷电状态。在3.7 V以上，不同单体电池电压－容量曲线一致性较好。这是因为在低SOC时，锂离子电池的内部阻抗较大，内阻的差异产生对电压的影响比较明显，而在高SOC时，内阻很小，产生的影响相对也比较小。因此在高SOC下，以电压差异判断SOC差异才是合理的。但是在大电流均衡时，某些电池充电，某些电池放电，均衡后，锂电池单体的电压容量曲线必然发生改变，因此，均衡后的电池SOC差异不能再用串联充电时的电压来衡量。

1.2.4　钠硫电池

钠硫电池是美国福特(Ford)公司于1967年首先发明公布的，至今才40多年的历史。电池通常是由正极、负极、电解质、隔膜和外壳等几部分组成。一般常规二次电池如铅酸电池、镍镉蓄电池等都是由固体电极和液体电解质构成，而钠硫电池则与之相反，它是由熔融液态电极和固体电解质组成的，构成其负极的活性物质是熔融金属钠，正极的活性物质是硫和多硫化钠熔盐。由于硫是绝缘体，所以硫一般是填充在导电的多孔炭或石墨毡里，固体电解质兼隔膜是一种专门传导钠离子，被称为Al_2O_3的陶瓷材料，外壳则一般用不锈钢等金属材料。

1. 钠硫电池的工作原理

钠硫电池系统的基本单元为单体电池，单体钠硫电池的结构示意图如图1.11所示。分别以钠和硫作为阳极和阴极，β－氧化铝陶瓷管同时起隔膜和电解质的双重作用。钠硫电池充放电原理如图1.12所示，电池的电化学反应式如下：

阳极反应：$2Na - 2e \underset{充电}{\overset{放电}{\rightleftharpoons}} 2Na^+$

阴极反应：$xS + 2e \underset{充电}{\overset{放电}{\rightleftharpoons}} S_x^{2-}$

总反应：$2Na + xS \underset{充电}{\overset{放电}{\rightleftharpoons}} Na_2S_x$

在放电过程中，钠(Na)被电离，电子通过外电路流向正极，钠离子(Na^+)通过β－氧化铝电解质扩散到液态硫(S)正极，并与硫发生化学反应生成多硫化钠(Na_2S_x)。在充电

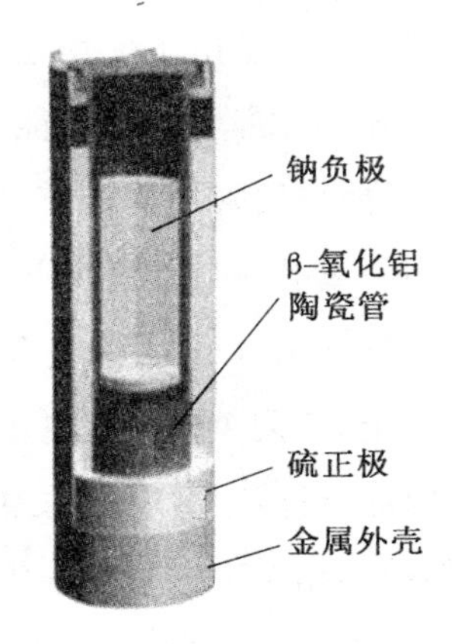

图 1.11　钠硫电池的结构示意图

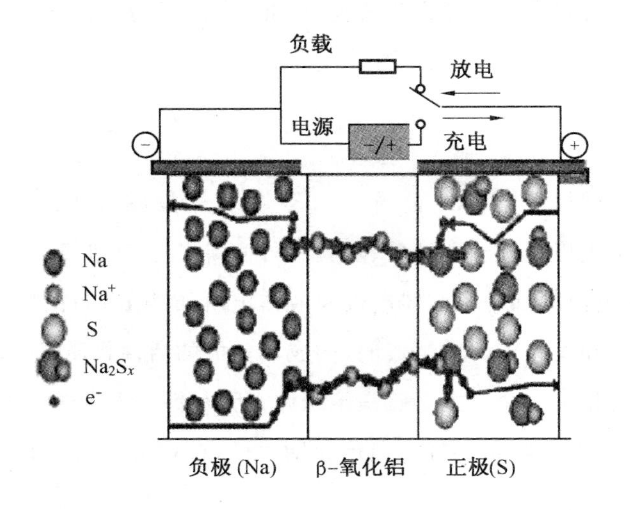

图 1.12　钠硫电池充放电原理示意图

过程中，多硫化钠分解成硫和钠离子，钠离子通过电解质膜扩散到负极，获得电子形成钠原子。

2. 钠硫电池的性能特点

因为钠硫电池采用的材料特殊，所以理论上能连续充电近两万次，也就是说相当于近 60 年的使用寿命，且终生不用维修，不排放任何有害物质，也无二次污染公害。这是其他电池无法达到的。钠硫电池是靠电子转移而再生能量，所以充电时间较短，大功率钠硫电池一次充电时间为 20 ～ 30 min，可运行 10 ～ 11 h，它经热反应后所产生的理论能量密度为 786 (W・h)/kg，实际能量密度为 300 (W・h)/kg，约是铅酸电池的 10 倍，镍氢蓄电池的 4 倍，锂电池的 3 倍。此外，钠硫电池还具有如下特性：

① 钠硫电池的理论比能量高，且没有自放电现象，放电效率几乎可达 100%。

② 可大电流、高功率放电，其放电电流密度一般可达 200 ～ 300 mA/cm^2。

③ 钠硫电池的基本单元为单体电池，用于储能的单体电池最大容量达到 650 A·h，功率为 120 W 以上。将多个单体电池组合后形成模块，模块的功率通常为数十千瓦，可直接用于储能。

④ 钠硫电池在国外已是发展相对成熟的储能电池，其寿命可达 10 ～ 15 年。

钠硫电池的缺点如下：

① 过度充电时很危险；

② 高温 350 ℃ 熔解硫和钠，因此需要附加供热设备来维持温度。

钠硫电池的充电效率已达 80%，能量密度是铅酸蓄电池的 3 倍，循环寿命更长。作为新型化学电源家族中的一个新成员出现后，已在世界上许多国家得到极大的重视和快速的发展。2004 年，已有钠硫电池系统应用的相关报道。由于钠硫电池具有高能电池的一系列诱人特点，所以一开始不少国家就纷纷致力于发展其作为电动汽车用的动力电池，也曾取得了不少令人鼓舞的成果，但随着时间的推移，发现钠硫电池在移动场合下（如电动汽车）使用条件比较苛刻，无论从使用空间，还是以电池本身的安全等方面均有一定的局限性。所以从 20 世纪 80 年代末开始，国外重点发展钠硫电池作为固定场合下（如电站负荷调平、UPS 应急电源、瞬间补偿电源、电站储能）的应用，并越来越显示其优越性。

1.2.5　金属空气电池

金属空气电池（MAB）是一类特殊的燃料电池，也是新一代绿色二次电池的代表之一。与一般电池不同，金属空气电池的能量不再储藏在两个电极材料中，而是只有金属电极储存能量，空气电极是转换能量的工具。与其他原电池系统比较，空气电极的活性物质来自周围的空气，寿命更长。因此，金属空气电池既是储能工具，又是一种燃料电池，既可作为原电池用，又可作为可充电电池用，只要不断提供燃料金属，就能连续输出电能。它具有成本低、无毒、无污染、比功率高、比能量高等优点，既有丰富的资源，还能再生利用，而且比氢燃料电池结构简单，是很有发展和应用前景的新能源。金属空气电池是以金属（Mg、Zn、Al、Li 等）作为负极活性物质、以空气（氧）作为正极活性物质的电池，空气中的氧气通过气体扩散电极到达电化学反应界面与金属反应而放出电能。由于金属空气电池的原材料丰富、性能价格比高并且完全无污染，因此被称为“面向 21 世纪的绿色能源”。

金属空气电池主要由正极、负极、电解液三大部分组成。正极是利用空气中的氧气作为活性物质，但空气中的氧气本身不能做成电极接受电子进行阴极还原，它通过载体活性炭做成的电极进行反应，载体活性炭不参加电极反应，仅提供了一个氧进行阴极还原的场所，即溶解在溶液中的一个氧分子扩散到碳电极，吸附在碳电极表面，然后再在上面进行电化学还原。氧气的还原过程被分为四电子过程和两电子过程。两电子过程中 HO^- 的存在对电极的危害性很大，因此，空气电极催化剂的一个重要功能就是加速其分解。在金属空气电池中，提高氧电极的催化性能、寻找廉价高效的催化剂是研究的热点。目前，用作氧电极的催化剂主要有贵金属及其合金、金属有机络合物、金属氧化物和碳。

金属空气电池的金属极材料可以是钙、镁、铝、铁、锌、锂等多种金属，研究得较多的是锌和铝。锌空气电池是研究得最早和最先被商品化的金属空气电池，铝空气电池则是近年来金属空气电池的研究热点。锂空气电池是一种由日本产业技术综合研究所与日本学术振兴会(JSPS)共同开发出的一种新构造的大容量锂空气电池。理论上可实现大容量的"锂空气电池"作为新一代大容量电池而备受瞩目，不过此前的锂空气电池存在正极蓄积固体反应生成物，阻隔了电解液与空气的接触，导致停止放电等问题。如果在汽车用支架上更换正极的水性电解液，用卡盒等方式补充负极的金属锂，汽车可实现连续行驶且无需充电等待时间，可以从用过的水性电解液中轻松提取金属锂，锂能够反复使用。可以说是用金属锂作为燃料的新型燃料电池。

锂离子电池目前已经开始在电动汽车上应用，为了实现长距离行驶，作为蓄电池时的高性能化和低成本化备受期待。但目前的锂离子电池受制于电池容量很难实现长距离行驶，要实现长距离行驶必须在汽车上配备大量的电池，因此存在车体价格大幅上升的问题。要实现电动汽车的普及，能源密度需达到目前的 6 ～ 7 倍。因此，理论上能源密度远远大于锂离子电池的金属锂空气电池备受关注。锂在金属电极中具有最高的理论电压(3.35 V)和电化学当量($3.86\ A\cdot h\cdot g^{-1}$)，锂金属电池与锂离子电池相比，同体积时容量要大 30% 左右，同质量时能量要高 30% 左右。由于锂金属电池的正极不需要化学加工，电池不需要进行化学工艺处理，其成本要比锂离子电池低。

下面以锂空气电池为例说明其工作原理，图 1.13 为锂空气电池的原理示意图。电池通过放电反应生成的不是固体氧化锂(Li_2O)，而是易溶于水性电解液的氢氧化锂(LiOH)，这样就不会引起空气极的碳孔堵塞。另外，由于水和氮等无法通过固体电解质隔膜，因此不存在和负极的锂金属发生反应的危险。此外，配置了充电专用的正极，可防止充电时空气极发生腐蚀和劣化。

锂空气电池负极采用金属锂条，负极的电解液采用含有锂盐的有机电解液，中间设有用于隔开正极和负极的锂离子固体电解质。正极的水性电解液使用碱性水溶性凝胶，与由微细化碳和廉价氧化物催化剂形成的正极组合。

正极(空气电极)极板由金属导电网、防水层和催化层压制而成。正极以空气中的氧

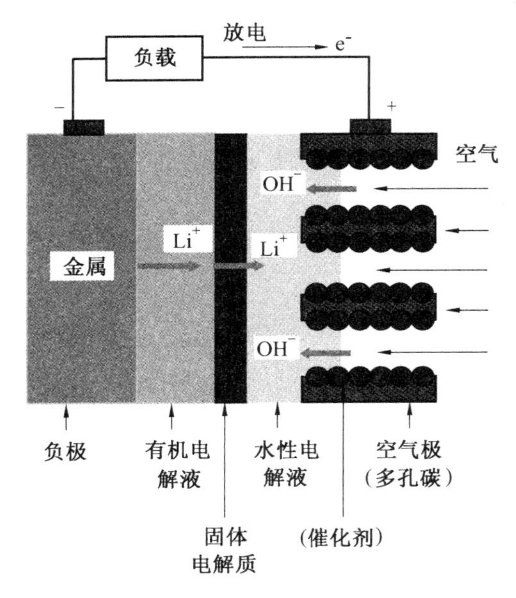

图1.13　锂空气电池的原理示意图

作为活性物质，在放电过程中，氧气在三相界面上被电化学催化还原为氢氧根离子，发生如下反应：

$$O_2 + 2H_2O + 4e \longrightarrow 4HO^-$$

放电时电极反应如下：

(1) 负极反应（$Li \longrightarrow Li^+ + e^-$）。金属锂以锂离子（$Li^+$）的形式溶于有机电解液，电子供应给外电路。溶解的锂离子（Li^+）穿过固体电解质移到正极的水性电解液中。

(2) 正极反应（$O_2 + 2H_2O + 4e^- \longrightarrow 4OH^-$）。外电路供应电子，空气中的氧气和水在微细化碳表面发生反应后生成氢氧根离子（OH^-）。在正极的水性电解液中与锂离子（Li^+）结合生成水溶性的氢氧化锂（LiOH）。

充电时电极反应如下：

(1) 负极反应（$Li^+ + e^- \longrightarrow Li$）。外电路供应电子，锂离子（$Li^+$）由正极的水性电解液穿过固体电解质到达负极表面，在负极表面发生反应生成金属锂。

(2) 正极反应（$4OH^- \longrightarrow O_2 + 2H_2O + 4e^-$）。氢氧根离子反应后生成氧气和水，电子流向外电路。

金属空气电池具有大功率、高能量、体积小和质量轻的优点，可广泛应用于携带式电子设备电源、电动车、无线电中继站及军事无线电发报机等领域。但是，目前仍存在诸多问题制约其发展和应用，不同种类的金属电池需要解决的关键技术问题也有所不同，其共性问题如下：

① 电极催化剂的活性控制及循环应用；

② 研制高性能的电极催化剂，提高氧的活性，进而提高电极反应效率；

③ 电极的钝化现象及自放电现象的控制；

④ 放电产物堵塞空气电极孔道，使放电无法继续进行，因此空气电极孔隙率的优化也是一大关键问题。

1.2.6 液流储能电池

1. 液流储能电池的研究进展

在众多的储能系统中，Thaller 首先提出了氧化还原液流储能电池(Redox Flow Cell)的概念。这种电池没有固态反应，不发生电极物质结构形态的改变，且价格便宜、寿命长、可靠性高、操作和维修费用低，所以氧化还原液流储能电池得到了一定的发展。在众多的液流储能电池中，美国航空航天局对 Cr_2Fe 电池进行了研究，后来得到很大发展。但由于 Cr 电池的可逆性差及难有合适的选择性隔膜以排除 Fe 和 Cr 的互相污染，虽然对 Cr_2Fe 电池进行了改进，但性能还不是很好，不能实用化。人们又研究开发以单一金属溶液为电解质的电池，如 Cr 系、Co 系和 V 系，其中以 V 溶液为电解质的液流储能电池的性能最好。

钒液流储能电池的研发工作最早始于 1984 年，M. Syallas 提出将 V^{2+}/V^{3+} 电对和 V^{4+}/V^{5+} 电对应用于氧化还原电池中。从美国 NASA 发现了钒可作为液流储能电池的电解质之后，1985 年澳大利亚新南威尔士大学 E. Sum 等人首先研究了 V^{2+}/V^{3+} 和 V^{4+}/V^{5+} 氧化还原对在石墨电极上的电化学行为，测量了电极反应速率和扩散系数，发现石墨可适合于钒氧化还原对的反应，并且电极表面的处理对电极反应及电极的寿命有很大的影响。V^{2+}/V^{3+} 和 V^{4+}/V^{5+} 在石墨电极表面上的活性，表明制作全钒氧化还原电池的可能性。其中用钒作为电极材料，磺化聚乙烯阳离子膜作为电池的隔膜，正、负极的电解质溶液分别为溶于 2 mol/L H_2SO_4 中的 0.1 mol/L V^{3+} 和 0.1 mol/L V^{4+} 溶液。在 3 mA/cm^2 的电流下进行充放电实验，充电电压为 2.1～2.4 V，放电曲线平缓，表现出良好的电池性能。

1988 年，Shyllas-Kazacos 等获得了全钒离子氧化还原液流储能电池的专利。后来，又将1.5 mol/L V^{4+} 和 2 mol/L H_2SO_4 的溶液作为电解质，以石墨毡作为电极材料，聚苯乙烯磺化阳离子交换膜作为电池隔膜，制作了流动型的钒电池。在 40 mA/cm^2 的电流下充电，库仑效率为 90%，放电时电压效率可达 81%，总的能量效率为 73%。他们还设计了合理的电池结构，为钒电池的实用化提供了依据。但由于隔膜的电阻较高，电极间的距离太长(约为60 mm),而且电解质溶液组成不当,电池的欧姆极化和浓差极化较大,电压效率低,所以对原来的电池进行了改进,制作了新的UNSW型钒电池。

2001年,加拿大的VRB Power公司在南非开发了250 kW的VRB系统,取得了第一个商业突破。2004年,VRB Power为美国太平洋电力(PacifiCorp)建成250 kW、2 MW·h的VRB系统,用于电站调峰,并给犹他州东南部的边远地区供电,这是在北美建立的第一个钒电池储能系统(VESS)。此后,VRB Power公司先后规范了5 kW、10 kW和50 kW系列电池堆模块化工艺,并制定了模块标准。近年来,VRB Power在北美、欧洲和非洲陆续获得多个全钒液流储能电池示范合同,成为世界上最活跃的液流储能电池商业推广和示范公司。此外,德国、奥地利和葡萄牙等国家也在开展全钒液流蓄电系统研究,并希望将其应用于光伏发电系统和风能发电系统的蓄电。

我国的全钒液流储能电池研究始于1995年,先后研制成功500 W、1 kW的样机,拥有电解质溶液制备、导电塑料成型等专利,建立了全钒液流储能电池的实验室模型,研究了电池的充、放电性能。近年来,又研制了碳塑电极,研究了全钒液流储能电池正极溶液的浓度及添加剂对反应的影响。

目前,液流储能电池绝大多数关键材料可基本实现国产化,且研发单位均对相关技术申请了相应专利。全钒液流储能电池在发达工业国家,已实现示范甚至商业运行,但我国的液流储能电池技术目前还处在实验室物理原型机或试验演示阶段,与国外相比技术上尚有较大差距。

2. 液流储能电池的工作原理

图1.14所示为氧化还原液流储能电池原理示意图。VRB正负极电极反应活性物质为溶解于一定浓度硫酸溶液中的不同价态的钒离子。电池正负极之间以离子交换膜分隔成彼此相互独立的两室。通常情况下VRB正极活性电对为$VO^{2+}/VO_2{}^{+}$,负极活性电对为V^{2+}/V^{3+}。

电极上所发生的反应如下:

正极:$VO^{2+} + H_2O + e^- \underset{充电}{\overset{放电}{\rightleftharpoons}} VO_2^+ + 2H^+$

负极:$V^{3+} + e^- \underset{充电}{\overset{放电}{\rightleftharpoons}} V^{2+}$

电池总反应:$VO^{2+} + H_2O + V^{3+} \underset{充电}{\overset{放电}{\rightleftharpoons}} VO_2^+ + V^{2+} + 2H^+$

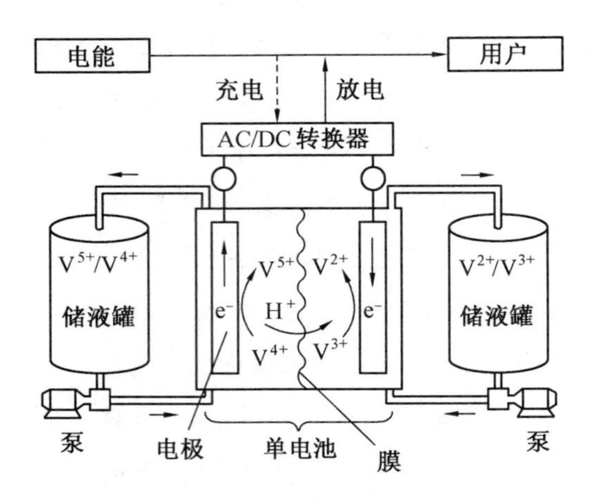

图 1.14 氧化还原液流储能电池原理示意图

3. 液流储能电池的性能特点

钒氧化还原液流储能电池是一种优秀的储能系统，它有如下的优点：

(1) 额定功率和额定能量是独立的，功率大小取决于电池堆，能量的大小取决于电解液。可随意增加电解液的量，以达到增加电池容量的目的。

(2) 在充放电期间，钒氧化还原蓄电池只是液相反应，不像普通电池那样有复杂的可引起电池电流中断或短路的固相变化。

(3) 电池的保存期无限，存储寿命长。因为电解液是循环使用的，不存在变质问题，只是长期使用后，电池隔膜电阻有所增大。

(4) 能深放电但不会损坏电池，可 100% 放电。

(5) 电池结构简单，材料价格便宜，更换和维修费用低。

(6) 通过更换电解液，可实现“瞬间再充电”。

基于这些优点，钒电池有很广泛的用途：可作为 UPS 用于剧院、医院等需要紧急照明的地方；可用于通信、铁路发送信号、无线电转播站等；可用于电动汽车、潜艇等；可作为边远地区的储能、发电系统；可进行电调峰。钒电池可实现“瞬间再充电”，对于电动汽车的开发有很大的意义，电动汽车可以在加油站直接更换电解质，实现“再充电”。

全钒液流蓄电池比其他储能系统更具明显的优越性，有很好的发展前景。不少国家投入大量的人力、物力，加紧理论探讨和关键材料的研究开发，并取得了初步的成果，因此全钒液流储能电池即将进入实用化阶段。但要实现工业化应用，还有许多关键问题需要解决。首先是选择合适的电极材料，提高钒氧化还原的电化学活性，提高全钒液流储能电池的使用寿命及电极材料的稳定性。电极及其相关材料的研究开发决定了全钒液流储能电池的工业化生产和应用，通过大幅度提高电极材料、隔膜材料性能，以实现全钒液流储能电池的产业化。

1.2.7　动力电池综述

除了上述几种主要的动力电池外，还有其他新型动力电池在研发中。各种电池的性能不一，应用领域也有所不同，表1.2对几种动力电池的性能进行了比较。综合比较可以看出：铅酸电池的技术最成熟，价格也最低(12 V系列目前国内约6.0元/(A·h))，但其比容量低，低温性能很差。镍镉(Ni－Cd)电池具有良好的大电流放电特性，耐过充放电能力强，维护简单，但电池中的Cd对环境有污染，很多国家已明令禁止。此外，镍镉蓄电池在充放电过程中如果处理不当，会出现严重的"记忆效应"，使得服务寿命大大缩短。镍氢(Ni－MH)蓄电池和锂离子及锂聚合物(Li－ion)电池是更有希望的电池。与镍镉蓄电池相比，镍氢蓄电池虽然也有轻微的记忆效应，但其具有能量密度高、充放电速度快、质量轻、寿命长、无环境污染等优点，镍氢蓄电池能量密度比镍镉蓄电池大两倍。只是，镍氢蓄电池串联电池组的管理问题比较多，一旦发生过充电以后，就会形成单体电池隔板熔化的问题，导致整组电池迅速失效。

相对传统的铅酸及镍基电池而言，锂离子电池的历史很短。锂离子电池被称为性能最为优越的可充电电池，号称"终极电池"，受到市场的广泛青睐。锂离子具有能量密度高、充放电速度快、质量轻、寿命长、无环境污染等优点，循环寿命长，一般均可达到500次以上，甚至1 000次以上。锂离子电池主要的问题是在过充电和过放电状态电池会发生爆炸，因此对充放电过程的有效控制是锂离子电池应用研究中的重要课题。而对于近期的发展目标来看，锂离子电池的价格要高于镍氢蓄电池，且安全性较低。

液流储能电池是一类适合于固定式大规模储能(蓄电)的装置，相比于目前常用的铅酸蓄电池、镍基电池等二次蓄电池，具有功率和储能容量可独立设计(储能介质存储在电池外部)、效率高、寿命长、可深度放电、环境友好等优点，是规模储能技术的首选。

表1.2　动力电池的性能对比表

电池种类	单体标称电压/V	功率上限	比容量/(W·h·kg^{-1})	比功率/(W·kg^{-1})	循环寿命/次	充放电效率/%	自放电/(%·月$^{-1}$)
铅酸	2.0	数十MW	35～50	75～300	0.5 k～1 k	0～80	2～5
锂离子	2.4～3.7	几十kW	150～200	200～315	1 k～10 k	0～95	0～1
镍氢	1.0～1.3	几十MW	75	150～300	2 k	0～70	5～20
钠硫	2.08	十几MW	150～240	90～230	0.5 k	0～90	—
全钒液流	1.4	数百kW	80～130	50～140	13 k	0～80	—

据预测，未来10～20年将是动力电池的高速发展阶段，高性能、低成本的动力电池及其相关材料的开发将对其发展起到决定性作用。锂离子电池因其高电压、高能量密度以及良好的高、低温放电特性将成为动力电池的首选。目前锂离子电池的安全性是制约其应用于动力系统的瓶颈，锂离子动力电池在大电流工作状态下，由于温度升高引起的安全性问题是首先要解决的问题。提高安全性需要使用高精度、高灵敏度的电池组管理系统。燃料电池是今后发展的重要方向，但目前存在成本高的问题，考虑到汽车的运行特点，采用混合驱动方案是未来电动汽车发展的主流。

1.3 电场能储能电源

1.3.1 超级电容器

超级电容器(Ultra Capacitor，UC)也称电化学电容器，是介于传统电容器和蓄电池之间的新型储能元件。表1.3给出了超级电容器与普通电容器和二次电池的性能对比，与传统的电容器和二次电池相比，超级电容器的比功率是电池的10倍以上，储存电荷的能力比普通电容器高，并具有充放电速度快、循环寿命长、使用温限范围宽、对环境无污染以及高可靠性等特点[40-45]，适用于大功率脉冲电源、电动汽车驱动电源、电网负荷质量调节等领域，而超级电容器具有很高的功率密度，非常短的充电放电时间，因此超级电容在电动汽车领域有着广阔的应用前景，超级电容器是未来电动汽车开发的重要方向之一。

表1.3 三种储能设备特性对比

	普通电容器	超级电容器	二次电池
功率密度 /($W \cdot kg^{-1}$)	$10^4 \sim 10^6$	$10^2 \sim 10^4$	< 500
能量密度 /($W \cdot h \cdot kg^{-1}$)	< 0.2	$0.2 \sim 20.0$	$20 \sim 200$
循环寿命	$10^5 \sim 10^6$	$> 10^5$	$< 10^3$
充电时间	$10^{-3} \sim 10^{-6}$ s	0.3 ～ 30 s	1 ～ 5 h
放电时间	$10^{-3} \sim 10^{-6}$ s	0.3 ～ 30 s	0.3 ～ 3 h
充放电效率	$> 95\%$	85% ～ 98%	70% ～ 85%

迄今为止，美国、俄罗斯、日本、欧盟等国外的研究机构和生产厂家在超级电容器研究中已经取得了一定的成就，国内部分高校和研究院所也开展了相关的研究。目前已经有一些低电压小容量超级电容器产品实现了商业化，著名的产品如美国Maxwell，日本

NEC、Panasonic、ELNA、TOKIN 等，德国 EPCOS 等，而具有高电压、高能量和功率密度的电容器仍在研究之中，数万法拉级牵引型超级电容器作为纯电动汽车主能源或者混合动力汽车与燃料电池车的辅助能源具有良好的应用前景，目前，生产厂家主要有俄罗斯 ESMA、哈尔滨巨容公司和上海奥威等。作为一种新型储能设备，超级电容器以其足够的优势在现有的储能器件中占有重要的地位。目前，关于超级电容器电极材料的研究方兴未艾。如何制备一种综合性能优异的电极材料，在全世界范围都是一个新课题。随着在材料及工艺方面研究的不断深入，超级电容器的性能将不断提高，应用领域将不断拓宽，其市场应用前景将更加光明。

许多国家都在研究将超级电容器组作为单一能源的电动汽车，俄罗斯研究的电动公交车满载质量为 9 500 kg，可容纳 50 名乘客，最大车速为 20 km/h；电动卡车满载质量为 4 000 kg，最高车速为 70 km/h，它们采用相同的超级电容器组，输出能量为 8.6 kW·h，电容器组中电容器数量为 300 个，最大工作电压为 180 V，最小工作电压为 80 V，总质量为 950 kg，总充电时间为 12 ～ 15 min。

1. 超级电容器的储能原理

在双电层电容器的典型结构中，用两个金属集流体来固定碳粉电极，碳电极之间用电解质隔开，电解质通常呈溶液状（图 1.15、图 1.16），隔膜则采用多孔绝缘材料。

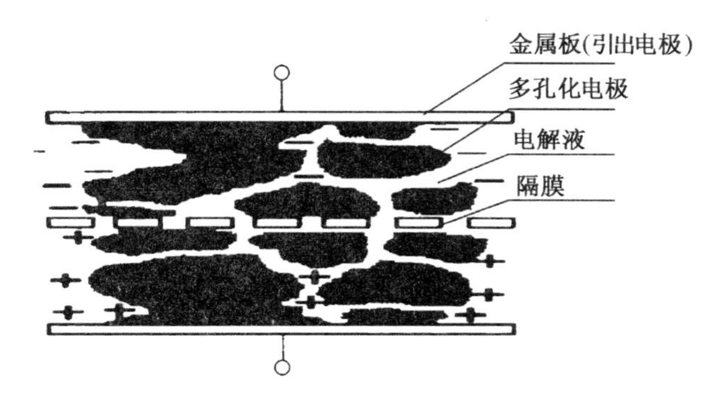

图 1.15　双电层电容器的典型结构

超级电容器的最大可用电压由电解质的分解电压所决定。电解质可以是水溶液（如强酸或强碱溶液），也可以是有机溶液（如盐的质子惰性溶剂溶液）。用水溶液体系可获得高容量及高比功率，因为水溶液电解质电阻较非水溶液电解质低，水溶液电解质电导率为 $10^{-1} \sim 10^{-2}$ S/cm，而非水溶液体系电导率则为电解质电导率，为 $10^{-3} \sim 10^{-4}$ S/cm，选用有机溶液体系则可获得高电压（因为其电解质分解电压比水溶液的高，有机溶液分解电压约为 3.5 V，水溶液则为 1.2 V），从而也可获得高的比能量。

由于超级电容器单体电压较低，设参数为 2 400 F 的超级电容器，将它们串联起来作

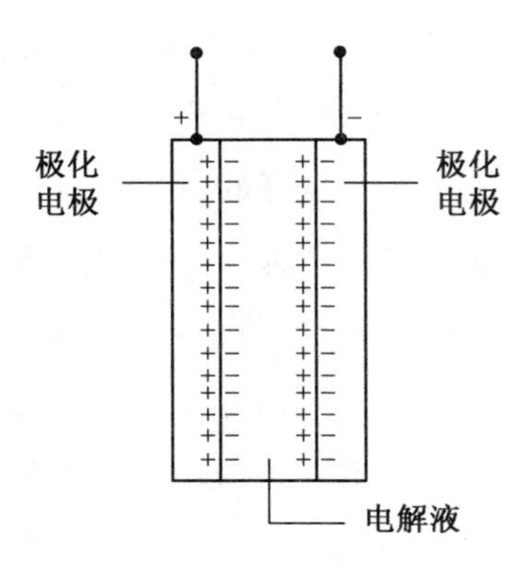

图 1.16　双电层电容器原理

为储能器件使用，电容量为 480 F，工作电压范围为 3.5 ～ 13.5 V，此时，超级电容器组件可储能为

$$E/\mathrm{J} = \frac{1}{2}CU^2 = \frac{1}{2} \times 480 \times 13.5^2 = 43\ 740$$

最大可释放的能量为

$$E/\mathrm{J} = \frac{1}{2}C(U_1^2 - U_2^2) = \frac{1}{2} \times 480 \times (13.5^2 - 3.5^2) = 40\ 800$$

由上面的计算可知，超级电容器的能量是依靠其电容值与其端电压而得到的，与电容值成正比关系，与其端电压的平方成正比关系。在超级电容器使用中，端电压是随着充放电而变化的。

图 1.17 为超级电容器和一些传统及先进电池的功率密度、能量密度之间关系的曲线比较。从图中可以看出，超级电容器功率密度很高(400 ～ 1 000 W/kg)，但其比能量只有几个(W·h)/kg。

超级电容器的性能特点：

① 充电速度快，充电 10 s 至 10 min 可达到其额定容量的 95% 以上；

② 循环使用寿命长，循环使用次数可达 1 万 ～ 50 万次，无记忆效应；

③ 大电流放电能力超强，能量转换效率高，过程损失小，大电流能量循环效率 ≥ 90%；

④ 功率密度高，可达 300 ～ 5 000 W/kg，相当于电池的 5 ～ 10 倍；

⑤ 无污染，是理想的绿色环保电源；

⑥ 充放电线路简单，无需充电电池那样的充电电路，安全系数高，长期使用免维护；

⑦ 工作温度宽，为 −40 ～ +70 ℃；

⑧ 检测方便，剩余电量可直接读出；

⑨ 有超强的荷电保持能力，漏电源非常小。

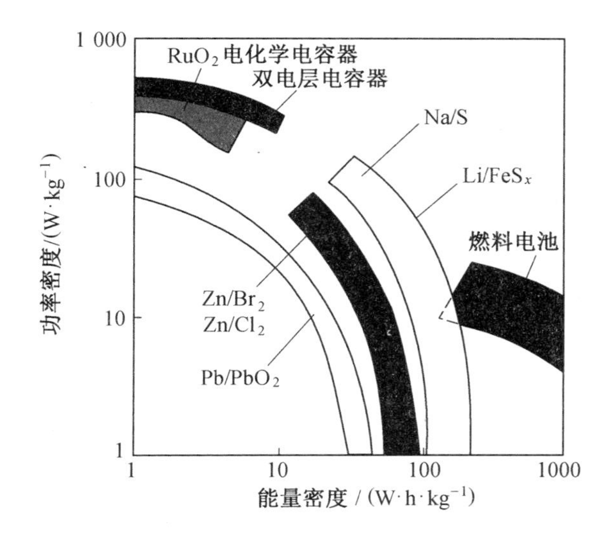

图 1.17　双电层超级电容器、电化学电容器与可充电电池及燃料电池的能量密度、功率密度比较

2. 超级电容器的充放电特性

超级电容器的一个很大的缺点是其参数的离散性，即使是同一型号规格的超级电容器，在其电压、内阻、容量等参数上都存在着不一致性，这主要是由制造过程中工艺和材质不均造成的，而在使用过程中一般需要采用串联的方式提高整体的输出电压，充电时大多采用先恒流后恒压的充电方式。如图 1.18 所示，充电前期采用恒流充电，当电容电压达到一定值后，即 t_0 时刻，再采用恒压充电。因为超级电容器的离散性，各单体到达充满时刻的时间就会不同，如果直接进行串联充电可能会使某些单体过充，而某些单体又欠充，严重危害超级电容器的使用寿命；放电时同样如此，会出现某些单体过放现象。因此保证各单体的均衡充放电，并有效发挥所储存的能量，有着非常重要的意义。

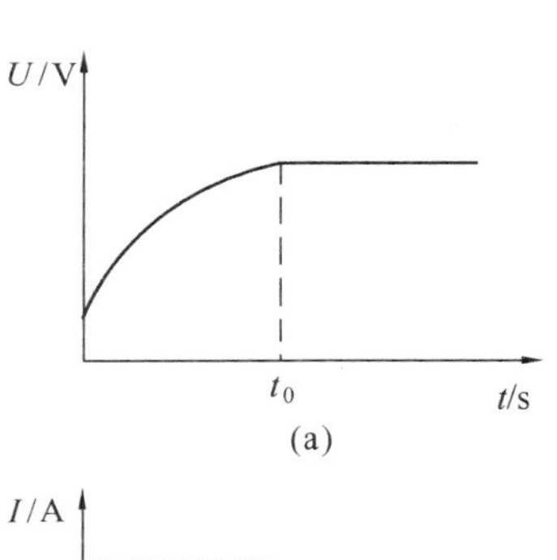

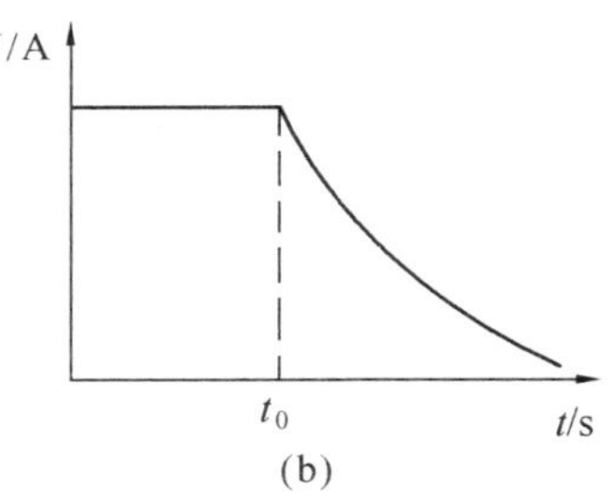

图 1.18　电容器充电电压电流图

1.3.2　高压电容器

高压脉冲电容器能够在有限的时间内由一个功率不大的电源充电，把能量($W=\frac{1}{2}CU^2$)储存在电容器中。而在需要时可在极短时间内(几个微秒到几十毫微秒)放出，这是其他储能器如蓄电池和冲击发电机等难以做到的。强大的冲击电流和脉冲功率可以产生极高的温度、强大的电磁场和冲击波。在高压试验、激光技术、核子研究、地质勘探、等离子技术和火箭技术等方面有着广泛的应用。世界各国，特别是美国在高压脉冲电容器的储能密度、寿命、低电感、高稳定性和介质材料方面做了大量的科学研究工作，取得了不少进展。我国近年来在高压脉冲电容器方面也做了不少工作，取得了一定的成果。

在输电线路中，利用高压电容器可以组成串补站，提高输电线路的输送能力；在大型变电站中，利用高压电容器可以组成SVC，提高电能质量；在配电线路末端，利用高压电容器可以提高线路末端的功率因数，保障线路末端的电压质量；在变电站的中、低压各段母线，均会装有高压电容器，以补偿负荷消耗的无功，提高母线侧的功率因数；在有非线性负荷的负荷终端站，也会装设高压电容器，作为滤波之用。

评价高压储能脉冲电容器的主要指标是储能力大、给能效率高、寿命长、体积小和质量轻或比能特性高。然而，提高电容器的储能力和寿命与减少体积和质量是有矛盾的。如何在这一矛盾中取得合理的统一，这是目前研究的重要课题之一。

高压储能电容器的脉冲放电过程可叙述为缓慢充电、快速放电，可用充放电过程中电容器两端的$U-t$变化图来表示。充电和等待发射时间(t_1+t_2)，一般为几秒或数十秒；放电发射时间t_3，一般为μs级甚至更短，远远小于介质的时间常数。放电时，由于放电回路电感、电阻的影响，会产生衰减振荡，出现反峰电压。图1.19所示为高压电容器的充放电曲线。

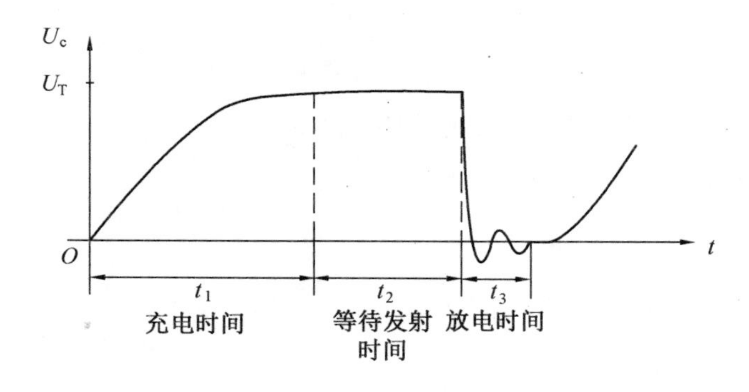

图1.19　高压电容器的充放电曲线

高压电容器主要有 H 形接线和分支接线两种接线方法[56]，如图 1.20 所示。H 形接线配置了不平衡电流互感器 TA1 和总电流互感器 TA2，直接测量电容器的不平衡电流和总电流；分支接线配置了两个分支电流互感器 TA1 和 TA2，电容器的不平衡电流和总电流通过计算得到。这两种接线方式各有利弊。

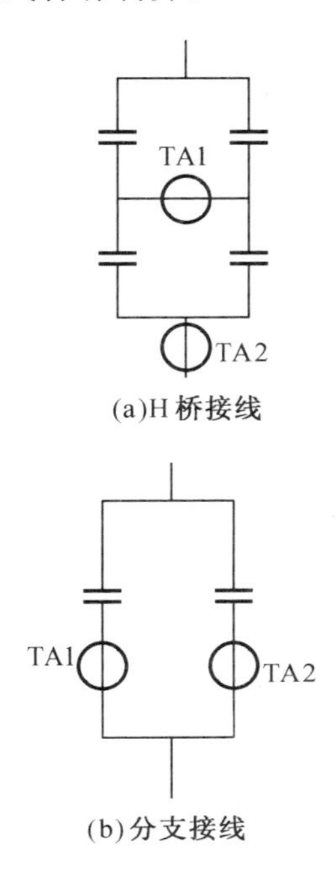

图 1.20　高压电容器的两种接线方式

采用 H 形接线时，由于不平衡电流由互感器直接测得，不平衡电流测量精度仅与不平衡电流互感器特性有关，可以根据需要选择合适的精度，确保一个电容器元件损坏时流过不平衡互感器的电流大于测量误差范围，保证测量值的有效性。这种接线方式适合于各类电容器，但互感器选型时要针对不平衡电流互感器和总电流互感器分别开展选型工作。

采用分支接线时，不平衡电流为该分支电流互感器的测量值之差，不平衡电流精度不仅取决于分支电流互感器的自身特性，还取决于两个互感器特性的一致性。分支接线方式适合于一个电容器元件损坏将导致不平衡电流有较大变化的无熔丝电容器。由于分支电流互感器采用同一类型，减少了选型的工作量，但必须确保不平衡电流互感器的误差满足工程需要，必要时需要进行互感器的特性匹配工作。

高压电容器通常由多个电容器单元串并联构成，而每个电容器单元内部又由若干只电容元件串并联组成。高压并联电容器内部电气连接示意图如图 1.21 所示[56]。图中 S 和 P 分别为其桥臂电容器串联数和并联数，S_0 和 P_0 分别为高压电容器串联数和并联数，

S_1 和 P_1 分别为单台电容器串联数和并联数。

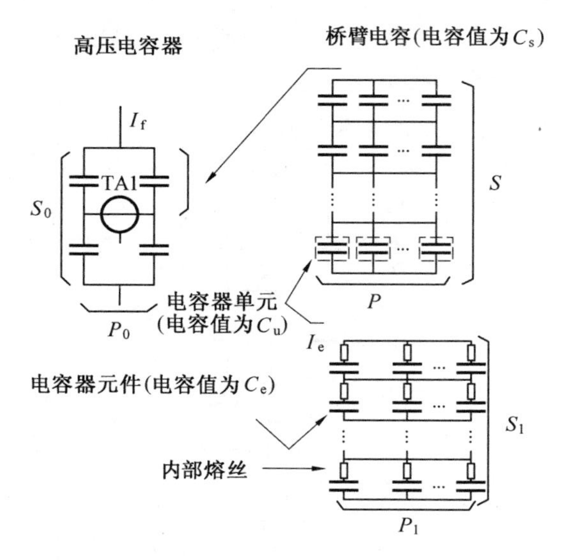

图 1.21　交流滤波器电容器结构图(H 桥接线)

1.4　磁场能与机械能储能电源

1.4.1　超导电感

超导储能(Superconducting Magnetic Energy Storage,SMES)是 1969 年法国的 Ferrier 构想的,用来平衡法国电力系统中的日负荷变化。SMES 是将能量以磁场能的形式储存在超导线圈中,通过变换器与电力系统进行四象限的功率交换,其整体结构可分为超导线圈、变换器、制冷装置、监控系统和失超保护几个主要部分,如图 1.22 所示。SMES 可以分为低温超导储能与高温超导储能两种。图 1.23 所示为超导储能系统用快速充放电高温超导磁体,是当前世界上最大的高温超导磁体之一。

超导线圈在通过直流电流时没有焦耳损耗,因此超导储能适用于直流系统。它可传输的平均电流密度比一般常规线圈要高 1 ～ 2 个数量级;可以达到很高的能量密度,约为 10^8 J/m^3。与其他的储能方式如蓄电池储能、压缩空气蓄能、抽水储能及飞轮储能相比,具有转换效率高(可达 95%)、响应速度快(毫秒级)、功率密度和能量密度大、寿命长、污染小等优点。其缺点是成本高,包括装置成本和运行成本。超导磁储能装置不仅可用于调节电力系统的峰谷,而且可用于降低甚至消除电网的低频功率振荡,从而改善电网的电压和频率特性。此外,它还可用于无功和功率因数的调节以改善系统的稳定性。

电磁线圈通过充电从电网中获取能量,然后通过放电释放储能,给定超导线圈电感

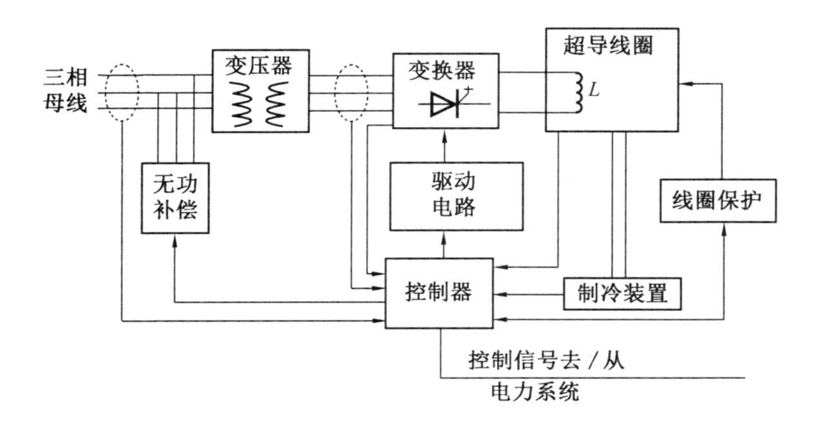

图 1.22　SMES 装置结构框图

图 1.23　超导储能系统用快速充放电高温超导磁体

L，通过线圈的电流为 I，则储存能量 E 为

$$E = \frac{1}{2}LI^2 \tag{1.3}$$

在放电时，假设电磁储能装置在特定时间 t_s 内为恒功率 P_0 放电，根据能量守恒，可知在任意放电时刻 $t < t_s$，线圈中的能量 $E(t)$ 为

$$E(t) = E - P_0 t \tag{1.4}$$

当 $t = t_s$ 时，线圈中的电流 I_s 为 $I_s = \frac{P_0}{U}$，U 为线圈放电时的电压。当 $I < I_s$ 时，系统将不能再以恒功率 P_0 放电，其放电功率减小的程度取决于放电深度系数 λ，λ 定义为输出能量 E_d 与存储能量 E_s 的比值，即

$$\lambda = \frac{E_d}{E_s} = \frac{P_0 t_s}{E_s} \tag{1.5}$$

由上述分析可知，在任意放电时刻 t 线圈中的电流为

$$I(t)=\frac{P_0}{U\sqrt{1-\lambda}}\sqrt{1-\lambda\frac{t}{t_s}} \tag{1.6}$$

由此可知，线圈电流取决于λ和线圈运行电压U，由方程(1.4)和方程(1.6)可得任意时刻t线圈中的能量为

$$E(t)=E_s-\frac{E_s\lambda}{t_s}t=\frac{P_0t_s}{\lambda}\left(1-\lambda\frac{t}{t_s}\right) \tag{1.7}$$

超导储能系统由于其存储的是电磁能，这就保证超导储能系统能够非常迅速地以大功率形式与电网进行能量交换。另外，超导储能系统的功率规模和储能规模可以做得很大，并具有系统效率高、技术较简单、没有旋转机械部分、没有动密封问题等优点。对于其他储能技术，无论其如何发展，都不可能消除能量形式转换这一过程，所以无论是现在还是将来，超导储能技术将始终在功率密度和响应速度这两方面保持绝对优势。所以，作为电能存取的技术，超导储能技术的应用价值很高，在进行输/配电系统的瞬态质量管理、提高瞬态电能质量及电网暂态稳定性和紧急电力事故应变等方面具有不可替代的作用，从而带来巨大的经济效益和社会效益。由于采用灵活快速的电力电子变换器，SMES还具有其他优点，主要表现在以下几方面：

(1) 响应迅速、控制方便。SMES通过变换器与交流系统相连，响应时间能达到毫秒级。改变电力电子器件的触发角，就能改变装置输出功率，容易实现远方控制。

(2) 效率高。SMES的储能损耗为0.1%/小时，转换效率可达95%。其他储能装置在使用过程中都有能量形式的转换过程，效率受到限制。

(3) 使用灵活。SMES具有体积小、质量轻的优点，尤其是小型或微型装置，可以制成移动式的。

(4) 由于其储能量与功率调制系统的容量可独立地在大范围内选取，因此可将超导储能系统建成所需的大功率和大能量系统。

(5) 寿命长。超导储能系统除了真空和制冷系统外没有转动部分，使用寿命长。

超导磁储能系统(SMES)的这些优点使得其具有广泛的用途，如改善供电质量、提高电力系统传输容量和稳定性、脉冲功率应用等。

1.4.2 超高速飞轮

超高速飞轮，又称飞轮储能器或飞轮电池，它利用超高速旋转的飞轮储存能量，并通过机电能量转换装置实现机械能和电能的相互转换。飞轮储能早在内燃机上广为使用，但仅作为运转平稳的调节部件。具有电池功能的飞轮电机系统(飞轮机械电池)研制始于20世纪50年代，工程师设想用超级飞轮储能并作为汽车的主要动力源。具有工程实

用意义的飞轮机械电池在 20 世纪 90 年代陆续出现，美国 Active 电源公司到 2007 年底已为商家提供上千套飞轮电机作为不间断电源的电池[61]。由于其比能量高、比功率高、电能和机械能之间的转化效率高、能快速充电、可实现免维护和具有良好的性能价格比等特点，超高速飞轮在电动汽车、航空航天、电网调峰、风力发电系统的不间断供电及军事等领域有着广泛的应用前景[62-64]。

飞轮储能是指利用电动机带动飞轮高速旋转，将电能转化成机械能储存起来，在需要时再用飞轮带动发电机发电的储能方式。飞轮储能器中没有任何化学活性物质，也没有任何化学反应发生。

如图 1.24 所示，现代飞轮储能电源的典型特征是借助功率电子技术控制下的电机，既能作为电动机驱动飞轮储能，又能作为发电机在飞轮带动下发电运行释放能量。飞轮储能电源的突出优点是可快速充放电，循环次数多，使用寿命长。目前飞轮储能电源系统通常待机在高速状态，系统固有的较高自损耗特性使其中长期储能效率偏低，并且由于储能容量提高困难，因此比较适合于放电工作时间在秒、分级别的场合，比如在备用发电机组启动期间为用户系统提供可靠的电力。

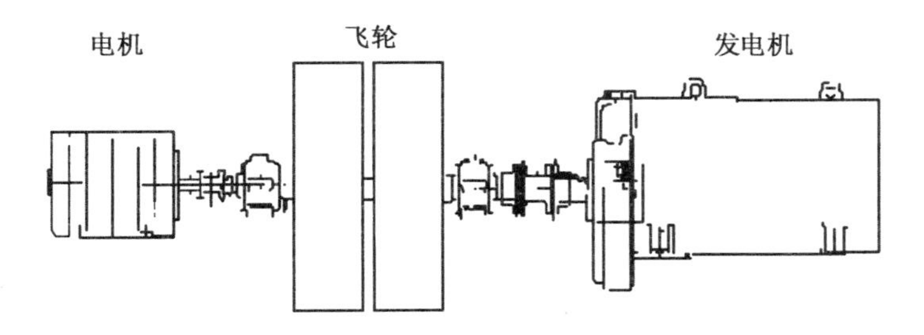

图 1.24　飞轮储能电源的工作原理示意图

飞轮储能电源系统由飞轮、轴承、电机、控制器和辅助系统组成，如图 1.25 所示。飞轮的形状通常采用等应力设计原则，即飞轮转子的每一部分都具有相等的应力，因此飞轮厚度应随着转子半径的增加而递减。而且要求飞轮转子的材料绝对均匀和平衡，且必须有非常好的动平衡精度。超高速飞轮储能装置中有一个内置电机，它既是电动机也是发电机。当充电时，它作为电动机给飞轮加速；当放电时，它又作为发电机给外设供电，此时飞轮的转速不断下降；而当飞轮空闲运转时，整个装置则以最小损耗运行。由于电机转速高，运转速度范围大，且工作在真空之中，散热条件差，所以电机的工作性能要求非常高。现在常用的电机有永磁无刷电机、三相无刷直流电机、磁阻电机和感应电机等。为了减少损耗，延长使用寿命，超高速飞轮的轴承多采用非机械接触式，常用的有超导磁悬浮、电磁悬浮、永磁悬浮等支承方式。

为了实现电能和机械能之间的转换，需要考虑的另外一个问题是实现电能不同方式转换功率变换器的设计，功率变换器必须能够实现双向功率流动，既可以向永磁无刷电动机供能，又可以从永磁无刷电动机吸收能量，并且功率变换器还应具有较高的功率密度和能量转换效率。马里兰大学开发出的“敏捷微处理电力转换系统”，在飞轮运行于电动模块时，其功能为电动机控制器，而运行于发电模块时，功能为交流转换器；美国 Beacon 动力公司采用脉冲宽度调制转换器，实现从直流母线到三相变频交流的双向能量转换，飞轮系统具有稳速恒压功能(图 1.26)；我国中科院电工研究所采用感应电机调速控制，实现了飞轮中机械能的存储和释放，在飞轮能量释放过程中，利用电压反馈控制，负载能获得恒定的电功率。

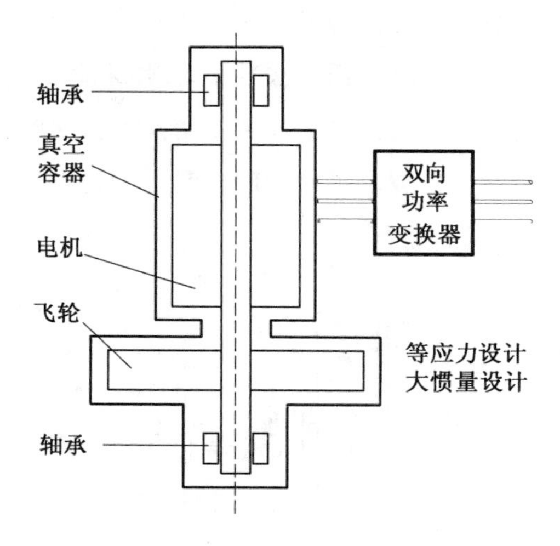

图 1.25 飞轮储能电源系统的结构

图 1.26 Beacon 公司 /Piller 公司的飞轮电池

旋转时的飞轮是纯粹的机械运动，飞轮在转动时的动能为

$$E=\frac{1}{2}J\omega^2=\frac{1}{4}m(r\omega)^2 \tag{1.8}$$

式中，J 为飞轮的转动惯量，$kg \cdot m^2$；ω 为飞轮旋转的角速，rad/s；m 为转体的质量，kg；r 为

旋转半径，m。

飞轮转动时的动能与飞轮的转动惯量成正比，而飞轮的转动惯量又正比于飞轮的直径和飞轮的质量，过于庞大、沉重的飞轮在高速旋转时，会受到极大的离心力作用，往往超过飞轮材料的极限强度，很不安全。因此，用增大飞轮转动惯量的方法来增加飞轮的动能是有限的。飞轮的动能与角速度的平方成正比，在不增加飞轮直径和飞轮质量情况下，提高飞轮旋转的角速度，能够明显地提高飞轮的动能。现代飞轮储能器所用的飞轮，一般尽量做成尺寸小、质量轻、超高速旋转的小型飞轮，飞轮的转速可以达到 200 000 r/min 以上。当然，飞轮的最大转速还受材料承载应力的限制。

超高速飞轮的存储能量及释放能量可用其功率来描述，即

$$P_c(t)=[J_f\omega(t)+C_1\omega^2(t)+C_2]\omega^2(t) \tag{1.9}$$

$$P_d(t)=[J_f\omega(t)+C_1\omega^2(t)-C_2]\omega^2(t) \tag{1.10}$$

式中，P_c 为存储功率；P_d 为释放功率；J_f 为飞轮转子的转动惯量；C_1 为空气阻力系数（由飞轮转子周围空气产生）；C_2 为旋转阻力系数（由飞轮转子的惯性产生）。

在飞轮储存能量和释放能量过程中，要受到周围空气阻力的作用，因此超高速飞轮一般是在密封的真空外壳中高速旋转。但飞轮角速度由 ω_{min} 逐渐增加到 ω_{max} 时，飞轮动能变化产生的阻力转矩随飞轮角速度变化是递增的，其关系是

$$\left.\begin{aligned}\frac{dE}{d\omega}&=-M_h\omega\frac{dt}{d\omega}\\M_h&=-C_1\omega^2(t)-C_2\end{aligned}\right\} \tag{1.11}$$

式中，M_h 为飞轮能量变化产生的阻力转矩。

超高速飞轮的能量储存与释放工作循环如图 1.27 所示，在飞轮储存能量时飞轮转子加速，之后飞轮保持匀速旋转，在飞轮释放能量时飞轮转子减速。

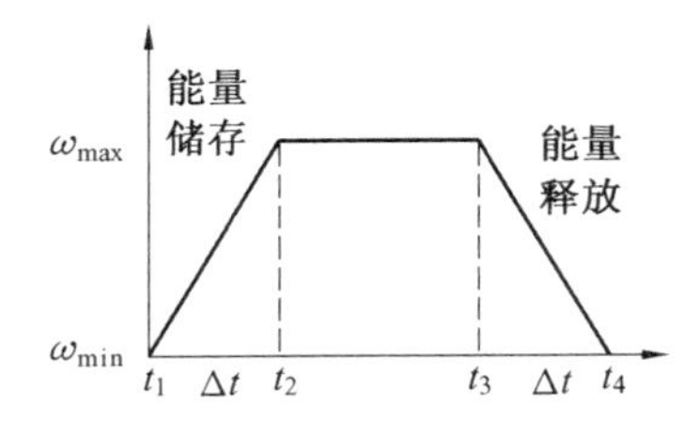

图 1.27　超高速飞轮能量储存与释放工作循环

超高速飞轮多采用绕垂直轴旋转的结构形式，因为在地球重力场中，与绕水平轴旋转的超高速飞轮相比，绕垂直轴旋转的超高速飞轮受地球重力场的影响较小，而且绕垂直轴旋转的超高速飞轮的陀螺效应，更有利于飞轮储能器保持稳定的运转。

飞轮单位质量储存的动能即储能密度，飞轮结构设计目标是在最小的质量或体积内获得最大动能，但高速旋转的物体因离心力引起巨大的结构内部应力可能导致材料的断裂破坏，因此结构强度是限制提高转速的决定性因素，高强度、低密度的材料及经优化设计的飞轮形状才能满足高速飞轮的要求。传统金属材料飞轮的储能密度小于 30 W・h・kg^{-1}，采用玻璃纤维、碳纤维等增强复合材料结构的飞轮可以制造出 80 ~ 120 W・h・kg^{-1} 的飞轮。

与固定的储能装置不同，超高速飞轮目前面临着两大问题：首先，当系统运行方向发生变化（比如车辆转弯或产生颠簸偏离直线行驶）时，飞轮将会产生陀螺力矩，陀螺力矩将严重影响系统的操纵性能；其次，当飞轮出现故障时，以机械能形式储存在飞轮中的能量就会在短时间内释放出来，产生的大功率输出将对系统及使用母体产生巨大破坏。减小陀螺力矩的一个简单措施是使用多个小型飞轮，并把它们连接成组，一半以顺时针旋转，另一半以逆时针旋转。理论上，作用在使用系统上的总陀螺力矩为零。但实际上，这些飞轮的分布排列及协调工作还存在许多问题，而且，这些飞轮总的比能量和比功率可能会小于单个飞轮的比能量和比功率。这种方法虽已有应用，但尚待完善。另一种新型抑制措施，是采用增大飞轮转子边缘的厚度，而不是按照等应力设计原则减小飞轮的边缘厚度，当飞轮转子出现故障时，转子边缘较厚的部分会首先脱落，起到保险丝的作用。国外发明的名为“开富勒（Kavlar）”的飞轮转子，使用强度高、密度小的碳纤维增强型环氧树脂复合材料，当飞轮受离心力作用而破坏时，这种材料会分散成絮状绒毛，不会造成危害，故选择超强复合材料是解决飞轮面临问题的安全措施之一。

1.5 电压源型储能电源特性的模型描述

电池的等效模型通常分为两种：一种是经验模型；另一种是机理模型（即电化学模型）。电池的机理模型考虑发生在电池内的电化学动力学、传荷过程等，因此与经验模型相比，机理模型在预测电池行为时具有更高的精度。但由于模型复杂，参数辨识过程繁琐，仿真环境要求较高，因此在实时控制中的应用受到限制。

储能电源的经验模型是在不考虑电源内物理化学反应过程的条件下，根据之前的实测数据来预测电池行为的一种模型。通常采用多项式、指数、幂函数、对数及三角函数等来表示经验模型。由此可知，经验模型的仿真计算效率很高，但由于该模型的数学表达式是在某一特定工况通过拟合试验数据而获得的，因此对于电源的其他放电工况，该模型的预测效果会有偏差。电源的另一种经验模型是等效电路模型，它是用电压源、电阻和电容等组成的电路来等效电池充放电行为，利用电路模型仿真可以得到电池两端端电压的曲线，无法获得电源运行过程中内部各变量的变化情况。该模型对电源的充放电工况较敏感，不同充放电工况下得到模型中参数的表达式均有所不同，这样就会导致在该放电工况下得到的模型参数在预测其他放电工况的端电压曲线时效果较差。其优点是模型较为简单，仿真过程容易实现，适合实时控制应用场合。

1.5.1　电池的电化学机理模型

随着电池日益广泛的应用，由其健康状况引发的一系列问题开始显露出来，主要体现在安全和寿命两个方面。如，近年来几乎所有品牌的笔记本电脑电池都曾发生过起火、爆炸的安全事故；在电动汽车领域，大容量电池的安全隐患和低效率已经成为制约其发展的瓶颈问题。从应用的角度出发，为了解决上述问题，准确地估计、预测电池寿命及监测其健康状态，指导电池的运行和维护，构建电池的状态监测和健康管理系统，需要借助电池的等效机理模型[21-25]，要求该模型对电池运行行为具有非常好的预测性，利用模型的预测结果分析电池可能引起的事故，避免电池安全事故的发生。本节以锂离子电池为例，介绍几种目前常用的电化学机理模型。

锂离子电池的等效模型目前已有20多年的发展历史。根据模型的复杂程度，电池的机理模型又分为两类：准二维数学模型和单粒子模型。

电池的准二维数学模型最早是由T. Fuller，M. Doyle和J. Newman等人建立的。早在20世纪90年代，他们就根据多孔电极理论和浓溶液理论建立了锂离子电池的通用数学模型，进而描述锂离子电池的内部行为。该模型方程包括一组高度耦合的非线性偏微分方程及其满足的边界条件和初始条件。对电池研究者来说，目前该模型应用最为广泛，通过模型的仿真我们可以得到两个电极中的固相浓度、液相浓度、固相电势和液相电势及隔膜中的液相浓度和液相电势。

单粒子模型由B. Haran提出，他最早是为了研究金属氢化物电极中的氢扩散系数。D. Zhang等人将该思想应用到锂离子电池模型领域，利用单个粒子代替一个电极，建立了电池的单粒子模型。在这个模型中，简单地考虑传荷过程的影响，认为扩散和迁移只发生在粒子内，忽略液相浓度和液相电势对电池端电压的影响。正是由于这些简化和近似，单粒子模型的仿真速度很快，但是该单粒子模型仅适用于一些限制条件下，如小倍率放电和薄电极等。为了提高单粒子模型的仿真精度，A. P. Schmidt等人对单粒子模型进行了扩展，考虑了液相浓度和液相电势的分布、荷电状态对电极扩散系数的影响及温度对动力学过程的影响。

1. 锂离子电池的准二维数学模型

基于多孔电极理论和浓溶液理论，考虑电池中的各个物理化学反应原理，如质量平衡，反应动力学和热动力学，Doyle 等人在做出下列假设性条件的情况下建立了锂离子电池的准二维数学模型，假设性条件包括：

① 在电池反应过程中不产生任何气体，电池内仅存在固相和液相过程；

② 电池反应过程中无副反应发生；

③ 充放电过程中电池体积没有发生变化，孔隙率为恒值；

④ 活性物质为均匀的球形颗粒；

⑤ 电池充放电过程中产生的热量忽略不计：

⑥ 粒子内的固相扩散系数与电池的荷电状态(SOC) 无关。

依据上述假设条件，则描述锂离子电池中的物理化学反应方程有：

①Bulter－Volume 方程，描述正、负极区域内活性粒子表面与电解液溶液临界面处的电化学反应过程；

② 固相扩散过程，描述正、负极区域活性物质粒子内部的锂离子扩散过程；

③ 液相扩散过程，描述正、负极及隔膜区域内电解液中的锂离子扩散过程；

④ 固相欧姆定律，描述正、负极区域内活性物质粒子的电势分布；

⑤ 液相欧姆定律，描述正、负极及隔膜区域内液相电势的分布。

这样，就可以得到预测电池充放电行为的控制方程、初始条件及边界条件。下面结合图 1.28 所示锂离子电池的结构示意图，对锂离子电池内正极、隔膜和负极三个区域的模型方程进行描述。

图中 L 为电池正、负极及隔膜区的总厚度；l_p、l_s 和 l_n 分别为正极区、隔膜区和负极区厚度；c 为电解质浓度；r 为径向坐标；x 为空间坐标；c_s 为电极嵌入粒子中的锂离子浓度。

(1) 正极区域方程。根据锂离子电池的充放电过程，建立电池的准二维数学模型方程。电池开始工作时，在电极球形粒子的表面上发生电化学反应，根据电池的工作电流，即可计算得到各处粒子表面上的反应离子流密度。由 Butler－Volmer 动力学方程可知，粒子表面的反应离子流密度 j_p 与其表面上的过电势满足关系表达式

$$j_p = 2k_p\left(c_{s,p,\max} - c_s\Big|_{r=R_p}\right)^{0.5}\left(c_s\Big|_{r=R_p}\right)^{0.5}c^{0.5}\sinh\left[\frac{0.5F}{RT}(\Phi_1 - \Phi_2 - U_p)\right] \quad (1.12)$$

其中，$\Phi_1 - \Phi_2 - U_p = \eta_p$，$\eta_p$ 为过电势。在粒子表面发生电化学反应导致了粒子表面的锂离子浓度升高或降低，进而促进了球形粒子内的锂离子扩散，粒子内各处的锂离子浓度得到重新分布。

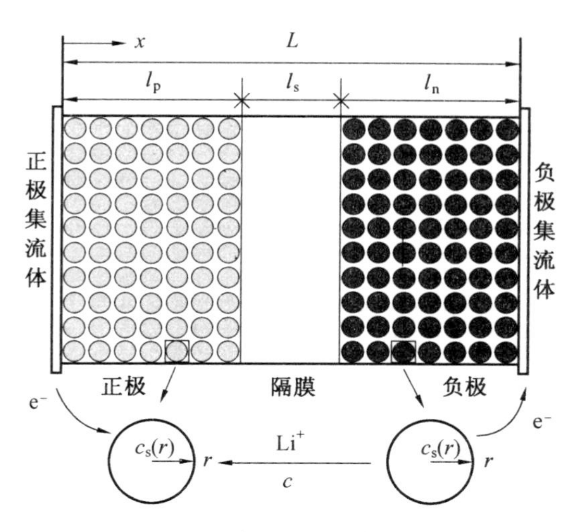

图 1.28　锂离子电池的结构示意图

把正极的活性材料均看成是半径为 R_p 的球状粒子，则活性粒子内的锂离子浓度分布可根据 Fick 第二扩散定律求解得到，其表达式为

$$\frac{\partial c_s}{\partial t}=\frac{D_{s,p}}{r^2}\frac{\partial}{\partial r}(r^2\frac{\partial c_s}{\partial r}) \tag{1.13}$$

式中，$D_{s,p}$ 为正极中锂离子扩散系数。

球形粒子内各处锂离子的初始浓度均相等，且为

$$c_s\bigg|_{t=0}=c_{s,p,0} \tag{1.14}$$

在粒子球心处的锂离子浓度流量始终为零，则有

$$\frac{\partial c_s}{\partial r}\bigg|_{r=0}=0 \tag{1.15}$$

正极活性粒子表面处锂离子浓度的梯度和固相扩散率决定了粒子表面处的反应离子流密度，得出粒子球面处的边界条件为

$$D_{s,p}\frac{\partial c_s}{\partial r}\bigg|_{r=R_p}=-j_p \tag{1.16}$$

由于球形粒子内发生固相扩散过程会导致该处电解液中的锂离子浓度发生变化，这样，在电极的电解液中由于锂离子浓度分布不均匀进而导致在电解液中发生锂离子扩散和迁移，液相锂离子扩散方程满足

$$\varepsilon_p\frac{\partial c}{\partial t}=D_{eff,p}\frac{\partial^2 c}{\partial x^2}+a_p(1-t_+)j_p \tag{1.17}$$

在电池工作的初始时刻，正极区域内各处液相浓度的平均是一个常量，则在电极的任意位置处有

$$c\Big|_{t=0}=c_0 \tag{1.18}$$

在正极集流体处由于没有液相锂离子沿着外电路的扩散或迁移，可知在该处的液相浓度流为 0，即

$$-D_{\mathrm{eff,p}}\frac{\partial c}{\partial x}\Big|_{x=0}=0 \tag{1.19}$$

在正极与隔膜临界面处满足液相浓度流量连续，则有

$$-D_{\mathrm{eff,p}}\frac{\partial c}{\partial x}\Big|_{x=l_{\mathrm{p}}^{-}}=-D_{\mathrm{eff,s}}\frac{\partial c}{\partial x}\Big|_{x=l_{\mathrm{p}}^{+}} \tag{1.20}$$

接下来根据固相欧姆定律得到正极区域的固相电势控制方程，该方程描述了正极区域内活性物质粒子电势的分布情况，即

$$i_1=-\sigma_{\mathrm{eff,p}}\frac{\partial \Phi_1}{\partial x} \tag{1.21}$$

方程(1.21)中，i_1 为电池的固相电流(即电子电流)，$\sigma_{\mathrm{eff,p}}$ 为固相有效电导。

结合电池的工作原理可知，在正极集流体处仅有固相电流，即该处的固相电流等于电池的充放电电流，则在正极集流体处应满足的边界条件为

$$\frac{\partial \Phi_1}{\partial x}\Big|_{x=0}=-\frac{I}{\sigma_{\mathrm{eff,p}}} \tag{1.22}$$

其中，I 为电池的充放电电流(由总的放电电流除以电极面积得到)。充电时电流 I 为正数，放电时 I 为负数。

在隔膜区域不含有活性粒子，因此在该区域中没有电子的扩散或迁移过程，在隔膜区域不含有电子电流，仅有离子电流，且离子电流等于电池的充放电电流，因此在正极与隔膜临界面处满足的边界条件是电子电流为零，即

$$\frac{\partial \Phi_1}{\partial x}\Big|_{x=l_{\mathrm{p}}^{-}}=0 \tag{1.23}$$

电极中除了电子电流，另一个重要电流就是离子电流，在正极区域中的离子电流满足液相欧姆定律，该控制方程描述了正极区域内的液相电势分布[72]，即

$$i_2=-\kappa_{\mathrm{eff,p}}\frac{\partial \Phi_2}{\partial x}+2\frac{\kappa_{\mathrm{eff,p}}RT}{F}(1-t_{+})\frac{\partial \ln c}{\partial x} \tag{1.24}$$

其中，i_2 为离子电流；$\kappa_{\mathrm{eff,p}}$ 为液相电导。与方程(1.21)相比，该方程增加了液相锂离子浓度梯度对离子电流产生的影响，其中第一部分是液相电势梯度对离子电流作用的结果，第二部分是液相锂离子浓度梯度对离子电流作用的结果。

由式(1.22)可知，正极集流体处的离子电流为零，即液相电势流为零，则有

$$\left.\frac{\partial \Phi_2}{\partial x}\right|_{x=0}=0 \tag{1.25}$$

由式(1.23)可知，在正极和隔膜临界面上的液相电势流连续，则有

$$-\kappa_{\text{eff},p}\left.\frac{\partial \Phi_2}{\partial x}\right|_{x=l_p^-}=-\kappa_{\text{eff},s}\left.\frac{\partial \Phi_2}{\partial x}\right|_{x=l_p^+} \tag{1.26}$$

根据电池内的物理化学反应过程，得出在电极中的任意位置处都有固相电子电流和液相离子电流之和等于电池总的充放电电流，即

$$i_1+i_2=I \tag{1.27}$$

同时还得到电子电流和离子电流梯度与该位置处的反应离子流密度 j_p 满足的关系表达式为

$$\frac{\partial i_1}{\partial x}=-a_p F j_p \tag{1.28}$$

$$\frac{\partial i_2}{\partial x}=a_p F j_p \tag{1.29}$$

综上所述，在正极区域有 7 个输出变量，它们是固相电势 Φ_1、液相电势 Φ_2、固相浓度 c_s、液相浓度 c、固相电子电流 i_1、液相离子电流 i_2 及正极反应离子流密度 j_p[72]。

(2) 隔膜区域方程。由于隔膜区域中不含有活性粒子，因此在该区域仅含有与液相有关的两个变量，液相浓度 c 和液相电势 Φ_2。同正极区域的液相锂离子扩散方程类似，建立隔膜区域的液相浓度扩散方程为

$$\varepsilon_s\frac{\partial c}{\partial t}=D_{\text{eff},s}\frac{\partial^2 c}{\partial x^2} \tag{1.30}$$

同样，在隔膜区域的初始液相浓度也为一个已知常量，则在该区域的任意位置处有

$$\left.c\right|_{t=0}=c_0 \tag{1.31}$$

并且在隔膜与正、负极区域的临界面处满足液相锂离子浓度连续的条件，即

$$\left.c\right|_{x=l_p^-}=\left.c\right|_{x=l_p^+} \tag{1.32}$$

$$\left.c\right|_{x=l_p+l_s^-}=\left.c\right|_{x=l_p+l_s^+} \tag{1.33}$$

由于隔膜区域不含有电子电流，所以隔膜区域各处的离子电流始终等于电池的充放电电流，则有[72]

$$-\kappa_{\text{eff},s}\frac{\partial \Phi_2}{\partial x}+2\frac{\kappa_{\text{eff},s}RT}{F}(1-t_+)\frac{\partial \ln c}{\partial x}=I \tag{1.34}$$

并且在隔膜与正、负极区域的临界面处满足液相电势连续的条件，即

$$\Phi_2\Big|_{x=l_p^-}=\Phi_2\Big|_{x=l_p^+} \tag{1.35}$$

$$\Phi_2\Big|_{x=l_p+l_s^-}=\Phi_2\Big|_{x=l_p+l_s^+} \tag{1.36}$$

(3) 负极区域方程。同正极区域的模型方程类似，在负极区域也有 7 个输出变量，它们是固相电势 Φ_1、液相电势 Φ_2、固相浓度 c_s、液相浓度 c、固相电子电流 i_1、液相离子电流 i_2 及负极反应离子流密度 j_n。

首先，根据Butler－Volmer动力学方程建立了负极区域反应离子流密度 j_n 与粒子表面过电势之间的关系表达式为

$$j_n=2k_n(c_{s,n,\max}-c_s\Big|_{r=R_n})^{0.5}(c_s\Big|_{r=R_n})^{0.5}c^{0.5}\sinh\left[\frac{0.5F}{RT}(\Phi_1-\Phi_2-U_n)\right] \tag{1.37}$$

把负极的活性材料均看成半径为 R_n 的球状粒子，则活性粒子内的锂离子浓度分布可根据 Fick 第二扩散定律求解得到，其表达式为

$$\frac{\partial c_s}{\partial t}=\frac{D_{s,n}}{r^2}\frac{\partial}{\partial r}(r^2\frac{\partial c_s}{\partial r}) \tag{1.38}$$

同理，得到方程(1.38) 需满足的初始条件和边界条件为

$$c_s\Big|_{t=0}=c_{n,0} \tag{1.39}$$

$$\frac{\partial c_s}{\partial r}\Big|_{r=0}=0 \tag{1.40}$$

$$D_{s,n}\frac{\partial c_s}{\partial r}\Big|_{r=R_n}=-j_n \tag{1.41}$$

负极区域电解液中的锂离子扩散和迁移过程满足的控制方程为

$$\varepsilon_n\frac{\partial c}{\partial t}=D_{\text{eff},n}\frac{\partial^2 c}{\partial x^2}+a_n(1-t_+)j_n \tag{1.42}$$

在电池工作的初始时刻，负极区域电解液中各处锂离子的初始浓度均为一个已知常量，则有

$$c\Big|_{t=0}=c_0 \tag{1.43}$$

负极与隔膜区域临界面处的锂离子浓度流量连续，则满足

$$-D_{\text{eff},s}\frac{\partial c}{\partial x}\Big|_{x=l_p+l_s^-}=-D_{\text{eff},n}\frac{\partial c}{\partial x}\Big|_{x=l_p+l_s^+} \tag{1.44}$$

同正极集流体一样，负极集流体处不含有锂离子的扩散或迁移，因此该处的液相锂离子浓度流量值始终为 0，即

$$-D_{\text{eff},n}\frac{\partial c}{\partial x}\Big|_{x=l_p+l_s+l_n}=0 \tag{1.45}$$

根据固相欧姆定律得到负极区域的固相电势控制方程，该方程描述了负极区域内活性物质粒子电势的分布情况，即

$$i_1 = -\sigma_{\text{eff,n}} \frac{\partial \Phi_1}{\partial x} \tag{1.46}$$

结合电池的工作过程可知，在隔膜区域不含有活性粒子，因此在该区域中没有电子的扩散或迁移过程，在隔膜区域不含有电子电流，仅有离子电流，且离子电流等于电池的充放电电流，因此在负极与隔膜区域临界面处满足的边界条件是电子电流为零，即

$$\left.\frac{\partial \Phi_1}{\partial x}\right|_{x=l_p+l_n^-} = 0 \tag{1.47}$$

在负极集流体处仅有电子电流，即该处的电子电流等于总的放电电流，则在负极集流体处应该满足的边界条件为

$$\left.\frac{\partial \Phi_1}{\partial x}\right|_{x=l_p+l_s+l_n} = -\frac{I}{\sigma_{\text{eff,n}}} \tag{1.48}$$

利用液相欧姆定律得到液相电势的控制方程为

$$i_2 = -\kappa_{\text{eff,n}} \frac{\partial \Phi_2}{\partial x} + 2\frac{\kappa_{\text{eff,n}} RT}{F}(1-t_+)\frac{\partial \ln c}{\partial x} \tag{1.49}$$

同理可知，隔膜和负极区域临界面处的液相电势流连续，则有

$$-\kappa_{\text{eff,s}} \left.\frac{\partial \Phi_2}{\partial x}\right|_{x=l_p+l_s^-} = -\kappa_{\text{eff,n}} \left.\frac{\partial \Phi_2}{\partial x}\right|_{x=l_p+l_s^+} \tag{1.50}$$

其中，把负极集流体处的液相电势定义为零作为整个电池的一个参考电势，即

$$\left.\Phi_2\right|_{x=l_p+l_s+l_n} = 0 \tag{1.51}$$

同理，负极区域的任意位置处都有固相电子电流和液相离子电流之和等于电池总的充放电电流，即

$$i_1 + i_2 = I \tag{1.52}$$

电子电流和离子电流梯度与该区域反应离子流密度 j_n 满足的关系表达式为

$$\frac{\partial i_1}{\partial x} = -a_n F j_n \tag{1.53}$$

$$\frac{\partial i_2}{\partial x} = a_n F j_n \tag{1.54}$$

2. 模型中的辅助方程和参数取值

采用库仑滴定法测量得到电池正极开路电势 U_p 的曲线，对于不同的电极材料，U_p 与固相浓度之间的关系表达式相差很大。开路电势曲线对仿真结果有很大的影响，因此获得准确的开路电势数据是至关重要的。θ_p 是电池的荷电状态，对于钴酸锂材料的电池，测

得正极开路电势随电池荷电状态(SOC)的变化曲线如图1.29所示,通过拟合实验数据得到 U_p 与 θ_p 之间的关系表达式为

$$\theta_p = c_s \Big|_{r=R_p} / c_{s,p,\max} \tag{1.55}$$

$$U_p = \frac{-4.656 + 88.669\theta_p^2 - 401.119\theta_p^4 + 342.909\theta_p^6 - 462.471\theta_p^8 + 433.434\theta_p^{10}}{-1 + 18.933\theta_p^2 - 79.532\theta_p^4 + 37.311\theta_p^6 - 73.083\theta_p^8 + 95.96\theta_p^{10}} \tag{1.56}$$

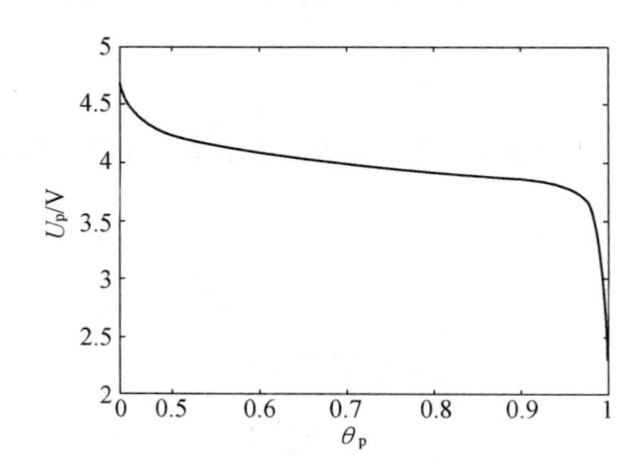

图1.29 正极开路电势随电池荷电状态的变化曲线

同理,得到负极开路电势曲线如图1.30所示。通过曲线拟合得到 U_n 与 θ_n 之间的关系表达式为

$$\theta_n = c_s \Big|_{r=R_n} / c_{s,n,\max} \tag{1.57}$$

式中,$c_{s,n,\max}$ 是电极嵌入粒子中锂离子的最大浓度。

$$U_n = 0.722\,2 + 0.138\,7\theta_n + 0.029\theta_n^{0.5} - 0.017\,2/\theta_n + 0.001\,9/\theta_n^{1.5} + 0.280\,8\exp(0.9 - 15\theta_n) - 0.798\,4\exp(0.446\,5\theta_n - 0.410\,8) \tag{1.58}$$

其中 U_n 是负极的理论开路电势。

下面给出每个区域中有效的离子电导率与液相锂离子浓度之间的关系表达式,由参考文献[2]可知其表达式为

$$\kappa_{\mathrm{eff},i} = \varepsilon_i^{brugg_i}(4.125\,3\times10^{-2} + 5.007\times10^{-4}c - 4.721\,2\times10^{-7}c^2 + 1.509\,4\times10^{-10}c^3 - 1.601\,8\times10^{-14}c^4) \quad (i = \mathrm{p,s,n}) \tag{1.59}$$

式中,$brugg_i$ 为 Bruggemann 系数;p、n、s 分别代表正、负极及隔膜区,以下同。

根据参考文献[2]可知,正、负极区域中有效电子电导率的表达式为

$$\sigma_{\mathrm{eff},i} = \sigma_i(1 - \varepsilon_i - \varepsilon_{f,i}) \quad (i = \mathrm{p,n}) \tag{1.60}$$

液相有效扩散系数的表达式为

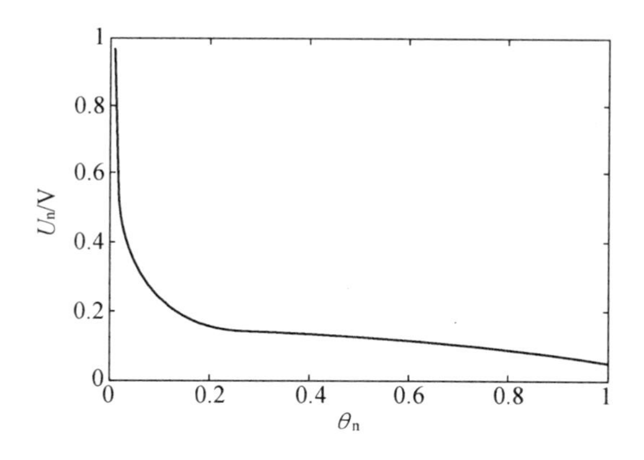

图 1.30　负极开路电势随电池荷电状态的变化曲线

$$D_{\mathrm{eff},i} = D\varepsilon_i^{brugg_i} \quad (i = \mathrm{p,s,n}) \tag{1.61}$$

正、负极区域的粒子比表面积表达式为

$$a_i = \frac{3}{R_i}(1 - \varepsilon_i - \varepsilon_{f,i}) \quad (i = \mathrm{p,n}) \tag{1.62}$$

以上表达式描述的是在电池内多孔电极这一特定的结构形式下，电解液电导 $\kappa_{\mathrm{eff},i}$、固相电导 $\sigma_{\mathrm{eff},i}$、液相扩散系数 $D_{\mathrm{eff},i}$ 有效值的修正形式。

模型中所使用的电极参数和模型参数见表 1.4。电极参数包括扩散系数、电导率等，设计参数包括电极厚度、粒子半径等。

表 1.4　准二维数学模型中各参数的取值

符号	参数	正极	隔膜	负极	单位
a_i	粒子比表面积	885 000	—	723 600	$\mathrm{m^2/m^3}$
$brugg$	Bruggeman 系数	1.5	1.5	1.5	—
$c_{\mathrm{s,n,max}}$	固相最大浓度	22 860	—	26 390	$\mathrm{mol/m^3}$
$c_{\mathrm{s},i,0}$	固相初始浓度	3 900	—	14 870	$\mathrm{mol/m^3}$
c_0	液相初始浓度	2 000	2 000	2 000	$\mathrm{mol/m^3}$
D	液相扩散系数	7.5×10^{-11}	7.5×10^{-11}	7.5×10^{-11}	$\mathrm{m^2/s}$
$D_{\mathrm{s},i}$	固相扩散系数	1×10^{-13}	—	3.9×10^{-14}	$\mathrm{m^2/s}$
F	法拉第常数	96 487	96 487	96 487	C/mol
k_i	反应率常数	2×10^{-11}	—	2×10^{-11}	$\mathrm{m^{2.5}/(mol^{0.5}\cdot s)}$
l_i	区域厚度	183×10^{-6}	52×10^{-6}	100×10^{-6}	m
$R_{\mathrm{p},i}$	粒子半径	8×10^{-6}	—	12.5×10^{-6}	m

续表 1.4

符号	参数	正极	隔膜	负极	单位
R	气体常数	8.314	8.314	8.314	J/(mol·K)
t_+	传荷数	0.363	0.363	0.363	—
$\varepsilon_{f,i}$	填充分数	0.259	—	0.172	—
ε_i	液相孔隙率	0.444	1	0.357	—
σ_i	固相电导率	3.8	—	100	S/m
T	温度	298	298	298	K
SOC	初始荷电状态	0.170 6	—	0.563 47	—
1C	1C 放电电流	17.5	17.5	17.5	A

3. 单粒子模型

由于准二维数学模型方程较复杂，为了简化模型仿真，提高模型仿真速度，1998 年 B. Haran 等人提出锂离子电池的另一种简化模型，即单粒子模型。最早他是利用该模型研究金属氢化物电极中的氢扩散系数，之后他把该模型应用到电池充放电行为的仿真上。单粒子模型指的是利用一个球状粒子代表整个电极而建立的一种电池简化数学模型，其简化示意图如图 1.31 所示。建立电池单粒子模型的第一个前提条件是假设整个电池内（正极、隔膜和负极）各处的液相浓度值均是一个常量；另一个前提条件是假设一个电极内各处的固相电势相等。基于这些假设条件可知，一个电极内各处的反应离子流密度也相等，这样电极内一个活性粒子的电化学特性就可以代表整个电极的特性，进而得到了电池的单粒子模型。由于电池内各处的液相浓度均相等，因此可以忽略液相电势对电池端电压的影响。

每个电极的活性粒子总表面积 S_i 可以根据活性材料的质量 w_i、活性材料的密度 ρ_i 和该电极活性粒子的半径 R_i 求解得到，其满足的关系表达式为

$$S_i = \frac{3}{R_i}\frac{w_i}{\rho_i} \quad (i = \mathrm{p},\mathrm{n}) \tag{1.63}$$

根据电池的充放电电流值和电极的活性表面积求解得到每个电极内的反应离子流密度，即

$$j_i = \frac{I}{F \cdot S_i} \quad (i = \mathrm{p},\mathrm{n}) \tag{1.64}$$

正、负电极活性粒子内的固相扩散过程满足 Fick 第二扩散定律，利用三参数抛物线

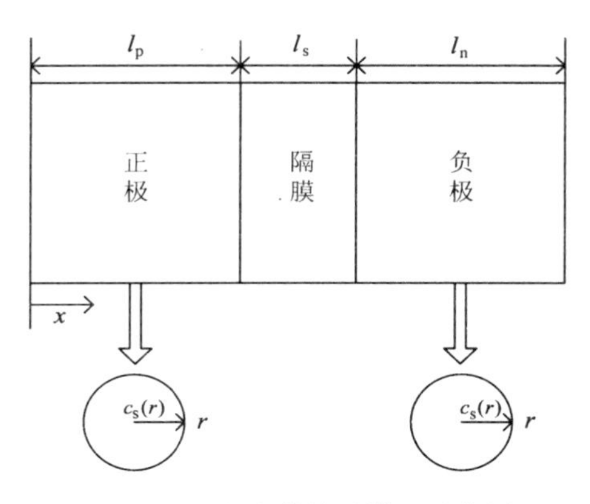

图 1.31　电池单粒子模型示意图

近似方程简化固相扩散过程，进而求解得到固相粒子表面的浓度，三参数近似方法见第 3 章。具体求解时首先计算正、负极的体积平均浓度流量 $\bar{q}_i(t)$，其关系表达式满足

$$\frac{\mathrm{d}}{\mathrm{d}t}\bar{q}_i(t)+30\frac{D_{s,i}}{R_i^2}\bar{q}_i(t)+\frac{45}{2}\frac{j_i}{R_i^2}=0\quad(i=\mathrm{p},\mathrm{n})\tag{1.65}$$

然后求解固相粒子内的锂离子平均浓度，其关系表达式满足

$$\frac{\mathrm{d}}{\mathrm{d}t}\bar{c}_{s,i}(t)+3\frac{j_i}{R_i}=0\quad(i=\mathrm{p},\mathrm{n})\tag{1.66}$$

其中，正、负极粒子内平均浓度的初值分别为 $y_0c_{s,p,\max}$ 和 $x_0c_{s,n,\max}$，在多数情况下无法得到 x_0 和 y_0 的准确值，通常把这两个参数看成待辨识的参数。最后，利用体积平均浓度流量和固相粒子内的平均浓度可以求解粒子表面的锂离子浓度，其表达式为

$$c_{s,i}^{\mathrm{surf}}(t)=\bar{c}_{s,i}(t)+\frac{R_i}{35D_{s,i}}(8D_{s,i}\bar{q}_i(t)-j_i)\tag{1.67}$$

为了计算的简便性，引入正、负极的荷电状态变量，即为

$$\theta_i=\frac{c_{s,i}^{\mathrm{surf}}(t)}{c_{s,i,\max}}\tag{1.68}$$

其中，$c_{s,i,\max}$ 为电极 i 活性粒子内的最大锂离子浓度。

得到不同时刻正、负极的荷电状态变量值后，利用荷电状态与开路电势之间的关系表达式，即可计算得到不同荷电状态下的开路电势 Φ_p 和 Φ_n。

j_i 是活性粒子单位表面积上的电化学反应离子流密度，由 Butler－Volmer 方程可计算得到活性粒子表面上的过电势值，该方程关系表达式满足

$$j_i=2k_ic_{s,i,\max}(1-\theta_i)^{0.5}(\theta_i)^{0.5}c^{0.5}\sinh(\frac{0.5F}{RT}\eta_i)\quad(i=\mathrm{p},\mathrm{n})\tag{1.69}$$

其中，k_i 为电极 i 的电化学反应率常数，η_i 为电极 i 的过电势。根据方程(1.69)求解得到过电势 η_i 的解为

$$\eta_i = \frac{2RT}{F}\ln\left(\frac{m_i + \sqrt{m_i^2 + 4}}{2}\right) \tag{1.70}$$

$$m_i = \frac{I}{Fk_iS_ic_{s,i,\max}c^{0.5}(1-\theta_i)^{0.5}\theta_i^{0.5}} \tag{1.71}$$

单粒子模型忽略了与液相扩散相关的反应过程，因此在电极中各个位置处的液相电势均为零，得到过电势与固相电势、开路电势满足的关系表达式为

$$\eta_i = \Phi_{1,i} - U_i \quad (i = \mathrm{p}, \mathrm{n}) \tag{1.72}$$

其中，$\Phi_{1,i}$ 为电极 i 的固相电势；U_i 为电极 i 的开路电势。

根据电池的内部物理特性可知：正极固相电势与负极固相电势之间的差值即为电池两端端电压，表示为

$$U_{\text{cell}} = \Phi_{1,\mathrm{p}} - \Phi_{1,\mathrm{n}} = (U_\mathrm{p} - U_\mathrm{n}) + (\eta_\mathrm{p} - \eta_\mathrm{n}) \tag{1.73}$$

4. 单粒子模型中参数的辨识

在实现电池机理模型仿真之前，首先应得到模型中各个参数的取值，除了电池厂商提供的一些基本模型参数值和通过直接测量方法得到的参数外，模型中的其余参数都无法直接得到。为了在不破坏电池的实验条件下得到这些电池参数取值，通常采用参数辨识的方法得到这些未知参数的数值。

目前的一个热点研究是如何根据锂离子电池的机理模型达到监测电池健康状态和预测电池寿命的目的，最重要的是建立电池内部关键参数取值与电池寿命和健康状态之间的联系，其中涉及的关键技术也是如何根据锂离子电池的实际充放电曲线实现电池内部未知参数的辨识。因此，实现电池内部未知参数的辨识无论是在电池模型仿真，还是在预测电池寿命、监测电池健康状态的应用中都有着至关重要的作用。

R. E. White 等首先采用非线性最小二乘法对等效电路模型和单粒子模型中的几个关键参数进行辨识。为了增加寻找到参数最优化值的概率，在非线性最小二乘法的基础上再次利用遗传算法最优化目标函数，同时求解这些参数值的置信区间。最后，通过计算几个统计变量，如方差、均方差、置信区间、t 测试、F 测试等比较两种模型拟合曲线的好坏。

Speltino 等人通过两步实现了锂离子电池单粒子模型中参数的辨识，第一步根据文献获得电池负极电势平衡方程，再根据电池的开路电压测试曲线辨识得到正极电势平衡方程；第二步是通过测量电池动态的充放电曲线实现单粒子模型中其他参数的辨识。

A. P. Schmidt 等人对电池的单粒子模型做了一些扩展，增加温度对动力学过程的影响、荷电状态(SOC) 对固相扩散过程的影响及液相电势和液相浓度，在此基础上利用非

线性最小二乘法实现扩展单粒子模型中 33 个参数的辨识，并利用 Fisher 信息矩阵评估参数的可辨识性和不确定性。

Santhanagopalan 等人在恒流充放电工况下采用 Levenberg－Marquardt 最优化方法对准二维数学模型和单粒子模型中的正、负极固相扩散系数、液相扩散系数及正、负极电化学反应常数这五个参数实现辨识。

V. Ramadesigan 等也采用非线性最小二乘法对准二维数学模型中正、负极固相扩散系数、液相扩散系数及正、负极电化学反应率常数进行辨识。

Joel C. Forman 在锂离子电池机理模型的基础上，基于遗传算法利用非破坏性的充放电循环测试曲线实现电池内部全部参数的辨识，并利用 Fisher 信息矩阵评估参数的准确性和可辨识性，对混合电动车中电池实际的充放电工况进行验证。辨识得到的参数也有利于 PHEV 电池的仿真、模型设计和控制最优化。

1.5.2　基于外特性等效电路的电化学电源建模方法

1. 几种常见的电池等效模型

基于外特性等效的建模方法的基本思想是采用常规的电气元件，如电动势、电阻、电容及电感等，组成电路网络试图实现对电源电气行为的最佳模拟，这将有助于电气工程师利用已有的知识储备理解电源内部的行为及现象。

最简单的动力电池的等效模型为 R_{int} 模型，如图 1.32(a) 所示，电动势与内阻串联。在该模型中，将电池的外特性近似为线性，如果充电效率为 1，则存储在电池内部的电荷等于充电电流的积分。该方法有两个问题：首先，电池的行为并非线性的，内部等效参数 U_{oc} 和 R_{int} 至少会随电池的荷电状态和电解质的温度变化；此外，一般情况下，充电效率也不能认定为 1。

电阻电容(RC) 等效电路模型如图 1.32(b) 所示，由著名电池生产商 SAFT 公司设计[82]，模型由两个电容和三个电阻构成，其中大电容 C_{cap} 描述电池的容量，小电容 C_c 描述电池电极的表面效应，电阻 R_T 称为端电阻，电阻 R_E 称为终止电阻，电阻 R_C 称为容性电阻。模型中电池的负极定义为零电势点。该模型的优点是考虑蓄电池工作时的瞬态效应和极化效应以及温度影响，符合混合动力汽车蓄电池使用特点，但是未考虑充、放电时蓄电池效率的不一致性。

Thevenin 等效电路模型如图 1.32(c) 所示，图中 U_{oc} 代表开路电压，它在相同温度下与电池的 SOC 有固定的函数关系；R_0 为电池欧姆内阻；R_p 和 C_p 分别为电池极化阻抗(由浓差产生）和极化电容，用于表现电池的动态特性。电路中的各参数都是 SOC 的函数。

模型的数学关系为

$$
\begin{cases}
U_{\mathrm{L}}=U_{\mathrm{oc}}-U_{\mathrm{p}}-R_{0}I \\
U_{\mathrm{p}}=-\dfrac{1}{C_{\mathrm{p}}R_{\mathrm{p}}}U_{\mathrm{p}}+\dfrac{1}{C_{\mathrm{p}}}I
\end{cases}
\tag{1.74}
$$

PNGV 模型是美国能源部根据 PNGV(Partnership for a New Generation of Vehicles) 新一代车辆伙伴计划建立的电池模型，其物理意义清晰、模型参数辨识试验容易执行、参数辨识方法系统、模型精度较高，目前最常使用。如图 1.32(d) 所示，U_{oc} 表示电池的开路电压，R_{p0} 为欧姆内阻，R_{pp} 为极化内阻，C_{pp} 为 R_{pp} 旁的并联电容，I_{L} 为负载电流，U_{L} 为负载电压，C_{ph} 为电容，用来描述随着负载电流的时间累计而产生的开路电压的变化，电路的极化时间常数 $t=C_{\mathrm{pp}}R_{\mathrm{pp}}$。基于电路原理得出电流输入 PNGV 模型的状态方程为

$$
\begin{cases}
\begin{bmatrix}\dot{U}_{\mathrm{ph}} \\ \dot{U}_{\mathrm{pp}}\end{bmatrix}=\begin{bmatrix}0 & 0 \\ 0 & -\dfrac{1}{C_{\mathrm{pp}}R_{\mathrm{pp}}}\end{bmatrix}\begin{bmatrix}U_{\mathrm{ph}} \\ U_{\mathrm{pp}}\end{bmatrix}+\begin{bmatrix}\dfrac{1}{C_{\mathrm{ph}}} \\ \dfrac{1}{C_{\mathrm{pp}}}\end{bmatrix}[I_{\mathrm{L}}] \\
[U_{\mathrm{L}}]=[-1 \quad -1]\begin{bmatrix}U_{\mathrm{ph}} \\ U_{\mathrm{pp}}\end{bmatrix}+[-R_{\mathrm{p0}}][I_{\mathrm{L}}]+[U_{\mathrm{oc}}]
\end{cases}
\tag{1.75}
$$

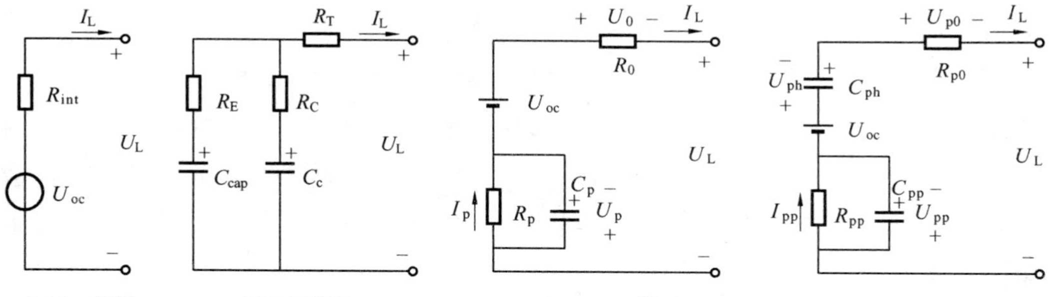

(a)R_{int}模型 (b)RC模型 (c)Thevenin模型 (d)PNGV模型

图 1.32 常用的动力电池模型

2. 改进的等效电路模型

为了充分描述电池的动态特性，出现了一系列改进的电池模型。

(1) 考虑电池寄生反应的等效模型。Massimo Ceraolo 考虑电池的寄生效应，提出了图 1.33 所示模型，该模型中 θ 为电解液温度变化参量，SOC 为电池荷电状态的度量参量。该模型中，下标为 m 的支路为电池的主行为支路，电池中的电量为 I_{m} 的积分；寄生支路(图中下标为 p 支路) 模拟电池中不可逆的寄生反应，消耗掉部分电流 I_{p}，使之不参与主要的可逆的充放电反应。端口处电流 $I=I_{\mathrm{m}}+I_{\mathrm{p}}$。寄生分支所加电压近似等于电池的端

电压，两者仅相差电阻 R_0 上的电压。充电时，能量进入电池后一部分在寄生支路转换为其他形式的能，例如在铅酸电池中，寄生支路模拟的是充电结束时的水电解行为，吸入 E_p 的能量即为电离水所吸收的能量；消耗在阻抗 Z_m 和 Z_p 的实部上的能量转换为热量，使电池本身升温。该模型可以作为动力电池的建模基础，但是，若想建立可用的模型，还需要：

① 确定电动势 E_m、E_p 及阻抗 Z_m、Z_p 与变量 s、θ 和 SOC 之间的关系；

② 确定电池的热模型，进而确定电解质的温度参数 θ。

图 1.33 中的阻抗对 s 的依赖关系可以通过定义各自的 RLC 网络来表示，作为 s 的函数，该网络的阻抗可等效为模型的阻抗。针对某一类型的电池，如果加入电池的某些先验属性，可以使建模过程简化。例如，对于铅酸电池，其寄生分支是不活跃的，换句话说，该分支消耗掉的电流可以忽略。并且，当电池电压低于某一阈值时，其充电效率非常接近于 1。

假设图 1.33 中的寄生分支为非激活状态，则该分支的电流 I_p 为零，可以通过电池的阶跃响应确定主反应支路。文献中给出的样本电池的阶跃响应曲线如图 1.34 所示。在精度许可的条件下，该响应可近似为不同时间常数的指数函数之和与一阶跃电流 I 相加：

$$v(t) = E + R_t I \quad (t \leqslant t_0)$$

$$v(t) = E + R_1 I \mathrm{e}^{-1/\tau_1} + \cdots + R_n I \mathrm{e}^{-t/\tau_n} \quad (t > t_0) \tag{1.76}$$

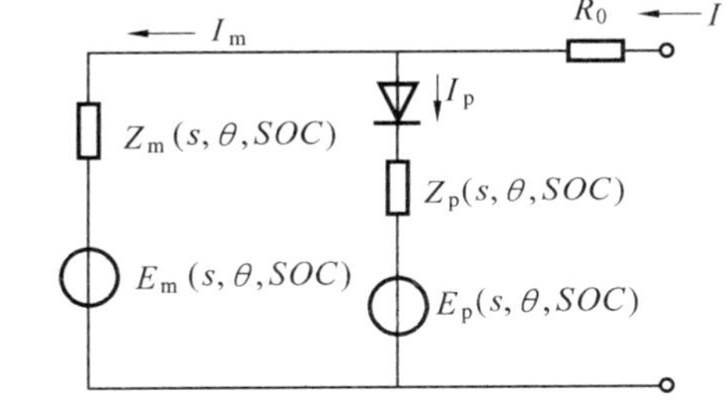

图 1.33　考虑电池寄生反应的电池等效模型

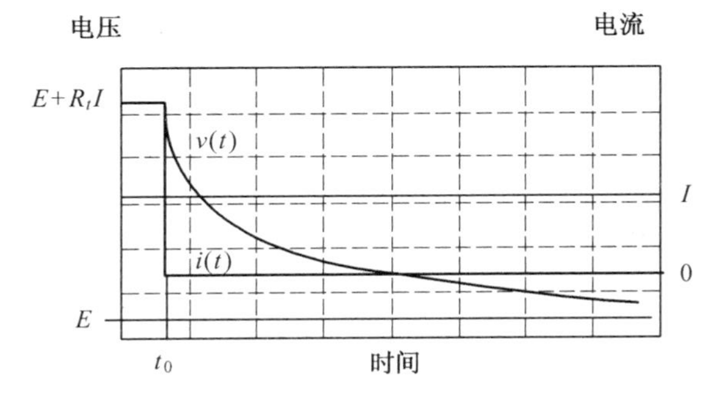

图 1.34　电流由 I 到 0 阶跃变化时电池电压的响应

同样的响应也可以由图 1.35 所示的电路模型得来(忽略图中的 PN 节点间的支路)，其中 $C_i = \tau_i / R_i (i = 1, \cdots, n), R_0 = R_t - \sum_{i=1}^{n} R_i$。

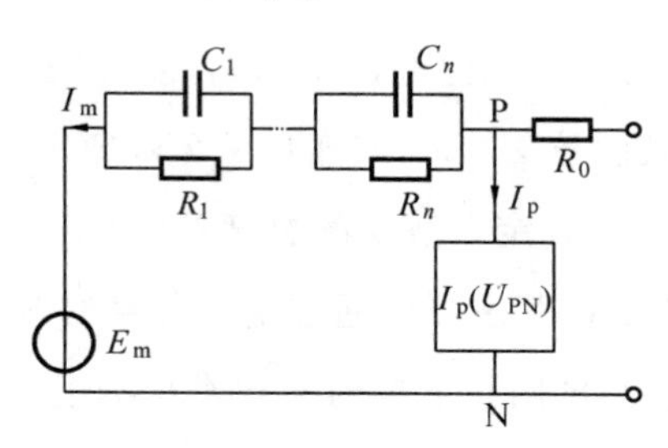

图 1.35 铅酸电池的等效电路模型

然而如前面所述，该模型中的各参数不为常数，而是依赖于电池的荷电状态和电解质的温度，通常在一个合理的情况下，可以近似认为 $\tau_k = C_k R_k$ 为常数。此外，为了精确地描述电池的行为，电阻 R_i 的瞬时值也将受流过它的电流的瞬时值的影响。如此一来，模型识别的过程非常复杂，并随着 RC 模块数量的增多复杂度迅速增加。

在一些特定的应用场合，电池的电参量的演变也有特定的速度，比如应用在电动汽车中的电池，电参数演变速度非常快，而在某些工业应用场合中的电池，其电参数演变比较慢。模型通常要求对某一特定的电压电流变化曲线具有高的精度，以使模型的动态特性对其主要的电压电流变化形式具有最佳拟合效果，因此，RC 模块数量通常为有限的，仅为一到两个即可。相反，如果电池所应用的工况差别很大，就需要更多的模块，代价是模型的参数识别变得复杂。

依据经验，在大多数的铅酸电池中，寄生反应分支中的 Z_p 可近似为一个电阻器，而与拉普拉斯变量 s 和 SOC 无关。但是，由于电流 I_p 与 U_{PN} 的关系是非线性的，所以建立图 1.31 对应的线性模型是不切实际的。因此，Massimo Ceraolo 将其作图 1.33 的处理，以描述其代数及非线性本质。需要指出的是，当电池接近充满时，主反应支路的阻抗会越来越大，这将导致寄生支路两端的电压增加，进而导致 I_p 增加。这一现象可以由模型中 R_i、C_i 对 SOC 的依赖关系来描述。尤其是，如果令其中一个 R－C 模块(假设记为 n) 中 $C_n = 0, R_n = R_n(SOC)$，则当电池接近满状态时，R_n 趋于无穷大，此时即可得到对实验结果的很好拟合。将电池容量看作电解质温度和放电电流的函数：

$$C(I, \theta)_{I, \theta = \mathrm{const}} = C_0(I) \left(1 + \frac{\theta}{-\theta_f}\right)^{\varepsilon} \quad (\theta > \theta_f) \tag{1.77}$$

其中，θ_f 为电解液的凝固温度，主要与电解液比重有关，通常设为 -40 ℃；$C_0(I)$ 是放电电流的经验函数，为 0 ℃ 时的电池容量。

由式(1.77)可以看出，当温度θ趋近于θ_f时，容量趋近于零，可理解为，当电解液凝固时，不再具备放电的能力。根据实验结果，$C_0(I)$可表示为一个参考电流I^*的函数

$$C_0(I)=\frac{K_c C_{0^*}}{1+(K_c-1)(I/I^*)^{\delta}} \tag{1.78}$$

式中，$C_{0^*}=C_0(I^*)$，K_c和δ为经验系数，对某一给定电池和给定电流I^*为常数。为使式(1.78)对I^*附近的较宽范围内变化的电流都有一个好的拟合效果，通常设定I^*为典型应用场合下电池内的电流。

综合式(1.77)和式(1.78)可得

$$C(I,\theta)=\frac{K_c C_{0^*}\left(1+\frac{\theta}{-\theta_f}\right)^{\varepsilon}}{1+(K_c-1)(I/I^*)^{\delta}} \tag{1.79}$$

模型中引入两个变量描述电池的放电等级：

① 荷电状态：$SOC=1-Q_e/C(0,\theta)=1-Q_e/(K_c C(I^*))$；

② 放电深度：$DOC=1-Q_e/C(I_{avg},\theta)$；

其中$Q_e(t)=\int_0^t -I_m(\tau)\mathrm{d}\tau$，设$t=0$时，电池为满容量状态；$I_{avg}$为电流的滤波值，$I_{avg}=I_k=I_m/(1+\tau_k s)$，$\tau_k=R_k C_k$，$I_k$即为流过电阻$R_k$中的电流。

基于以上的分析，Massimo Ceraolo建立了通用三阶等效模型，包含：

① 两个R－C模块，一个代数寄生分支；

② 计算荷电状态和电解液温度的算法；

③ 基于荷电状态和电解液温度的等效电路参数的计算方程。

采用表1.5所示的参数，Massimo Ceraolo对所建模型进行仿真，电池为500 A·h阀控式铅酸电池，仿真结果与实测结果的对比如图1.36所示。

表1.5　仿真模型参数[83]

参数类别	参数
电池容量相关参数	$I^*=49$ A　$C_{0^*}=261.9$ A·h　$K_c=1.18$ $\theta_f=-40$ ℃　$\varepsilon=1.29$　$\delta=1.40$
主反应等效支路相关参数	$\tau_1=5\ 000$ s　$E_{m0}=2.135$ V　$R_{00}=2.0$ mΩ $K_E=0.580e^{-3}$ V/℃　$R_{10}=0.7$ mΩ　$A_0=-0.30$ $R_{20}=15$ mΩ　$A_{21}=-8.0$　$A_{22}=-8.45$
寄生反应等效支路相关参数	$E_p=1.95$ V　$U_{p0}=0.1$ V　$G_{p0}=2$ pS　$A_p=2.0$
电池热模型相关参数	$C_\theta=15$ W·h/℃　$R_\theta=0.2$ ℃/W

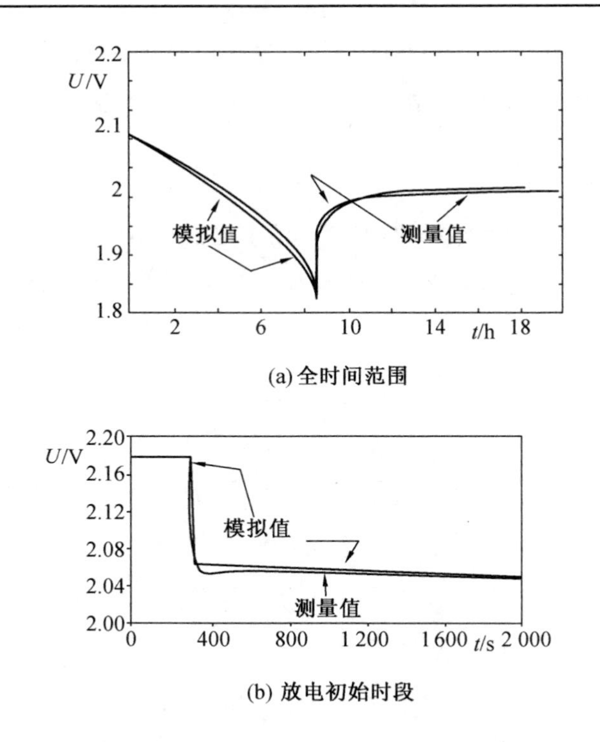

图 1.36　电池电压测量值与模拟值的比较，恒流放电到 1.75 V 后，持续一段电流为零时间[83]

(2) 基于运行时间的电池等效电路模型。基于运行状态的电池等效电路模型如图 1.37 所示，采用一个复杂的电网络模拟恒流放电条件下电池运行时间和直流电压响应，文献[84,85]实现了模型的连续时间下的 SPICE 仿真，文献[86]采用 VHDL 语言实现了离散时间下的仿真，但未能实现变化负载电流条件下的运行状态和电压响应预测。

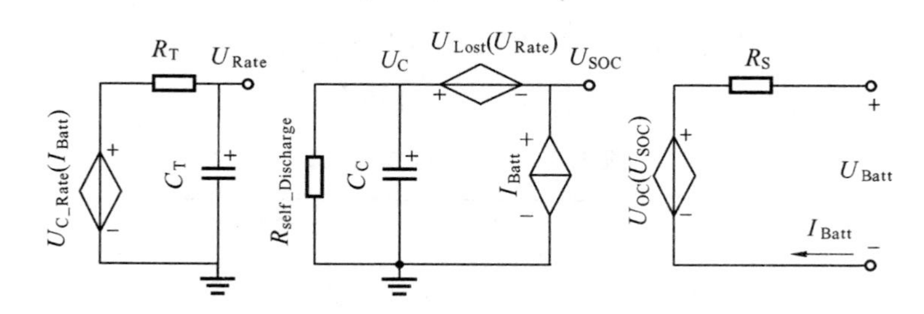

图 1.37　基于运行状态的电池等效电路模型

Min Chen[87] 等人在基于运行时间的电池等效电路模型的基础上，结合 Thevenin 模型建立了图 1.38 所示的等效电路。该电路继承了图 1.37 所示模型中的电容及电流控制电流源部分，用以模拟电池的容量、*SOC* 和运行时间。右侧的 RC 网络与 Thevenin 模型相似，用以模拟瞬态响应。为建立 *SOC* 与开路电压间的联系，采用电压控制电压源模型。该模型对已有模型进行有效组合，建立一个 Cadence 环境兼容的模型，实现同时对运行状态、稳态和瞬态响应的准确预测，捕捉电池的动态特性，如容量(C_C)、开路电压(U_{OC})、和瞬态响应(RC网络)。为了验证模型的有效性，Min Chen等人对NiMH和聚合物锂离子电池进行了实验。首先通过实验的方式提取模型参数，见表1.6，然后将参数应用于模型，对电池的电压和运行时间进行模拟，电池在脉冲放电电流分别为80 mA、320 mA、640 mA时，仿真结果与实测数据很好地吻合，电压误差低于21 mV，运行时间误差低于0.12%[87]。

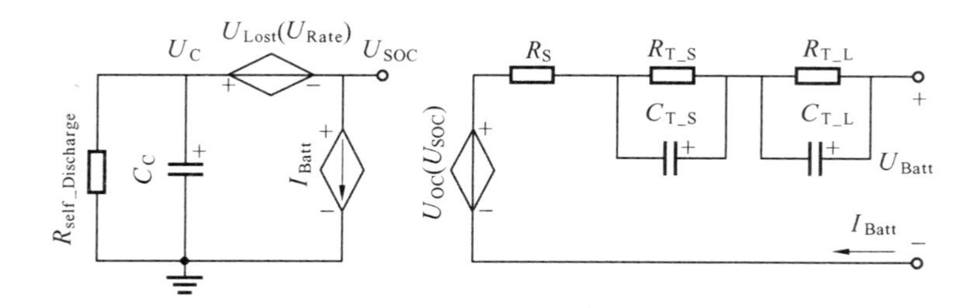

图1.38　能够预测运行状态和$I-U$性能的电池等效模型

表1.6　通过实验曲线提取的模型参数[87]

$C_C = 3\,060$ F
$U_{OC}(SOC) = -1.031 \cdot e^{-35 \cdot SOC} + 3.685 + 0.215\,6 \cdot SOC - 0.117\,8 \cdot SOC^2 + 0.320\,1 \cdot SOC^3$
$R_S(SOC) = 0.156\,2 \cdot e^{-24.37 \cdot SOC} + 0.074\,46$
$R_{T\_S}(SOC) = 0.320\,8 \cdot e^{-29.14 \cdot SOC} + 0.046\,69$
$C_{T\_S}(SOC) = -752.9 \cdot e^{-13.51 \cdot SOC} + 703.6$
$R_{T\_L}(SOC) = 6.603 \cdot e^{-155.2 \cdot SOC} + 0.049\,84$
$C_{T\_L}(SOC) = -6\,056 \cdot e^{-27.12 \cdot SOC} + 4\,475$

1.5.3　基于物理外特性等效电路的超级电容器建模方法

对于超级电容器，由于其充放电和端电压变化的快速性，在设计与之匹配的均衡电路时，为满足实时性及动态要求，需将其模型单独考虑。依据超级电容器内部结构建立的一个物理模型如图1.39所示，它考虑了超级电容器内部数量众多的并联支路。其中，R_{ins}是超级电容器两极间绝缘电阻，R_s为隔膜电阻，R_e为炭电极间的电阻，$R_1,\cdots,R_n$为等效串联电阻，$C_1,\cdots,C_n$为炭电极中的各个电容。图中各种参数由电极材料电阻率、电解质电阻率、电极孔大小、隔膜性质等因素决定。

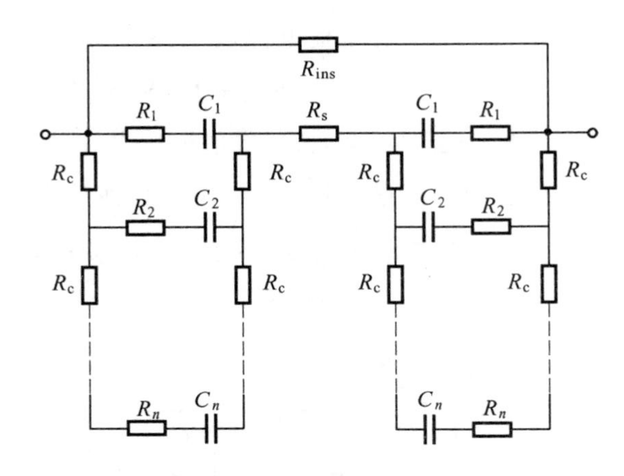

图 1.39 基于超级电容物理特性电路模型

双电层模型比较典型的包括 Helmholtz 模型、Gouy－Chapman 模型和 Stern 模型。

Helmholtz 模型认为在胶体粒子表面准二维区间的电荷沿着界面均匀排列，从 $x=0$ 到 $x=d$ 电位分布按线性变化，忽略电容与电压的依赖关系，由 Helmholtz 模型计算出的电容量较之由实验测量的电容量要大一个数量级左右。

Gouy－Chapman 模型认为电荷分散在电极表面附近的液层中，在溶液侧电荷分散分布形成扩散层，它的区域是从 $x=d$ 到剩余电荷为零，在该区间内电位分布是非线性变化的。该模型能够反映电容量与温度、电位差的关系，但是仍旧存在估算电容大于实际电容的问题。

Stern 模型是基于上述两个模型的改进模型，该模型将整个电极与溶液界面的双电层分为紧密层和分散层两部分。紧密双电层是由于溶液中的离子电荷在静电作用和粒子热运动的矛盾作用下吸附在电极表面所形成，该层空间从 $x=0$ 到 $x=d$ 电位分布呈线性变化，扩散层是由于一部分电荷分散在电极表面附近的液层中形成，该层空间从 $x=d$ 到剩余电荷为零，电位分布是非线性变化。双电层电容可以看作由紧密层电容 C_c 和扩散层电容 C_d 串联构成。

1. 基于物理外特性等效电路的超级电容器模型

超级电容器的等效电路模型主要有一阶线性 RC 等效电路模型、一阶非线性 RC 模型和双 RC 模型等。

(1) 一阶线性 RC 等效电路模型。最简单的超级电容器等效模型，是只有一个阻容单元构成的 RC 模型，如图 1.40 所示，包括理想电容器 C、等效串联内阻 R_{SE} 和等效并联内阻 R_D。等效串联内阻 R_{SE} 表示超级电容器的总串联内阻，在充放电过程中会产生能量损耗，一般以热的形式表现，还会因阻抗压降而使端电压出现波动，产生电压纹波。等效并联内

阻 R_D 反映超级电容器总的漏电情况，一般只影响长期储能过程，也称为漏电电阻。文献[96] 中超级电容器的自放电回路时间长达数十小时至上百小时，远远高于充放电时间常数。而且，在实际应用中，超级电容器一般通过功率变换器与电源连接，并处于较快的和频繁的充放电循环过程中，因此 R_D 的影响可以忽略。因此，可以进一步将超级电容器模型简化为理想电容器和等效串联内阻的串联结构。

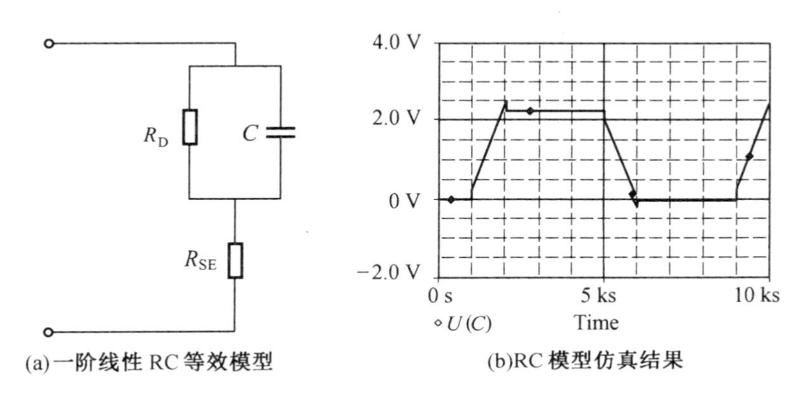

(a)一阶线性 RC 等效模型　(b)RC 模型仿真结果

图 1.40　一阶线性 RC 等效电路模型

RC 等效模型结构简单，能够较准确地反映出超级电容器在充放电过程中的外在电气特征，通过简单测量就可以确定模型参数，便于解析分析和数值计算，并可以大幅度缩短计算机的仿真时间，被广泛应用于工程分析和设计。

(2) 一阶非线性 RC 等效电路模型。等效电路模型如图 1.41 所示，由三个 RC 支路并联组成，这三条 RC 支路的时间常数相差很大，至少为一个数量级：第一个支路决定了超级电容器在开始充电后秒级时间段内的瞬态响应；第二个支路决定了超级电容器在分钟时间段内的响应；第三条支路决定了超级电容器在 10 min 时间段内的响应。为了反映超级电容器电容受端电压影响的特性，第一条 RC 支路中的电容由一个固定电容和一个受控电容组成，而受控电容的容值是其端电压的函数。此外，为了体现超级电容器的自放电特性，模型中设置了等效漏电阻。如果需要描述几小时、几天或者更长时间的响应特性，可以增加时间常数更长的 RC 支路，或者对模型中的参数进行修改。由于模型中后两个支路的电阻和容值是固定的，只有第一支路的容值与其端电压密切相关，所以建模时只需研究第一支路的特性。模型中后两支路主要表征超级电容器的自放电特性，而超级电容器主要用在分布式发电系统中，其充放电较为频繁，故常将超级电容器的自放电特性忽略不计。

非线性 RC 模型能够较为完整且精确地描述出超级电容器的基本充放电特性，但较一阶线性等效模型略复杂，其参数不易获得，需要采用参数辨识方法获得，文献[97] 中给

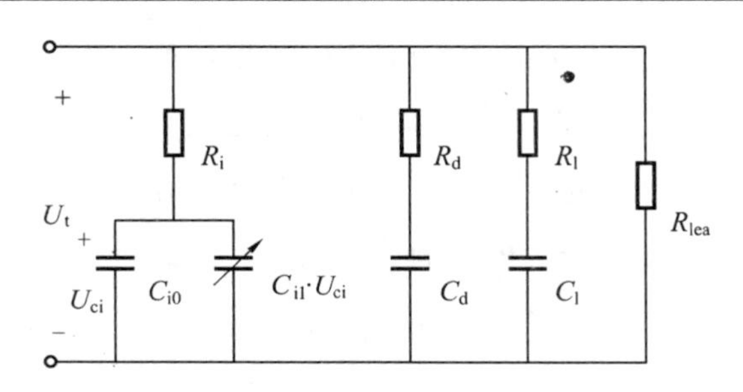

图 1.41 一阶非线性 RC 等效电路模型

出的 470 F 超级电容器一阶非线性 RC 模型的参数值见表 1.7。

表 1.7 470 F 超级电容器一阶非线性 RC 模型各参数值[97]

参数	470 F DLC	参数	470 F DLC
R_1	2.5 mΩ	C_{i0}	270 F
C_{i1}	190 F/V	R_d	0.9 Ω
C_d	100 F	R_l	5.2 Ω
C_l	220 F	R_{lea}	9 kΩ

三个 RC 支路模型在物理特性上反映了多孔大面积电极的特性，也反映了 Stern 模型中扩散层电容随电压变化的特性容量与瞬时支路的电压 U_{ci} 成正比，由于模型参数求取前提条件要求苛刻，只适用于恒流充电情况下的建模分析，仍然不能很好地描述充放电过程中超级电容的动态特性。

图 1.42 所示的超级电容器等效电路是一个梯形 RC 网络，它包括多个不同的时间常数，这些时间常数从左到右依次增大。这种 RC 网络电路粗略地代表了大面积多孔电极超级电容器的等效电路，可以反映出多孔电极超级电容器充放电后内部电荷的重新分配特性。该模型采用特性逼近的方法，故参数不能与物理模型很好对应，不能反映电容器的一些外特性，这个模型 RC 支路太多，模型参数辨识复杂，而且这个模型没有考虑漏电流对超级电容器的长期影响。

文献[98] 提出了一种采用神经网络模型描述超级电容器电气和温度特性的方法。超级电容器 ANN 模型是一个多输入单输出的黑匣子，输入量包括工作温度 T、充放电电流 I_C 和电容值 C，输出量为超级电容器的电压 U_C。输入和输出建立的关系是从大量的充放电历史数据训练中得到的。这种神经网络模型参数辨识复杂，而且只适合应用在同一类型的超级电容器产品中，使用范围较窄。

2. 基于改进的物理端行为特性超级电容器建模

在进行充电之前，先将超级电容器放空，即其端电压为零。为保证充电之前电容器的

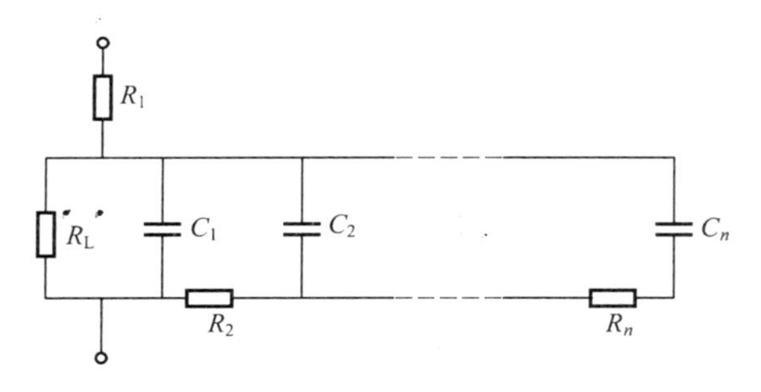

图 1.42　超级电容器梯形 RC 网络模型

状态稳定为空，用导线将电容器的两极短接一周。利用 Arbin 电池充放电设备对超级电容器进行短时充电，充电电流设为恒流 100 A，充电时间设定为十几秒，记录充电过程及停止充电后 3 000 s 内超级电容器端电压的变化数据曲线，如图 1.43 所示。

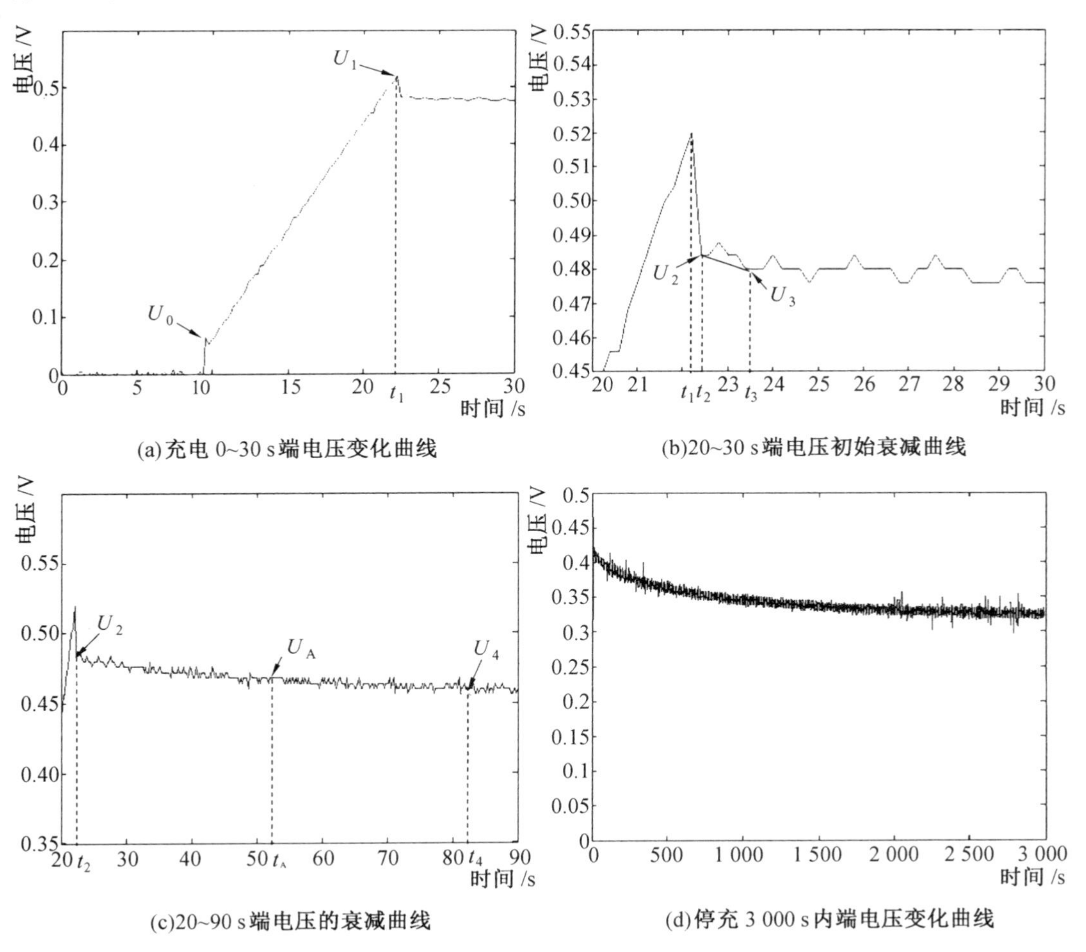

图 1.43　超级电容器的电气特性

从试验得到的充放电特性曲线上可以看到如下明显特征：

(1) 超级电容器在充电开始瞬间有电压陡升，充电结束瞬间有电压陡降，电容电压的这种陡升和陡降，表明超级电容器件有一定内阻 R_{S0}。

(2) 超级电容器在放电结束后，电压有自恢复过程。衰减过程和自恢复过程表现出很大的时间常数，表明超级电容器在放电和放电结束后其内部电荷有一重新分布、均匀化的过程。这种重新分布均匀化可以用时间常数较大的 RC 分支来表现，并且模型应该有多个时间常数的不同 RC 分支。

3. 改进的物理端行为特性模型

建立超级电容器物理端行为等效电路模型应该遵循如下原则，以使建立的模型能够方便应用于电力电子装置的仿真设计中。

(1) 所建的模型结构和参数应该具有实际的物理意义，模型应该尽量简单，以便在其他领域或者场合能够实际应用该模型。

(2) 所建的模型应该具有相当的精度，要求其在一定的时间范围内(30 min) 能够真实表现超级电容器的特性曲线。

(3) 模型中参数应该能够通过测量实际超级电容器件端部特征分析得到。

电容特性的两大影响因素是电压和时间。实际上，由于实际的超级电容器有电压自恢复过程，因此很难用单一理想可变电容来模拟超级电容器，因此本书结合超级电容器的实际物理机理和器件端行为特性提出了改进的三分支等效电路模型，包含即时充放电分支电路(C_0 和 VCVS)、自再分布分支电路(R_1、C_D、R_2、C_L)、泄放分支电路(R_L)三部分，如图1.44 所示。

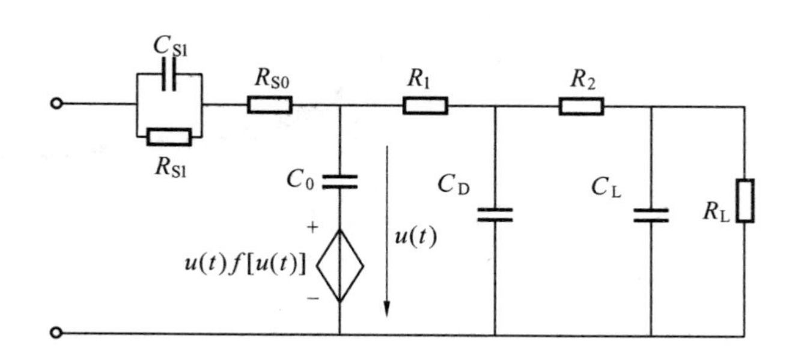

图 1.44 改进的物理端行为特性模型

4. 改进的物理端行为特性模型参数确定

(1) 电阻 R_{S0}、电阻 R_{S1} 和电容 C_{S1} 的确定。在恒流充放电开始瞬间，产生电压跳变，如图电容 C_{S1} 可视为短路，电压的跳变完全由 R_{S0} 上的压降产生，电阻 R_{S0} 可以通过测试恒流充放电条件下瞬间电压跳变幅值来确定，即

$$R_{S0}=\frac{\Delta u}{I} \tag{1.80}$$

其中，Δu 是电压跳变幅值；I 是充电电流。

以 10 组超级电容器单元做恒流充放电过程实验，分别求得 R_{S0} 值，见表 1.8。

表 1.8　10 组超级电容器恒流充放电条件下 R_{S0} 的实验数据　mΩ

序号	1	2	3	4	5	6	7	8	9	10
充电	0.57	0.75	0.77	0.65	0.84	0.82	0.83	0.77	0.66	0.69
放电	0.59	0.67	0.56	0.65	0.84	1.11	0.77	0.72	0.75	0.62

在超级电容器大电流充放电过程中，由于受扩散速度限制，造成电容内部电荷在局部区域聚集，这一“物理极化”现象可以用串联分支 R_{S1}、C_{S1} 描述，它主要影响充放电瞬间的暂态过程，超级电容器自放电、自恢复过程时间常数较大，这两个参数可以忽略不计。R_{S1} 和 C_{S1} 可利用图 1.45 所示的简化电路来计算。

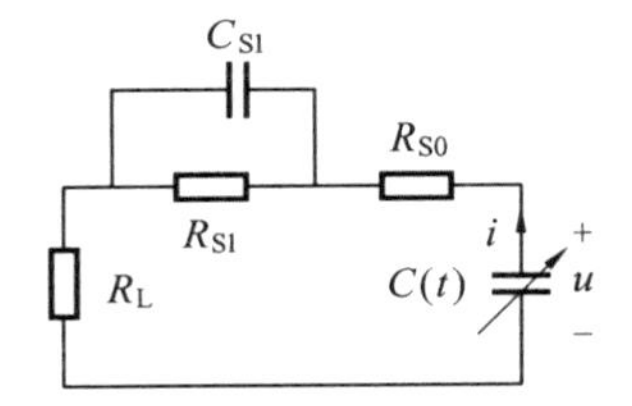

图 1.45　确定参数 R_{S1}、C_{S1} 的等效电路

$$\begin{cases} u=(R_{S0}+R_L)i_1 \\ u=(R_{S0}+R_L+R_{S1})i_2 \end{cases} \tag{1.81}$$

其中 i_1 是放电过程初始电流峰值；i_2 是稳态放电电流大小；R_L 是负载电阻。这样通过式(1.81) 即可确定参数 R_{S1} 为

$$R_{S1}=\frac{i_1-i_2}{i_2}(R_{S0}+R_L) \tag{1.82}$$

极化内阻与负载电阻成反比，与放电电流成正比。在超级电容器内部电荷数量相同的情况下，电流越大，物理极化效应就越轻，因此极化电阻也越小。试验表明电流尖峰持续时间非常短，即 C_{S1} 充电过程非常短暂，故其值较小，令其值引起的充放电过程小于一个步长即可。表 1.9 给出了 10 组超级电容器恒流充放电条件下 R_{S1} 的实验数据，其中 R_{S0} 采用平均值。

表 1.9 10 组超级电容器恒流充放电条件下 R_{S1} 的实验数据 mΩ

序号		1	2	3	4	5	6	7	8	9	10
R_{S0}		0.58	0.71	0.67	0.65	0.74	0.97	0.77	0.75	0.70	0.66
R_{S1}	0.02 Ω	0.67	0.95	0.75	0.70	0.80	0.72	0.60	0.84	0.67	0.90
	0.04 Ω	0.86	2.45	1.93	1.26	0.99	1.44	1.63	2.20	1.45	2.05

(2) 即时充电分支电路参数确定。如前所述，超级电容器的电容并非固定不变，而是电压和时间的函数，即 $C(t)=f[u(t),t]$。对于可变电容 $C(t)$，可以利用一只固定电容和受该支路端电压控制的受控电压源的串联来描述，如图 1.46 所示，其值为

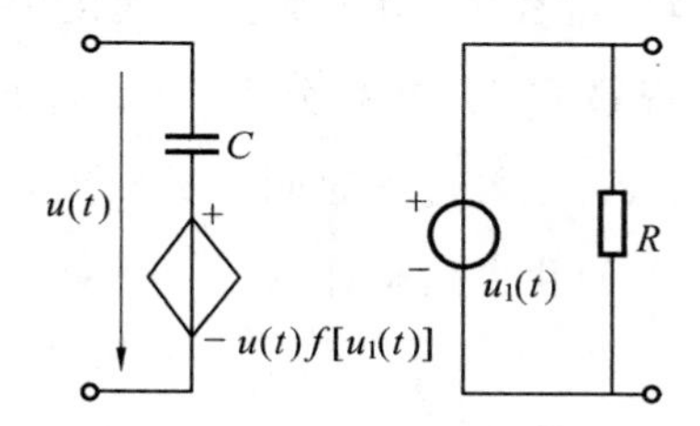

图 1.46 $C(t)$ 等效电路

$$C(t)=C[1-f(u_1(t))] \tag{1.83}$$

该等效电路证明过程如下。

可控电压源两端电压为

$$e_C(t)=u(t)f[u_1(t)] \tag{1.84}$$

所以电容 C 两端的电压为

$$u_C(t)=u(t)-e_C(t)=u(t)-u(t)f[u_1(t)] \tag{1.85}$$

由于

$$i_C=C\frac{\mathrm{d}u_C}{\mathrm{d}t} \tag{1.86}$$

故

$$i_C=C\frac{\mathrm{d}}{\mathrm{d}t}\{u(t)-u(t)f[u_1(t)]\} \tag{1.87}$$

整理得到

$$i_C=C\{\frac{\mathrm{d}u(t)}{\mathrm{d}t}-\frac{\mathrm{d}u(t)}{\mathrm{d}t}f[u_1(t)]-\frac{\mathrm{d}f[u_1(t)]}{\mathrm{d}t}u(t)\} \tag{1.88}$$

即

$$i_C=C\frac{\mathrm{d}u(t)}{\mathrm{d}t}\{1-f[u_1(t)]\}-C\frac{\mathrm{d}f[u_1(t)]}{\mathrm{d}t}u(t) \tag{1.89}$$

又因为

$$i_C = C(t)\frac{\mathrm{d}u(t)}{\mathrm{d}t} + u(t)\frac{\mathrm{d}C(t)}{\mathrm{d}t} \tag{1.90}$$

因此

$$C(t)\frac{\mathrm{d}u(t)}{\mathrm{d}t} + u(t)\frac{\mathrm{d}C(t)}{\mathrm{d}t} = C\frac{\mathrm{d}u(t)}{\mathrm{d}t}\{1 - f[u_1(t)]\} - C\frac{\mathrm{d}f[u_1(t)]}{\mathrm{d}t}u(t) \tag{1.91}$$

观察等式两边，可以推出

$$C(t) = C[1 - f(u_1(t))] \tag{1.92}$$

因此，即时充放电分支电路即是由一固定电容 C_0 和电压控制电压源的串联构成。由于超级电容器充电快速，$C(t)$ 所处的即时分支电路相较于其他两分支电路具有很小的时间常数，因此可以假定超级电容器充电时电荷开始全部存储在该可变电容中，因此即时分支电路参数可以通过一个完整的大恒定电流充放电循环确定。因此，在此充电过程中测得的电容就可以认为是该时刻的 $C(t)$ 值，实验数据表明 $C(t)$ 大体与超级电容器两端电压呈线性关系，即

$$C(t) = A + B \cdot u(t) \tag{1.93}$$

因此 $C(t)=A[1+B/A \cdot u(t)]$，从而可以确定 C_0 的值应等于 A，而 $u_1(t)$ 就是端电压 $u(t)$，函数 $f[u_1(t)]$ 等于 $-B/A \cdot u(t)$，而 A、B 的值可以通过试验的方法确定。

图 1.47 为 1 号和 2 号超级电容器单体实验测得的超级电容器电容值与其端电压的关系。

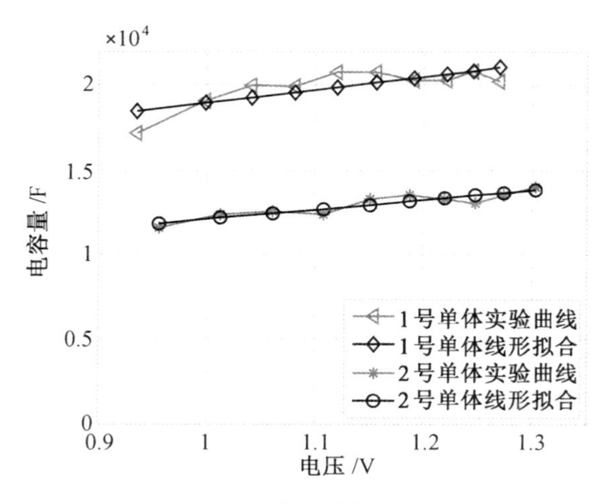

图 1.47　超级电容器单体电容量与电压关系

利用 Matlab 对实验结果进行最小二乘拟合，得到 1 号和 2 号单体的电容量与电压的关系分别是

$$C(t)_1 = 7\ 768u_1 + 11\ 160(\mathrm{F}) \tag{1.94}$$

$$C(t)_2 = 5\ 956u_2 + 6\ 386(\mathrm{F}) \tag{1.95}$$

因此，可以确定1号单体C_0值为11 160，而$f[u_1(t)]$等于-0.7，同样原理可以求出2号单体C_0值为6 386，而$f[u_1(t)]$等于-0.93。

(3) 自再分布分支电路参数确定。自再分布电路是由两部分分支电路构成：短时间分支和长时间分支。短时间分支相对长时间分支同样具有相对较短的时间常数，因此短时间分支决定了超级电容器充放电结束后10 min时间内表现出的端行为特性，而长时间分支用来描述30 min内超级电容器表现出的端行为特性。在充电阶段所有的电荷都被注入即时分支电路中，充电结束后，自再分布分支电路开始对超级电容器特性产生影响。10 min内部分电荷开始从C_0转到C_D，而在接下来的20 min里部分电荷从C_0转到C_L。这一转移过程可以通过图1.48所示的简化电路表现，并可以通过下列两式确定参数C_D和C_L。

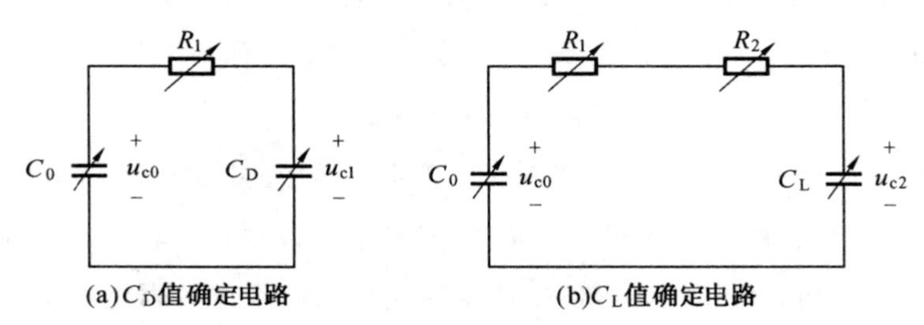

图1.48　自再分布分支电路参数确定等效电路

$$u_{C_D}(t) = \frac{u_{C(t0)}C_{(t0)} + u_{C_D}C_D}{C_{(t0)} + C_D} + \frac{C_1(u_{C(t0)} - u_{C1})}{C_{(t0)} + C_D}e^{-\frac{t}{\tau_1}} \tag{1.96}$$

$$u_{C_L}(t) = \frac{u_{C(t0)}C_{(t0)} + u_{C_L}C_L}{C_{(t0)} + C_L} + \frac{C_2(u_{C(t0)} - u_{C_L})}{C_{(t0)} + C_L}e^{-\frac{t}{\tau_2}} \tag{1.97}$$

其中，$u_{C(t0)}$、u_{C_D}、u_{C_L}分别为$C(t)$、C_D、C_L自放电阶段初始电压；τ_1为前10 min自再分布阶段等效电路时间常数；τ_2为后20 min自再分布阶段等效电路时间常数。

$$\tau_1 = \frac{R_1C_{(t0)}C_D}{C_{(t0)} + C_D} \tag{1.98}$$

$$\tau_2 = \frac{(R_1 + R_2)C_{(t0)}C_L}{C_{(t0)} + C_L} \tag{1.99}$$

因此，C_D和C_L通过测量$u_{C_D}(t)$和$u_{C_L}(t)$就能计算得到。表1.10给出了实验方法测得的各种相关数据。

表 1.10　超级电容器自再分布分支实验方法求取结果

	No. 1		No. 2	
	50 A	100 A	50 A	100 A
$u_{C_D}(\infty)/(V \cdot s^{-1})$	1.430 0	1.398 2	1.260 1	1.320 2
$\frac{du_{C_D}(t)}{dt}/(V \cdot s^{-1})$	0.004	0.003 9	0.004	0.003 9
$u_{C(t0)}/V$	1.537 2	1.536 5	1.426 0	1.521 4
C_0/F	23 101	23 096	14 507	15 005
u_{C_L}/V	0.990 6	0.487 2	0.330 70	0.696 7
$u_{C_L}(\infty)/V$	1.374	1.340	1.22	1.273
u_{C_D}/V	1.155 2	1.130 8	0.827 3	0.907 5
$R_1/m\Omega$	14.7	12.9	37.2	31.9
C_D/F	9 011.6	11 945.3	5 557	7 337
$R_2/m\Omega$	185.9	271	278	211.5
C_L/F	9 833	5 321.7	3 340	6 486.9

（4）泄漏电阻 R_L 的确定。将超级电容器充电至额定上限电压 U_0，并恒压充电保持 U_0 一周左右，目的是使其内部电荷分布达到稳定状态，避免断开充电电源后电荷重新分布造成的电压衰减。然后断开充电电源开始自放电，并开始计时，设经过时间 T（应多于 5 h）后测得的端电压为 U_1，则有

$$U_1 = U_0 e^{-\frac{T}{R_L C}} \tag{1.100}$$

$$R_L = -\frac{T}{C\ln\frac{U_0}{U_1}} \tag{1.101}$$

式中，C 是前面几个分支电容的并联值大小。通过式(1.101) 即可确定 R_L 的值。

5. 改进的超级电容器模型仿真及验证

上一节对容量标称 3×10^4 F 超级电容器各种不同充电条件下的响应进行了实验研究，并给出模型参数辨识方法，验证了该改进的物理端行为特性超级电容器模型。本节以 100 A 充放电条件下的一号单体为对象，进行实验验证，等效电路模型参数见表 1.11。

表 1.11 等效电路模型参数

参数	值	参数	值
R_{S0}	0.58 mΩ	C_{S1}	40 F
R_{S1}	0.77 mΩ	C_0	11 160 F
R_1	12.8 mΩ	C_D	11 944 F
R_2	27.12 mΩ	C_L	5 322 F
R_L	200 kΩ	$f[u_1(t)]$	$-0.7u(t)$

图 1.49 是超级电容器改进的物理端行为模型 100 A 恒流充放电情况下端电压特性曲线与超级电容实测曲线的对比，可以看出该模型具有比较好的精度，大体反映了改进的超级电容器物理端行为模型充电结束后其端电压有自降过程和放电结束后端电压有自恢复过程，可以用于具体电路的设计与仿真。

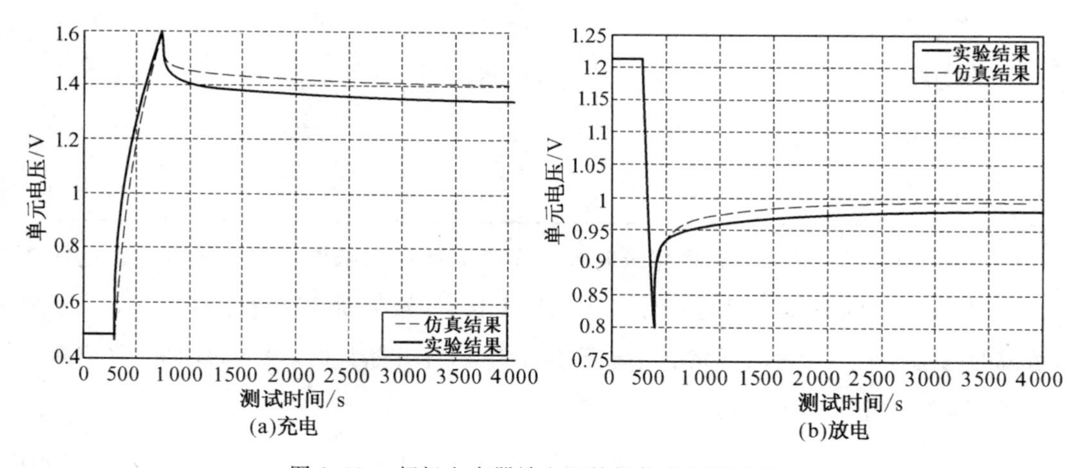

图 1.49 超级电容器端电压特性仿真与实验对比

图 1.50 是在 100 A 充电电流条件下，2 000 s 内超级电容器等效电路模型中包括 C_0、C_D 和 C_L 等各部分元件的相应的电流响应波形。

实际超级电容器充放电行为特性和利用改进的物理端行为特性超级电容器模型得到的充放电特性有很好的一致性，该模型不但有很好的静态行为特性，而且同样有很好的动态响应特性，如图 1.51 所示。

含有该模型的超级电容器的 Buck－Boost 均衡电路均衡过程也通过 PSPICE 仿真得到，如图 1.52 所示，其中 C_{R1}、C_{R2} 采用改进的物理端行为特性超级电容器模型代替。在该过程中，为了缩短仿真时间，超级电容器等效电路模型中的电路参数都按一定比例缩小。

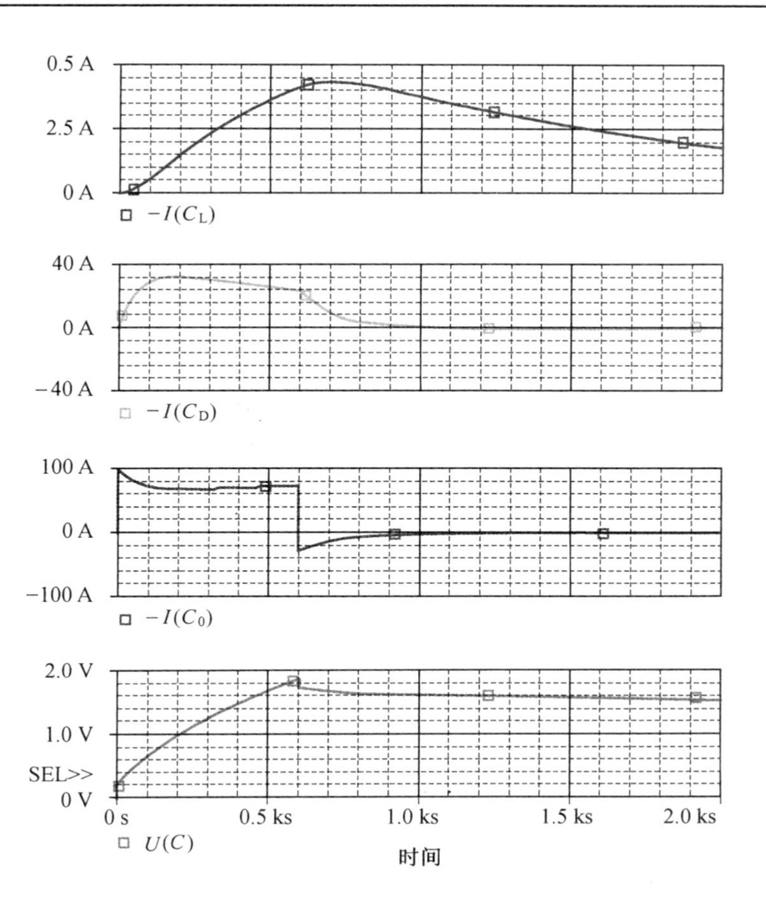

图 1.50　模型中各器件相应 PSPICE 仿真波形

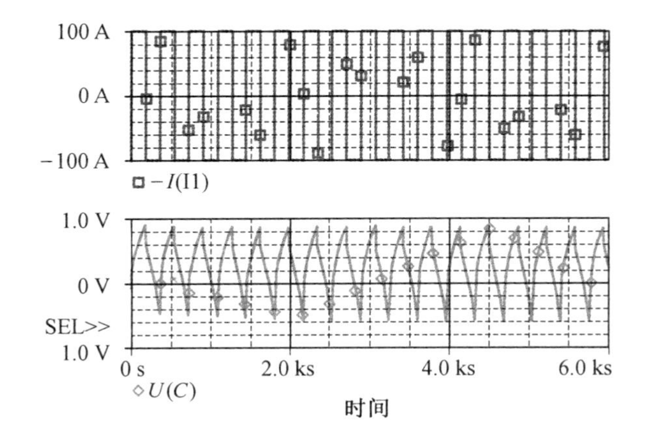

图 1.51　模型动态特性仿真结果

利用该模型进行的优化设计案例中，均衡电路中的电感确定为 200 μH。

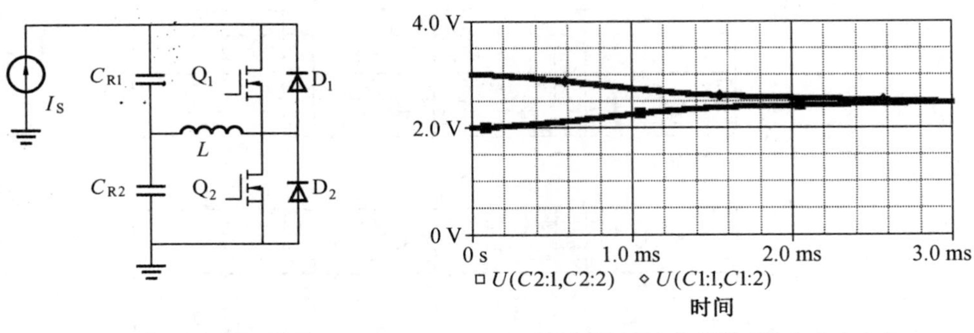

(a)Buck-Boost结构均衡电路 (b)采用超级电容器模型均衡仿真曲线

图 1.52 超级电容器模型在均衡电路中的仿真应用

本章参考文献

[1] 张文亮，丘明，来小康. 储能技术在电力系统中的应用[J]. 电网技术，2008，32(7)：1-9.

[2] 张宇，俞国勤，施明融. 电力储能技术应用前景分析[J]. 华东电力，2008，36(4)：91-93.

[3] YAO D L，CHOI S S，TSENG K J，et al. A statistical approach to the design of a dispatchable wind power battery energy storage system [J]. IEEE Trans. Energy Conversion，2009，24(4)：916-925.

[4] AKAGI H，MAHARJAN L. A battery energy storage system based on a multilevel cascade PWM converter [C]. Tokyo：Power Electronics Conference，2009：9-18.

[5] 张学庆. 电池储能技术在 35 kV 航头变电站的示范应用[J]. 上海电力，2008，5：463-465.

[6] BRENNA M，LAZAROIN G C，ROTARU R，et al. Interconnection of electrical energy storage systems for power quality improvement [C]. Bucharest：IEEE Power Tech，2009：1-5.

[7] LI Xiaocong，KONG Lingyi，LIAO Liying，et al. Improvement of power quality and voltage stability of load by battery energy storage system[C]. Lisbon：International Conference on Power Engineering Energy and Electrical Drives，2009：227-232.

[8] KOOK K S，MCKENZIE K J，LIU Yilu，et al. A study on applications of energy storage for the wind power operation in power systems[C]. Montreal：IEEE Power

Engineering Society General Meeting,2006.

[9] 范高锋,赵海翔,戴慧珠.大规模风电对电力系统的影响和应对策略[J].电网与清洁能源,2008,24(1):44-48.

[10] LU Mingshun,CHANG Chunliang,LEE W J,et al. Combining the wind power generation system with energy storage equipment[J]. IEEE Trans. on Industry Application,2009,45(6):2109-2115.

[11] 杨勇.太阳能系统用铅酸蓄电池综述[J].蓄电池,2009,2:51-57.

[12] SPAHIC E,BALZER G,HELLMICH B,et al. Wind energy storages possibilities [J]. IEEE Lausanne Power Tech,2007:615-620.

[13] OUDALOV A,CHARTOUNI D,OHLER C. Optimizing a battery energy storage system for primary frequency control[J]. IEEE Transactions on Power Systems,2007,22(3):1259-1266.

[14] 张华民.高效大规模化学储能技术研究开发现状及展望[J].电源技术,2007,131(8):587-591.

[15] 胡骅,宋慧主.电动汽车[M].北京:人民交通出版社,2006:10-19.

[16] BURKE A F. Batteries and ultra-capacitors for electric hybrid and fuel cell vehicles[J]. Proceedings of the IEEE,2007,95(4):806-820.

[17] KHALIGH A,LI Zhihao. Battery ultra-capacitor fuel cell and hybrid energy storage systems for electric hybrid electric fuel cell and plug-in hybrid electric vehicles[J]. IEEE Vehicular Technology,2010,59(6): 2806-2814.

[18] BEKIAROV S B,EMADI A. Uninterruptible power supplies: classification, operation,dynamics and control[C]. Chicago:Applied Power Electronics Conference and Exposition,Seventeenth Annual IEEE,2002,1:597-604.

[19] CHLODNICKI Z,KOCZARA W,ALKHAYAT N. Hybrid UPS based on supercapacitor energy storage and adjustable speed generator[J]. Compatibility in Power Electronics,2007:1-10.

[20] 张惠玲.电动车铅酸蓄电池维护与维修[M].成都:成都电子科技大学出版社,2008.

[21] 陈春平.镍镉蓄电池及镍镉蓄电池直流屏[M].上海:上海科学技术文献出版社,1994.

[22] ROGERS H H. Basics of nickel hydrogen batteries[C]. Torrance:Battery Conference on Applications and Advances,1991:75-111.

[23] 王先有. 锂离子电池[M]. 北京:化学工业出版社,2008.

[24] 刘春娜. 锂离子电池安全问题期待解决[J]. 电源技术,2011,35(7):759-761.

[25] 王振文,刘文华. 钠硫电池储能系统在电力系统中的应用[J]. 中国科技信息,2006,13:41-44.

[26] 温兆银. 钠硫电池及其储能应用[J]. 上海节能,2007(2):7-10.

[27] IBA K,IDETA R,SUZUKI K. Analysis and operational records of NAS battery [C]. Newcastle:Universities Power Engineering Conference,2006:491-495.

[28] TAMYUREK B,NICHOLS D K,DEMIRCI O. The NAS battery: a multifunction energy storage system[C]. Toronto:Power Engineering Society General Meeting,2003(4):1991-1996.

[29] LU N,WEIMAR M R,MAKAROV Y V,et al. An evaluation of the NAS battery storage potential for providing regulation service in California[C]. Phoenix:Power Systems Conference and Exposition (PSCE),2011:1-9.

[30] KAWAKAMI N,IIJIMA Y,SAKANAKA Y,et al. Development and field experiences of stabilization system using 34 MW NAS batteries for a 51 MW wind farm[C]. Bari:Industrial Electronics (ISIE) IEEE International Symposium,2010:2371-2376.

[31] 毛宗强. 国外电动汽车用金属一空气电池[J]. 电源技术,1996,20(6):252-256.

[32] TONE G R. Metal/ Air fuel cell[J]. Battery man,2001,1:24-29.

[33] KORETZ B,NAIMER N. 3300 mAh zinc-air batteries for portable consumer products[C]. Long Beach:The Sixteenth Annual Battery Conference on Applications and Advances,2001.

[34] MARTIN J J,NEBURCHILOV V,WANG H,et al. Air cathodes for metal-air batteries and fuel cells[C]. [出版地不详]:Electrical Power and Energy Conference (EPEC),2009:1-6.

[35] THALLER L H. Redox flow cell energy storage systems[C]. [出版地不详]:IEEE NASA,1979.

[36] GAHN R F. Method and apparatus for balancing a redox flow cell system[C]. [出版地不详]:IEEE NASA,1985.

[37] SKYLLAS K M,GROSSMITH F. Efficient vanadium redox flow cell[J]. Journal of the Electrochemical Society,1987,134(2): 2950-2953.

[38] 张华民. 液流储能电池研究进展[J]. 华南师范大学学报: 自然科学版,2009,11:110-111.

[39] 顾军,李光强,许茜,等. 钒氧化还原液流储能电池的研究进展电池原理、进展[J]. 电源技术,2000,24(2): 116-119.

[40] 朱磊, 吴伯荣, 陈晖, 等. 超级电容器研究及其应用[J]. 稀有金属,2003,27(3):385-390.

[41] 张炳力,赵韩,张翔,等. 超级电容在混合动力电动汽车中的应用[J]. 汽车研究与开发,2003(5):48-50.

[42] DIWAKAR V D. Towards efficient models for lithiumion batteries[D]. St. Louis: Department of Energy Environmental and Chemical Engineering of Washington University,2009.

[43] KÖTZ R,CARLEN M. Principles and applications of electrochemical capacitors [J]. Electro-chimica Acta,2000,45: 2483-2498.

[44] BULLARD G L,SIERRA-ALCAZAR H B,et al. Operating principles of the ultra-capacitor[J]. IEEE Transactions on Magnetics,1989,25(1):102-106.

[45] GRBOVIC P J,DELARUE P,LE M P,et al. The ultra-capacitor-based controlled electric drives with braking and ride-through capability[J]. IEEE Transactions on Industrial Electronics,2011,58(3): 925-936.

[46] BURKE A. Ultra-capacitor technologies and application in hybrid and electric vehicles[J]. International Journal of Energy Research,2010,34(2):133-151.

[47] GREENWELL W,VAHIDI A. Predictive control of voltage and current in a fuel cell-ultra-capacitor hybrid[J]. IEEE Transactions on Industrial Electronics,2010,57(6):1954-1963.

[48] AZIB T,TALJ R,BETHOUX O,et al. Sliding mode control and simulation of a hybrid fuel-cell ultra-capacitor power system[J]. 2010 IEEE International Sympo-

sium on Industrial Electronics,2011:3425-3430.

[49] KHALIGH A,LI Z. Battery ultra-capacitor,fuel cell and hybrid energy storage systems for electric hybrid electric,fuel cell and plug-in hybrid electric vehicles[J]. IEEE Transactions on Vehicular Technology,2010,59(6):2806-2814.

[50] NELMS R M,STRICKLAND B E,MIKE G. High voltage capacitor charging power supplies for repetitive rate loads[J]. IEEE Industry Applications Society, 1990,2:1281-1285.

[51] PEGGS J F,POWELL P W,GREBE T E. Innovations for protection and control of high voltage capacitor banks on the virginia power system[C]. Richmond: Proceedings of the IEEE Power Engineering Society Transmission and Distribution Conference,1994:284-290.

[52] MORGAN R,ENNIS J,HARTSOCK R. Remotely controlled high voltage capacitor charging[C]. Texas:Proceedings of the 2010 IEEE International Power Modulator and High Voltage Conference,2010:489-492.

[53] TYLER N. Design,analysis and construction of a high voltage capacitor charging supply[D]. California:Naval Postgraduate School,2008.

[54] 田秋松,张健毅,刘涛,等. 大型串联电容器组在特高压固定串补中的应用[J]. 电力电容器与无功补偿,2012,33(3):33-39.

[55] 罗慧卉,邓昆英. 高压串联电容器不平衡保护的研究[J]. 机电工程技术,2011,40(10):90-92.

[56] 吴娅妮,吕鹏飞,王德林,等. 交流滤波器高压电容器不平衡保护新原理[J]. 电力系统自动化,2008,32(24):56-59.

[57] LAJNEF W,VINASSA J M,BRIAT E,et al. Specification and use of pulsed current profiles for ultracapacitors power cycling[J]. Microelectronics Reliability, 2005,45(3):1746-1749.

[58] KOLLURI S. Application of distributed superconducting magnetic energy storage system (D-SMES) in the energy system to improve voltage stability[C]. New Orleans:Power Engineering Society Winter Meeting,2002:838-841.

[59] YONEZU T,NITTA T,JUMPEI B. On-line identification of real parts of

eigenvalues of power system by use of superconducting magnetic energy storage[C]. Tokyo:IEEE Power and Energy Society 2008 General Meeting,2008.

[60] WARREN B,HASSENZAHL V W. Superconducting magnetic energy storage[J]. IEEE Power Engineering Review,2000,20(5):16-20.

[61] 邓成博. 革命性的技术,革命性的选择(一)最新一代免蓄电池磁悬浮飞轮储能 UPS 的特点和优势[J]. 通信电源技术,2008,25(1):83-84.

[62] ANDRADE J D,FERREIRA A C,SOTELO G G,et al. A superconducting high-speed flywheel energy storage system[J]. Physica C: Superconductivity and its Applications,2004,408-410(1-4):930-931.

[63] MCGRATH S V. High speed flywheel department of energy[R]. Washington DC Report,1990.

[64] GRANTIER J A,WIEGMANN B M,WAGNER R. Flywheel energy storage system for the international space station[C]. Savannah:Proceedings of the Intersociety Energy Conversion Engineering Conference,2001,1:263-267.

[65] 李俄收,王远,吴文民. 超高速飞轮储能技术及应用研究[J]. 微特电机,2010,6:65-68.

[66] DOYLE M,MEYERS J P,NEWMAN J. Computer simulations of the impedance response of lithium rechargeable batteries[J]. Electrochem,2000,147(1): 99-110.

[67] BOTTE G G,SUBRAMANIAN V R,WHITE R E. Mathematical modeling of secondary lithium batteries[J]. Electrochimica Acta(50th Anniversary Special Issue),2000,45(15-16): 2595-2609.

[68] 冯毅. 锂离子电池数值模型研究[C]. 上海:中国科学院材料物理与化学学科博士论文集,2008: 8-54.

[69] HARAN B S,POPOV B N,WHITE R E. Determination of hydrogen diffusion coefficient in metal hydrides by impedance spectroscopy[J]. Power Sources,1998,75(1):56.

[70] SANTHANAGOPALAN S,GUO Q,RAMADASS P,et al. Review of models for predicting the cycling performance of lithiumion batteries[J]. Journal of Power Sources,2006,156(2):620-628.

[71] 孙婷.锂离子电池模型仿真及参数辨识的研究[D].哈尔滨:哈尔滨工业大学,2012.

[72] SCHMIDT A P,BITZER M,IMREÁ W,et al. Experiment-driven electrochemical modeling and systematic parameterization for a lithium-ion battery cell[J]. Electrochem,2010,195(15):5071-5080.

[73] DIWAKAR V D. Towards efficient models for lithium ion batteries[D]. St. Louis: Department of Energy,Environmental and Chemical Engineering of Washington University,2009:1-60.

[74] RAMADESIGAN V,NORTHROP P W C,DE S,et al. Modeling and simulation of lithium-ion batteries from a systems engineering perspective[J]. Electrochem, 2012,159(3):R31-R45.

[75] GIACOMO M. Battery management system for li-ion batteries in hybrid electric vehicles[D]. Padova:University of Padova,2010.

[76] GUO Qingzhi,WHITE R E. Cubic spline regression for the open-circuit potential curves of a lithium-ion battery[J]. Electrochem,2005,152(2): A343-A350.

[77] RAHIMIAN S K,RAYMAN S,WHITE R E. Comparison of single particle and equivalent circuit analog models for a lithium-ion cell[J]. Journal of Power Sources,2011,196(20): 8450-8462.

[78] SIKHA G,POPOV B N,WHITE R E. Effect of porosity on the capacity fade of a lithium-ion battery[J]. Electrochem,2004,151(7): A1104-A1114.

[79] SPELTINO C,DOMENICO D,FIENGO G,et al. On the experimental identification of an electrochemica model of a lithium-ion battery: part II[C]. Budapest:The European Control Conference,2009.

[80] ROBERTS B P. Sodium-Sulfur (NaS) batteries for utility energy storage applications[C]. Franklin:IEEE Power and Energy Society General Meeting Conversion and Delivery of Electrical Energy in the 21st Century,2008:1-2.

[81] RAMADESIGAN V,BOOVARAGAVAN V,CARL P J J,et al. Efficient reformulation of solid-phase diffusion in physics-based lithium-ion battery models[J]. Electrochem,2010,157(7): A854-A860.

[82] FORMAN J C,MOURA S J,STEIN J L,et al. Genetic identification and

fisheridentifiability analysis of the doyle-fuller-newman model from experimental cycling of a LiFePO4 battery[J]. Journal of Power Sources, 2012, 210: 263-275.

[83] JOHNSON V H. Battery performance models in advisor[J]. Journal of Power Sources, 2002, 110: 321-329.

[84] CERAOLO M. New dynamical models of lead-acid batteries[J]. IEEE transactions on power systems, 2000, 15(4): 1184-1190.

[85] HAGEMAN S C. Simple pspice models let you simulate common battery types[J]. EDN, 1993: 17-132.

[86] GOLD S. A pspice macromodel for lithium-ion batteries[C]. Dublin: Proc. 12th Annu. Battery Conf. Applications and Advances, 1997: 215-222.

[87] BENINI L, CASTELLI G, MACCI A, et al. Discrete-time battery models for system-level low-power design[J]. IEEE Trans. VLSI Syst, 2001, 9: 630-640.

[88] CHEN Min, GABRIEL A, MORA R. Accurate electrical battery model capable of predicting runtime and I-V performance[J]. IEEE transactions on energy conversion, 2006, 21(2): 504-511.

[89] 强国斌，李忠学，陈杰. 混合电动车用超级电容能量源建模[J]. 能源技术，2005，26(2): 58-61.

[90] ENDO M, TAKEDA T, KIM Y J. High power electric double layer capacitor (EDLC's)[J]. Carbon Science, 2001, 1: 117-128.

[91] BELHACHEMI F, RAEL S, DAVAT B. A physical based model of power electric double-layer supercapacitors[C]. Rome: Industry Applications Conference 2000, 2000, 5: 3069-3076.

[92] SPYKER R L, NELMS R M. Classical equivalent circuit parameters for a double-layer capacitor[J]. IEEE Transactions on Aerospace and Electronic Systems, 2000, 36(3): 829-836.

[93] DAVID A N. Double layer capacitors: automotive applications and modeling[J]. LEES Technical Report, 2004, 2: 234-235.

[94] CONWAY B E, PELL W G. Power limitations of supercapacitor operation associated with resistance and capacitance distribution in porous electrode

devices[J]. Journal of Power Sources,2002,105(2):169-181.

[95] LAJNEF W,VINASSA. Specification and use of pulsed current profiles for ultracapacitors power cycling[J]. Journal of Power Sources. 2002,105(2):169-181.

[96] 李忠学,陈杰. 牵引型碳基超级电容器双 RC 模型参数的试验测定[J]. 兰州交通大学学报:自然科学版,2006,25(1):79-82.

[97] LUIS Z,RICHARD B. Characterization of double — layer Capacitors for power electronics applications[J]. IEEE Transactions on Industry Applications,2000,36(1):199-205.

[98] MARIE F,BERCHON A. Supercapacitor thermal — and electrical — behavior modeling using ANN[J]. IEEE Proceedings on Electric Power Applications,2006,153(2):255-262.

第2章 电压源型储能电源的充电技术

充电技术是储能电源进行能量补给所必需的技术。不同类型的储能电源因工作原理和充电特性的不同,对应的充电模式、方法也不尽相同,充电过程须根据储能电源的能量转换效率所决定的电能接受能力及其变化规律进行,以提高充电的工作效率和能量转换效率,并延长储能电源的循环使用寿命。本章在分析几种蓄电池典型充电方法的基础上,介绍适用于动力电池和高压电容器充电的全桥开关变换电路及组合;并以降低大功率等级充电电源对电网的负面影响为目的,介绍具有网侧电流谐波抑制功能的整流技术;最后简要介绍无线电能传输技术的发展及此类充电技术的相关研究。

2.1 动力型蓄电池的充电模式

在电压源型储能电源中,电容器类的储能电源由于能量转换原理相对简单,因此有关其充电模式、方法的研究相对蓄电池来说要少得多。充电蓄电池质量和充电控制技术决定了蓄电池的寿命。可充电蓄电池通过外界充电储能可以重复利用,再加上其技术成熟,价格合理,是目前储能系统的主要能量源选择。现在广泛使用的充电电源,虽然其充电程序和充电参数五花八门,但充电方式归纳起来大体有电压控制型充电、电流控制型充电、电压和电流控制型充电。对于不同动力电池的充放电特性,合理的充电方式、方法也有较大的差异。

2.1.1 铅酸电池的充电模式

在各类蓄电池中,铅酸电池自1860年诞生以来,经历了一个多世纪的发展,已经成为一种技术可靠、制造工艺成熟、价格低廉的商品化产品,相应的充电技术也是最为成熟的。随着蓄电池充电理论研究的深入,20世纪60年代,美国科学家托马斯提出了以最低出气率为前提的蓄电池可接受的充电曲线,称为托马斯曲线,又称最佳充电曲线。根据托马斯提出的充电规律,任一时刻蓄电池能接受的充电电流为 $I=I_0 e^{-at}$,I_0 为初始时刻的最大充电电流,a 为电池充电电流的接受比。

由图2.1中电池的最佳充电曲线可以看出,充电电流随时间按指数规律降低,实验表

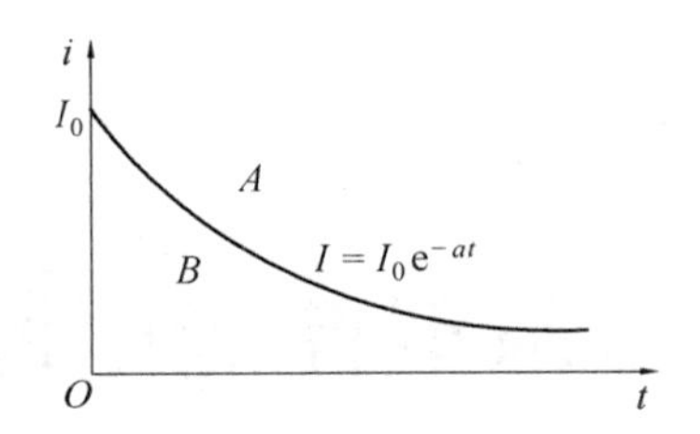

图 2.1　最佳充电曲线

明，如果充电电流按这条曲线变化，就可以大大缩短充电时间，且能明显降低对电池的容量和寿命的影响。对铅酸蓄电池而言，该理论提供了最好的充电方法：在速度最大而又不出气的条件下充入电池容量的 90% 以上，而后充电电流按最佳充电曲线下降。

由最佳充电曲线出发，早期单阶段充电方式已经不再可取，随之出现了多阶段充电方式，主要包括二阶段和三阶段充电方式。

二阶段法是恒流充电法与恒压充电法的简单结合，采用先恒流后恒压的充电方式，避免了充电前期和后期充电电流过大的问题。

三阶段法则在充电开始和结束阶段采用恒流充电，中间阶段采用恒压充电方式。当电流衰减到预定值时，由第二阶段转到第三阶段。该方法可以减少出气量，但作为一种快速充电方法使用，受到一定的限制。

近几年，快速充电技术得到了迅速发展，比如脉冲式充电法、正负脉冲充电法等，不过电池本身的设计和制造始终是决定电池循环寿命的内因，是主要原因，充电器和充电技巧是外因。实践证明，无论采用何种充电方式，都要既使电池充好电又尽可能减少对电池的损坏，控制充电电压是最为关键的因素。

目前铅酸电池广泛采用一种多步恒流的充电方式[1,2]，这种充电方式的主要特点是它能减少过充电。如图 2.2 所示，整个充电过程分为四步主充电过程。当四步主充电过程完成后，进入脉冲均衡充电过程，充电过程的最后阶段是涓流充电。

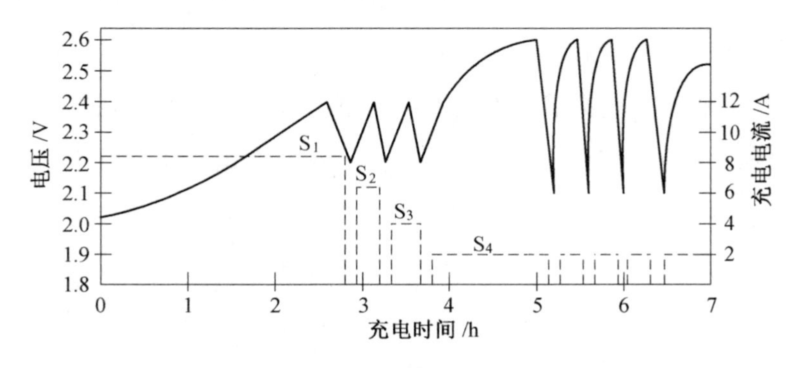

图 2.2　铅酸电池的多步充电法

2.1.2　镍氢蓄电池的充电模式

镍氢蓄电池一般也采用恒流充电方式。由于镍氢蓄电池对过充非常敏感，所以对充电电流必须加以限制以避免出现过温升。为了避免镍氢蓄电池的过充电，常采用适当的充电控制，在过充电之前就能中止充电过程，常用的方法有：电池电压降法（$-\Delta U$）、温度控制法（TCO）和温升控制法（$\Delta T/\Delta t$），如图 2.3 所示。相对而言，温升控制法更可取一些，因为它可以消除周围环境温度的影响并能延长电池寿命，这种方法一般采用 1 ℃/min 作为停止充电的条件。

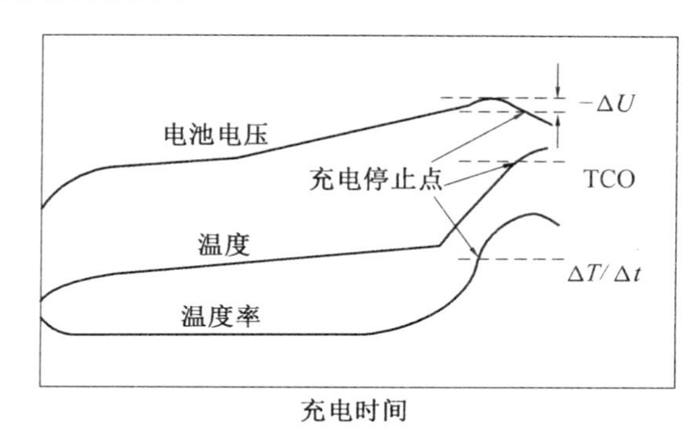

图 2.3　镍氢蓄电池的充电控制方法

2.1.3　锂离子电池的充电模式

蓄电池技术发展到今天，取得了令人瞩目的成果。研制更大容量、更高功率密度的锂离子动力电池备受世界各国的关注。锂离子电池性能虽然优越，但缩短锂离子电池的充电时间，主要应从两个角度考虑：一方面从电池本身，包括电池正负极材料和电解液的选择，正负极厚度，粒径等考虑；另一方面，就在现有电池发展水平基础上，对它的快速充电技术进行研究。

锂离子电池的充电技术是以摇椅理论为基础的，该理论认为锂离子电池实际上是一种锂离子浓差电池，正负电极由两种不同的锂离子嵌入化合物组成。充电时，Li^+ 从正极脱嵌经过电解质嵌入负极，负极处于富锂态，正极处于贫锂态，同时电子的补偿电荷从外电路供给到碳负极，保证负极的电荷平衡。放电时则相反，Li^+ 从负极脱嵌，经过电解质嵌入正极，正极处于富锂态。在正常充放电情况下，锂离子在层状结构的碳材料和层状结构氧化物的层间嵌入和脱出，一般只引起层面间距变化，不破坏晶体结构，在无放电过程中，负极材料的化学结构基本不变。因此，从充放电反应的可逆性看，锂离子电池反应是一种理想的可逆反应。因此认为锂离子电池可以采用恒定大电流充电。

采用恒流恒压的充电模式对锂离子电池进行充电，可以得出如下结论，随充电电流的增加，恒流时间逐渐减少，总体充电时间缩短，但可充入容量和能量也逐渐减少。出现这个结论的原因就在于：充电时锂离子在外部电势作用下从正极向负极迁移，负极锂浓度将逐渐升高，锂离子到达负极材料，首先聚集在负极材料表面，然后向负极材料深处迁移。由于受到负极材料晶格阻力，因此在负极材料的迁移速度远远低于锂离子从负极向正极的迁移速度。正极表面的锂离子还未来得及扩散至正极深处，从负极迁移来的锂离子就已经到达正极，引起处于表面附近的锂离子浓度越来越高。这一方面导致了锂离子在负极材料内部分布的不均匀，形成浓度差；另一方面，又导致对从正极来的锂离子的抗力增加，引起此后锂离子在负极材料层间嵌入困难。也就是说，锂离子电池充电过程，其电流接受能力也是逐渐下降的，此时如果仍以较大电流对其充电，多余的电能将转化成热量消耗，引起电池的发热，甚至冒气。

在图 2.4 中，I_c 为蓄电池实际充电电流；I_a 为蓄电池可接受的充电电流，I_g 为导致锂电池发热甚至冒气的电流。

恒流充电后期，电池对充电电流的抗力增加，锂离子并没有占满整个负极材料的空位，而电池两端电压已经达到了允许电池电压。这样锂离子电池没有达到最大容量，锂离子在负极分布不均，并且充电时消耗的电能也多。因此对于锂离子电池来讲，恒流条件下充电并不是充电的最佳选择，应根据锂离子电池本身特点提出适合的充电方案。

目前其他类型电池的快速充电技术主要有定电压充电法、定电流充电法、恒温充电法、恒压恒流充电法、脉冲充电法、变电流间歇充电法、分级定电流充电法等，而对于锂离子电池，如果充电过程能够使锂离子快速嵌满整个负极材料空位，就可以解决上述恒流恒压充电技术带来的大电流充电，时间虽然缩短，但充入的容量和能量都减少的问题。因此设想以下几种方案对改善这种状况是有帮助的，同时可以减少充电过程的能量消耗。

1. 分级定电流充电法

分级定电流充电法和变电流间歇充电法的原理类似，都是接受锂离子电池可接受的充电电流下降这个现实，因此采用分段的恒流充电。分段定压充电法原理同样是试图让充电电流接近电池可接受的充电电流。

这种方式如图 2.5 所示。它是在普通恒流充电方式的基础上发展而来的，即在充电的初始阶段，充电电流维持在一个额定的电流值，直到电池组中单体电池的电压都达到预定的电压值(一般是接近满充时的电压值),每个单体电池中安装的电子控制电路就会分流充电电流,以避免可能的过充,并激活下一个充电过程。接着的充电过程采用较低的恒流进行充电,这个过程不断重复直到充电电流减小到预定的最小值,再使用最小充电电流充电一定的时间,整个充电过程就可以结束。此外也可以在中期采用恒压控制,使充电中期时的电流按电池可接受电流曲线规定的斜率递减。

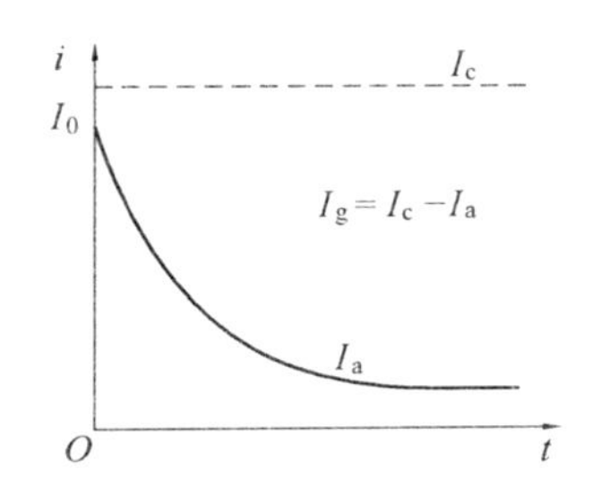

图 2.4　锂离子电池可接受充电电流曲线

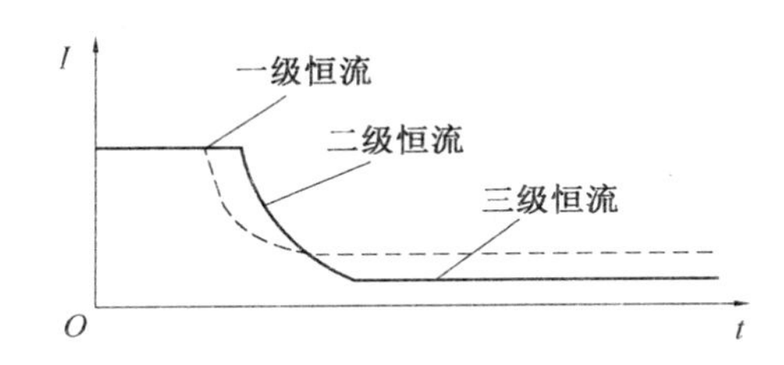

图 2.5　分级定电流充电法

2. 变电流间歇充电法

变电流间歇充电的特点是将恒流充电段改为限压变电流间歇充电段。充电前期的恒电流充电段采用最佳充电电流,获得绝大部分充电量;充电后期采用定电压充电,获得过充电量,将电池恢复至完全放电态,如图 2.6 所示。

3. 分段定电压充电法

这种充电方法是把变流间歇充电中的变流改为变压,通过间歇停充,使蓄电池化学反应产生的氧气有时间被重新化合吸收掉,从而减轻了蓄电池的内压,使蓄电池可以吸收更多的电量。变压充电更符合蓄电池的最佳充电曲线,如图 2.7 所示。

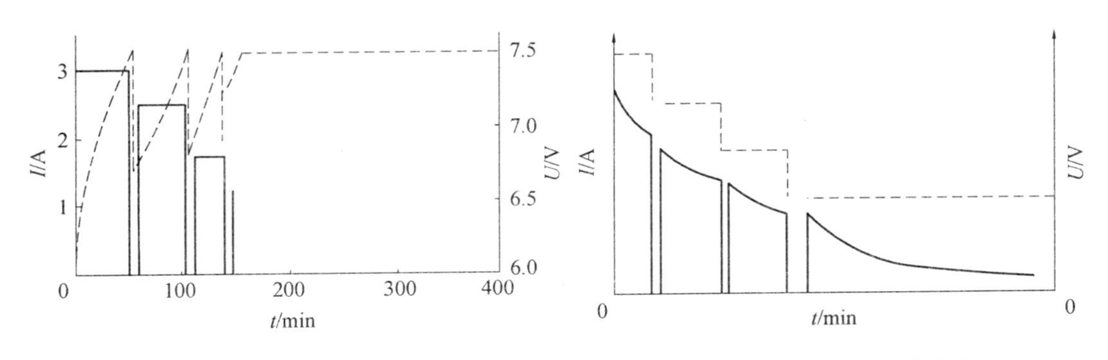

图 2.6　变电流间歇充电法

图 2.7　分段定电压充电法

4. 定电流定周期脉冲充放电法

如图 2.8 所示，定电流定周期脉冲充放电的方法与前几种方法不同之处在于，它在充电过程中不断提高锂离子电池的可接受充电电流的大小，从而能够更快完成整个电池的充电过程。当持续用正向电流对电池充电一段时间后，如前所述，电池的接受能力下降，锂离子聚集在负极表面，并塞满距离表面近处的晶格空位上，造成了锂离子移动通道堵塞，锂离子向深层嵌入的困难。适时的反向脉冲的放电，可以驱散锂离子在负极表面及其附近的聚集堵塞，从而为锂离子迁移打开通道，这样也就重新提高了锂离子电池的接受电流能力，也就是可接受充电电流曲线右移。

观察锂离子电池的充电特性曲线，并不能发现如同在镍镉或镍氢蓄电池上表现出来的“负电压斜率”特性。同时锂离子电池对温度的敏感性也不像这两类电池强烈。因此，对于锂离子电池的充电，在充电结束时需要按图 2.9 所示进行充电终止控制。

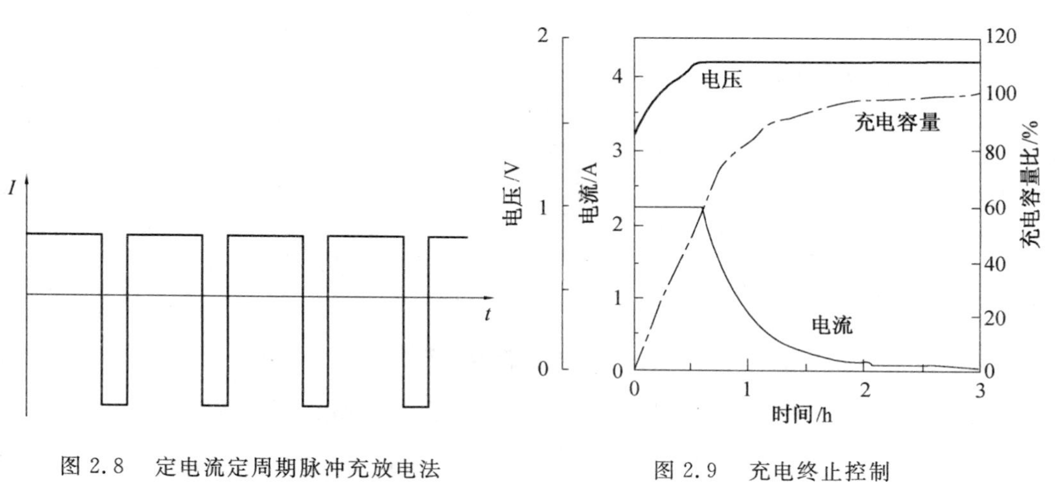

图 2.8 定电流定周期脉冲充放电法

图 2.9 充电终止控制

2.2 串联储能电源组的充电电源技术

常规充电电源的作用是将交流电网能量通过变换对储能电源进行能量补充。对于电压源型储能电源，充电电源本质上是由交流到可控直流的电能变换装置。

2.2.1 充电功率电源的结构与类型

对于电压源型储能电源，按充电电源的变换控制技术种类划分，目前常用的充电电源主要有相控电源、线性电源及开关电源三种。

相控电源是通过控制晶闸管的导通相角来控制整流输出电压的一种充电电源，技术成熟，成本低。但是，相控电源的变压器工作频率为工频，所以变压器体积很大，用于输出滤波的电感和电容体积也比较大，效率低，而且电源的动态性能差，电流谐波含量高，功率因数低。

线性电源采用功率晶体管作为被控器件，通过调整功率晶体管的集电极和发射极之间的压降来控制输出电流达到稳定状态。这种电源技术成熟，输出的电流波形质量好。但是由于功率晶体管始终工作在放大状态，功耗很大，所以在应用中一般要采用大功率的晶体管并配备大体积的散热片。

开关电源的功率管工作在开关状态下，效率相对较高，同时由于开关电源的开关频率较高，变压器和电感等电磁器件的体积减小，由于其综合性能优于上述两种电源，因此发展迅速，应用日益普遍。

开关充电电源按照工作原理和变换结构的不同，大体可以分为以下三种：

(1) 第一种的组成结构为工频变压器、不控整流电路和斩波电路。其优点是输出直流电压纹波小、动态响应快；缺点是工频电磁元器件体积较大，网侧电流谐波含量较高，会对电网造成污染。

(2) 第二种的组成结构为不控整流电路、高频隔离型 DC/DC 变换电路。其优点是输出直流电压纹波较小、动态响应快、体积小；缺点是网侧电流谐波含量仍然较大。

(3) 第三种的组成结构为三相或者单相 PWM 整流电路、高频变压器、DC/DC 变换电路。其优点是采用 PWM 整流技术，功率因数高，网侧电流谐波含量小，总谐波畸变率小于 5%；虽然其电路结构和控制技术更加复杂，但已成为充电电源技术及其应用的发展方向。

2.2.2　充电功率电源对电网的负面影响与抑制措施

随着储能电源组容量的增大，配套充电电源的功率也要相应增加。为了兼顾交流输入侧的功率因数校正和直流输出侧的充电特性调节的高性能，功率充电电源多采用 AC/DC 变换与 DC/DC 变换两级电路级联结构。

常规整流器作为供电电网的负载，其非线性和时变性特征会给电网带来大量的谐波污染。抑制谐波的方法主要有两种，一种是在交流侧加谐波补偿装置，如各种无源和有源滤波器，然而在有些场合，滤波器和整流器的功率等级非常接近，这不仅会增加系统成本、损耗，还会降低系统可靠性。另一种方法是改变整流器拓扑，使其产生的谐波尽量少，从谐波产生的源头加以主动抑制。这种主动抑制谐波的方法又可以分为两种，一种是采用高频 PWM 整流的方法，另一种是采用多脉波整流的方法。

1. 电压型三相桥式 PWM 整流电路

基于 PWM 整流技术的 APFC 电路有很多，其中，对于较大功率等级，图 2.10 所示的三相六开关管 Boost PFC 电路的应用技术更为成熟[3]。

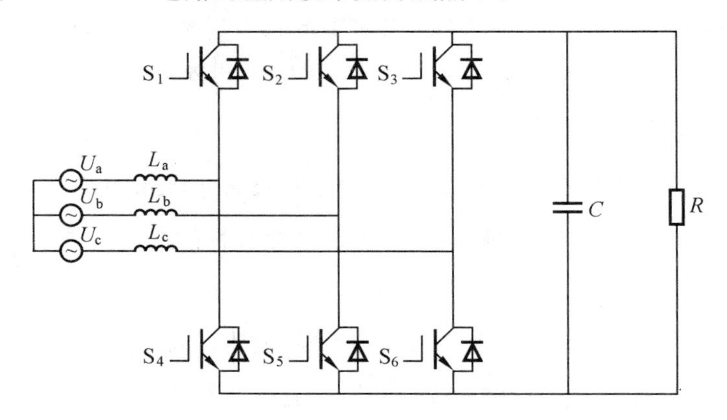

图 2.10　三相六开关管 Boost PFC 电路

该电路工作于电感电流连续模式(CCM)，每个桥臂由上下两只开关管及与其并联的二极管组成，每相电流可通过与该相连接的桥臂上的两只开关管进行控制。如以 A 相为例，当 A 相电压为正时，开关 S_4 导通使电感 L_a 的电流(即 A 相输入电流)增大，电感 L_a 充电；S_4 关断时，该相电流通过开关 S_1 并联的二极管流向输出端，电流减小，电感 L_a 放电。同样，当 A 相电压为负时，可通过开关 S_1 和 S_4 并联的二极管对该相电流进行控制。三相六开关 PFC 的控制电路由电压外环、电流内环和 PWM 发生器构成。常用的控制方法如图 2.11 所示。PWM 控制可采用三角波比较法、滞环控制法和矢量调制法。由于三相的电流之和为零，所以只要对其中的两相电流进行控制就可以了。在实际应用中，一般对电压绝对值最大的一相不进行控制，而只选另外两相进行控制。这样减小了开关动作的次数，因而减小了总的开关损耗。该电路的优点是输入电流的总谐波因数(Total Harmonic Distortion Factor，THD)小，功率因数近似为 1，效率高，能实现能量的双向传递，适合于中、大功率场合应用。不足之处是使用开关数目较多，控制复杂，成本高，而且每个桥臂上的两只串联开关管存在直通短路的危险，对功率驱动控制的可靠性要求高。一般为了防止直通短路的危险，可以在电路的直流侧串联一只快速恢复二极管，以阻止输出滤波电容对直通的桥臂放电。

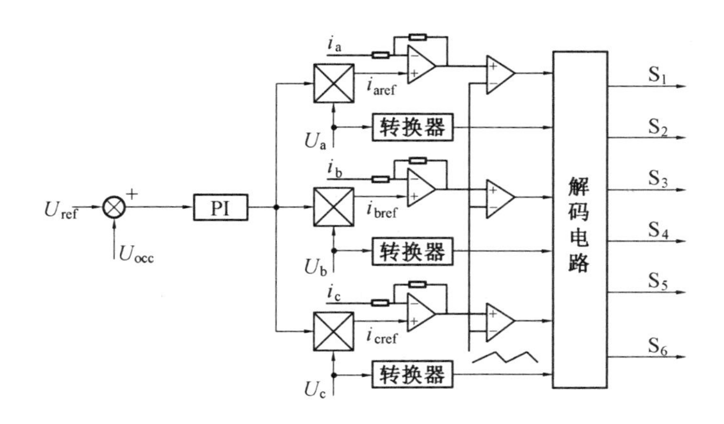

图 2.11　三相六开关管 Boost PFC 电路控制框图

如采用空间电压矢量控制，三相六开关 PFC 电路可以实现三相输入电压的完全解耦，达到很高的性能。空间电压矢量控制的原理是：用三相电压矢量组合去逼近矢量电压圆，则输入端会得到等效的三相正弦波。开关矢量由三个字母表示，三个字母从左到右，分别代表 a、b、c 点是否与 P 或 N 相连。这样，共有 8 个开关矢量，其中包括两个零矢量，如图2.12 所示。如果将电压圆分成 N 等份，采样周期为 T_S，则任一空间矢量$\vec{V}_r$ 可由其相邻两个开关矢量来等效，相应导通时间为

$$T_1 = mT_S\sin(\frac{\pi}{3} - \theta_r) \tag{2.1}$$

$$T_2 = mT_S\sin\theta_r \tag{2.2}$$

式中，m 为调制比

$$m = \frac{\sqrt{3}\,|\vec{V}_r|}{U_{dc}} \tag{2.3}$$

零矢量作用时间为

$$T_0 = T_S - T_1 - T_2 \tag{2.4}$$

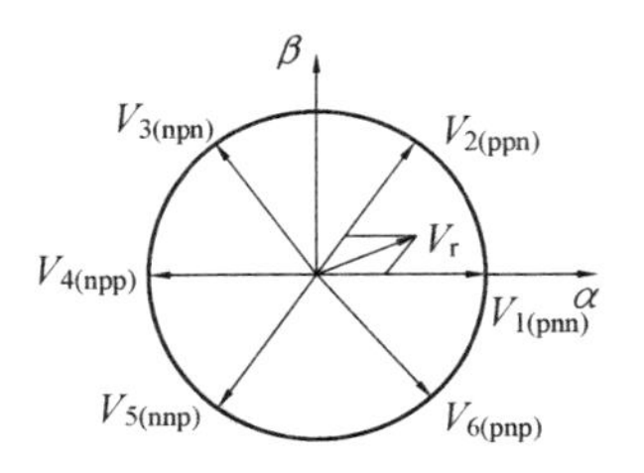

图 2.12　矢量与矢量合成

2. 基于有源平衡电抗器的多脉波整流技术

多脉波整流 MPR(Multi－pulse Rectifier) 技术是大功率整流系统抑制谐波的主要方法之一，相对于 PWM 整流器，MPR 具有实现简单、成本低、可靠性高等优点，在大功率整流系统中广泛应用。

多脉波整流电路指的是将两个或多个三相桥式整流电路进行移相多重连接，使直流侧输出电压脉波数多于 6 个的整流电路，该电路在降低输出电压纹波的同时能够抑制输入电流谐波。根据整流输出电压脉波数不同，多脉波整流可以分为 12 脉波、18 脉波、24 脉波等；根据交直流侧是否隔离，可以分为基于隔离变压器式和基于自耦变压器式。图 2.13 给出了一种多脉波整流技术的简单分类方法[4]。

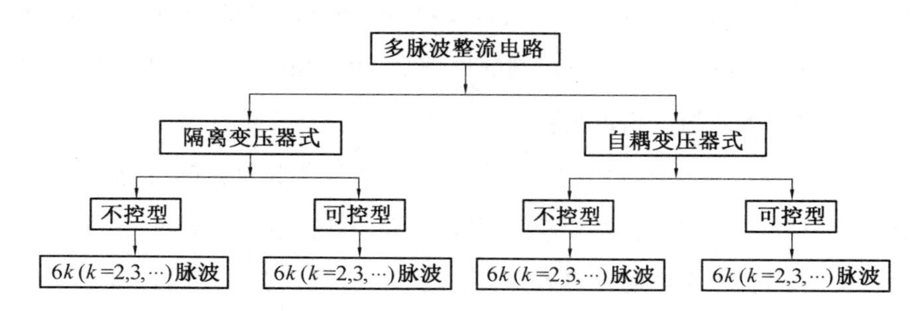

图 2.13　多脉波整流技术的简单分类方法

多脉波整流技术的主要优势在于通过变压器的移相作用，将原来的三相供电转化为多相供电，增加直流侧输出电压的脉波数，降低其纹波，并且增加交流侧输入电流的阶梯数，使其更加接近正弦波，谐波降低到可接受水平，提高功率因数；另外，通过整流器的串联或者并联能够增加系统的输出功率等级。

常规的 12 脉波整流电路能够完全消除输入电流的 5、7 次谐波，理论上 THD 值能减少到 15.2%，但在大功率场合，其谐波污染仍然较为严重。国内外学者提出了各种基于直流侧谐波抑制技术的多脉波整流系统，均能有效抑制输入电流谐波[5-8]。在此，仅介绍一种基于有源平衡电抗器(Active Inter－Phase Reactor，AIPR) 的 12 脉波整流系统，其特点是只需在直流侧 AIPR 副边绕组并入一个小容量 PWM 整流器，控制其工作在单位功率因数状态，就能够使输入电流谐波得到显著抑制，输入电流 THD 值可达 1%～2%。这种整流系统如图 2.14 所示。

三相交流电压 u_a、u_b、u_c 通过三角形连接的自耦变压器输出两路幅值相等、相位相差 30° 的三相电压 u_{a1}、u_{b1}、u_{c1} 和 u_{a2}、u_{b2}、u_{c2}。由多相整流理论可知，将该两路三相电压整流

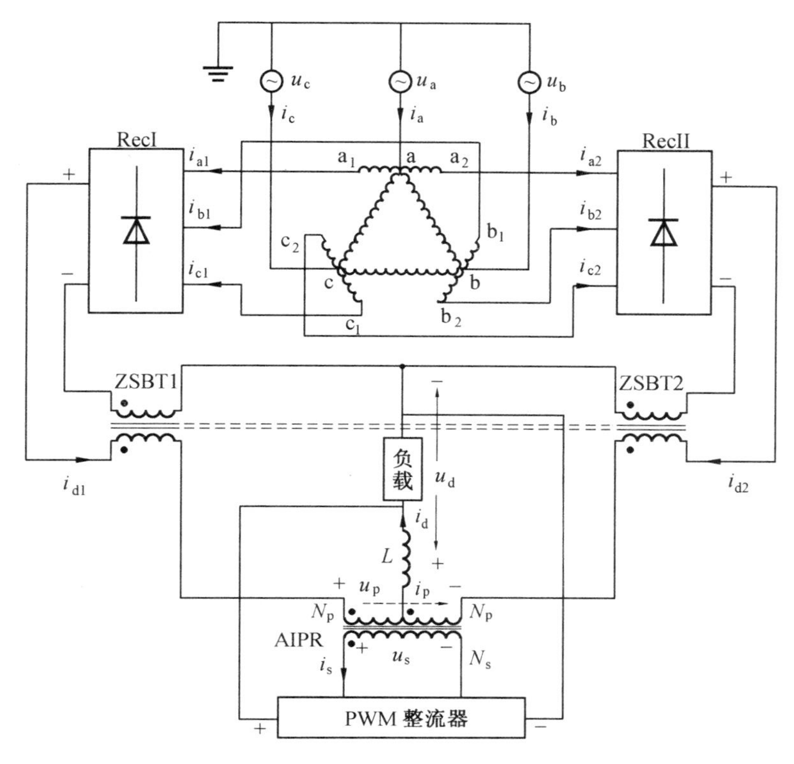

图 2.14　基于 AIPR 的 12 脉波整流系统

后通过平衡电抗器并联，能够输出 12 脉波的直流电压[5,6]。由于自耦变压器不能实现交直流侧的隔离，因此系统加入零序电流抑制器(Zero－Sequence Blocking Transformer, ZSBT)，保证两组整流桥能够独立工作。AIPR 原边的励磁电感吸收两组整流桥的瞬时电压差，使两组整流桥能够同时导通；副边接入单相 PWM 整流器，通过控制整流器输入电流，使 AIPR 原边产生合适的环流，环流能够抵消网侧输入电流的特征次谐波，使电流谐波得到有效抑制。

(1) 网侧输入电流谐波抑制机理。12 脉波整流系统直流侧谐波抑制技术均是通过改变流过平衡电抗器的环流来实现的，环流的类型决定了其对输入电流的谐波抑制效果。下面通过理论分析输入电流谐波得到最大限度抑制时，流过平衡电抗器的环流类型。

设 a 相输入电压表达式为 $u_a = U_m \sin(\omega t)$，根据自耦变压器的结构可知，当调整其抽头的位置系数 $k_1 = \tan 15°$ 时，可使自耦变压器输出的两路三相电压之间存在 30° 的相移。此时 a 相输出电压满足

$$\begin{cases} u_{a1} = U_n \sin(\omega t + \pi/12) \\ u_{a2} = U_n \sin(\omega t - \pi/12) \end{cases} \tag{2.5}$$

其中，$U_{n}=\sqrt{1+k_{1}^{2}}U_{m}$，输入和输出相电压矢量图如图 2.15 所示[5]。

定义整流桥I的a1相开关函数为$S_{a1}(\omega t)=i_{d1}/i_{a1}$，忽略换相影响，其波形应如图 2.16 所示。其傅里叶级数表达式满足

$$S_{a1}(\omega t)=\sum_{n=1,3,5,\cdots}^{\infty}\left[\frac{4}{n\pi}\cos\left(\frac{n\pi}{6}\right)\right]\sin n\left(\omega t+\frac{\pi}{12}\right) \tag{2.6}$$

同理，可以得到其他各相开关函数 S_{b1}、S_{c1} 和 S_{a2}、S_{b2}、S_{c2}。

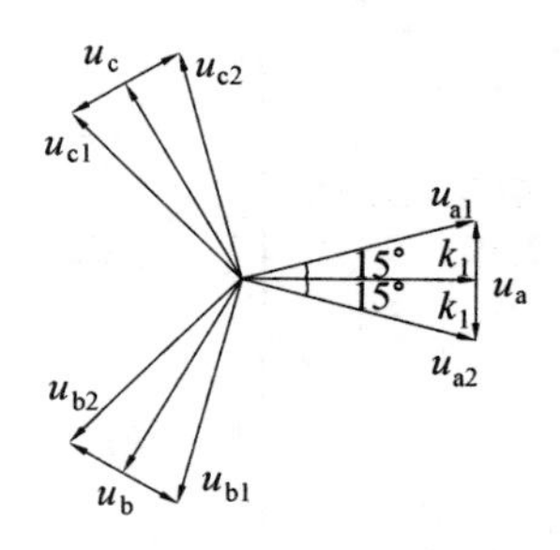

图 2.15 相电压矢量关系图

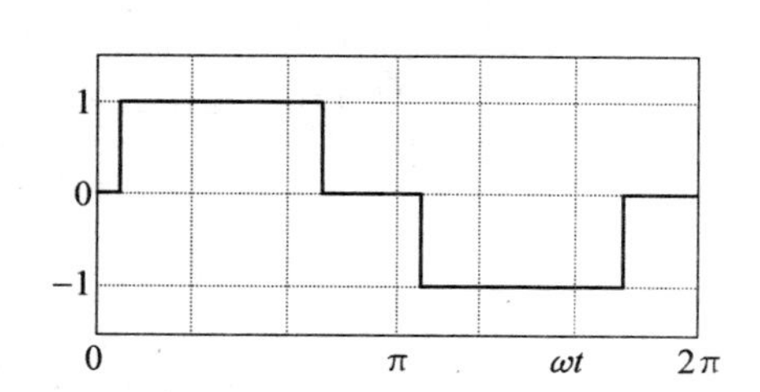

图 2.16 整流桥 I 的 a1 相开关函数

设环流 i_{p} 的参考方向如图 2.14 所示，则两组整流桥输出电流 i_{d1} 和 i_{d2} 满足

$$\begin{cases} i_{d1}=0.5i_{d}+i_{p} \\ i_{d2}=0.5i_{d}-i_{p} \end{cases} \tag{2.7}$$

根据自耦变压器结构、变压器的磁势平衡方程、开关函数定义和式(2.7)可以得出网侧输入电流与负载电流 i_{d} 及 AIPR 原边环流 i_{p} 的关系满足

$$\begin{cases} i_{a}=0.5A_{1}i_{d}+A_{2}i_{p} \\ i_{b}=0.5B_{1}i_{d}+B_{2}i_{p} \\ i_{c}=0.5C_{1}i_{d}+C_{2}i_{p} \end{cases} \tag{2.8}$$

其中

$$\begin{cases} A_{1}=S_{a1}+S_{a2}+k_{1}(S_{b1}-S_{c1}+S_{c2}-S_{b2})/\sqrt{3} \\ A_{2}=S_{a1}-S_{a2}+k_{1}(S_{b1}-S_{c1}+S_{b2}-S_{c2})/\sqrt{3} \\ B_{1}=S_{b1}+S_{b2}+k_{1}(S_{c1}-S_{a1}+S_{a2}-S_{c2})/\sqrt{3} \\ B_{2}=S_{b1}-S_{b2}+k_{1}(S_{c1}-S_{a1}+S_{c2}-S_{a2})/\sqrt{3} \\ C_{1}=S_{c1}+S_{c2}+k_{1}(S_{a1}-S_{b1}+S_{b2}-S_{a2})/\sqrt{3} \\ C_{2}=S_{c1}-S_{c2}+k_{1}(S_{a1}-S_{b1}+S_{a2}-S_{b2})/\sqrt{3} \end{cases}$$

当输入电流谐波得到最大限度抑制时，其波形为标准正弦波，即三相输入电流应满足

$$\begin{cases} i_a = A\sin(\omega t) \\ i_b = A\sin(\omega t - 2\pi/3) \\ i_c = A\sin(\omega t + 2\pi/3) \end{cases} \tag{2.9}$$

由于电网的对称性，式(2.9)中若前两项满足，第三项自动成立，故联立式(2.8)和式(2.9)的前两项，并令系统负载为大电感负载($i_d = I_d$)，可以得到环流 i_p 满足

$$i_p = \frac{0.5I_d[B_1\sin(\omega t) - A_1\sin(\omega t - 2\pi/3)]}{A_2\sin(\omega t - 2\pi/3) - B_2\sin(\omega t)} \tag{2.10}$$

采用 Matlab 软件可以分析出此时 i_p 如图 2.17(a)所示。可知输入电流谐波得到最大限度抑制时，i_p 为六倍电网频率的近似正负对称三角波，其峰值近似满足 $i_{pm}/I_d = 0.5$，过零点与相电压过零点重合。

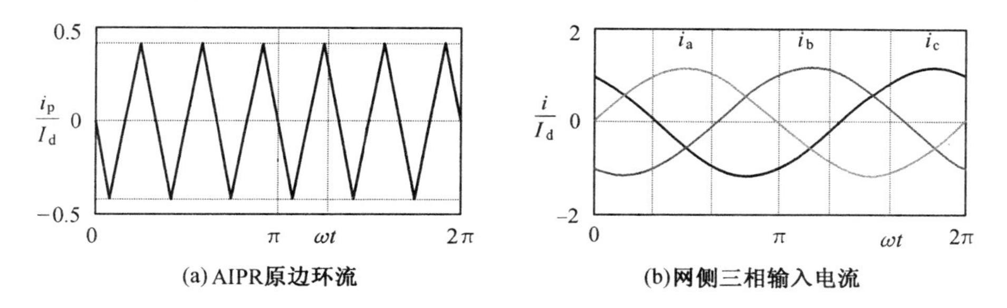

图 2.17　AIPR 原边环流与网侧三相输入电流

将近似三角波等效为满足上述条件的理想三角波，即 i_p 满足

$$i_p = I_d\sum_{n=1}^{\infty}\frac{4}{n^2\pi^2}\sin\frac{3n\pi}{2}\sin(6n\omega t) \tag{2.11}$$

由式(2.8)和式(2.11)可得网侧输入电流表达式满足

$$\begin{cases} i_a = \sum\limits_{n=1}^{\infty} B_n\sin(n\omega t) \\ i_b = \sum\limits_{n=1}^{\infty} B_n\sin[n(\omega t - 2\pi/3)] \\ i_c = \sum\limits_{n=1}^{\infty} B_n\sin[n(\omega t + 2\pi/3)] \end{cases} \tag{2.12}$$

其中

$$B_n = \frac{48I_d}{(n\pi)^2}[\sin(\frac{n\pi}{2})(2\cos(\frac{n\pi}{6}) - \cos(\frac{n\pi}{3}) - 1)] \times [\cos(\frac{n\pi}{12}) + \frac{2k_1}{\sqrt{3}}\sin(\frac{2n\pi}{3})\sin(\frac{n\pi}{12})]$$

表 2.1 将这种整流系统与常规 12 脉波系统的谐波抑制效果进行了对比，表中基波和

谐波含量均为相对于负载电流 I_d 的比值。相比常规12脉波系统，该系统在保证完全消除5、7次谐波的同时，还有效削减了剩余的 $(12k\pm1)$ 次谐波含量，其THD理论值约为1.06%。此时网侧三相输入电流如图2.17(b)所示，已经趋近于标准正弦波，即三相电流谐波能够同时得到有效抑制。

表2.1 系统谐波抑制效果对比

	基波	5次	7次	11次	13次	23次	25次	THD
AIPR系统	1.168 4	0	0	0.009 7	0.006 9	0.002 2	0.001 9	1.06%
常规系统	1.141 5	0	0	0.103 8	0.087 8	0.049 6	0.045 6	15.2%

(2) AIPR副边辅助电路分析。前述分析表明调制流过AIPR的原边环流 i_p 满足式(2.11)，可以有效抑制网侧电流谐波。由图2.14可知，控制副边辅助电路的输入电流 i_s 可以调制 i_p，并使其满足式(2.11)。

在图2.14参考方向下，根据12脉波整流系统结构，可得AIPR的原边电压 u_p 为

$$u_p=\frac{3\sqrt{3}}{2\pi}U_n\sum_{n=1}^{\infty}\frac{8}{36n^2-1}\sin\left(\frac{3n\pi}{2}\right)\sin(6n\omega t) \tag{2.13}$$

此时AIPR副边输出电压 u_s 和电流 i_s 满足

$$\begin{cases}u_s=\dfrac{3\sqrt{3}}{2\pi}\dfrac{N_s}{2N_p}U_n\displaystyle\sum_{n=1}^{\infty}\frac{8}{36n^2-1}\sin\left(\frac{3n\pi}{2}\right)\sin(6n\omega t)\\ i_s=\dfrac{2N_p}{N_s}I_d\displaystyle\sum_{n=1}^{\infty}\frac{4}{n^2\pi^2}\sin\left(\frac{3n\pi}{2}\right)\sin(6n\omega t)\end{cases} \tag{2.14}$$

其中，$2N_p$ 和 N_s 分别为AIPR的原副边绕组匝数。

u_s 和 i_s 如图2.18所示，其波形均为三角波，且相位相同。因此为了实现所需要的环流，AIPR副边辅助电路应工作在单位功率因数状态。单相高频PWM整流电路能够实现功能，通过对输入电流的跟踪控制，能够使 i_s 满足式(2.14)。由于PWM整流器输入功率因数为1，故其输入只含有功功率，为了避免额外的能量消耗，整流系统将PWM整流器的输出功率回馈给系统负载。此时辅助PWM整流器除开关损耗外，不消耗额外功率，其容量满足

$$P=|u_s||i_s|=0.022\,7U_dI_d=0.022\,7P_o \tag{2.15}$$

(3) 辅助PWM整流电路的实现。辅助PWM整流电路及其控制系统框图如图2.19所示。主电路采用单相桥式PWM整流拓扑，其输出端并到12脉波整流系统负载，实现能量再利用；输出电容 C_1 用于滤除整流器输出的高频电流成分，容量较小，对负载的影响可以忽略；PWM整流器输出电压由12脉波整流系统决定，故其控制环路只含一个电流

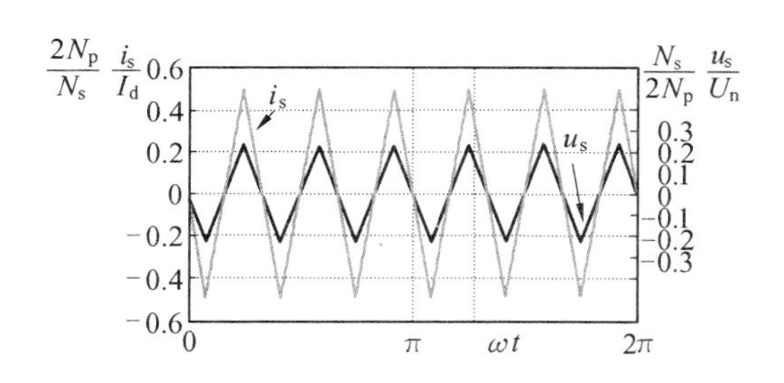

图 2.18 AIPR 副边电压和输出电流

环，单环系统能够有效调制输入电流使其工作在单位功率因数状态，从而产生满足条件的环流；由于电流环的给定信号为负载平均电流与同步三角波信号相乘所得，因此系统能够适应负载电流变化，保证谐波抑制效果。

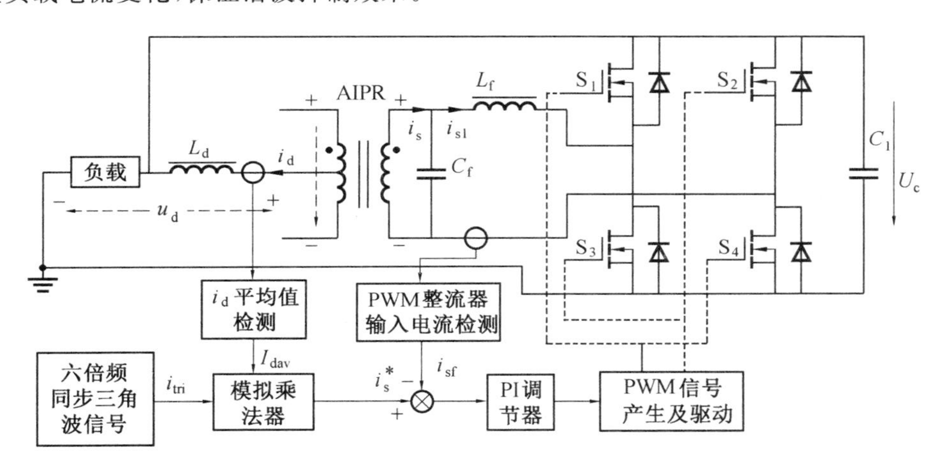

图 2.19 辅助 PWM 整流电路及其控制系统框图

综上所述，在 AIPR 副边接入输入为单位功率因数、容量为系统总输出功率的 2.27% 的回馈能量型单相高频 PWM 整流器，可以有效抑制网侧电流特征次谐波，其 THD 值能够达到 1% 左右。该系统在大功率场合具有很好的应用价值。

(4) 整流系统的负载适应性。上述理论分析是建立在负载电流恒定的基础上，即负载侧串联有一个电感值很大的平波电抗器。但是在实际应用中，鉴于成本和体积要求，会限制平波电感值，此时负载电流不是恒定值，而是含有 12 倍电网频率的纹波。纹波必定会对输入电流产生影响，因此有必要分析在这种情况下整流系统的电流谐波抑制效果。

对于电感 L 串联电阻 R 这类 LR 负载，虽然电感值选取有限，系统直流输出电压仍为 12 脉波，即

$$u_d = U_n \frac{3\sqrt{3}}{\pi}\left[1 - \sum_{n=1}^{\infty} \frac{2}{144n^2 - 1}\cos(n\pi)\cos(12n\omega t)\right] \tag{2.16}$$

负载平均电流 I_{dav} 只与电阻 R 有关，则在阻感负载下，负载电流的表达式为

$$\begin{cases} i_d = I_{dav}\left[1 - \sum_{n=1}^{\infty} \dfrac{2\cos(n\pi)\cos(12n\omega t - \varphi)}{(144n^2-1)\sqrt{1+(12n\omega L/R)^2}}\right] \\ \varphi = \arctan(12n\omega L/R) \end{cases} \tag{2.17}$$

此时，若控制 i_s 满足式(2.6)，并结合式(2.8)和式(2.17)，通过Matlab软件可以计算得到网侧输入电流。图2.20给出了输入电流THD值随负载侧 $\omega L/R$ 的变化关系曲线，并给出了对应的负载电流纹波系数变化曲线，纹波系数定义为

$$k_d = (I_{dmax} - I_{dmin})/2I_{dav}$$

由图2.20可得此时负载的12倍频电流纹波对输入电流谐波抑制具有积极的作用。当 $L=0$ 时，纹波最大，但输入电流THD值达到最低为0.27%；随着 $\omega L/R$ 的增大，电流纹波得到减小，但THD值变大，$\omega L/R$ 超过0.5后，THD值基本稳定在1.06%左右。

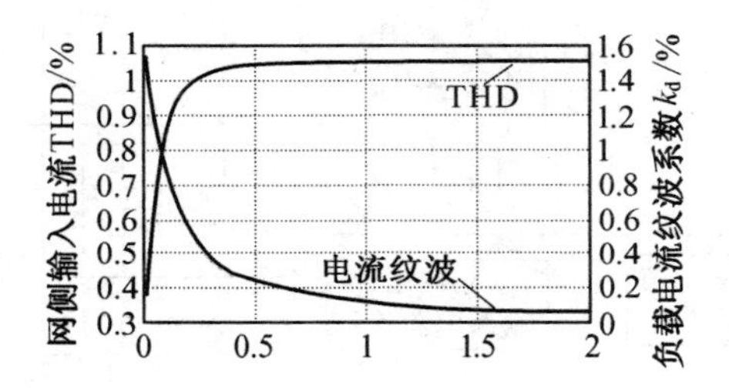

图2.20　THD与 k_d 随 $\omega L/R$ 的变化曲线

分析结果表明，该系统对LR型负载具有较好的适应性，其中 L 的选取并不是越大越好，应当在满足纹波要求的前提下，尽量减小电感值，这样不仅能达到更好的谐波抑制效果，还能够减少系统的体积和成本。

充电电源的后级DC/DC功率变换器作为这类整流器的负载，可以等效为图2.21所示的LCR型负载。

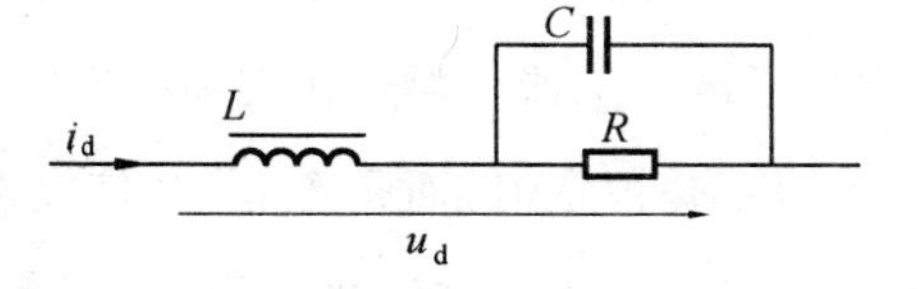

图2.21　负载等效电路

负载侧并有电容会加大电流纹波，因此平波电抗器 L 的选取应能够将负载电流纹波限制在一定范围内。此时由式(2.16)得负载电流表达式为

$$\begin{cases} i_d = I_{dav}\left[1 - \sum_{n=1}^{\infty} \dfrac{\sqrt{1+(12n\omega RC)^2}}{\sqrt{[1-(12n\omega)^2LC]^2+(12n\omega L/R)^2}} \times \right. \\ \left. \dfrac{2}{144n^2-1}\cos(n\pi)\cos(12n\omega t-\varphi)\right] \\ \varphi = \arctan\left[\dfrac{12n\omega L/R}{1-(12n\omega)^2LC}\right] - \arctan(12n\omega RC) \end{cases} \tag{2.18}$$

结合式(2.8)、式(2.14) 和式(2.18) 可以分析得到系统输入电流谐波抑制效果。图 2.22(a) 为当负载侧 $\omega L/R$ 和 ωCR 在一定范围内变化时,输入电流 THD 值的变化曲线,图 2.22(b) 为对应的负载电流纹波系数曲线。负载电容会影响电流谐波抑制效果,当 C 值较小时,其影响较小,此时仅需要很小的平波电抗器 L 即能达到很好的谐波抑制效果;随着 C 的增大,负载电流纹波增大超过一定值,会使输入电流谐波抑制效果明显变差,此时需要适当增大 L 的值,当 L 达到一定值之后,负载电流纹波能够继续减小,但输入电流 THD 值基本保持在 1.06% 左右。

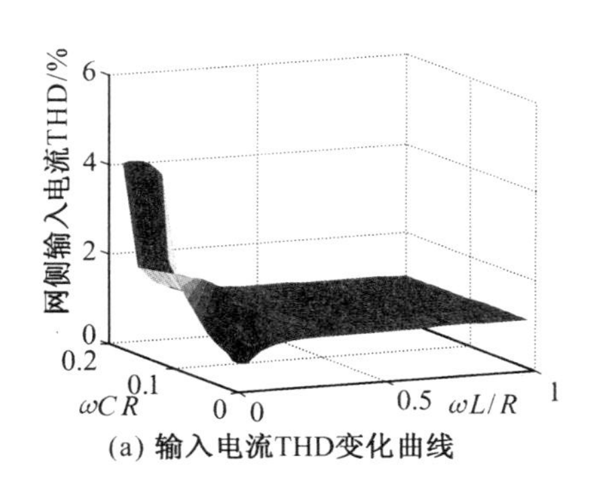

(a) 输入电流THD变化曲线

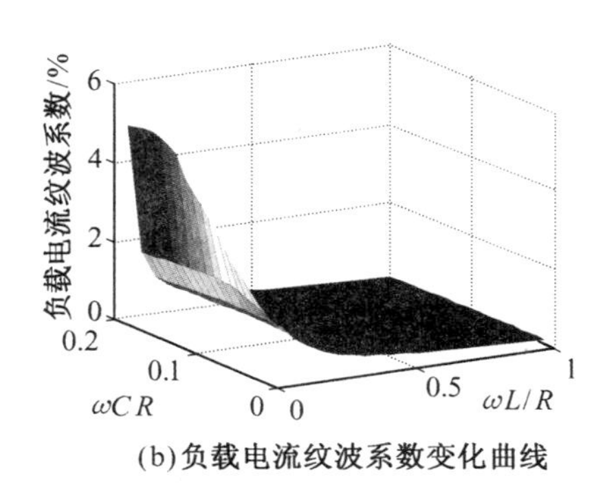

(b)负载电流纹波系数变化曲线

图 2.22　THD 与 k_d 随 $\omega L/R$ 和 ωCR 的变化曲线

因此系统也适用于该类型负载,为了达到较好的谐波抑制效果,应首先确定负载 R、C 参数,最后根据输入电流 THD 值要求、负载纹波要求和系统体积及成本综合选取 L,从而使系统综合性能指标达到最好。

(5) 实际验证。建立额定功率为 10 kW 的 12 脉波整流试验系统,AIPR 原副边匝比为 $2N_p : N_s = 1$,电路额定直流输出平均电压 $U_d = 530$ V,变化负载为电阻。

图 2.23 所示为阻感负载下系统电量波形。其中图 2.23(a) 为 $L=9$ mH 时,系统网侧 a 相输入电流 i_a 波形及其频谱分析图,电流 THD 值达到 1%;图 2.23(b) 为常规 12 脉波系统对应波形,可见网侧电流谐波抑制效果显著;图 2.23(c) 为 $L=25$ mH 时 i_a 频谱图,可见增大负载电感会使谐波抑制效果略有降低;图 2.23(d) 为 AIPR 副边输出电压和电流波形,其基本工作在单位功率因数状态,且整流器容量仅为系统总输出功率的 2% 左右,验

证了理论分析结果，进一步证明了该系统在大功率场合的优势。

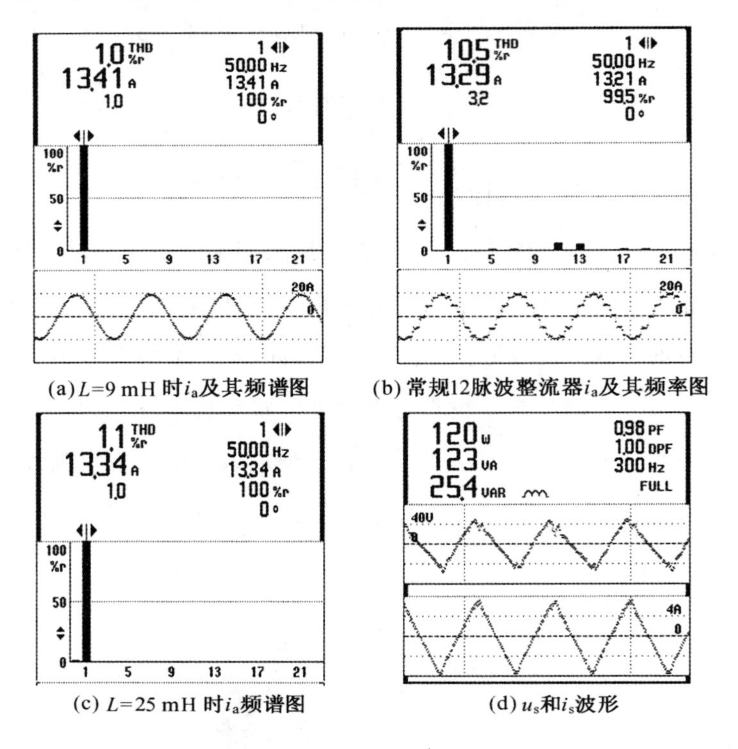

(a) L=9 mH 时i_a及其频谱图　(b) 常规12脉波整流器i_a及其频率图

(c) L=25 mH 时i_a频谱图　(d) u_s和i_s波形

图 2.23　整流系统的实验波形

图 2.24 所示为LCR型负载下系统输入电流 i_a 频谱图，$C=470\ \mu F$，L 依次变化。可以得出容性负载会使该系统的谐波抑制效果变差，需要串入合适的平波电抗器 L，随着 L 增大，THD 值降低，但当 L 达到一定值后，THD 值稳定在 1.6% 附近，继续增大 L 对其影响较小。实验结果证明了这种整流系统对 LCR 型负载具有较好的适应性，其中 L 并不是越大越好，应考虑系统的综合性能指标。

实验系统能够克服负载的不稳定特性，实时检测负载电流，自动调节 PWM 整流器输入电流，使系统一直保持较好的谐波抑制效果。在 LR 型负载下（$L=12$ mH），图 2.25 所示为负载电流不同时 i_a 的频谱分析图，可得负载在较大范围内变化时均能有较好的谐波抑制效果；图 2.26 所示为负载电流由倍增突变时 i_a 的变化波形，可见其暂态调节时间短且过渡过程平缓，即系统具有较好的动态跟踪特性。

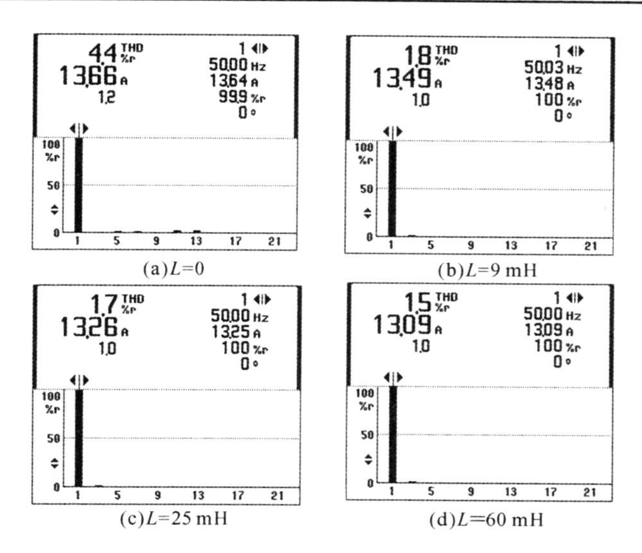

(a) $L=0$　(b) $L=9$ mH

(c) $L=25$ mH　(d) $L=60$ mH

图 2.24　LCR 型负载下 i_a 频谱分析

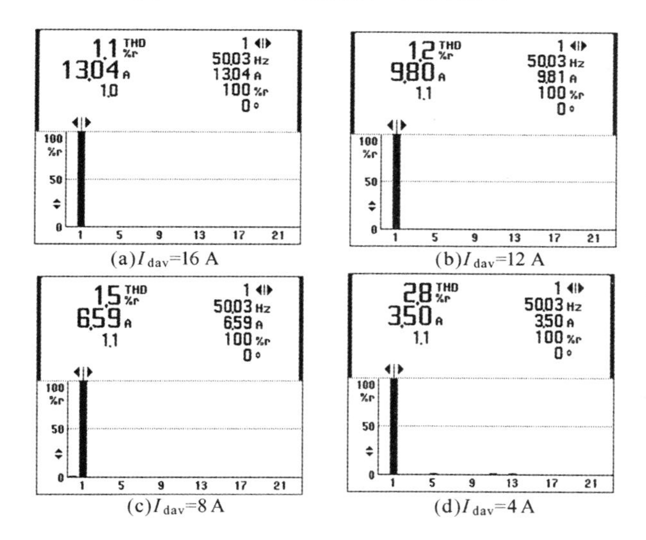

(a) $I_{dav}=16$ A　(b) $I_{dav}=12$ A

(c) $I_{dav}=8$ A　(d) $I_{dav}=4$ A

图 2.25　I_{dav} 不同时 i_a 的频谱分析图

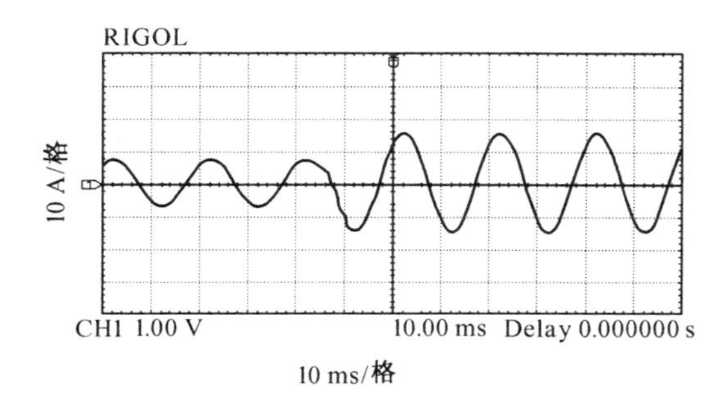

图 2.26　负载电流突变时 i_a 波形

2.2.3　隔离型移相全桥DC/DC软开关变换电路

从充电过程中的人身安全和设备安全方面考虑，充电电源的后级DC/DC变换电路应选择隔离型拓扑。对于储能电源组充电相应的功率等级，全桥变换器拓扑较为适合。同时，为了提高开关频率和变换效率，并降低电磁干扰和开关器件应力，软开关技术的应用是必要的。全桥变换器的控制方式也分为很多种，主要有双极性控制方式(传统脉宽调制控制方式)、有限双极性控制方式及移相脉宽调制控制方式。

移相PWM控制方式将传统PWM控制方式与谐振变换技术合二为一，综合了二者的优点。在全桥移相控制方式中，通过调节两个桥臂开关管导通的相位差(移相角)来调节两桥臂中点电压的脉冲宽度，经过整流和滤波进而调节输出电压的幅值。移相式全桥零电压开关PWM控制(PS－FB－ZVS－PWM)是移相控制设计中较早提出的控制方式，它在不增加额外元器件的情况下，利用变压器的漏感和开关管主极间的寄生电容作为谐振元件产生振荡，通过对四个开关管漏源结电容进行充放电来实现全桥四个开关管的零电压开通与零电压关断。这种控制方式极大地降低了开关损耗和开关噪声，减小了电磁干扰，系统动态性能得到改善，去掉了有损缓冲电路，提高了电源整机效率，可以进一步提高开关频率，从而进一步减小整机体积和质量，提高功率密度，适合于高频、大功率、开关器件采用MOSFET的应用场合。同时，也综合了传统PWM控制的优点，如开关频率恒定、功率器件的电流应力和电压应力较小、电路拓扑结构和控制方式简单、能够满足充电电源的技术要求。

基本的移相控制全桥零电压开关PWM变换器拓扑结构如图2.27所示。这种基本PS－FB－ZVS－PWM变换器结构简单，所需元器件较少，省去了有损缓冲电路，实现了全桥四个开关管零电压开通与关断，极大降低了开关损耗，提高了变换器的效率，同时变换器的体积和质量也由于开关频率的提高而大大减小，电磁干扰也得到了很好的抑制，这种电路拓扑结构非常适合中大功率场合的应用。

但是，这种基本的PS－FB－ZVS－PWM变换器也存在一些缺点，最主要的缺点就是该变换器的滞后臂在轻载的条件下实现零电压开关困难，原因是在负载较轻的条件下，电感数值很小，变压器漏感储存的能量不足，无法将存储在变压器原边绕组寄生电容以及滞后桥臂两个开关管漏源极间结电容的电荷抽走，在轻载的条件下滞后桥臂零电压开关功能丧失；副边的占空比损失较大，同样输入电压条件下有可能无法达到所需的输出电压；变压器原边因为存在较大的环流导致变换器的通态损耗增加，将会降低变换器的效

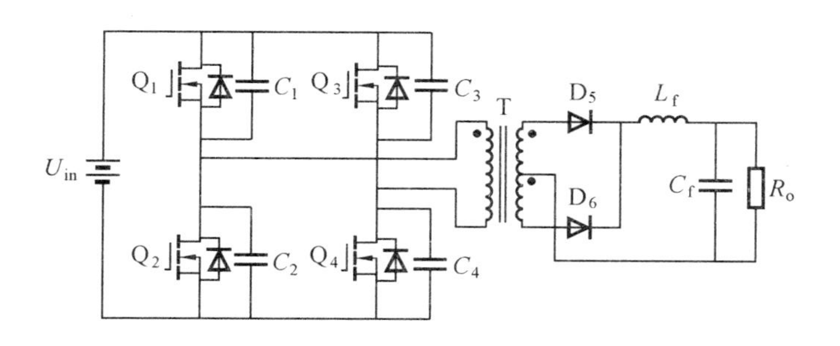

图2.27　基本移相控制FB－ZVS－PWM拓扑

率；变压器副边输出整流二极管工作在硬开关的状态，输出整流二极管上会有较大的关断电压尖峰，需要选用耐压值较大的二极管并附加缓冲电路，这样增加了电路成本，同时对电路的工作安全性有了更大的考验。

基本的PS－FB－ZVS－PWM变换器在轻载的条件下如果实现零电压开关失败，那么将会导致全桥的四个开关管在开通和关断时产生很大的 $\mathrm{d}i/\mathrm{d}t$ 和 $\mathrm{d}u/\mathrm{d}t$，增大开关损耗和电磁干扰，增大电路噪声，这样就会降低电路的整体效率，同时也影响电路工作的可靠性，因此要增加散热片的体积，降低功率密度。

目前对移相控制全桥零电压开关PWM变换器的研究有很多，设计出很多不同的改进电路，分别针对基本PS－FB－ZVS－PWM变换器的上述缺点给出了改进和完善措施，在此选择几种典型的改进电路进行分析，介绍这些电路各自的优缺点，以供选择充电电源的主电路拓扑时参考。

图2.28所示改进电路是在变压器原边串联了一个饱和电感。这个饱和电感在开关管开关结束时很快进入饱和状态，能够使原边电流很快达到负载电流折算到变压器原边的电流值。通过合理设置饱和电感值能够有效地减小副边占空比的损失，减小原边存在的环流，同时缩短换流时间，一定程度上增大了负载范围，但是饱和电感上会产生很大损耗，增加散热难度。

图2.29所示改进电路是在变压器原边加入了由一个电感和两个MOS管组成的有源辅助电路[9]。该电路基本工作过程为：Q_3 和 Q_4 构成滞后臂，在 Q_4 关断之前先给辅助开关管 Q_a 驱动信号，使 Q_a 导通，这样就能够在 Q_4 关断之前先让辅助电感 L_a 储存一定的能量，帮助抽取滞后臂开关管结电容上的电荷，同时给另外一个开关管的结电容充电，这样能够促进滞后臂实现ZVS，减少了对变压器漏感储能的依赖，减小了副边占空比丢失，进一步提高了开关频率。但是，加入的辅助开关管工作在硬开关状态，成本较高，控制电路

复杂。

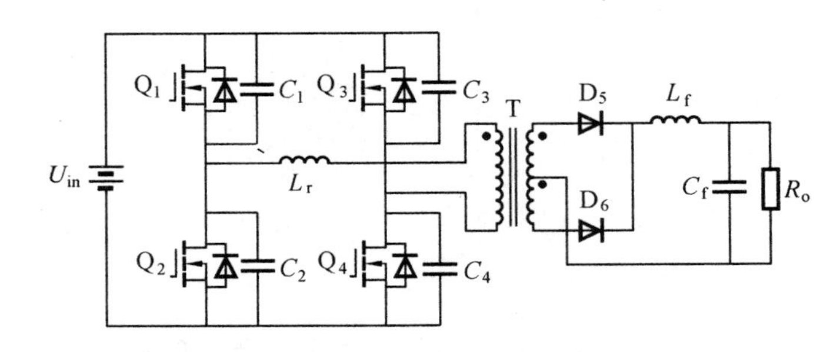

图 2.28 原边加饱和电感的 FB－ZVS－PWM 拓扑

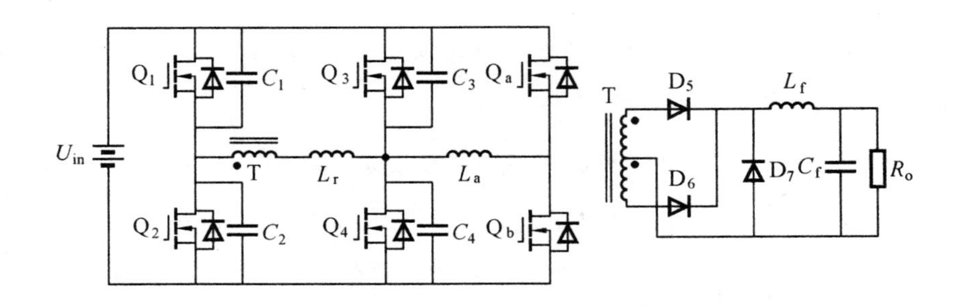

图 2.29 原边加入有源辅助电路的 FB－ZVS－PWM 拓扑

图 2.30 所示改进电路是为了解决滞后桥臂在轻载时难以实现 ZVS 问题而提出来的拓扑结构[10]。改进电路与基本移相全桥零电压变换器相比主要改进之处是：将传统的隔直电容分为两个等效电容；用两个等效变压器代替传统的高频变压器，这两个变压器的原边电压只有传统变压器原边电压的一半，即 $\pm U_{in}/2$，其他参数与传统变压器相同，这样该变换器更适合大功率场合的应用，因为传统变压器传输的功率由两个新变压器共同承担，散热设计实现容易；另外，增加的辅助电感 L_a 能够使变换器在传导损耗不增加的情况下，实现大范围的零电压开关，减少了对变压器漏感的依赖。但是，也存在一些缺点，如电路结构过于复杂，变压器和输出滤波电感设计困难，电路功能不易实现，限制了该变换器的应用范围。

图 2.31 所示的改进电路是在全桥的一个桥臂上加入了由一个辅助电感和一个辅助电容构成的 LC 辅助电路[11]。与基本的移相全桥变换器相比，该变换器实现滞后臂 ZVS 的能量由电感 L_r 和辅助电感 L_a 共同提供，实现 ZVS 容易。另外电感 L_r 越大，副边占空比丢失越大，加入辅助电感 L_a 之后就可以将电感 L_r 设计得很小，这样在轻载下实现 ZVS 的同时又能够减少副边占空比的丢失。其缺点是，辅助电感的设计复杂，需要与电感 L_r 进行合理配合，输出整流二极管两端电压尖峰仍较大。

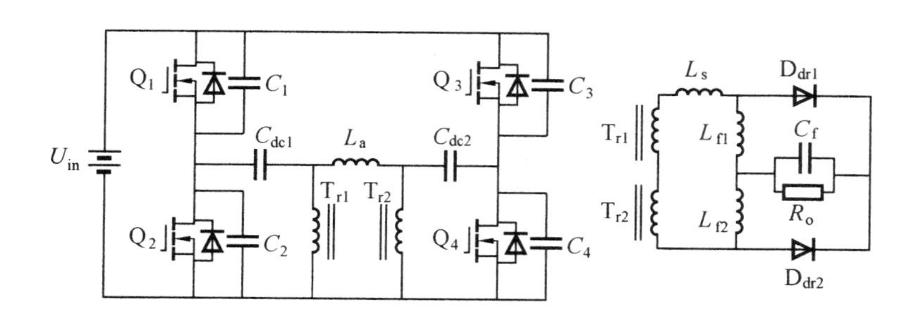

图 2.30　一种新型全桥 ZVS 拓扑结构

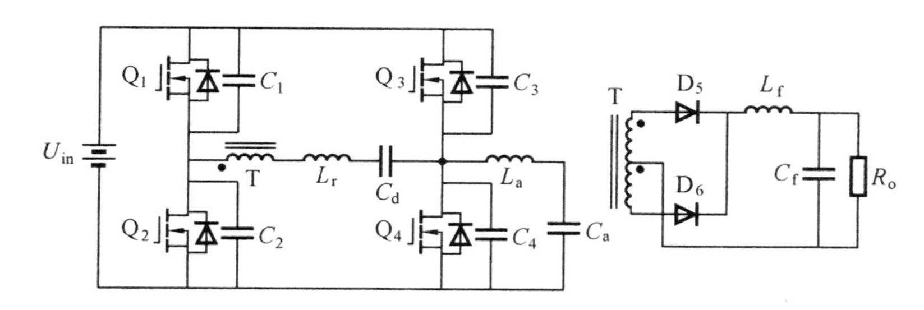

图 2.31　加入 LC 辅助电路的改进电路

图 2.32 所示改进电路是在输出侧增加了一个附加的续流二极管，原边增加了由电阻、电容和二极管构成的缓冲电路的变换器[12]。增加的缓冲吸收电路使得变压器原边的电流尖峰得到了很好的抑制。另外，在该改进型变换器续流的过程中，绝大部分输出电流经过负载和附加的续流二极管续流，很小一部分流经变压器副边，这样在续流过程中，原边短路时间大大缩短，减少了原边环流损耗，有利于提高效率。但是，有损吸收电路和副边附加的续流二极管上会产生损耗，增加了电路成本和体积，副边输出整流二极管上仍有较大电压尖峰。

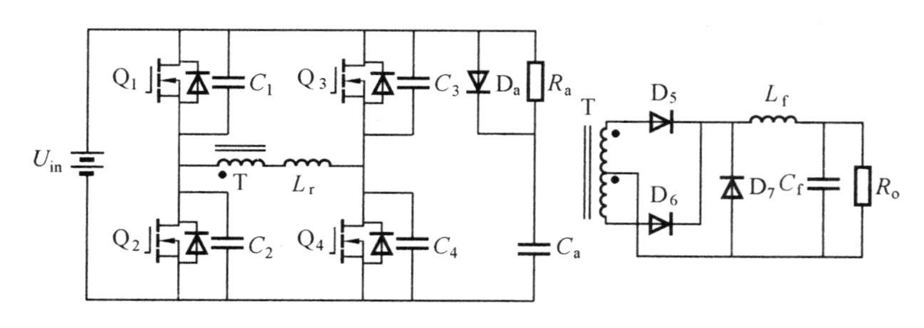

图 2.32　增加续流二极管和吸收电路的改进电路

图 2.33 所示改进电路有两个变压器和两个钳位二极管。改进型变换器是为了消除输出整流二极管上的电压尖峰和电压振荡提出来的，可以选用低压的整流管，电路中所有的开关器件均能够在全负载范围内实现零电压开关，辅助电路提供的能量可以跟随负载

的变化自动调节。但是,该电路结构过于复杂,控制困难,体积大,原边电流存在严重的环流,造成较大损耗[13,14]。

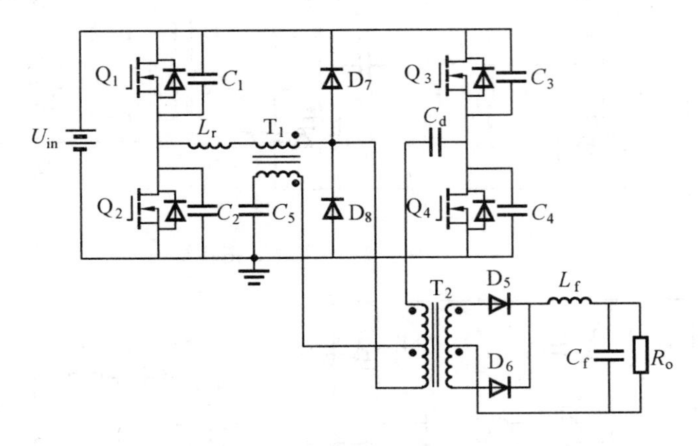

图 2.33　所有开关器件均能实现 ZVS 的新型拓扑结构

图 2.34 所示改进电路在基本移相控制全桥 ZVS 变换器基础上增加了两个辅助电路[15]:其中一个辅助电路加在变压器原边,是为了使滞后臂更好地实现零电压开关;另一个辅助电路加在变压器副边,可以减少高频变压器中的导通损耗,提高效率。该改进型变换器滞后臂实现 ZVS 较容易,电路零电压负载范围很宽,同时副边占空比损失很小。但是,该电路增加了两个辅助网络,成本增加,电路结构过于复杂,控制困难。

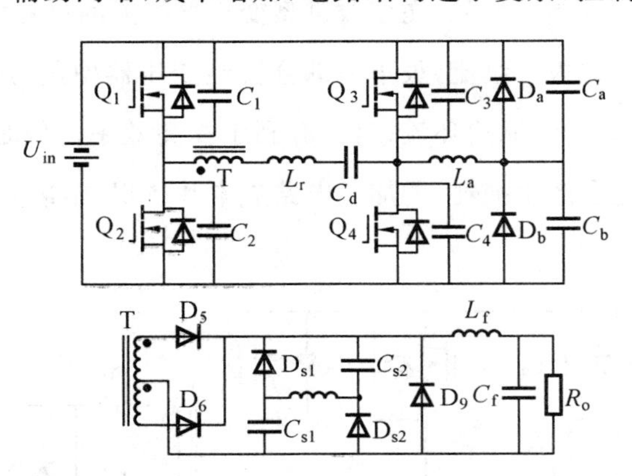

图 2.34　增加两个辅助网络的改进型拓扑结构

图 2.35 所示的改进电路是在变压器原边加入了一个由一个电容、四个辅助二极管和两个辅助电感构成的无源辅助电路[16,17]。该改进型电路,在全桥对角两个开关管导通的工作状态下,两个辅助电感 L_a 和 L_b 与电容 C_a 发生谐振,谐振产生的附加电流有利于超前臂和滞后臂四个开关管的结电容的充放电,有助于 ZVS 的实现,可以拓宽负载范围,并且加入的四个二极管能够钳位输出整流二极管上的电压振荡,同时辅助无源电路损耗很

低。但是，附加电流增大了导通损耗，电感设计复杂，副边仍然存在占空比丢失现象。

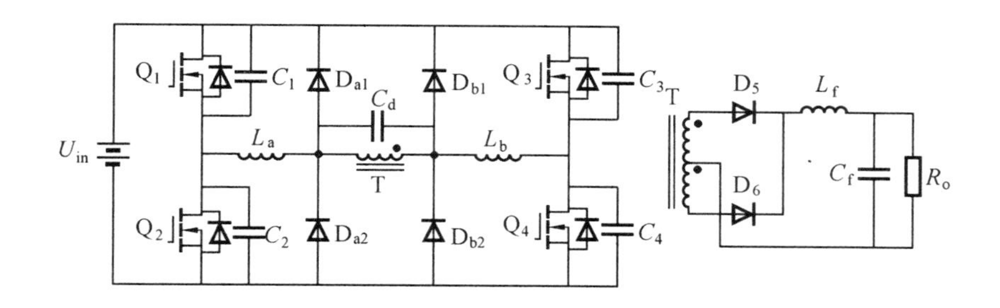

图 2.35　原边加入无源辅助电路的 FB－ZVS－PWM 拓扑

图 2.36 所示改进电路是在变压器原边增加了一个辅助谐振电感和两个钳位二极管。这个电路是由 R. Redl 等人提出来的，可以消除副边输出整流二极管上由于反向恢复过程引起的电压振荡和电压尖峰，省去副边输出整流二极管上有损吸收电路，因此可选用额定电压较小的二极管[18,19]，有利于降低成本和提高效率。

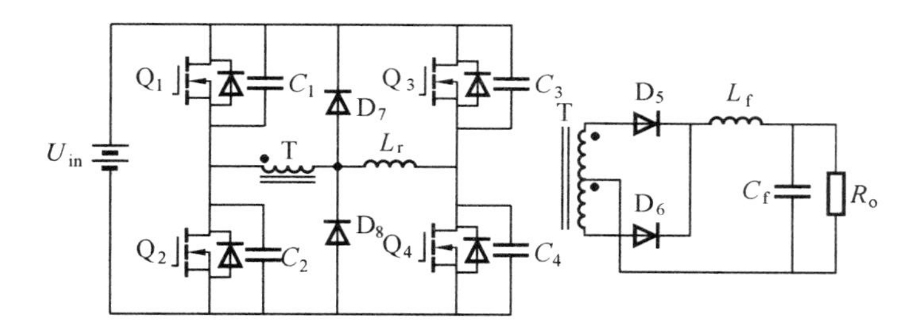

图 2.36　R. Redl 等人提出的新型移相控制全桥 ZVS 拓扑结构

这种变换器又因为超前臂与滞后臂的不同而工作在不同的状态。如果 Q_1 和 Q_2 组成超前臂，则变压器与超前臂相连，这样两个钳位二极管 D_7 和 D_8 在一个开关周期中会导通两次，但是只有一次能够起到消除副边输出整流二极管上电压尖峰的作用，另外一次导通钳位会增大开关管和钳位二极管中的导通损耗及钳位二极管中的关断损耗。因此，若将变压器原边与滞后桥臂相连，就会产生另外一种改进电路结构。这种改进电路结构中钳位二极管在一个开关周期中只导通一次，消除了另一次导通带来的损耗，有助于进一步提高效率，同时电路结构简单，控制方便，成本较低，可靠性高，适合作为充电电源的主电路，应用实例详见第 5 章内容。

2.3 串联组合结构的高压电容充电电源

近年来，高压直流电源在高功率脉冲电源等许多高新技术领域得到了广泛应用。高压电容作为高压直流电源中储能的主要设备，对其实现快速、高效的充电成为高功率脉冲技术中一项重要要求。

与一般的充电负载不同，高压电容的电压变化是从0至高工作电压的，电压在充电过程中的变化范围很大。除了高电压小电流场合常用的多阶倍压整流电路以外，高压直流电源通常直接或经交流调压后将工频交流电源进行变压器升压，再经高压整流获得高压直流电压。这种电源结构比较简单，但是由于工作在工频下，体积大，设备笨重，动态充电特性调节能力也比较低。

随着现代电力电子技术的发展，高频大功率开关器件不断出现，开关电源技术广泛地应用于高压直流电源技术中。其技术特点是将输入直流电通过半桥或全桥电路逆变成高频率方波电压，经升压等一系列环节，最后经过整流电路得到所需电压。能够对高压电容充电的电源类型有很多，为提高电源的功率比参数，采用高频开关变换是较为合理的技术途径。由于串联负载谐振(Series Load Resonant，SLR)变换器在以电流断续模式工作时，具有恒流源输出特性，抗负载短路能力强，因此作为典型的高压电容器充电变换器，已成功应用于数十千瓦功率的高功率固体激光装置、混合作战电动车等能源系统中的充电电源[20-22]。

2.3.1 串联负载谐振变换器的传输特性

串联负载谐振变换器的结构如图2.37所示，为了便于分析其电压特性，先设定负载为阻性负载。其中U_i为直流输入，$Q_1\sim Q_4$、$D_1\sim D_4$组成了全桥逆变器，C为谐振电容，L为谐振电感(包括变压器的漏感)，R为负载电阻。这种电路结构的主要优点是串联谐振电容可以兼作隔直电容，因此可以不加任何其他结构而用于全桥逆变器中，并可避免磁路的不平衡。在变压器中还存在可等效并联于变压器副边的分布电容，实际上变换器可视为输出串一并联负载谐振变换器。虽然分布电容会在高压侧引起一定的空载损耗及电压降低，但在通过一定技术措施使分布电容很小的条件下，为了简化分析过程，可将其忽略不计。

1. 电压传输特性

将逆变器等效为方波电源，RLS变换器的等效电路如图2.38所示。其中，谐振回路参数用L和C表示，负载折合到原边用R表示。

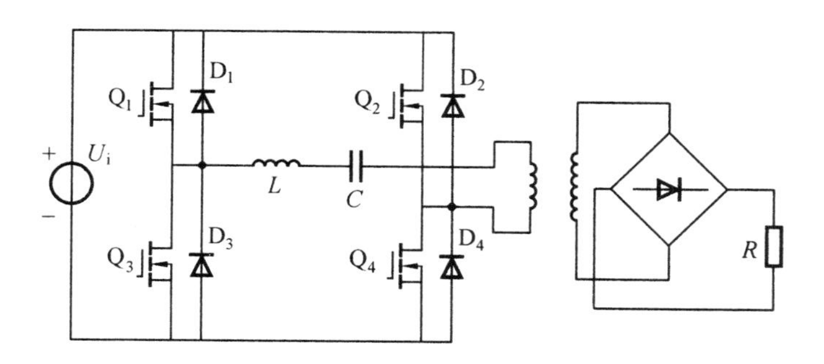

图 2.37　串联负载谐振变换器

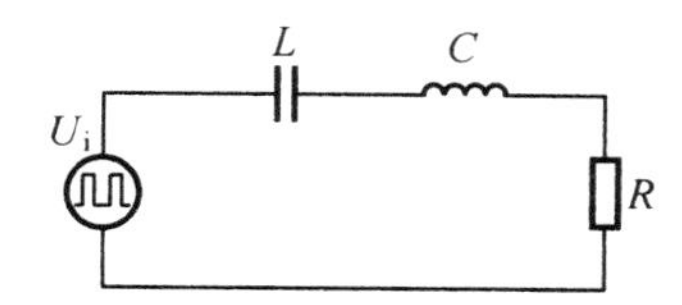

图 2.38　串联谐振变换器等效电路

由图 2.38 可得电压的传输函数为

$$G(\mathrm{j}\omega)=\frac{U_{\mathrm{o}}(\mathrm{j}\omega)}{U_{\mathrm{i}}(\mathrm{j}\omega)}=\frac{1}{1+\mathrm{j}\omega L/R-\mathrm{j}/(\omega RC)} \tag{2.19}$$

式中，$U_{\mathrm{o}}(\mathrm{j}\omega)$ 为负载 R 两端电压；$U_{\mathrm{i}}(\mathrm{j}\omega)$ 为输入电压。

令 $\omega_{\mathrm{r}}=1/\sqrt{LC}$，$\omega_{\mathrm{r}}$ 为谐振角频率，$Q=\omega_{\mathrm{r}}L/R$ 为回路的品质因数，则式(2.19)可写成

$$G(\mathrm{j}\omega)=\frac{1}{1+\mathrm{j}Q(\omega/\omega_{\mathrm{r}}-\omega_{\mathrm{r}}/\omega)}=\frac{1}{1+Q(u-1/u)} \tag{2.20}$$

式中，$u=\omega/\omega_{\mathrm{r}}$，电压增益的幅值可表示为

$$|G(\mathrm{j}\omega)|=\frac{1}{[1+Q^2(u-1/u)^2]^{1/2}} \tag{2.21}$$

若取 U_{i} 峰值为 ±48 V、$L=23\ \mu\mathrm{H}$、$C=2\ \mu\mathrm{F}$，电压传输的频率特性如图 2.39 所示。可见当工作在谐振频率附近时，电压输出较高。当负载(Q)变化时，电压有很大的变化，且 Q 越小，电压的调节特性越差，当 $Q=0$(即 $R=\infty$)时，电路失去电压调节能力。因此这种结构不利于电压调节。

2. 电流传输特性

图 2.38 中，回路的阻抗为

$$Z=R+\mathrm{j}(\omega L-1/\omega C) \tag{2.22}$$

$$Z=R(1+\mathrm{j}Q(u-1/u)) \tag{2.23}$$

令 $Q=\omega_{\mathrm{r}}L/R$，$u=\omega/\omega_{\mathrm{r}}$，$Z_{\mathrm{r}}=\sqrt{L/C}$ 得

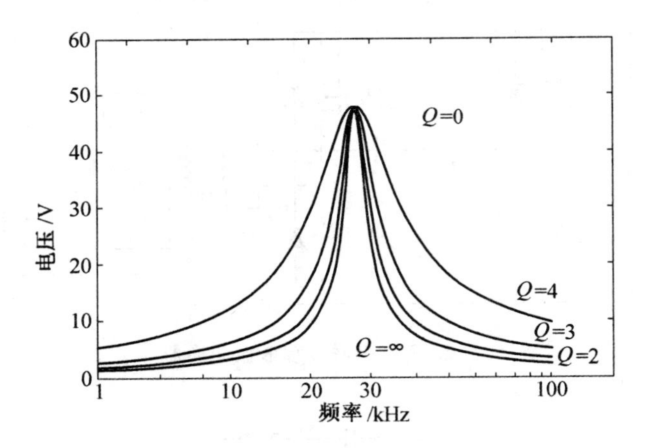

图 2.39 电压传输的频率特性

$$Y=\frac{1}{Z}=\frac{1}{Z_r+jZ_r(u-1/u)} \tag{2.24}$$

$$|Y|=\frac{1}{\sqrt{(Z_rQ)^2+[Z_r(u-1/u)]^2}} \tag{2.25}$$

$$I(j\omega)=\frac{|U_i|}{|Z(j\omega)|}=|Y(j\omega)U_i| \tag{2.26}$$

当外加电压U_i不变时，电流的频率特性与$Y(j\omega)$完全相似。图2.40所示为回路电流的频率特性，计算参数同上。从图中可以看出，当开关频率在谐振频率附近时，回路有很高的电流值，当开关频率偏离谐振频率一定值后，随负载变化电流变化不大，可见电路有很好的电流调节能力，且当$Q=0$（即负载短路）时一定频率下仍有很好的电流特性。因此电路表现出电流源特性，电流源特性使得换流器呈现出固有的过载保护能力。

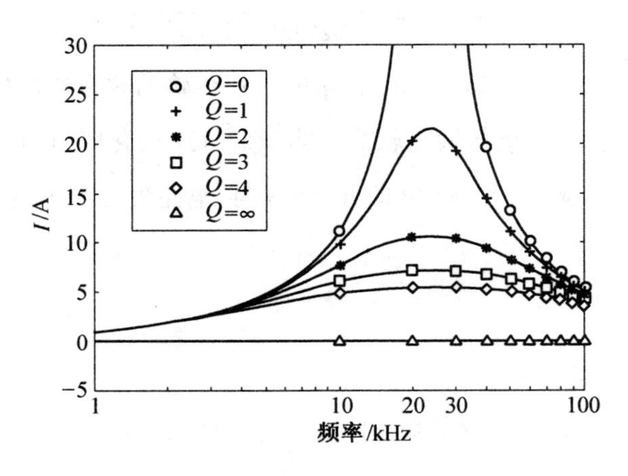

图 2.40 电流的频率特性

2.3.2　串联负载谐振变换器的充电输出特性

将图 2.37 中的负载电阻替换为被充电电容器，构成的充电变换基本电路如图 2.41 所示。

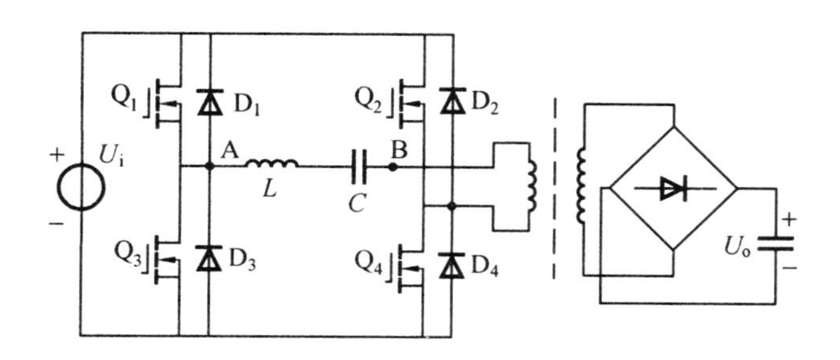

图 2.41　RLS 充电变换基本电路

根据开关频率 f_s 与谐振频率 f_r 的相对取值不同，RLS 变换器可有三种工作模式[23]：

(1) 当 $f_s < f_r/2$ 时，变换器工作在电流断续模式下，开关管为零电流开通，零电流、零电压关断；反并二极管为自然开通和关断。电路具有恒流源的特性。

(2) 当 $f_r/2 < f_s < f_r$ 时，变换器为电流连续工作模式，开关管为零电压、零电流关断，但开通是硬开通。反并二极管为自然开通，但关断时有反向恢复电流。输出近似恒流源。

(3) 当 $f_s > f_r$ 时，变换器仍为电流连续工作模式，开关管为零电压、零电流开通，但关断是硬关断，存在关断损耗。反并二极管为自然关断。输出特性与恒流源的特性有所偏离。

比较三种工作模式，电流断续模式更适合电容器恒流充电的变换器。随着充电过程中的负载变化，输出电流基本保持不变，并且开关器件的软开关状态，有利于减少开关损耗，提高开关频率。

当 $f_s < f_r/2$，即开关周期 $T_s > 2T_r$（谐振周期）时，电路工作于断续模式。谐振电容 C 两端的电压 u_C、流经谐振电感 L 的电流 i_L 波形及正负半个谐振周期的等效电路如图 2.42 所示。

设 U_o' 为输出电压 U_o 至变压器原边的折算电压，可列出方程

$$u_L = L\frac{di_L}{dt},\quad i_C = C\frac{du_C}{dt} \tag{2.27}$$

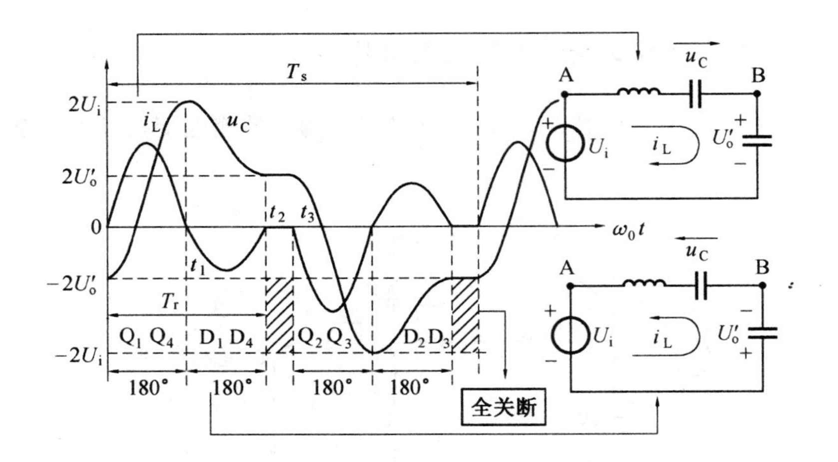

图 2.42　电流断续模式下的谐振波形

$$u_L + u_C = U_i \pm U'_o \tag{2.28}$$

在正半周（$0 \sim t_1$），推导得出

$$u_C(t) = (U_i - U'_o) + (-U_i - U'_o)\cos \omega_r t \tag{2.29}$$

$$i_L(t) = \frac{(U_i + U'_o)}{Z_r}\sin \omega_r t \tag{2.30}$$

在负半周（$t_1 \sim t_2$）

$$u_C(t) = (U_i + U'_o) - (U_i - U'_o)\cos \omega_r t \tag{2.31}$$

$$i_L(t) = \frac{(U_i - U'_o)}{Z_r}\sin \omega_r t \tag{2.32}$$

式中，ω_r 为谐振角频率；$Z_r = \sqrt{L/C}$ 为谐振阻抗。

充电过程中随着 U'_o 升高，正半周电流增大，负半周电流减小，当 $U'_o = U_i$ 时，负半周电流为零，正半周电流最大。此后由于 U'_o 在式(2.29)所描述的时间段继续增加，u_C 达不到 $2U_i$，这样当负半周时，电感电压 $u_C - U_i - U'_o < 0$，无电流，只能利用 C 储能产生谐振。因此 u_C 不断降低，i_L 不断减小。

图 2.43 是充电过程中谐振电容两端电压 u_C、谐振电流 i_L 及充电输出电压 U_o 的仿真波形。图 2.44 是 u_C 和 i_L 在不同时刻的仿真波形。由仿真结果可以看出，电路始终工作在断续模式下，开关管零电流开通和关断，同时整个充电过程近似于恒流充电，电容电压接近线性增长。图 2.45 是 u_C 和 i_L 的实验波形，与仿真波形近似。

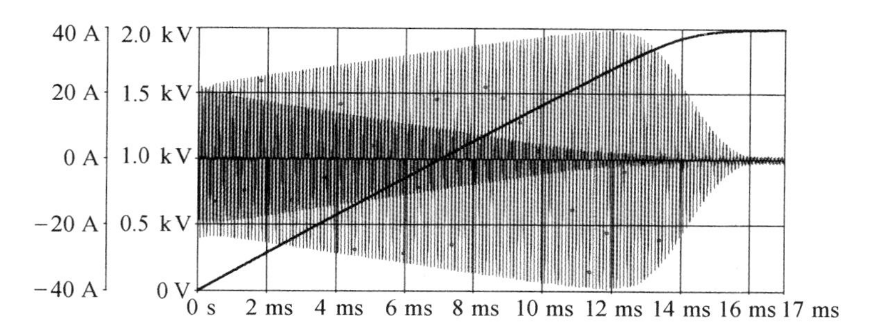

仿真参数:$U_i = 48$ V, $f_s = 10$ kHz, $L = 15$ μH(含漏感), $C = 3$ μF, C_o(充电电容) $= 0.5$ μF, n(匝数比) $= 40$

图 2.43　充电过程 u_C、i_L 及充电电压仿真波形

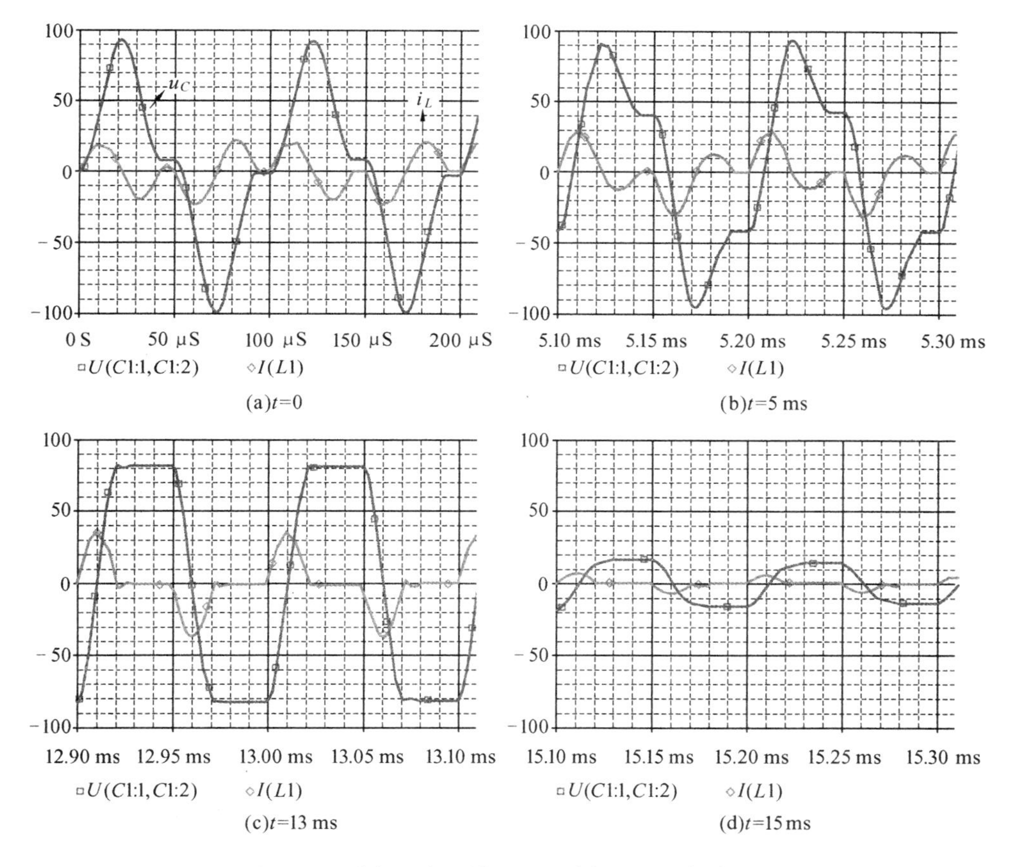

(a) $t=0$　(b) $t=5$ ms　(c) $t=13$ ms　(d) $t=15$ ms

图 2.44　谐振电容两端电压和谐振电流的仿真波形

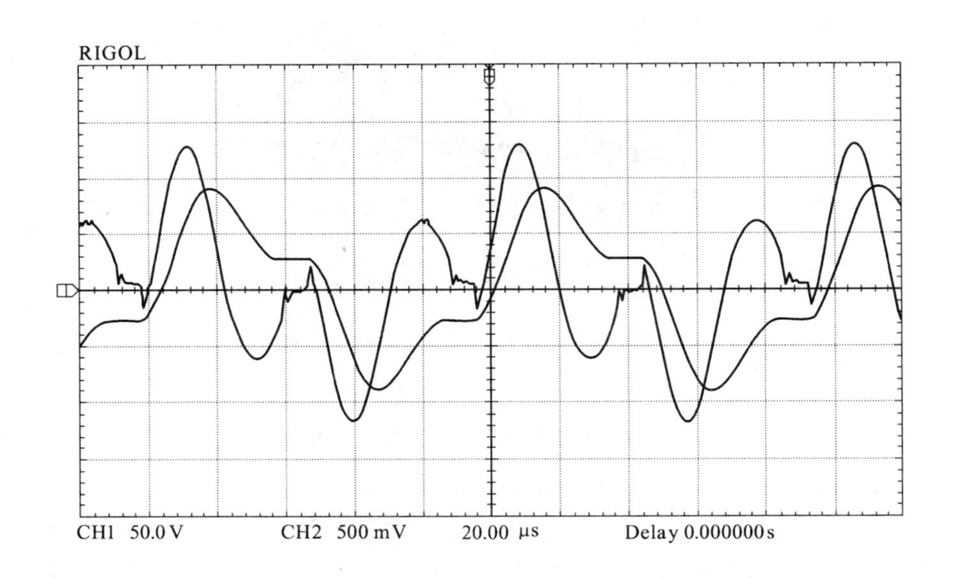

图 2.45　谐振电容两端电压和谐振电流的实验波形

2.3.3　串联负载谐振高压充电电源的组合结构

采用高频开关变换技术设计高压电容充电电源时，高频、高压并存，由于升压变比过大，高压绕组的匝数和叠层数很大，因高频趋肤效应导致的邻层表面电流逐层递增，导致的最为关键的问题是绝缘与散热之间的矛盾。此外，由于升压倍数较大，也将导致高压侧分布电容、整流二极管极间电容对电路的影响加剧。

除常规技术措施之外，为了减小高压绕组叠层数，并降低变压器绝缘等级和高频整流器件的电压等级，利用 RLS 充电变换基本电路进行串联组合是一种合理且有效解决问题的设计方案。图 2.46 和图 2.47 所示电路均属于这种结构。

采用这种串联结构，可将大变比升压变压器分解成较小变比分体变压器，高频整流后再串联成高压输出，用低压方式解决高压问题，大幅度减少高压绕组的叠层数，避免高压绕组的叠层过多导致的一系列问题。

图 2.48 所示为作者所研制的高压电容器组充电电源的 5 kW 电源单体电路，输出采用 5 个升压整流模块串联，每个整流模块的升压变压器副边采用双绕组结构，因此，高压整流管可使用 1 kV 耐压的普通快恢复二极管。由于充电电源系统的输入为 48 V 的蓄电池，低压侧的电流较大，输入总电流超过千安，对于主电路的开关元件、谐振元件、变压器，甚至高频导线来说，都会带来与高体积比功率相矛盾的设计困难。因此采用多重单体并联的总体结构，通过多重并联，扩充电源系统的功率至 50 kW，如图 2.49 所示。

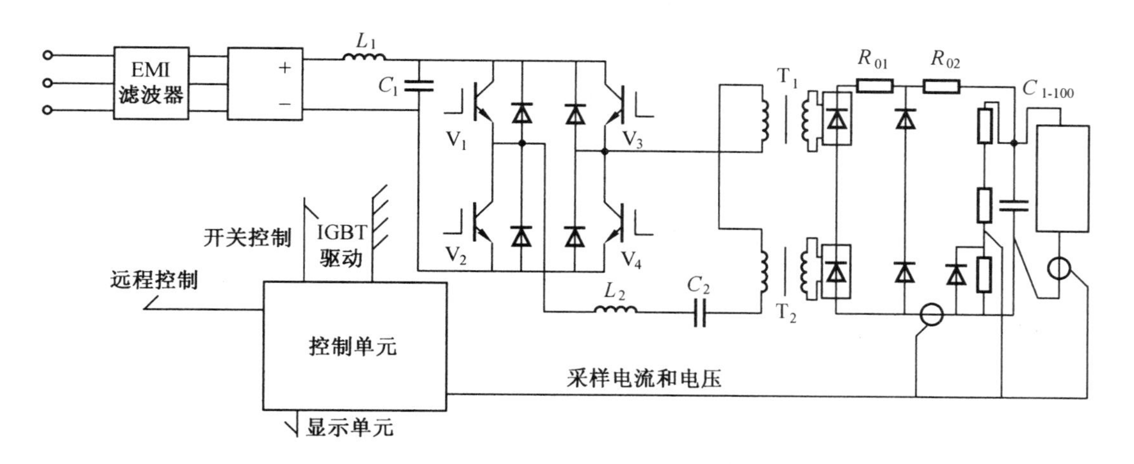

图 2.46　高功率固体激光能源系统的充电单元[20]

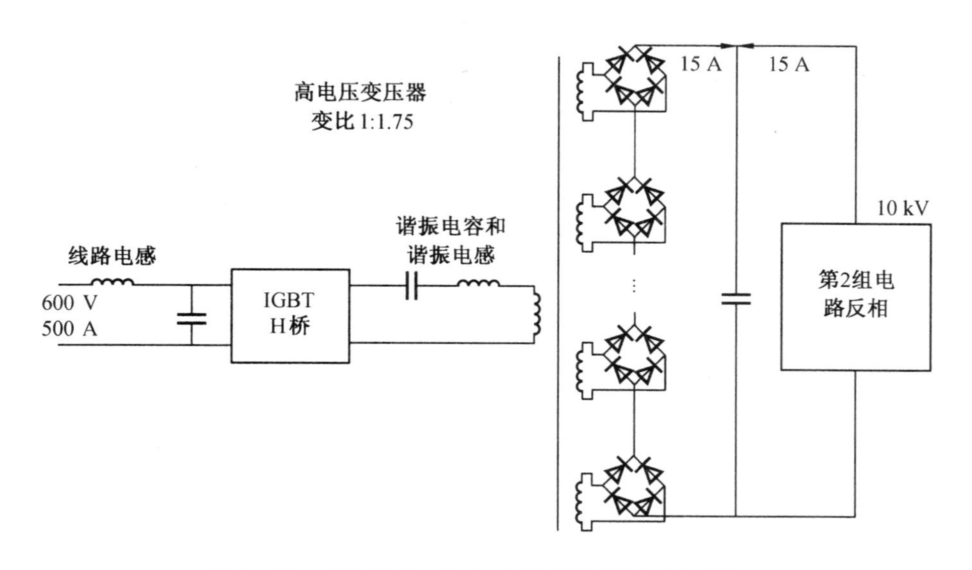

图 2.47　混合作战电动车能量系统的充电电源[21]

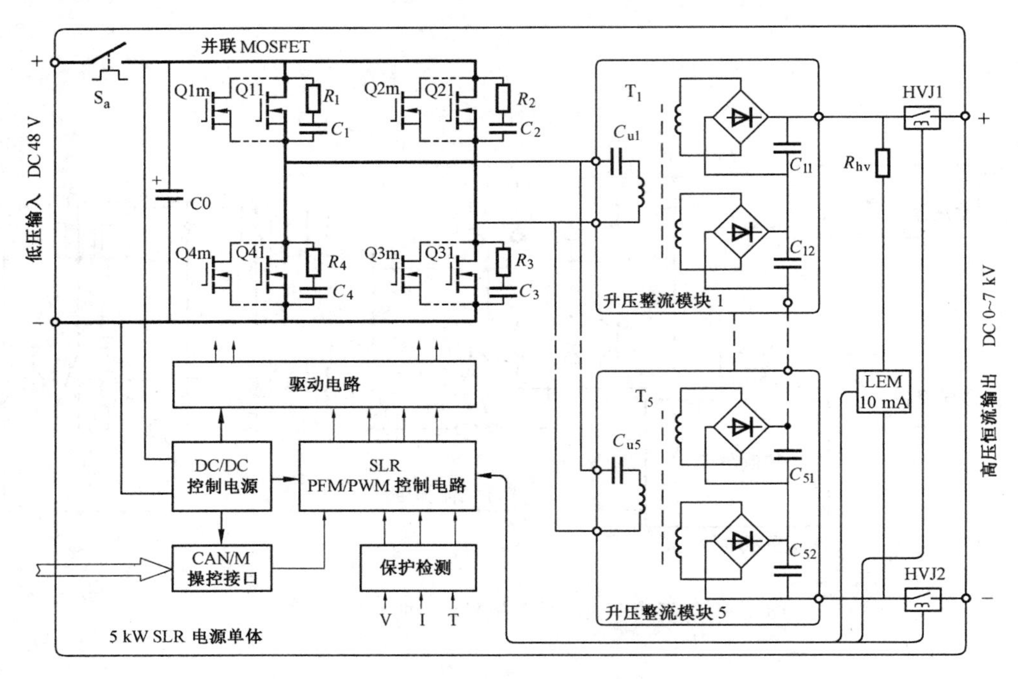

图 2.48 5 kW 高压电容器组充电电源的电源单体电路

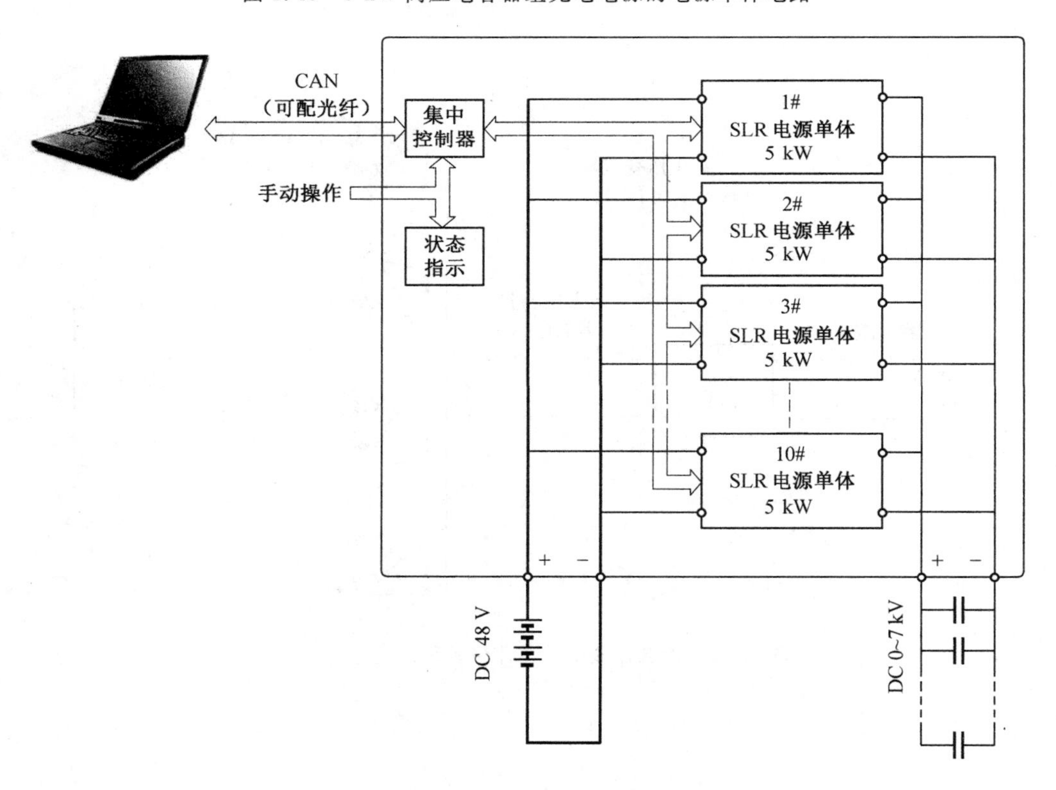

图 2.49 50 kW 多重并联结构的充电电源系统

系统中各电源单体的结构相同,可独立投入或退出运行,且内部具有底层的自保护功能。单体之间可任意互换,便于维护,也可构成冗余系统。各单体的参数设定、谐振同步、故障回讯、动作保护等信号通过CAN总线连通,由集中控制器协同控制。

总之,SLR变换电路在断续工作模式下,无须电流闭环,自身所具有由频率调节的恒流输出特性适合于电压从0开始的高压电容充电。开关器件和整流二极管全部为零电流软开关工作状态,半导体器件开关损耗很小,不但可以减小电源的体积,提高变换效率,而且有利于电源系统的热设计;升压变压器的漏感可作为谐振电感(或其一部分)使用,有利于减小电源的体积和质量;谐振频率为开关频率的2倍,有利于缩小升压变压器的体积。但是,由于是恒流特性的充电,输出功率随电容电压的升高而线性增加,在电容电压最大时,输出功率才能达到最高,因此电源容量的利用率偏低,这是电容恒流充电固有的缺陷。

2.4　基于无线能量传输的无线充电技术概述

近年来,以无线传感器、无线终端设备、人体植入医疗设备为代表的无线终端技术成为科技发展的新方向。但受到传统电能供给方式的制约,能源问题一直是制约该类设备发展的瓶颈。无线能量传输技术能够摆脱机械连接束缚,实现无线设备不受空间限制的能量供给,具有无接插环节、无裸露导体、无漏电触电危险等优势。随着电动汽车技术的不断发展和市场保有量的逐步增加,为了方便电动汽车的能源补给,人们开始尝试研究如何利用无线充电技术对电动汽车进行充电,以解决电动汽车在有线充电过程中的诸多不利环节带来的问题。

“无线充电”,顾名思义是一种无需任何物理上的连接,可以将电能无接触地传输给负载的安全方便的充电方式,一般可分为电磁感应式、电磁谐振式、电场耦合式和电磁辐射式四种方式。

2.4.1　电磁感应式无线充电技术

电磁感应式无线充电利用电流通过线圈产生磁场实现近程无线供电。通常采用非接触变压器耦合进行无线电力传输。它将系统的变压器紧密型耦合磁路分开,变压器原边绕组流过的是高频交流电,通过原、副边绕组的“电磁感应”将电能传输到副边绕组及用电设备,从而实现在电源和用电负载之间的能量传递而不需物理连接。利用非接触电磁感应来进行无线供电传输是非常成熟的技术，但会受到很多限制，比如变压器绕组的位置，气隙的宽度，使得磁场会随着距离的增加而快速衰减。如果要增加供电距离，只能加大磁场的强度。然而，磁场强度太大一方面会增加电能的消耗，另一方面可能会导致附近使用磁信号来记录信息的设备失效。其有效传输距离只有几厘米，所以这种无线电力传输只能是短距离电能传输。

随着功率变换技术、控制技术和磁性材料的发展，非接触电磁感应电能传输技术得到了迅速发展。大功率方面的应用，比如20世90年代新西兰奥克兰大学所属奇思公司已将非接触感应电能传输技术成功应用于新西兰Rotorua国家地热公园的30 kW旅客电动运输车。德国奥姆富尔（WAMPELER）公司150 kW载人电动火车，轨道长度达400 m，气隙为120 mm，是目前最大的非接触感应电能传输系统。英国HaloIPT公司在伦敦利用其最新研发的感应式电能传输技术成功实现为电动汽车无线充电。电动车的无线充电示意如图2.50所示，将电能接收垫安装于电动汽车车身下侧，这样电池就可以通过无线充电系统进行充电。

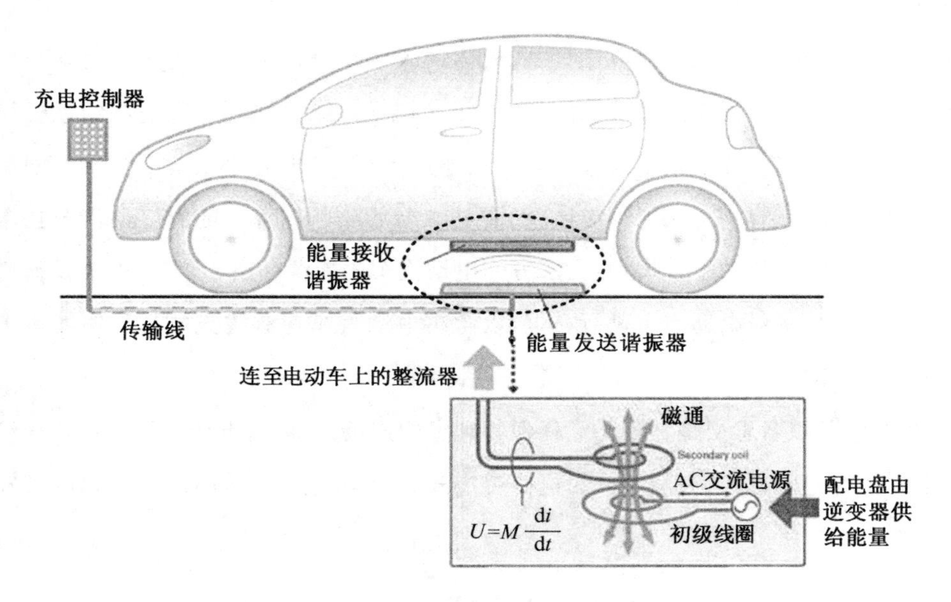

图2.50　电磁感应式电动车无线充电示意图

近几年，电磁感应式无线充电技术在小功率应用方面发展迅速，主要是对便携式终端设备进行无线充电的研究。2010年7月，无线充电联盟发布了Qi标准，对便携式终端充电设备的生产和制造进行规范，其依据就是电磁感应式无线电能传输原理。

电磁感应式能量传输系统包含两部分，即基站和移动设备，如图2.51所示。提供无线电源的设备称为基站，无线功率消耗的设备称为移动设备。功率传输总是从基站到移动装置。为实现能量传输，基站中的功率发射器子系统包含一个初级线圈，移动装置中的功率接收器子系统包含一个次级线圈，初级线圈和次级线圈形成一个空心谐振变压器。在初级线圈的底部和次级线圈的顶部，以及两个线圈间的近距场周围设置适当的屏蔽，确保能量以一个可接受的传输效率实现转移。此外，该屏蔽也可减少用户的电磁辐射危害。功率发射器包括两个主要的功能单元，即功率转换单元、通信和控制单元。初级线圈或线圈阵列（送电线圈）作为功率转换单元的磁场产生元件。通信和控制单元将传输功率的功率等级调整为接收器所要求的等级。图2.51所示是一个基站，包含多个发射器，以服务于多个移动设备（一个功率发射器某时刻只能为单一的接收器服务）。此外，系统还包括输入功率配置、多功率发射机的控制和用户接口等基站所有其他的功能模块。

功率接收器包括功率接收单元以及通信和控制单元。功率接收单元通常只包含单一的次级线圈（受电线圈）。移动设备通常也只包含单一的接收器。通信和控制单元负责将传输功率调节为接收器输出端所接设备的需求等级。这些子系统代表了移动设备的主要功能。

1. 功率发射器

功率发射器有两种基本类型：基于单一初级线圈的设计类型A和基于初级线圈阵列的设计类型B。

设计类型A又分为两种类型：位置固定式和自由定位式。其功能框图如图2.52所示，与其对应的电气图如图2.53所示。两者的主要差别在于自由定位式多了检测和定位单元，其功能是实现交界面上目标及/或功率接收器的正确定位。

设计类型B与类型A的不同之处在于其采用的初级线圈为阵列形式，如图2.54所示。图2.54(a)所示为单个初级线圈俯视图，线圈为绕线式。图2.54(b)所示为初级线圈阵列分层结构侧视图，图2.54(c)所示为初级线圈阵列的俯视图。如图所示，每一个初级线圈放置在一个六边形的网格中，实线所示网格为第1层线圈，虚线所示为第2层线圈，与第1层的线圈在水平方向有t_2长度的位移，即低2层线圈的中心与第1层线圈的六边形顶点重合。同样规律设置第3层线圈，使每层线圈的中心与另外两层邻近线圈的顶点重合。图2.55所示为一种典型系统的功能框图及电气简图，该类型允许自由定位。

类型B中还有一种类型，与图2.54所示系统的不同之处在于其使用一种PCB形式的初级线圈阵列。

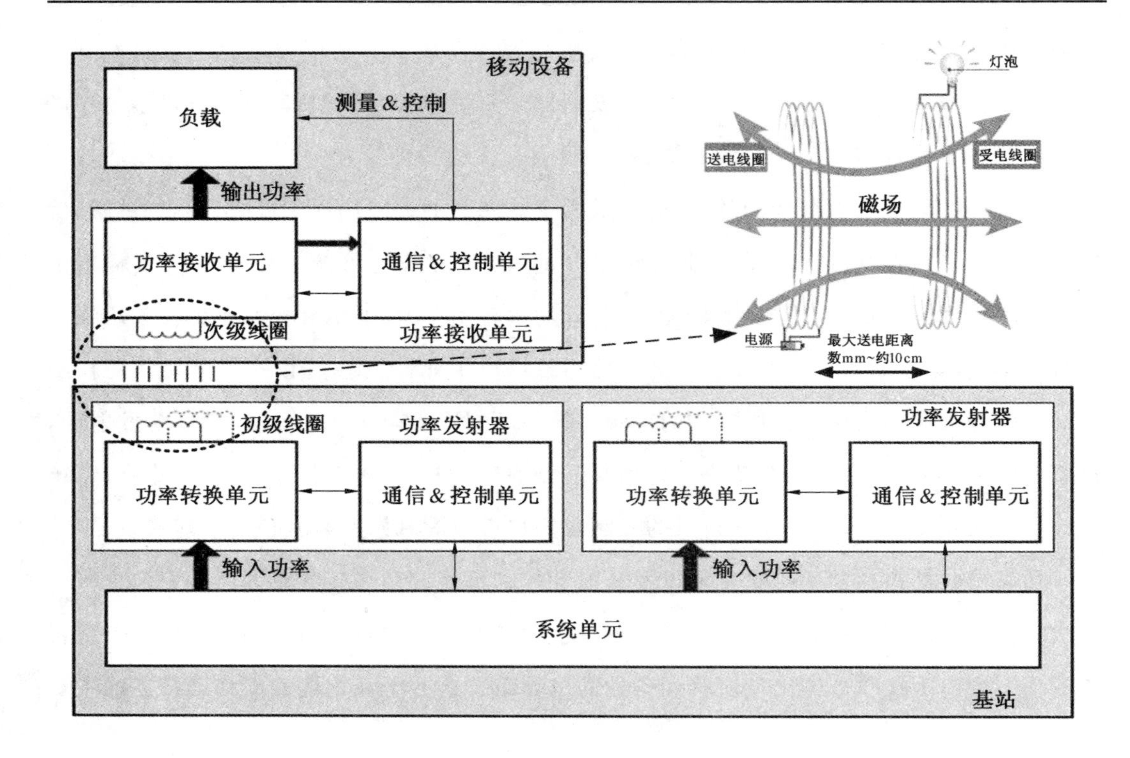

图 2.51　电磁感应式无线能量传输系统的基本配置

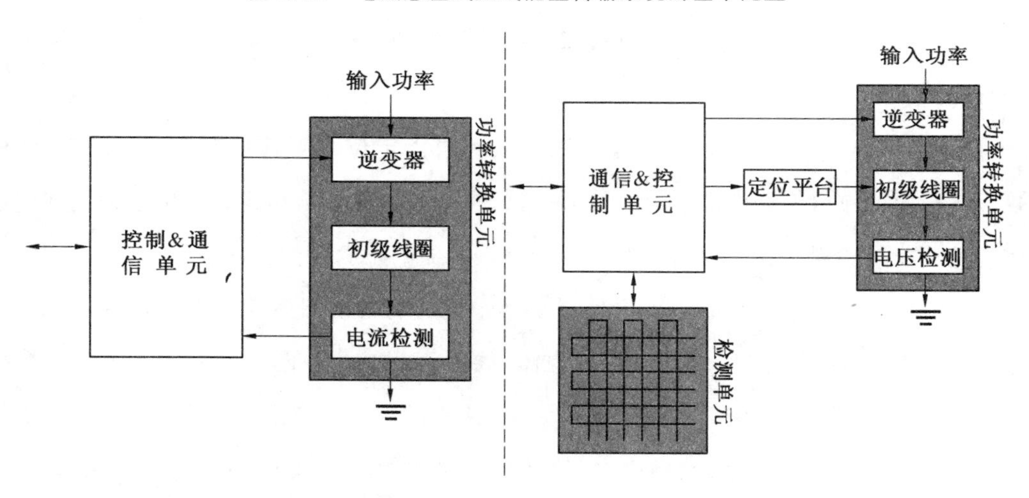

图 2.52　功率发射器 A 的两种基本类型的功能框图

2. 功率接收器

图 2.56 所示为一种功率接收器的系统功能框图及双谐振电器原理图，该系统中包括功率接收单元、通信和控制单元。图中左侧为功率接收单元，包括功率接收的如下模拟元件：

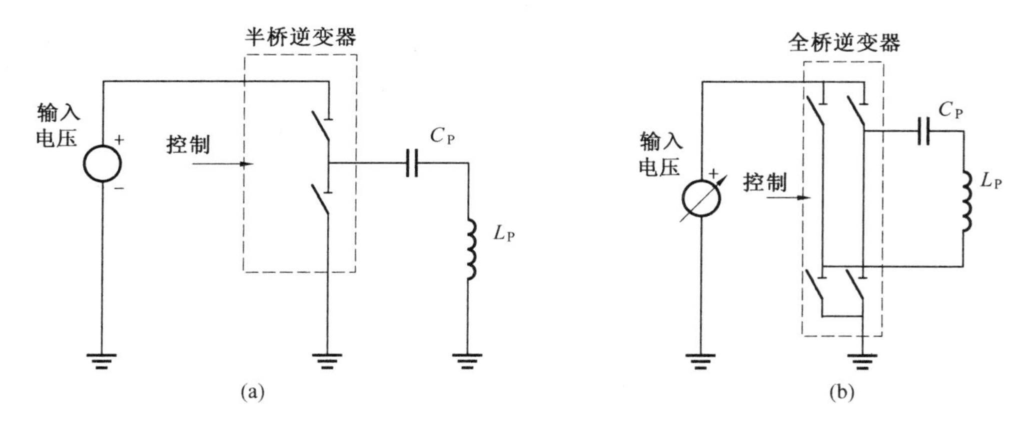

图 2.53　功率发射器 A 的两种基本类型的电气简图

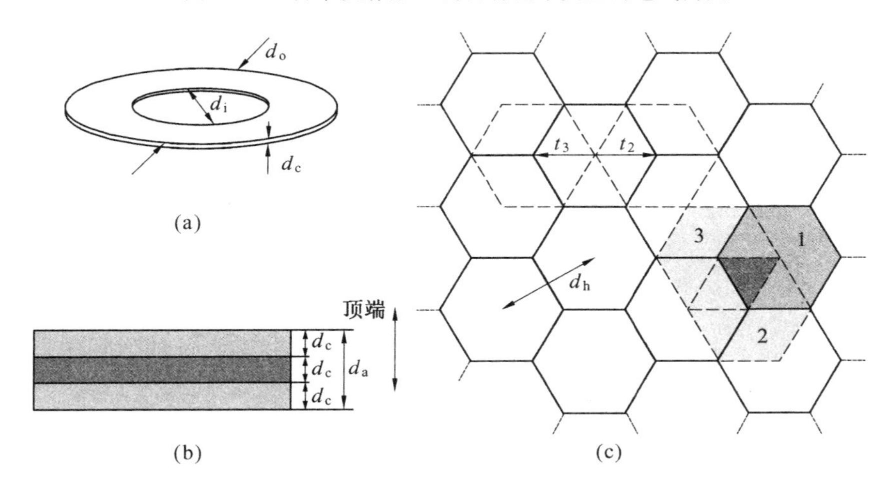

图 2.54　B 型功率发射器的初级线圈阵列

① 双谐振电路。包括一个次级线圈和串并联电容以实现谐振检测及提高能量传输效率。

② 整流电路实现全波整流。

③ 通信调制器。直流侧的通信调制器包含一个与开关串接的电阻，交流侧的通信调制器包含一个与开关串接的电容。

④ 输出断开控制器防止接收器无输出功率时电流倒流向接收器，同时，也可以最大限度地减少功率加在次级线圈初始时接收器从发射器汲取的功率。

双谐振电路的谐振频率

$$f_s/\text{kHz} = \frac{1}{2\pi \cdot L'_s \cdot C_s} = 100^{+x}_{-y}$$

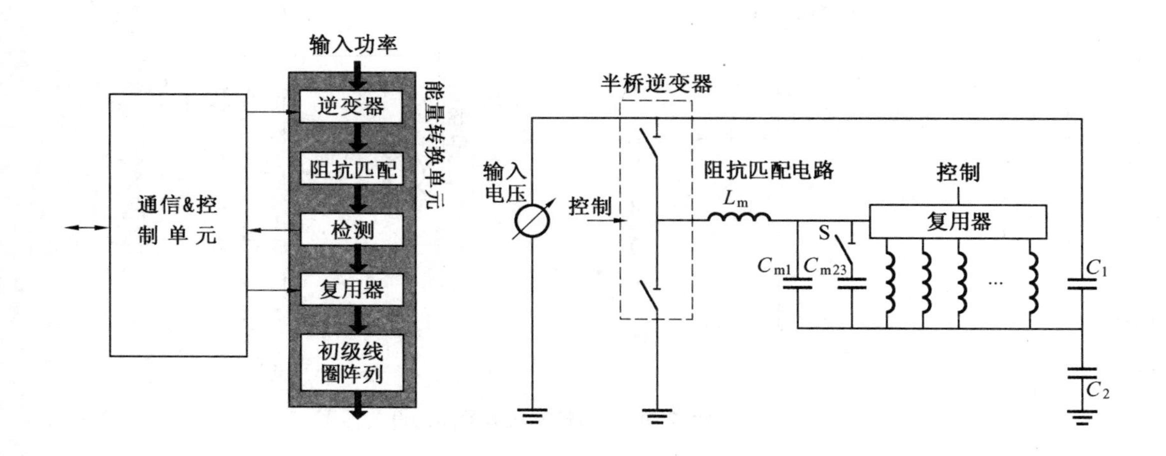

图 2.55 典型B类功率发射器的功能框图及电气图

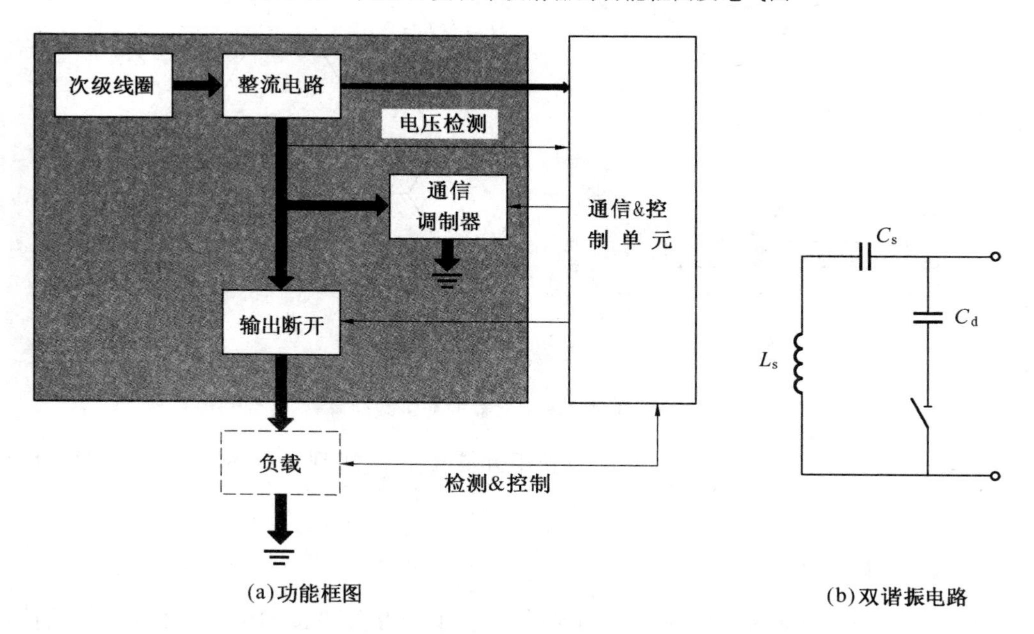

图 2.56 功率发射器的功能框图及双谐振电路

$$f_d/\text{kHz}=\frac{1}{2\pi\cdot\sqrt{L_s\cdot\left(\frac{1}{C_s}+\frac{1}{C_d}\right)^{-1}}}=1\ 000^{\pm 10\%} \tag{2.33}$$

式中,L'_s 是次级线圈放到功率发射器交界面时的自感,必要时次级线圈要与初级线圈对齐(中心吻合)。L_s 是指没有磁性物质靠近时次级线圈的自感(比如远离与功率发射器的交界面)。此外,谐振频率 f_s 上的容差 x 和 y 对配置包的最大功率为 3 W 及以上的接收器

取 $x=y=5\%$；其他接收器取 $x=5\%$，$y=5\%$。C_s 和 C_d 为谐振电容。电路的功率因数 Q 定义为

$$Q=\frac{2\pi\cdot f_d\cdot L_s}{R} \tag{2.34}$$

式中，R 为 C_s 和 C_d 短路后的回路直流电阻。

采用电磁感应方式，送电线圈与受电线圈的中心必须完全吻合。如稍有错位，传输效率就会急剧下降，可通过移动送电线圈对准位置来提高效率。

2.4.2　电磁谐振式无线充电技术

电磁谐振式无线充电利用磁耦合谐振效应实现中短程无线供电。电磁谐振式是由麻省理工学院（MIT）的研究人员提出的。系统采用两个相同频率的谐振物体产生很强的相互耦合，利用线圈及放置两端的平板电容器，共同组成谐振电路，实现能量的无线传输。2007 年 6 月，MIT 的物理学助理教授马林·索尔贾希克（Marin Soljacic）和他的研究团队取得了新的进展[25]。他们给一个直径 60 cm 的线圈通电，约 2 m 之外连接在另一个线圈上的 60 W 灯泡被点亮了。这种新技术所消耗的电能只有传统电磁感应供电技术的百万分之一，其有效传输距离为几十厘米到几米，使用上更灵活，尤其更适合对电动车的充电。

Marin 小组称，目前他们已经将传输效率提高到了 90%。不过，该技术仍旧面临着一些问题，目前使用的铜线圈非常笨重，足有 0.6 m 高，如果要实现对整座房间内的电器自动充电，铜丝线圈的直径预计将达 2.1 m。因此，该技术下一步的研发目标是在提高传输效率 40% 左右的同时缩小发射端和接收端的体积，并将目前最远仅有 2.7 m 的传输距离扩大。在 2008 年 8 月的英特尔开发者论坛上，西雅图实验室的约书亚·史密斯（Joshua R. Smith）领导的研究小组再次向公众展示了这项基于“磁耦合谐振”原理的无线供电技术，在展示中成功地点亮了一个 1 m 外的 60 W 灯泡，而在电源和灯泡之间没有使用任何电线，此次系统中无线电力的传输效率达到了 75%。

电磁耦合式无线能量传输系统基本结构如图 2.57 所示，其工作过程是：直流电源将 50 Hz 工频电转化成直流电平，或者直接由外界直流电源提供能量给高频激磁电路产生高频电流，高频电流通过发送线圈产生高频磁场。该磁场与接收线圈耦合在接收线圈内产生感应电流，并通过能量接收电路经过整流供给负载，从而实现能量的无线传输。反馈及控制部分通过系统发送侧和接收侧之间的信息交换稳定系统的输出。其中耦合线圈组

成的磁耦合系统、驱动源和能量接收装置是能量传输的关键部分。

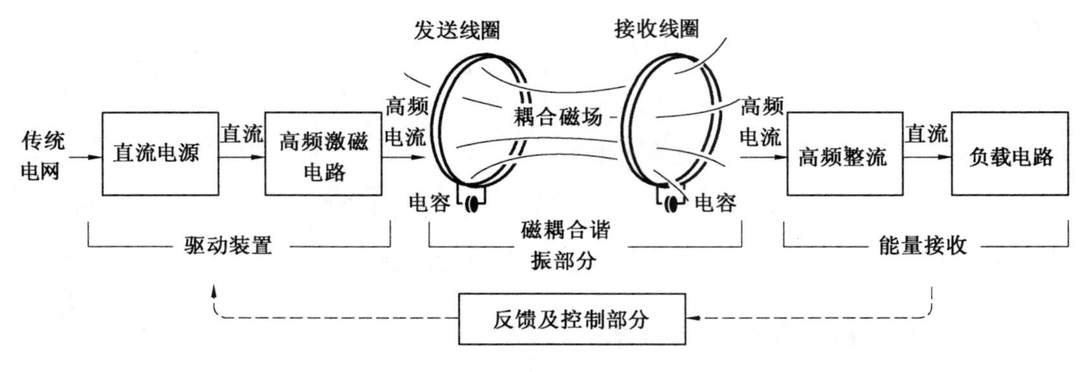

图 2.57 磁耦合无线能量传输系统的一般组成

磁耦合谐振式无线能量传输装置的主要部分包括：

(1) 磁耦合谐振部分。该部分由谐振线圈(图 2.57 中发送线圈和接收线圈)、电容(分别与发送线圈和接收线圈连接)构成谐振体，发送与接收线圈分别产生和接收磁场能量，是电路与磁场的耦合媒介。

(2) 磁场驱动源。包括供电和高频激磁电路，磁耦合谐振的频率处在电磁场的中高频频段(300 kHz ～ 30 MHz)，此部分功能是将传统电网的工频交流电转化为线圈中的高频电流，用以驱动磁耦合谐振部分产生谐振磁场并向其提供高频能量，实现无线能量传输。

(3) 能量接收和负载电路。由于能量采用无线输送形式，且工作频率高于一般用电设备的需用范围，需将高频电流处理后以合适的形式供给负载。负载的引入会对磁耦合谐振部分产生耦合效应，影响无线能量的传输。需要合理设计能量接收电路，以便传输较多功率并提高效率。

耦合线圈的作用是产生和接收耦合电磁场，并通过磁场的耦合作用，无线地传输能量。因此，该部分是能量传输电磁转化的重要元件，也是研究的主要方面之一。按照其谐振构成的形式主要有自谐振线圈和外接电容元件谐振线圈，如图 2.58(a) 所示，由于磁耦合线圈的阻抗主要为感性，实际功率因数很小，为了提高传输功率，加入谐振电容以构成谐振电路实现谐振工作方式。有研究表明[27]，采用自谐振线圈可以获得较大的品质因数，有利于提高系统效率等指标。自谐振线圈依靠内部的分布电感和分布电容达到谐振。由于自谐振线圈具有较高的品质因数，降低了损耗，提高了传输效率，因此在同等的功率下，提高了传输距离。

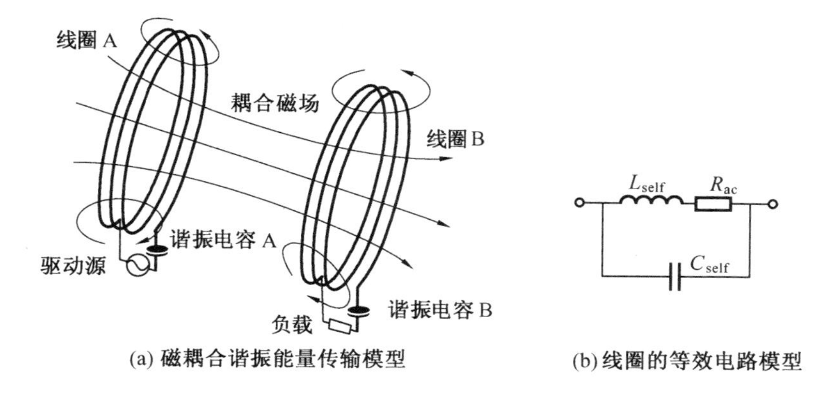

图 2.58　线圈的模型

自谐振线圈理论上可以获得很高的品质因数，但是由于其分布参数较难计算，且尺寸和轮廓均较大，给系统设计和调试带来了一定的困难。线圈的不同结构可以获得不同的磁场分布和互感系数，与传输装置的体积、占地面积和传输距离等有直接关系；通过改变电路参数，也使得线圈结构直接影响传输功率和效率。因此出现了密绕线圈、平面线圈、螺旋线圈、Helmholtz 传输线圈等结构。四线圈结构仍然是最典型的结构。此外由于自由振荡的线圈同时具有能量传递的中继作用，有研究者提出采用多个自由振荡线圈构成的能量传输系统结构。

高频条件下的线圈的等效电路如图 2.58(b) 所示，阻抗可以表示为一个等效电阻值和一个等效感抗值

$$Z_e = (j\omega L_{self} + R_{ac}) // \frac{1}{j\omega C_{self}} = R_{self} + j\omega L_{eff} \tag{2.35}$$

其中，L_{self} 为线圈模型的理论电感值；C_{self} 为线圈模型电路的总并联电容值；R_{ac} 为线圈模型电路的交流电阻值；L_{eff} 为线圈等效电路的等效串联电感；R_{eff} 为线圈等效电路的等效串联电阻。等效值可以根据下式计算：

$$\begin{aligned} R_{eff} &= \frac{R_{ac}[(1-\omega^2 L_{self}C_{self}) + \omega^2 L_{self}C_{self}]}{(1-\omega^2 L_{self}C_{self})^2 + \omega^2 C_{self}^2 R_{ac}^2} \\ L_{eff} &= \frac{L_{self} - \omega^2 L_{self}^2 C_{self} - C_{self}R_{ac}^2}{(1-\omega^2 L_{self}C_{self})^2 + \omega^2 C_{self}^2 R_{ac}^2} \end{aligned} \tag{2.36}$$

若线圈达到谐振状态，则

$$\omega_r = \omega_0 \left(1 - \frac{1}{Q^2}\right) \tag{2.37}$$

其中，ω_r 为谐振角频率；ω_0 为名义谐振角频率，$\omega_0 = 1/\sqrt{L_{self}C_{self}}$；$Q$ 为线圈的品质因数。

因为通常线圈本身的品质因数较大，因此近似认为 $\omega_r=\omega_0$，则此时的线圈阻抗为

$$Z_r \approx Q^2 R_{ac} \tag{2.38}$$

综上所述，当工作频率接近自谐振频率时，线圈的外特性接近于阻性，且量值为原来交流电阻的 Q^2 倍。因此在设计线圈时，需使工作频率尽量低于线圈的自谐振频率。线圈在频率升高后受到多个参数的影响，需要分别计算以获得较好的性能。对多匝线圈，还要考虑多层空心线圈各匝之间的互感值、线圈的寄生电容等参数，按照线圈的结构，等效为一个集中参数模型。

谐振磁场驱动源的作用是将直流电平形式的能量转化为高频电流以激发高频(3 k～30 MHz) 耦合磁场，进而无线传递能量至接收侧。作为高频能量产生的变换装置，其性能对无线能量传输系统总体指标的影响非常显著。

按照功率元件的类型，在高频领域(＞ 1 GHz) 除电子管占领一定份额之外，固态半导体电路由于工作电压范围宽、效率较高等特点占据了绝对优势。按照功率元件的工作状态，目前最多采用的是 D 类开关型和 E 类谐振型放大电路。按照电路结构，可以有单管、非对称半桥、全桥等，如图 2.59 所示[26]。

由于E类变换器中功率元件的损耗较少、效率较高，因此该类型驱动源的研究受到较大的关注。为了获得较大的功率和效率，需对 E 类自谐振变换器不同拓扑结构下的特性进行分析。通常将驱动源和振荡器作为无线能量传输中两个独立的部分加以考虑，并将 E 类放大器的拓扑与自谐振能量传输装置相结合进行研究，达到了较高的效率[27]。另有研究从等效阻抗角度进行，结合无线能量传输的特点，给出其参数与元器件的选择方法和计算公式。并通过计算各部分的等效阻抗，根据阻抗匹配原则，计算出最佳等效阻抗，进而反推出各部分元件的设计参数。采用的单管方式传输功率为 3.7 W，最大效率为 66%。在此基础上，为了获得更大的传输功率，可通过并联使用两个驱动源，以获得较大的输出功率。并通过加强散热，使最大功率达到 295 W，效率达到 75.5%[28]。国内学者将 LCL 谐振电路应用于无线能量传输装置中，发现：当控制频率等于副边侧的固有频率时，逆变器的输出电流产生较大的形变，开关工作在硬开关模式。因此，通过实验提出了一个获得理想工作频率的方法，并且采用参数优化方法以实现系统传输较大的功率及保持较高的效率[29]。

磁场谐振方式是现在最被看好、被认为是将来最有希望广泛应用于电动汽车的一种方式，目前技术上的难点是小型、高效率化比较难。

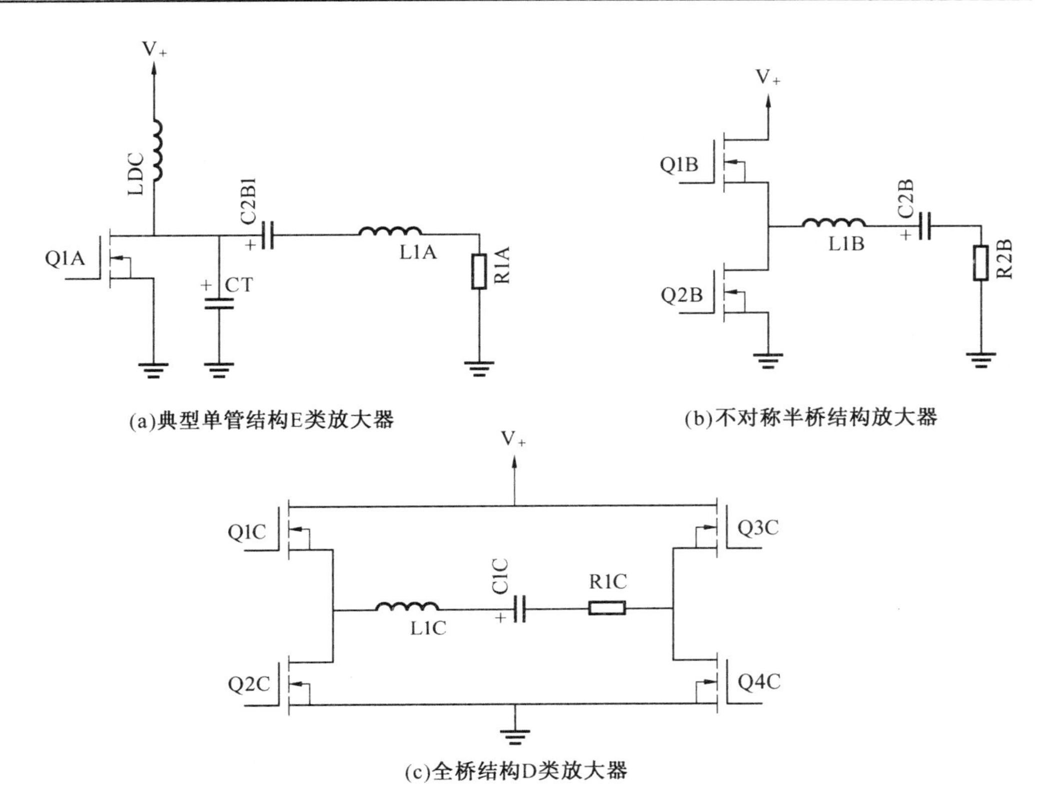

图 2.59　磁耦合谐振驱动源的典型结构

2.4.3　电场耦合式无线充电技术

电场耦合方式的无线供电技术与“电磁感应方式”及“磁场谐振方式”不同，电场耦合方式利用通过沿垂直方向耦合两组非对称偶极子而产生的感应电场来传输电力，具有抗水平错位能力较强的特点。基于电场耦合方式的电能无线传输的概念最早由尼古拉·特斯拉提出，但当时由于技术条件的限制未能得到广泛的关注。较早的对于电场耦合技术在信号传输方面的记载是 1966 年美国的一项专利技术。该专利技术是基于静电感应原理的电场耦合水下系统，虽然该项专利技术中并没有实验的验证，但作为较早的电场耦合能量传输技术的应用实例，它充分地揭示了电场耦合式能量传输技术在实现上的可行性和研究价值的所在。近几十年来，电场耦合技术在信号方面的应用得到了比较好的发展与应用，而在能量传输方面，由于技术条件的限制，该技术在能量传输方面的应用受到了一定的制约。但随着技术等各方面的进步，电场耦合技术在能量传输方面的优势逐渐显露出来。因其独特的结构与性质，电场耦合能量传输技术已经开始引起国内外许多研究团队的重视。日本株式会社村田制作所开发的电场耦合式充电板是目前将电场耦合能量传输技术商业化最成功的例子。村田制作所开发的基于电场耦合方式的充电装置能够实现 1 ~ 10 W 的电能传输能力，其研究重点在电场耦合能量传输技术的应用开发和商业化上。

电场耦合式能量传输系统结构框图如图 2.60 所示，该系统主要由能量发射部分和能量接收部分组成，能量的传输过程中，在发射能量端和接收能量端分别设置电极，通过极板间产生的电场来实现能量的无线传输。其中，系统的输入由交流市电经过整流后得到的直流电提供(或者直接由直流电源提供)，直流电经过高频逆变后得到高频交流电，并提供给发射极板。当发射极板在高频交流电作用下时，能够与接收极板间形成交互电场，在交互电场作用下产生位移电流"流过"极板，实现极板间的能量传输，而能量接收部分通过接收极板接收发射端的能量，再经过电力变换后提供给用电设备，从而完成了能量的无线传输。在电场耦合能量传输系统中，高频交流电能够有效地降低耦合机构的等效阻抗，减少系统的损耗，从而改善系统性能。同时，在能量发射端加入调谐电路来改善耦合机构的性能，使耦合机构能够更好地实现能量的传输，减小极板上的无功功率，提高系统的传输功率。

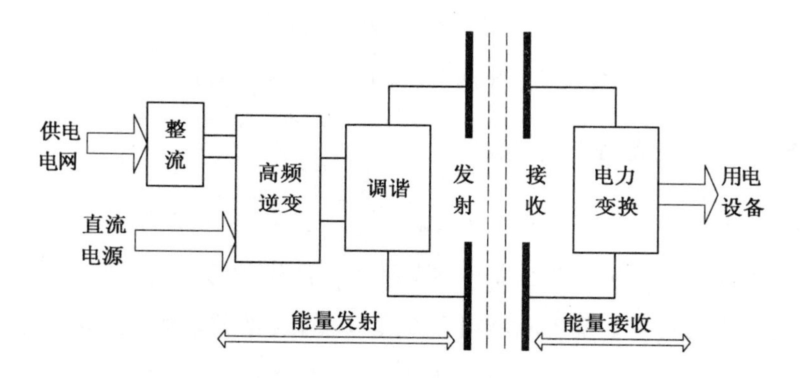

图 2.60　电场耦合式能量传输系统结构框图

图 2.61 所示是电场耦合能量传输系统中一种推挽式拓扑结构主电路，主要由以下几部分组成：整流电路(D_1 ~ D_4 和 D_5 ~ D_8)，高频逆变电路(L_{d1}、L_{d2}、S_1、S_2、r_{g1}、r_{g2}、C_{g1}、C_{g2})，并联谐振网络(C_P、L_P)，调谐电路(L_S)，耦合极板(C_{S1}、C_{S2})，滤波电容(C_{F1}、C_{F2})。

图中，C_P 和 L_P 为谐振电容和谐振电感，构成并联谐振网络；L_S 为调谐电感，与等效电容 C_{S1}、C_{S2} 构成串联谐振网络；D_1 ~ D_4 为整流桥，将交流输入电源 U_{in} 整流得到直流电，经过 L_{d1}、L_{d2} 构成相分变压器，形成准直流电流源；S_1、S_2 为开关管，控制开关管的工作状态，实现正反两种能量注入模式；D_5 ~ D_8 为整流桥，将拾取到的高频交流电整流得到直

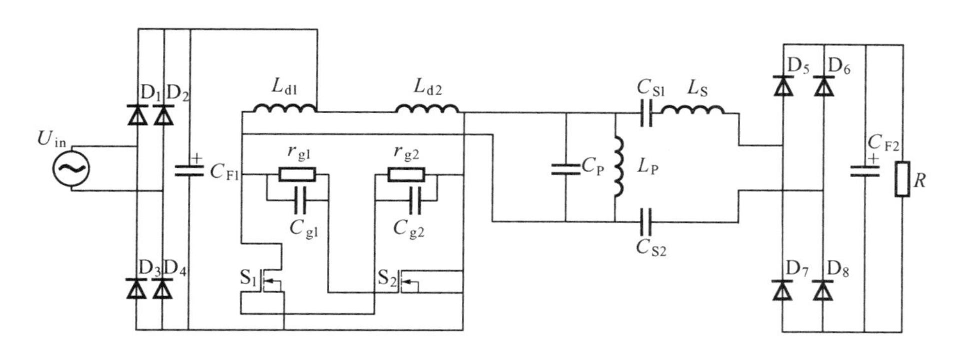

图 2.61　电场耦合式能量传输系统推挽式拓扑结构主电路

流电，再经过滤波电容 C_{F2} 后为负载 R 提供直流电能。该拓扑最显著的特点是：开关管 S_1 和 S_2 的状态切换无需任何外加的控制信号和检测电路，通过自激振荡即可实现系统的零电压切换(ZVS) 运行，因此在电场耦合能量传输系统中，该拓扑使用较为广泛。

电场耦合方式的特点如下：

① 金属环境中的能量不间断传输。当耦合极板间存在金属屏障时，能量的传输并不会像感应耦合方式那样被截断，而是能够正常地穿越屏障，完成能量的传输。

② 低电磁干扰。系统采用电场耦合的方式，电场基本被限制在耦合极板之间而存在，系统中电磁干扰可以大幅减少。

③ 降低特殊机构待机功耗。对于一些特殊机构而言(如移动负载等)，当负载处于待机状态而无需系统供电时，移开负载，使系统的原边供电电路处于开路状态，从而降低了系统的待机损耗。

④ 系统安全性高。耦合极板之间采用了完全绝缘的措施，使系统工作时安全可靠。

⑤ 系统体积小，质量轻，系统发热小。

2.4.4　电磁辐射式无线充电技术

电磁辐射式无线充电技术是利用电力电子技术转换成电波以辐射传输供电。电磁辐射方式电能传输主要有无线电波、微波、激光和超声波等方式，目前应用最多的是微波方式。

微波方式电能传输示意如图 2.62 所示，就是将微波聚焦后定向发射出去，在接收端通过整流天线把接收到的微波能量转化为直流电能，主要应用在太阳能卫星发电站。微波是波长介于无线电波和红外线之间的电磁波，由于频率较高，能顺利通过电离层而不反射。该系统主要由四部分组成：第一部分是将太阳能等转变成直流电；第二部分是将直流电变成微波，即微波功率发生器；第三部分是发射天线，它将微波能量以聚焦的方式高效地发射出去；第四部分是通过高效的接收整流天线将微波能量转换成直流或工业用电。先通过磁控管将电能转变为微波能形式，再由发射天线将微波束送出，接收天线接收后由整流设备将微波能量转换为电能。微波方式电能传输距离远，在大气中能量传递损耗很小，能量传输不受地球引力的影响。但容易对通信造成干扰，能量散射损耗大，定向性差，传输效率低。

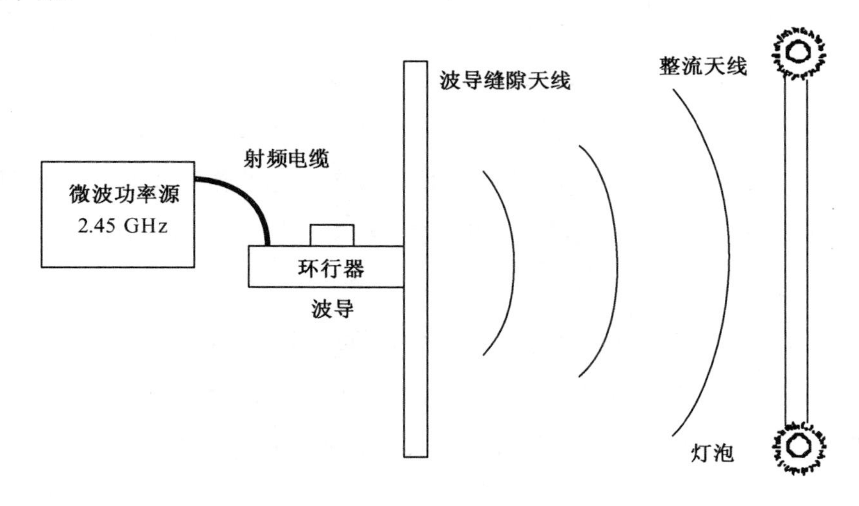

图 2.62　微波方式电能传输示意图

目前三菱重工开发的微波式非接触充电系统，将一组共 48 个硅整流二极管作为接收天线，每个硅整流二极管可产生 20 V 的电压，可将电压提升至充电所需的指标，并可实现 1 kW 的功率输出。

1994 年，科学家利用微波成功地将 5 kW 的电力送达 42 m 处。1995 年，美国航空暨太空总署(NASA) 建立了一个集研究、技术与投资于一体的 250 MW 太阳能动力系统(SPS)。2001 年 5 月，法国国家科学研究中心的皮格努莱特(G. Pignolet) 利用微波进行长距离无线输电试验。一部发电机发出的电能首先通过磁控管被转变为电磁微波，再由微波发射器将微波束送出，40 m 外的接收器将微波束接收后由变流机转换为电流，然后将 200 W 的电灯泡点亮。2003 年，欧盟在非洲的留尼汪岛建造了一个 10 万 kW 的实验型微波输电装置，实现了以 2.45 GHz 频率向接近 1 km 的格朗巴桑村(Grand－Bassin) 进行点对点无线供电。

关于电磁辐射式送电方式，现在提出了利用这种技术的“太空太阳能发电技术”，利用铺设在巨大平板上的亿万片太阳能电池，在阳光照射下产生电流，将电流集中起来，转换成无线电微波,发送给地面接收站;地面接收后,将微波恢复为直流电或交流电,送给用户使用,以期可以从根本上解决电力问题。

本章参考文献

[1] IKEYA T,SAWADA N,TAKAGI S,et al. Multi-step constant-current charging method for electric vehicle valve-regulated lead-acid batteries during night time for load-leveling[J]. Power Sources,1998,(75):101-107.

[2] CHAN C C,CHU K C. A microprocessor-based intelligent battery charger for electric vehicle lead-acid batteries[C]. [出版地不详]:Proceedings of the 10th International Electric Vehicle Symposium,1990:456-466.

[3] 贲洪奇. 开关电源中的有源功率因数校正技术[M]. 北京:机械工业出版社,2010.

[4] 罗安,章兢,付青. 新型注入式并联混合型有源电力滤波器[J]. 电工技术学报,2005,20(2):51-55.

[5] LUO An,ZHANG Jing,FU Qing. Development of high-capacity hybrid active power filter[J]. Transactions of China Electrotechnical Society,2005,20(2):51-55.

[6] CHOI S,ENJETI P N,LEE H H,et al. A new active interphase reactor for 12-pulse rectifiers provides clean power utility interface[J]. IEEE Trans on Industrial Application,1996,32(6):1304-1311.

[7] LEE B S,HAHN J,PRASAD N E. A robust three-phase active power factor correction and harmonic reduction scheme for high power[J]. IEEE Trans on Industrial Electronics,1999,46(3):483-494.

[8] CHOI S. A three-phase unity-power-factor diode rectifier with active input current shaping[J]. IEEE Trans on Industrial Electronics,2005,52(6):1711-1714.

[9] VILLABLANCA M E,NADAL J I,MAURICIO A. A 12-pulse AC-DC rectifier with high-input/output waveforms[J]. IEEE Trans On Power Electronics,2007,22(5):1875-1881.

[10] CHO J G,SABATE J A,HUA Guichao,et al. Zero-voltage and zero-current-switching full-bridge PWM converter for high power applications[C]. Taipei:25th Annual IEEE Power Electronics Specialists Conference (PESC'94),1994,

1:102-108.

[11] CHO J G,BAEK J W,JEONG C Y,et al. Novel zero-voltage and zero-current-switching full-bridge PWM converter using transformer auxiliary winding[J]. IEEE Trans on Power Electronics,2000,15(2):250-257.

[12] CHO J G,BAEK J W,JEONG C Y,et al. Novel zero-voltage and zero-current-switching full-bridge PWM converter using a simple auxiliary circuit[J]. IEEE Trans on Industry Applications,1999,35(1):15-20.

[13] KIM E S,JOE K Y,KYE M H,et al. An improved ZVZCS PWM FB DC/DC converter using energy recovery snubber[C]. Atlanta:Twelfth Annual Applied Power Electronics Conference and Exposition (APEC'97),1997,2:1014-1019.

[14] JANG Y,OVANOVIC M M J. A new PWM ZVS full-bridge converter[J]. IEEE Trans on Power Electronics,Part Special Section on Lighting Applications,2007,22(3):987-994.

[15] WANG CHIEN MING,SU CHING HUNG,HO C Y,et al. A novel ZVS-PWM single-phase inverter using a voltage clamp ZVS boost DC link[C]. Harbin:2nd IEEE Conference on Industrial Electronics and Applications,ICIEA,2007:309-313.

[16] SEOK K W,KWON B H. An improved zero-voltage and zero-current-switching full-bridge PWM converter using a simple resonant circuit[J]. IEEE Trans on Industrial Electronics,2001,48(6):1205-1209.

[17] KIM E S,JOE K Y,KYE M H,et al. An improved soft switching PWM FB DC/DC converter for reducing conduction losses[C]. Baveno:27th Annual IEEE Power Electronics Specialists Conference (PESC'96),1996,1:651-656.

[18] BAEK J W,JUNG C Y,CHO J G,et al. Novel zero-voltage and zero-current-switching(ZVZCS) full-bridge PWM converter with low output current ripple[C]. Melbourne:19th International Telecommunications Energy Conference(INTELEC 97),1997:257-262.

[19] REDL R,SOKAL N O,BALOGH L. A novel soft-switching full-bridge DC/DC converter:analysis,design considerations,at 1.5 kW,100 kHz[J]. IEEE Trans on

Power Electronics,1991,6(3):408-418.

[20] REDL R,BALOGH L,EDWARDS D W. Optimal ZVS full-bridge DC/DC converter with PWM phase-shift control:analysis,design considerations and experimental results[C]. Orlando:In Proceedings of Ninth Annual IEEE Applied Power Electronics Conference and Exposition,IEEE,1994(1):159-165.

[21] FRANCESCHETTI G. The new scientific scenario of power wireless transmission[C]. [出版地不详]:Antennas and Propagation Society International Symposium (APSURSI),2010 IEEE,2010.

[22] TIPTON C W. Power conversion an army perspective[R]. US Army Research Laboratory Adelphi,MD,2005.

[23] 钟和清,徐至新,邹云屏,等. 软开关高压开关电源设计方法的研究[J]. 高电压技术,2005,31 (1):20-22.

[24] 阮新波,严仰光. 直流开关电源的软开关技术[M]. 北京:科学出版社,2000.

[25] KURS A,KARALIS A,MOFFATT R,et al. Wireless power transfer via strongly coupled magnetic resonances[J]. Science,2007,317(5834):83-86.

[26] GARNICA J,CASANOVA J,JENSHAN L. High efficiency midrange wireless power transfer system[C]. Kyoto:Proceedings of the Microwave Workshop Series on Innovative Wireless Power Transmission: Technologies,Systems,and Applications (IMWS),2011: 73-76.

[27] LASKOVSKI A N,YUCE M R. Class-E self-oscillation for the transmission of wireless power to implants[J]. Sensors and Actuators A: Physical,2011,171(2): 391-397.

[28] LOW Z N,CHINGA R A,TSENG R,et al. Design and test of a high-power high-efficiency loosely coupled planar wireless power transfer system[J]. IEEE Transactions on Industrial Electronics,2009,56(5): 1801-1812.

[29] SU Yugang,TANG Chunsen,WU Shuping,et al. Research of Lcl resonant inverter in wireless power transfer system[C]. Chongqing:Proceedings of the International Conference on Power System Technology,2006: 1-6.

第3章　串联储能电源组的均衡技术

超级电容器或动力电池作为能量源时，为满足储能容量和电压等级的需要，通常串联几十个甚至上百个超级电容器或动力电池构成串联储能电源组。由于储能电源单体的参数不一致，串联储能电源组进行充放电时，容易造成储能电源单体的过充或过放。作为有限能源，单体过充和过放现象是导致储能电源有效容量和安全性能降低、循环寿命减少的重要原因。因此，各类基于开关能量变换的有源型均衡技术成为了国内外的研究热点。本章在分析现有基于开关变换技术的均衡系统工作原理和适用范围的基础上，针对动力型电池组和超级电容组，以降低均衡损耗、提高均衡速度、简化均衡系统结构为研究目标，介绍有源型均衡电路、均衡系统结构及失衡控制策略的相关研究。

3.1　储能均衡的目的与技术分类

由于储能电源单体在制造过程中难以保证所用材质、工艺绝对一致，因而导致其电容量、等效串联内阻、漏电流等参数存在差异。参数的分散性使得串联储能电源组在充放电过程中产生不一致性，具体表现是其电源单体或者组件工作电压失衡。在充电和放电两种情况下，串联储能电源组有效容量取决于最弱单体的容量，从而使得整个储能电源组容量降低。此外，充放电时容易导致单体的过充或过放，加剧了储能电源单体的参数不一致性，导致其安全性能降低，循环寿命减少。因此，储能单体间的能量均衡成为串联储能电源实际应用的关键技术之一。

有关串联储能电源组均衡技术的研究和应用已有近百年的历史。关于均衡技术的分类方法很多，从整体上来分，可分为无源均衡技术和有源均衡技术两大类。无源均衡技术是指在均衡回路中完全采用无源器件，能量传递通过无源器件转移或者消耗达到储能电源组单体间的能量均衡技术；有源均衡技术是指均衡电路中存在有源器件，能量通过有源器件构成的回路实现能量转移和均一化的均衡技术。从结构类型上来分，可分为集中式均衡技术和分布式均衡技术。集中式均衡技术是指多个串联电源组件采用一个均衡器或者说均衡能量同一来源，如图 3.1(a) 所示；分布式均衡技术就是串联电源组件采用多个均衡器进行均衡的技术，如图 3.1(b) 所示。从均衡过程能量损耗角度来分，又可分为无损均衡和有损均衡。按照均衡过程中能量传递来分，还可分为能量单向传递式均衡技术和能量双向传递式均衡技术。

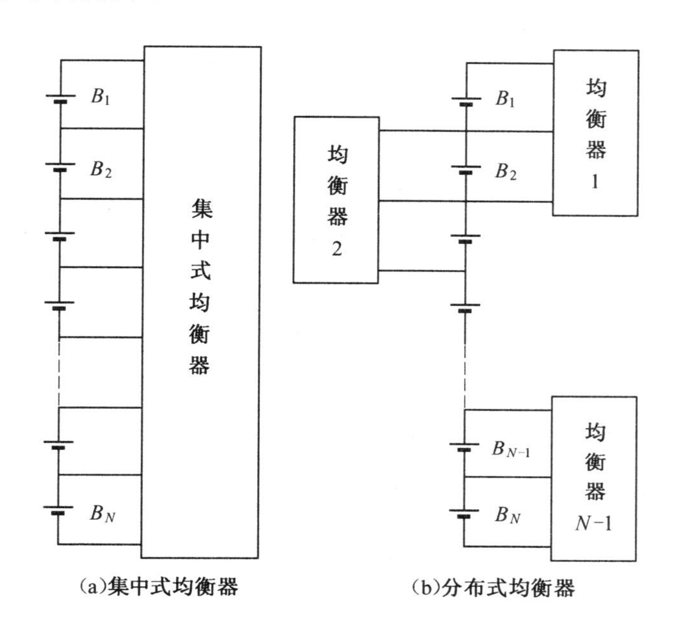

图 3.1　均衡技术分类方法之一

目前的小容量储能电源组中均衡技术取得了长足进展。对于动力型储能电源组，这些均衡技术在功率等级、均衡速度方面尚有不足，尤其对于串联储能单体数量多的场合，均衡过程的能量损耗大。针对大功率储能电源组均衡技术的要求是：均衡速度快、均衡效率高、扩展性好、成本低、均衡控制策略简单可靠等[6]。为使均衡组件能够最大限度地保护储能电源组件，研究均衡技术本身及其对储能电源组的影响有必要且有意义，这不仅有利于未来高功率密度动力电池和牵引型超级电容器的推广应用，也有利于小容量储能电源现有均衡技术的改进，在电能存储技术相关领域具有广阔的应用前景。

随着电力电子技术的发展，除了投切网络复杂但效率很高的飞渡电容和开关电容网络均衡以外，在储能单体两端并联电阻或者稳压管，以消耗过充单体中多余能量的无源型均衡技术已被淘汰。各类基于开关能量变换拓扑的有源型均衡技术成为了国内外的研究热点，旨在解决较大能量流吐纳过程中，降低均衡损耗、提高均衡速度、简化均衡系统结构及均衡的实时性、安全性和低成本等问题。

3.2 串联储能电源组的无源均衡技术

无源式均衡技术出现较早,较为典型的有阵列式均衡充电方案、ICE 均衡电路、高速开关电容网络和飞渡电容式均衡技术等。阵列式均衡充电方案[7] 通过开关的投切换向,实现储能电源组件在并联连接条件下的充电,充电终了每个储能电源组件包两端的电压相同,如图 3.2(a) 所示。这种电路在充电时将储能电源组串联形式改为并联形式,从而实现均衡。该方法简单,无需增加其他任何元件和均衡单元,而把研究重心完全转移到了切换策略上。但是该电路中使用的开关数量多,由此形成的开关矩阵导线多、布线困难,此外储能电源组在大电流工作状况下,采用开关投切的方法来改变电路拓扑严重降低了开关触点的寿命。

另一种简单的均衡方法是利用在单个储能电源组件两端增加阻性元件来实现多余能量的分流,也称为 ICE(Individual Cell Equalizer),如图 3.2(b) 所示。当某个电源组件 B_i 到达预定电压值时,相应的开关 S_i 就会开通,多余能量就会通过旁路电阻消耗掉。这种均衡方案非常成熟,并且在小容量电池组的均衡场合应用广泛。电阻阻值的合理选择是这种方案的关键,它既要保证均衡效果,又要尽量减少不必要的能量消耗[7]。由于采用耗能式的均衡方法,尤其在储能组件放电过程中出现不均衡时,能量损耗尤为严重,因此作为动力型储能电源组均衡方法这种方法并不实用。

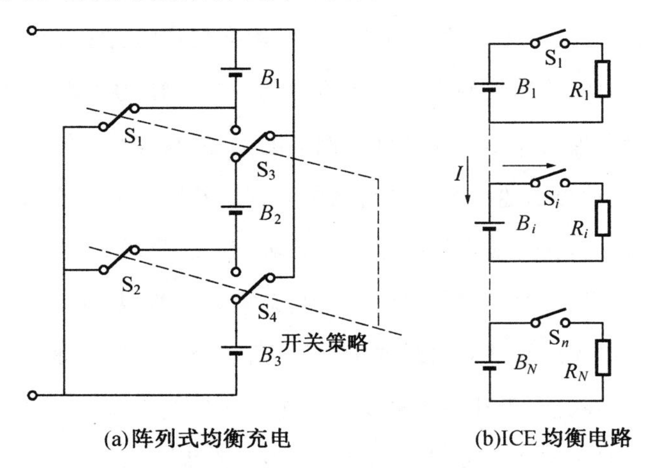

图 3.2 早期无源均衡技术

3.2.1　高速开关电容网络均衡技术

高速开关电容网络均衡技术利用一组电容器在串联储能电源组相邻储能单体之间传递能量[8]，该方案中开关根据驱动信号同时动作，轮换接通开关上下两个触点，将电荷由能量较高的单体传递到能量较低的单体，从而实现均衡，如图 3.3 所示。所需的单刀双掷开关功能可由一个半导体开关装置来完成，这种电路的开关频率很高，能达到几百 kHz。高速开关电容网络均衡技术采用均衡能量通过电容快速交换的方法，所需平衡电容容量要求较小，效率高，能够实现动、静态均衡；适应性强，无需任何改变或校验即可用于各种类型储能电源组件的均衡；扩展性好，可扩展至任意长的串联储能电源组；控制简单，无需传感器或闭环控制就能实现单体能量精确平衡，均衡过程能够自行结束。该方案的缺点是，当储能单体之间能量差异较小时，均衡所需时间较长。对于快速充放电的超级电容组均衡来说，高速开关电容技术仍难以解决与被均衡电容充放电速度相匹配的动态均衡问题[9,10]。

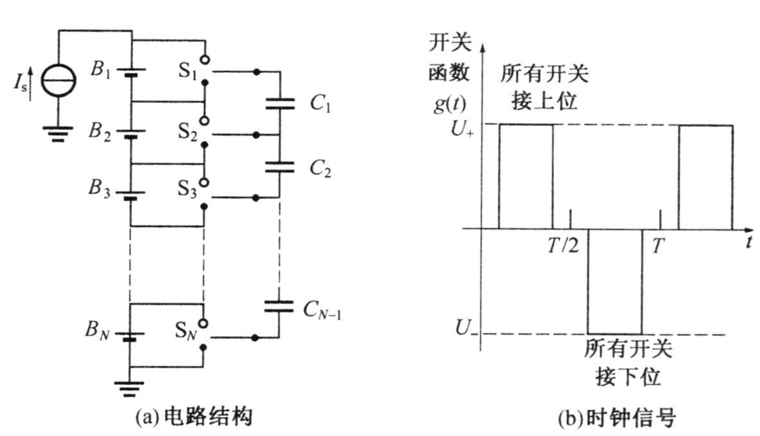

图 3.3　开关电容网络均衡结构

3.2.2　飞渡电容式均衡技术

飞渡电容式均衡结构基本可以划分为集中式和分散式两种形式，如图 3.4 所示。集中式飞渡电容均衡结构通过均衡电容器在电压最高和最低的储能单体之间的并联切换，完成电荷由电压最高的单体到电压最低单体之间的转移，从而实现整个储能电源组的均衡，如图 3.4(a) 所示。这种结构的优点是使用单只电容器循环均衡，可以直接对最高和最低储能单体进行均衡。缺点是需要大量的开关元件，开关上瞬间开启电流很大，易出现电弧或电磁干扰，开关触点压降直接影响均衡效果。分散式飞渡电容均衡结构采用 $N-1$

只飞渡电容，通过开关转换将相邻单体间的能量进行转移，如图3.4(b)所示。这种结构的优点是电容、控制电路及其所均衡的两相邻单体易于集成于一个组件包内，均衡单元可以按照单体数量任意扩展，缺点是均衡属于能量依次传递方式，均衡时间可能较长[8]。

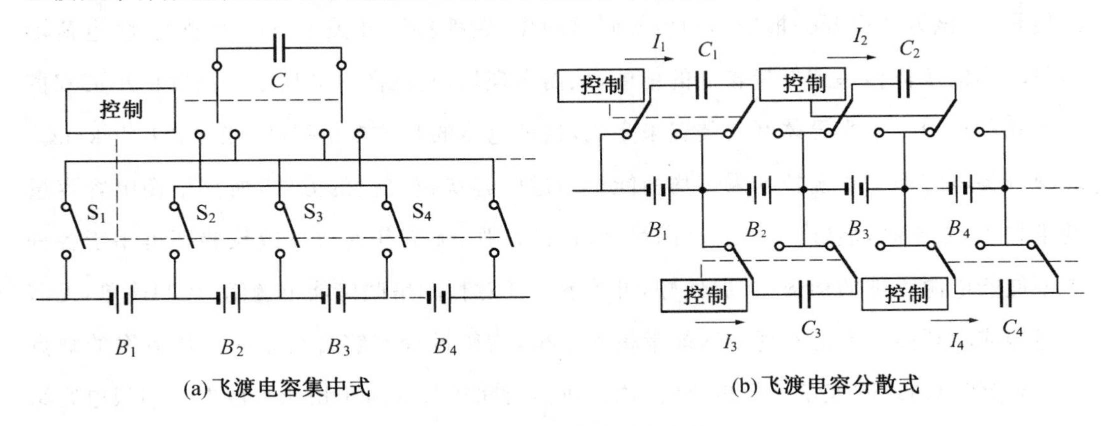

图 3.4 飞渡电容式均衡结构

飞渡电容式均衡技术应尽量选用内阻小的均衡电容器，这样可以提高均衡的初始速度，对于均衡电容器容量的选择，不能太小，也不宜过大。因为容量越大，被均衡单体电容组电压变化速度的衰减速度越来越慢，由于均衡电容器不仅对比它低的单体电容器充电，当均衡电容器电压低于一定值时还要与比它电压高的单体电容组并联来补充自身的电量，因此希望它的电压增长速度越快越好，并且均衡电容器在超级电容充电后也能达到与单体电容组相接近的电压，均衡电容器的容量应小于单体电容组中电容的容量，一般选择均衡电容器的容量为单体电容组中电容容量的3/4左右。

3.3 串联储能电源组的有源均衡技术

得益于电力电子技术的发展，大多数有源均衡技术依据开关电源的原理设计。基本电路包括非隔离式的Buck、Boost、Buck－Boost、Cuk、Sepic、Zeta，隔离式的Forward、Flyback、Push Pull、Half Bridge、Full Bridge、Iso-Cuk等，都可以被用作均衡主电路。有源均衡技术属于储能式能量均衡电路，无能量损失，无需额外的开关网络和复杂的检测控制电路。目前，国内外已有多种基于电力电子变换拓扑的有源型均衡技术，按能量流向和传递过程可分为两类：一类拓扑可实现储能单体与电源之间能量的双向传递，即储能系统局部与整体能量的交换，主要有多输出绕组变压器集中式均衡技术、Buck－Boost变换器集中式均衡技术、Buck－Boost变换器衍生结构均衡技术；另一类拓扑可实现相邻两个储能单体之间的双向能量传递，主要有双向隔离式 DC/DC 变换器分布式均衡技术、双向非隔离式 DC/DC 变换器分布式均衡技术，如 Buck－Boost 变换器分布式均衡结构。

3.3.1　多输出绕组变压器集中式均衡技术

多输出绕组变压器集中式均衡技术通过整个储能电源组与均衡目标单体间的能量交换实现均衡，能量可以单向也可以双向传递。

多输出绕组变压器集中式均衡技术是基于均衡能量平衡的原理来实现其功能的。在储能电源充放电效率相同的条件下，对于充放电电流相等的储能单体，释放的能量等于补充的能量，单体内部存储能量将维持动态平衡；若放电电流小于充电电流，则储能单体释放的能量将小于充进的能量，其内部存储的能量将会不断增加，反之亦然。在均衡电路存储能量过程中，由于所有储能电源单体的放电电流相同，因此端电压高的单体放出的能量多，即该储能电源单体释放的能量在整个均衡能量中所占的比重大，在均衡电路释放能量过程中，整组储能电源单体通过独立的具有相同输出电压的充电电路补充能量，剩余能量低的储能电源单体由于其端电压低，因而其充电电流大，补充进的能量也越多，即该储能电源单体获得的均衡能量在整个均衡能量里的比例就越高，从而整个串联储能组得到均衡。这种结构各储能电源单体的充电电流大体与其荷电状态成反比，放电电流与其荷电状态成正比，因此无需闭环控制即可实现均衡。

图 3.5(a) 所示是由一反激变换器构成的集中式均衡电路。中间采用一个集中式的多绕组变压器，变压器的一次绕组连接到储能电源组总线上，每一个二次绕组都与一个储能电源单体并联，二次绕组与储能电源单体数量相同，储能电源单体电压的均衡通过储能电源总线和电源单体间的能量传递实现。图 3.5(b) 为多管反激变换器集中式均衡电路。采用正激变换电路也可以实现多输出绕组集中式均衡结构，图 3.5(c) 为采用双管正激能量变换器构成的均衡电路。为减少变压器二次绕组的数量，又发展了半桥变换器结构均衡电路(也可看作正激变换器)，如图 3.5(d) 所示。

实际上，只有当检测有储能单体失衡时，变换器才开启工作。开关管导通期间，能量通过变压器原边绕组得到储存，开关管关断期间，存储在变压器中的能量就会转移到失衡的储能单体中[12]。

为了实现能量的双向流动，Kuhn[13]等人对上述结构进行了改进，如图 3.6 所示，变压器副边采用双向开关，既可实现防过充又可实现防过放功能，由于开关管的数量大幅度增加，电路的复杂程度也大大增加。

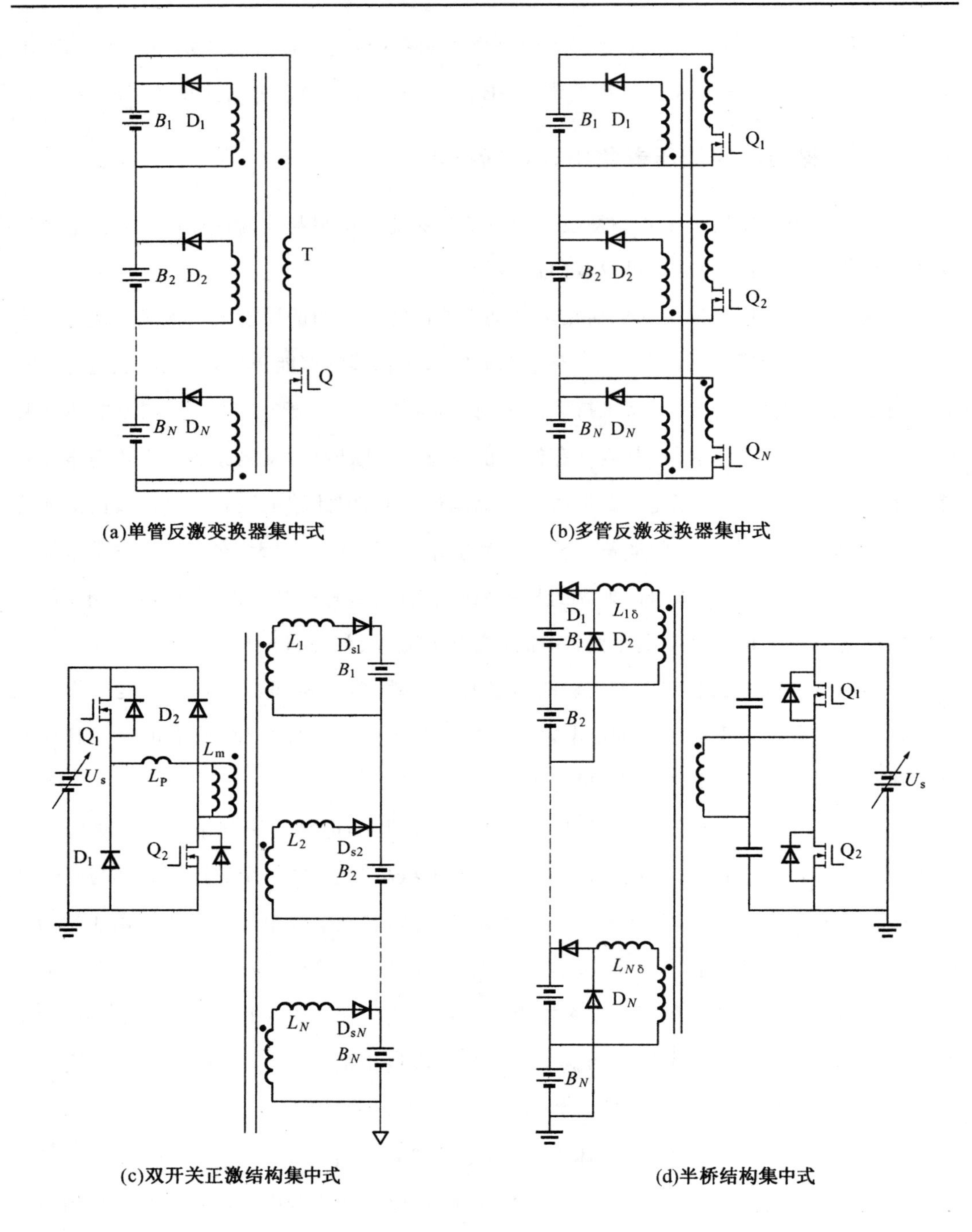

图 3.5 多输出绕组变压器集中式均衡结构

采用同轴多绕组变压器(CWT)可以有效改善绕组间的参数不一致性,同轴多绕组变压器漏感低,所有绕组都缠绕在同一公共铁芯上,因此所有绕组的磁通量相同,电压也相同。理论上,同轴多绕组变压器均衡技术能够使储能电源组单体间电压得到完全均

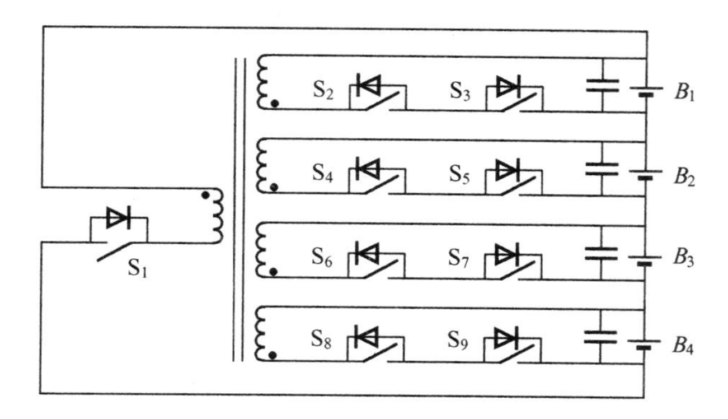

图 3.6　双向多输出绕组变压器集中式均衡结构

衡[13]，但从现有的制造工艺水平来看，变压器的寄生参数，特别是漏感，会导致各储能单体间电压难以真正保持一致[14,15]，因此同轴多绕组变压器均衡技术对单体数量较多的串联储能电源组进行均衡的难度较大。同轴多绕组变压器示意图如图 3.7 所示。

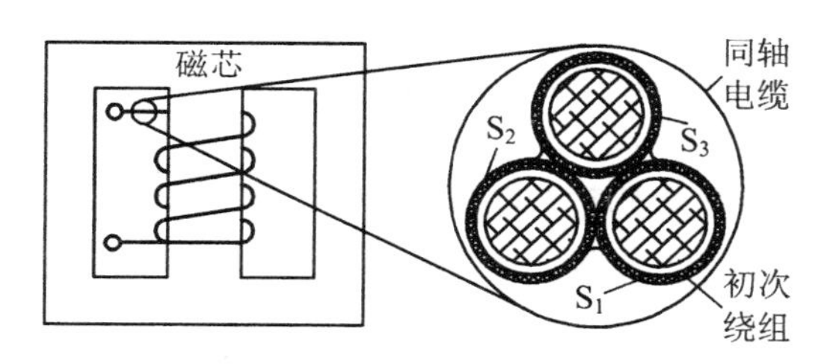

图 3.7　同轴变压器结构示意图

3.3.2　多输出绕组变压器分布式均衡技术

为提高均衡速度，实现串联电池组的双向均衡，Ki－Bum Park[17] 等提出了能够实现电池单体间直接均衡的基于多绕组变压器的充电型均衡结构，如图 3.8 所示。每节电池

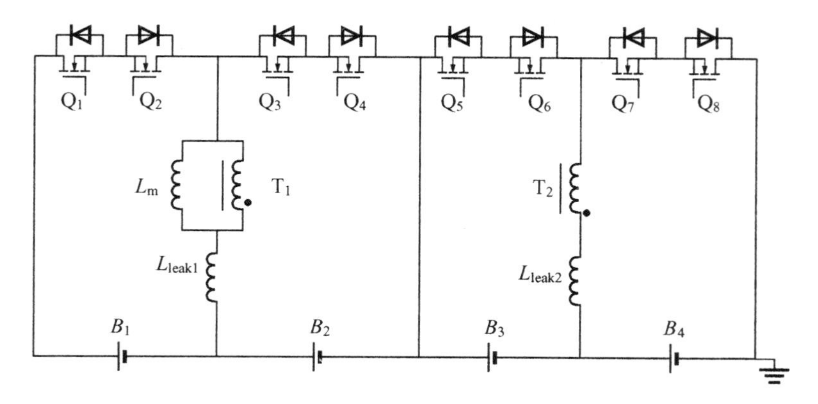

图 3.8　多输出绕组变压器分布式均衡技术

都与一个双向开关相连，左面的开关提供充电回路，右面的开关提供放电回路。该均衡方案通过动作相应的开关管在Buck－Boost或反激变换器模态下运行以实现单体对单体的均衡。如果过充的单体电池编号为奇数，待均衡的单体电池编号为偶数，则过充的单体动作其右面的开关管，通过变压器原副边耦合将能量传送到待均衡的单体中，整个过程只需一步，反之亦然；如果过充的单体电池与待均衡的单体电池位置相邻，则均衡能量通过Buck－Boost电路传递给待均衡单体；如果过充电池单体与待均衡电池单体编号均为奇数或均为偶数，则均衡过程要先通过反激变换器将能量耦合过去，再通过Buck－Boost电路将能量传递到待均衡单体中，完成该均衡过程要经过两步。在该结构里，相邻的两个单体电池共用一个电流回路或共用一个变压器绕组，因此与单体电池的数量相比，变压器绕组数量减半，电路体积大大减小，相比其他均衡电路，该均衡方案的均衡过程可以在两步以内完成，均衡速度得以提高。

3.3.3 隔离式DC/DC变换器分布式均衡技术

隔离式DC/DC变换器分布式均衡结构如图3.9所示。DC/DC变换电路采用隔离式变换器结构，最常见的为反激式结构。单元电路可以是单向的，也可以是双向的。该方案设计的均衡电路功率设计范围宽，采用高频工作可以使设备体积小型化，分布式设计方便布局，适用于空间狭小的场合[18,19]。

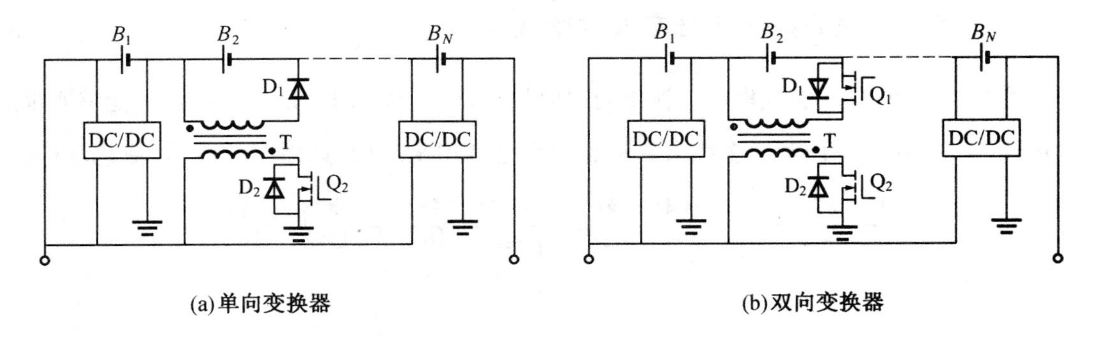

图3.9 隔离式DC/DC变换器的分布式均衡结构

原则上各种开关变换电路经改进都可以实现双向能量流动。从成本、体积、质量、长期工作的可靠性等因素综合考虑，双向变换器比单向变换器更具优势，是发展方向。

双向反激DC/DC变换器结构均衡方案原理如图3.9(b)所示。每个储能电源单体或组件跨接一个双向反激DC/DC变换器。当某一储能单体或组件电压高于平均水平时，其两端连接的反激电路就开启工作，整个储能电源组将充电，该储能单体多余的能量就会送到串联储能电源组内；当某一储能单体或组件电压低于平均水平时，对应充电电路工作，整个储能电源组将放电，放出的能量转移到电压低的储能单体上，从而保证整个储能电源组单体处于电压平衡状态。双向反激 DC/DC 变换器均衡结构中，每一个储能电源单体到储能电源组之间存在能量双向流动路径，均衡速度有了一定提升，并且该结构控制电路简单，只需检测每一储能电源单体端电压，判断有无失衡，就可决定是否给相应的功率开关管发出驱动信号，并能保证能量传递方向[20]。

双向反激变换器分布式结构均衡方案实现了一定的均衡效果，但由于电路中变压器数量较多，构建的均衡系统结构复杂、体积大。

3.3.4　双向隔离式 DC/DC 变换器集中式均衡技术

多单体双向隔离均衡拓扑结构如图 3.10 所示，该结构既可实现将电压过高的单体电池的能量反馈到整个电池组，也可实现整个电池组的能量反馈到某个或某两个过放的单体上。该拓扑结构由两个单向开关与 $2N-1$ 个双向开关组成，双向开关结构如图 3.11 所示，该双向开关具有无触点、允许高频条件下工作、使用寿命长、开关导通损耗小等优点，有利于提高系统的均衡效率。相比于传统的均衡电路，该均衡拓扑均衡速度快、成本低、结构简单、易于控制，同时电路中磁性元器件少，因而电路体积相对较小。

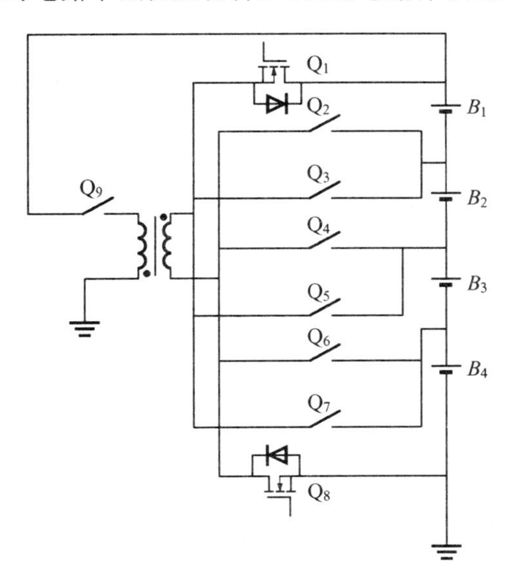

图 3.10　双向隔离式 DC/DC 集中式均衡结构

该拓扑结构中反激变压器工作在电流断续模式下，大致可分为防过充与放过放两种工作模式，每种工作模式又分为三种工作模态。

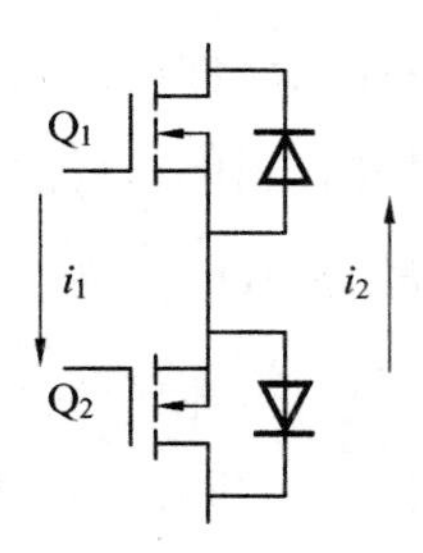

图 3.11 双向开关结构图

(1) 防过充工作模式。以 B_1 电压最高为例进行分析(图 3.12)。

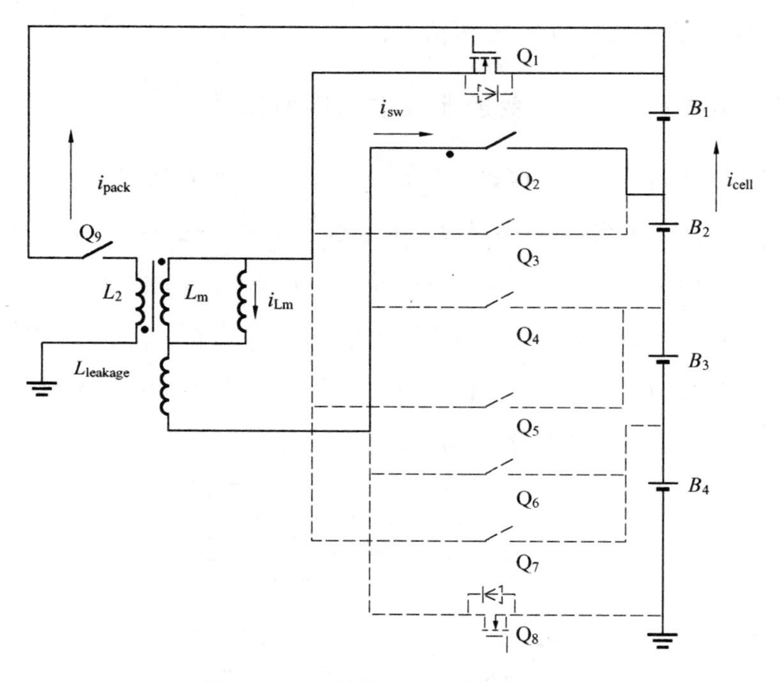

图 3.12 B_1 单体电压过高时工作原理

模态 1 $[t_0 \sim t_1]$:在 t_0 时刻,Q_1、Q_2 导通,将 B_1 中多余的能量抽走储存在变压器励磁电感 L_m 中,其中

$$i_{Lm} = i_{L_{leakage}} = \frac{v_{B_1} - 2v_{S_{on}}}{L_m + L_{leakage}}(t - t_0)$$

当电流 i_{Lm} 的值增加到峰值 i_{pk} 时,模态一结束,t_1 时刻电流为

$$i_{pk} = I_m = I_{L_{leakage}}\bigg|_{t=t_1} = \frac{U_1}{L_m(k+1)} \times T_{on}$$

模态 2 $[t_1 \sim t_2]$:t_1 时刻,关断 Q_1、Q_2,Q_9 导通,原边绕组 L_1 中的励磁能量通过副边绕组 L_2 沿回路 L_2—Q_9—B_1—B_2—B_3—B_4 转移到整个电池组。

模态 3　$[t_2 \sim t_3]$：t_2 时刻 i_{pack} 下降到零，其他电流 i_{cell}、i_{sw}、i_{Lm} 也均为零，直至 t_3 时刻，再次驱动 Q_1、Q_2 时，模态 3 结束。其工作原理图如图 3.12 所示，整个工作过程各电流的工作波形图如图 3.13 所示。

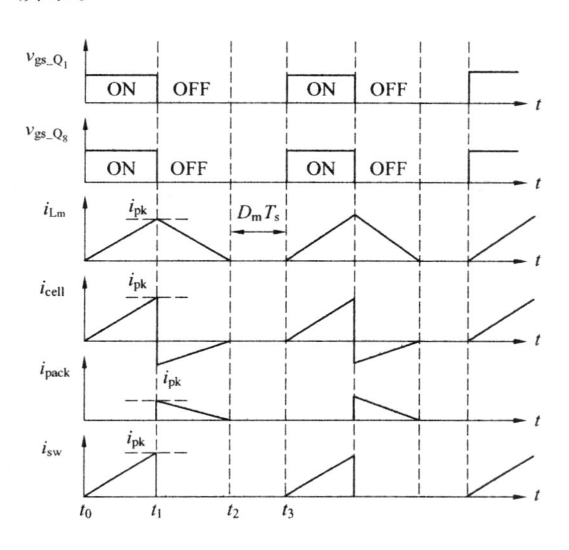

图 3.13　电路主要参数波形图

(2) 防过放工作模式。以 B_1 电压最低为例进行分析。

模态 1　$[t_0 \sim t_1]$：在 t_0 时刻，Q_9 导通，如图 3.14(a) 所示。将整个电池组的能量储存在变压器的励磁电感 L_m 中，其中

$$i_{\text{Lm}} = i_{L_{\text{leakage}}} = \frac{v_{B_1} + v_{B_2} + v_{B_3} + v_{B_4} - v_{S_{\text{on}}}}{L_m + L_{\text{leakage}}}(t - t_0)$$

当励磁电感的电流 i_{Lm} 的值增加到峰值 i_{pk} 时，模态一结束，则 t_1 时刻电流为

$$i_{\text{pk}} = I_m = I_{L_{\text{leakage}}}\bigg|_{t=t_1} = \frac{U_1 + U_2 + U_3 + U_4}{L_m(k+1)} \times T_{\text{on}}$$

模态 2　$[t_1 \sim t_2]$：t_1 时刻，Q_9 关断，Q_1、Q_2 导通，原边绕组 L_1 的励磁能量通过副边绕组 L_2 沿回路 L_2—Q_1—B_1—Q_2 转移到整个 B_1 中，如图 3.14(b) 所示。

模态 3　$[t_2 \sim t_3]$：t_2 时刻，i_{pack} 下降到零，其他电流 i_{cell}、i_{sw}、i_{Lm} 也均为零，直至 t_3 时刻，再次驱动 Q_9 时模态 3 结束。

相比上述防过充模式，该工作模式下整个电池组向某个或某几个过放的电池充电，实现了整体到点的均衡，均衡速度更快、效率更高，在实际应用中，该模式更具实用价值与发展潜力。

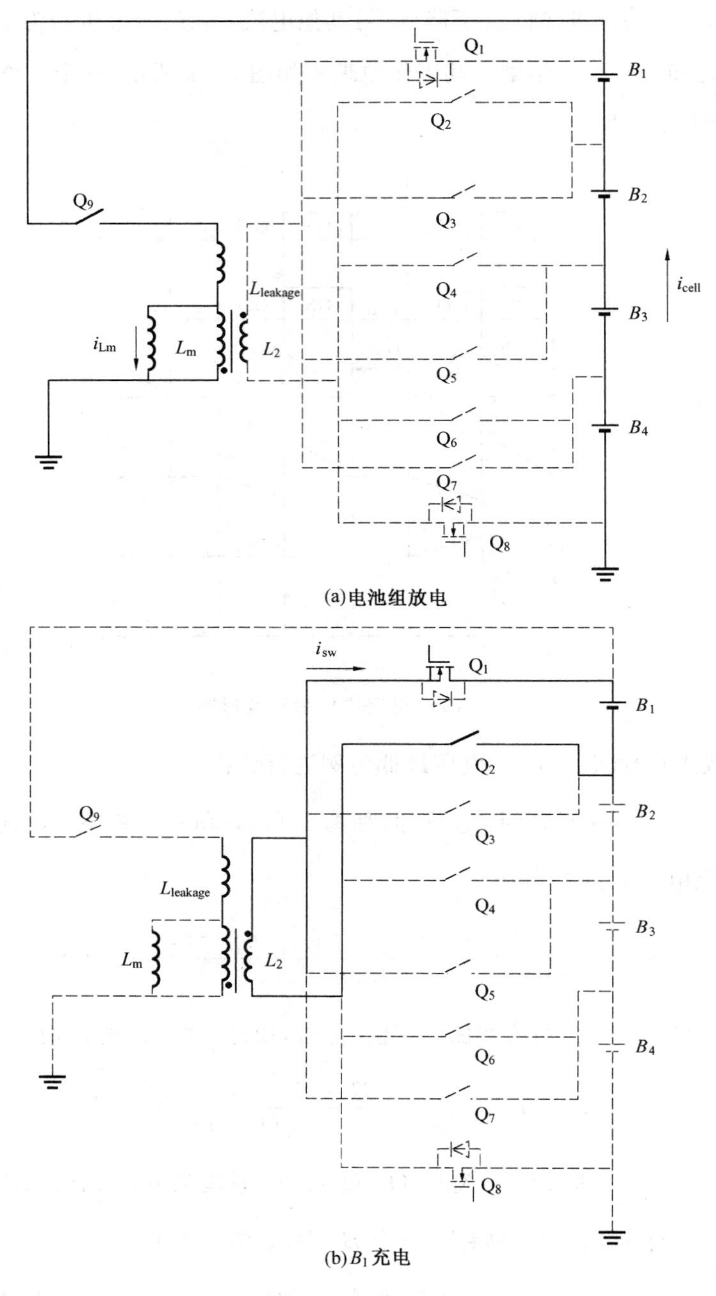

(a)电池组放电

(b)B_1充电

图 3.14　B_1 过放

3.3.5　Buck－Boost 变换器集中式均衡技术

Kutu[21] 在分析了利用同轴变压器做集中均衡后，又提出了一种新的均衡方式，它采用电流转移方式完成能量的均衡，如图 3.15 所示。每个均衡模块都由开关管、电感和二极管构成一个 Buck－Boost 拓扑结构，如果一个电源单体过充电，其对应的 MOSFET 开关闭合，能量就储存在相应的分流电感中。当开关关断时，储存的能量就会转移至其下的电源单体中去，依此类推。当电路中有 N 个需要均衡的单体时，最后一个单体将采用反激变换器以实现最后一个单体的能量有传递路径。变压器 T_N 在 Q_N 开通时存储能量，在 Q_N 关断时将存储的能量反馈到电源总线上。

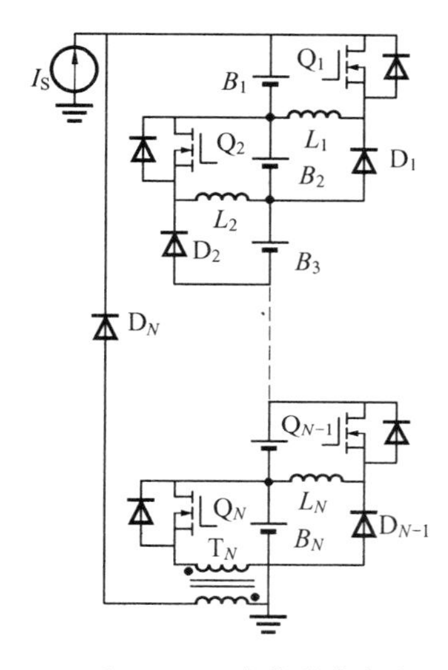

图 3.15　Buck－Boost 变换器集中式均衡结构

C. S. Moo，Y. C. Hsieh 等人[22-24] 设计的一种升降压变换器集中式均衡结构利用一只电容器 C_r 作为虚拟电池进行临时能量存储，并且利用单独的一套 Buck－Boost 将 C_r 中的能量返还回电压总线，如图 3.16 所示。每一个蓄电池都跨接一个旁路均衡充电子电路，这些子电路自上而下逐个连接起来。当检测到储能电源组中出现不均衡的情况时，与之相连的主电路就被激活。一旦被激活，子电路就会从电池转移一部分能量到电感中，然后将其转移到下游的储能电源单体和 C_r 中去。当 C_r 上的电压高于某个预设的特定等级时，储存的能量就会传送到主充电器的公共直流总线上去，由此可以重新分配充电电流，将其分配到储能电源组中能量水平低的电源模块中，而避开完成充电的储能电源模块。均衡充电子电路由脉宽调制器(PWM) 控制，所有储能电源组及电容 C_r 电压由后面的多路传感器进行监控并且由 A/D 转换器转换成数字信号。每一个储能电源单体电压与所有单体的平均电压进行比较，如果某一个储能电源单体电压高于平均电压，控制器将输出门信号驱动相关的均衡子充电电路[24]。

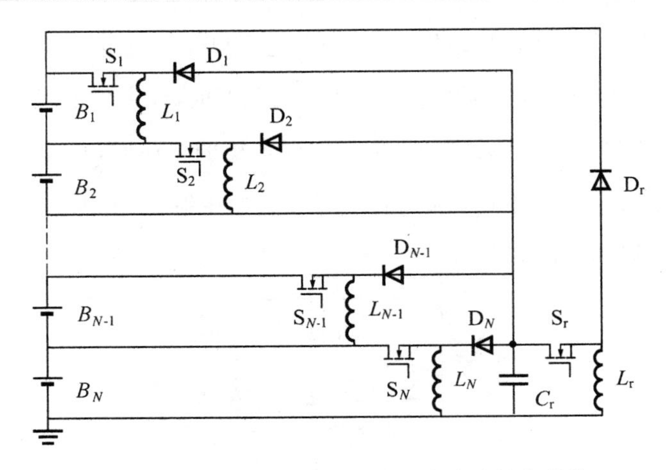

图 3.16 带 C_r 的升降压变换器集中式均衡结构

3.3.6 非隔离式 DC/DC 变换器分布式均衡技术

非隔离式 DC/DC 变换器的分布式均衡技术如图 3.17 所示，需用的能量变换电路采用非隔离式，单元电路可以是单向的，也可以是双向的，最常见的为 Buck－Boost 结构和 Cuk 变换器结构。

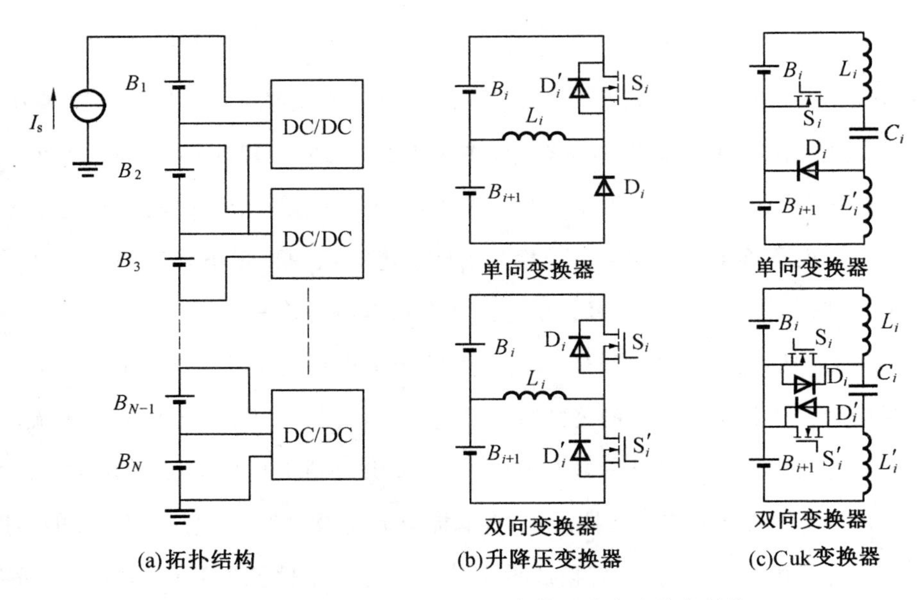

图 3.17 非隔离式 DC/DC 变换器分布式均衡结构

为了使串联电源单体，包括最后一个电源单体的多余能量有更为柔性的转移路径，双向 Buck－Boost 变换器均衡结构对 Buck－Boost 集中式均衡结构进行改进，如图 3.18 所示。与前面提到的拓扑不同，它省略最后的反激式变压器。这种拓扑电流转移路径是双向的，能量不仅可以自上至下依次传递实现均衡，而且可以自上而下或者自下而上地在相邻的两个储能电源单体之间传递。

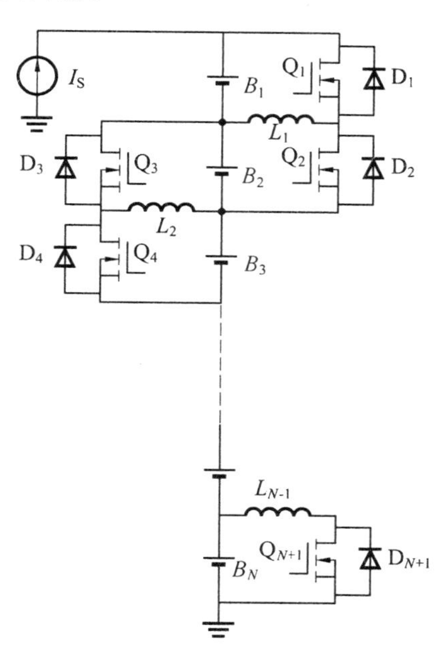

图 3.18　双向 Buck－Boost 变换器均衡结构

电流转移模块将多余的充电能量从一个已经完全充电的储能电源单元转移到储能电源组序列里的相邻储能电源单元，具体能量转向依据分流电感的流向而定，因此可以实现串联的储能电源组在充电和放电情况下的均衡[25]。

3.3.7　升降压电路衍生结构集中式均衡技术

升降压电路的衍生均衡结构与 Buck－Boost 的集中式拓扑结构类似如图 3.19 所示。图 3.19(a) 中电路同样利用 Buck－Boost 变换电路实现均衡，通过将储能最高单体的能量转移到其余储能电源组，能量实现自上而下依次传递[26]。与前面图 3.16 所示的电路不同之处在于，该电路取消了临时充电电容 C_r，进一步简化了电路，但均衡过程是由能量最高单体向其下游多个串联储能电源的转移实现，均衡速度相对较低。

另一种基于升降压电路的衍生均衡电路结构[27]如图 3.19(b) 所示。与图 3.18 相比，其不同在于二极管 D_i 和开关 S_i 对应互换。该电路通过设计均衡电路以多个储能电源单元作为输入，而电压最低的单元作为负载，获得满足均衡系统设计要求的均衡电流，均衡速度较上一种结构有大幅提高。

该电路工作过程如图 3.20 所示。对于电压最低的单元 B_i，闭合开关 S_i 后，电感 L_i 电

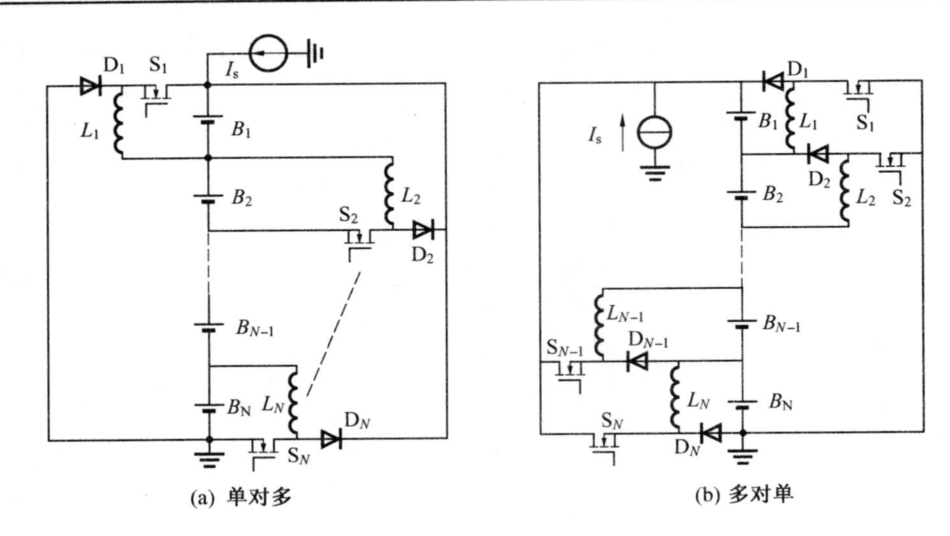

(a) 单对多　　(b) 多对单

图 3.19　基于升降压电路的衍生均衡结构

流上升，开关断开后二极管 D_i 续流导通，能量转移到 B_i 中。该电路输入电压远远高于输出电压，为了电感磁芯的可靠复位，控制中需采用低频开关工作方式，使开关工作于较小占空比，同时又具有一定的导通时间以获得足够的峰值电流满足动态设计要求[28]。

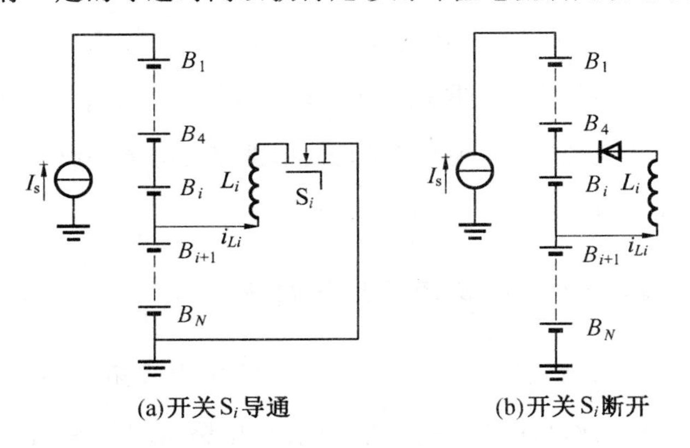

(a)开关 S_i 导通　　(b)开关 S_i 断开

图 3.20　单元 B_i 电压最低时均衡等效电路

Fabien Mestrallet[29] 等提出的均衡拓扑结构将上述两种拓扑结构的功能融合在一起，既可实现单对多又可实现多对单，其拓扑结构如图 3.21 所示。对于 N 节单体串联的电池组，该均衡拓扑结构由 $N-1$ 个并联的变换器支路组成。每一个变换器支路工作在电感电流连续的 Buck－Boost 工作模式下，其输入电压可以为一节电池电压，也可以为多节串联电池电压。由于电路结构采用交错并联的形式，无源器件的体积得以减小。

上述衍生结构都是采用电容或是电感作为储能元件，其容量有限，并且能量分为多次转移，开关频繁切换，这势必造成能量损耗与均衡效率。为了解决这些问题，中国农业大

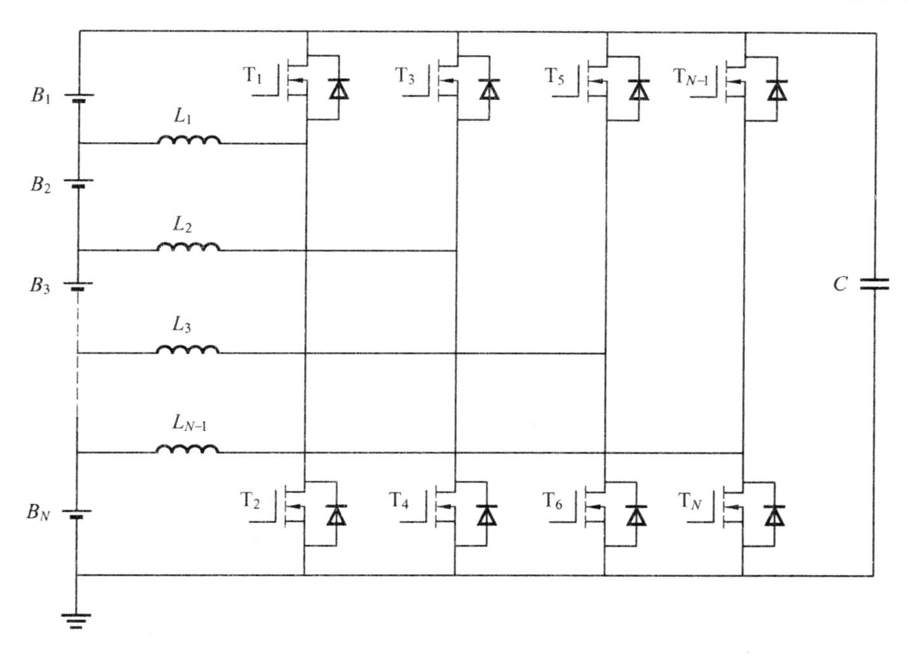

图 3.21　基于升降压电路的衍生均衡结构

学提出了一种新型的基于 Buck－Boost 与开关网络组合的均衡拓扑结构，如图 3.22 所示。该拓扑结构的优势在于采用一套功率回路，并且以蓄电池作为能量转移的载体，可以在充放电的过程中一次性地将处于不均衡状态的电池中的能量转移，这有利于减少能量损失，提高均衡效率[30]。

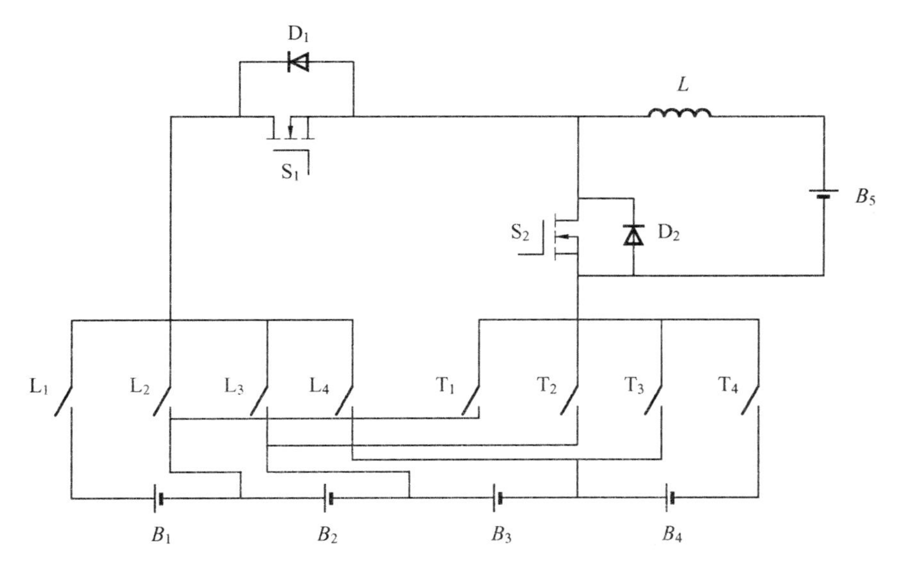

图 3.22　基于升降压电路的衍生均衡结构

该均衡电路能量传递是双向的，可以实现串联储能电池组在充电和放电情况下的均衡。但是由于该电路结构采用了继电器开关，触点较多，容易产生电弧和电磁干扰。

3.3.8 升降压电路衍生结构分布式均衡技术

为提高均衡速度，Sang－Hyun Park 提出了一种新型的可实现点对点的均衡电路，如图 3.23 所示。该均衡方案将能量从最高的电池单体转移到最低的电池单体，每节电池两端都有两个单向的传递通道，分别与电感的两端相连，除第一条支路和最后一条支路，每个单向的传递通道都由一个单向的开关管构成。该方案可有效地防止电池过充，且该结构只采用一个磁性元件，因此电路体积小、成本低。但是采用的开关管与二极管数量较多，在电路实现上增加了驱动电路的负担，不益于电池的扩展。

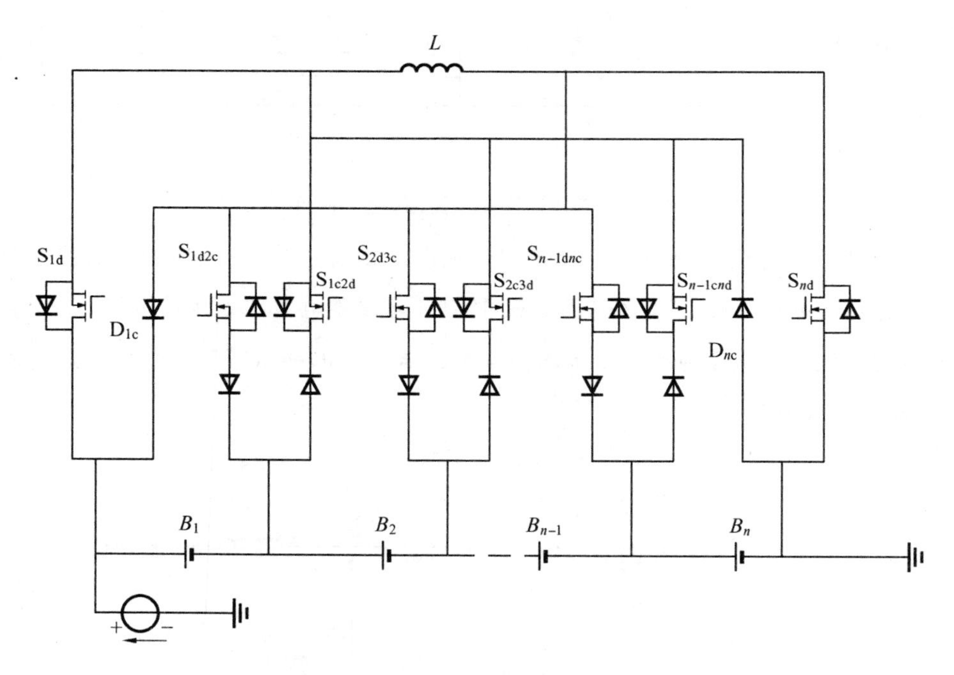

图 3.23 升降压衍生结构分布式均衡技术

3.3.9 Cuk 电路的衍生结构均衡技术

Cuk 变换器作为基本的电力电子变换电路与 Buck－Boost 变换器结构相似(输入输出极性相反，也可以用于输入电压高于、等于、低于输出电压的各种场合)，故适合用来设计均衡单元电路[31]，如图 3.24 所示。

Cuk 变换器电路采用电容作为能量传递器件，并且输入端和输出端都有电感，可以显著减小输入输出电感电流脉动，当电路中能量双向传递时，输入电感电流甚至可以在整个周期内持续，即整个周期电容器单元都在进行能量传递，如图 3.25 所示。相比于升降压电路，相同峰值电流和工作频率条件下 Cuk 电路可以传递更多能量，故可以明显降低对电感峰值电流的需求[32]，这有利于降低电感设计难度和漏感的影响，提高均衡电路效率，缺点是结构相对复杂。

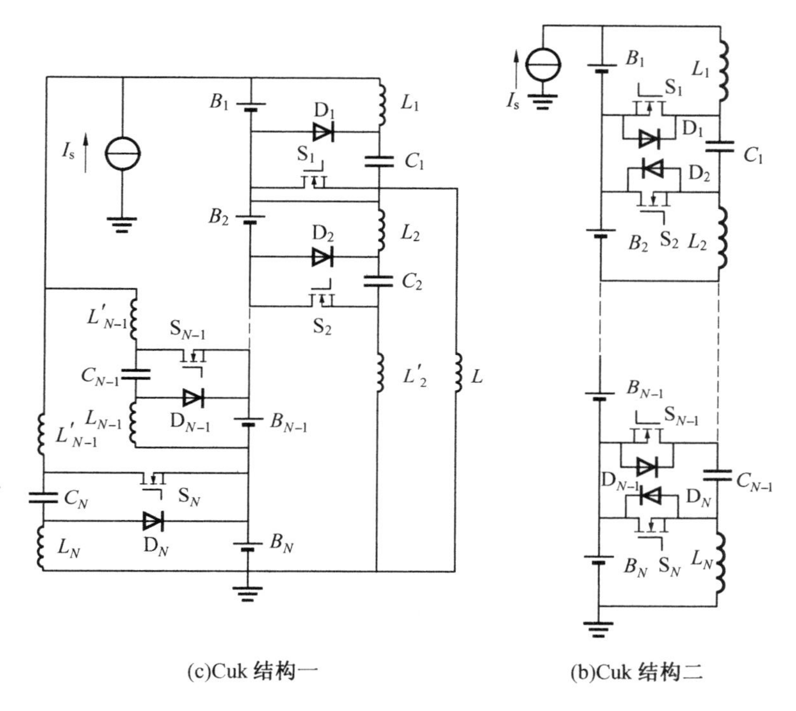

图 3.24　双向 Cuk 变换器衍生均衡结构

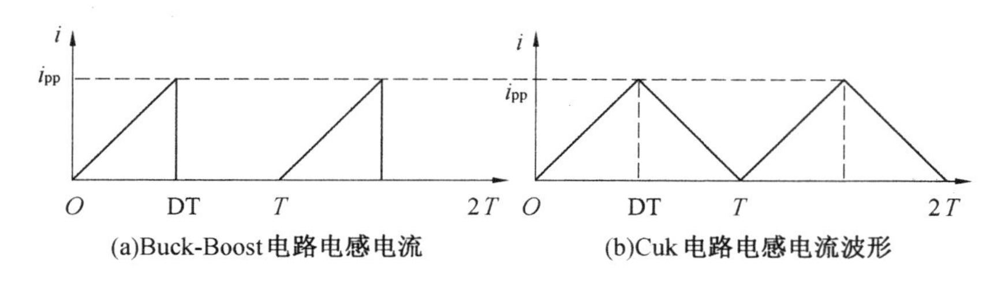

图 3.25　输入单元电流波形示意图

3.3.10　基于谐振变换器的分布式均衡技术

谐振变换器分为零电压准谐振变换器和零电流准谐振变换器。准谐振变换器均衡电路不同于其他均衡电路，它不需要复杂的控制电路来产生驱动信号，谐振电路既能完成能量的传递又可以产生驱动信号。Tae－hoon Kim[33] 等人提出了一种基于零电压零电流开关的均衡电路，如图 3.26 所示。该均衡方案是基于电感电压二次均衡和变压器耦合来实现的。通过对主开关器件增加辅助的谐振单元以实现零电流开关，从而消除开关管的关断损耗；同时通过电感的二次均衡又可以使开关管实现零电压导通。该均衡拓扑结构提高了均衡速度与均衡效率，由于软开关的存在，可使电路的工作频率得以提升，进而减小电路的体积与成本，同时该均衡拓扑也易于实现模块化，方便电池的扩展。

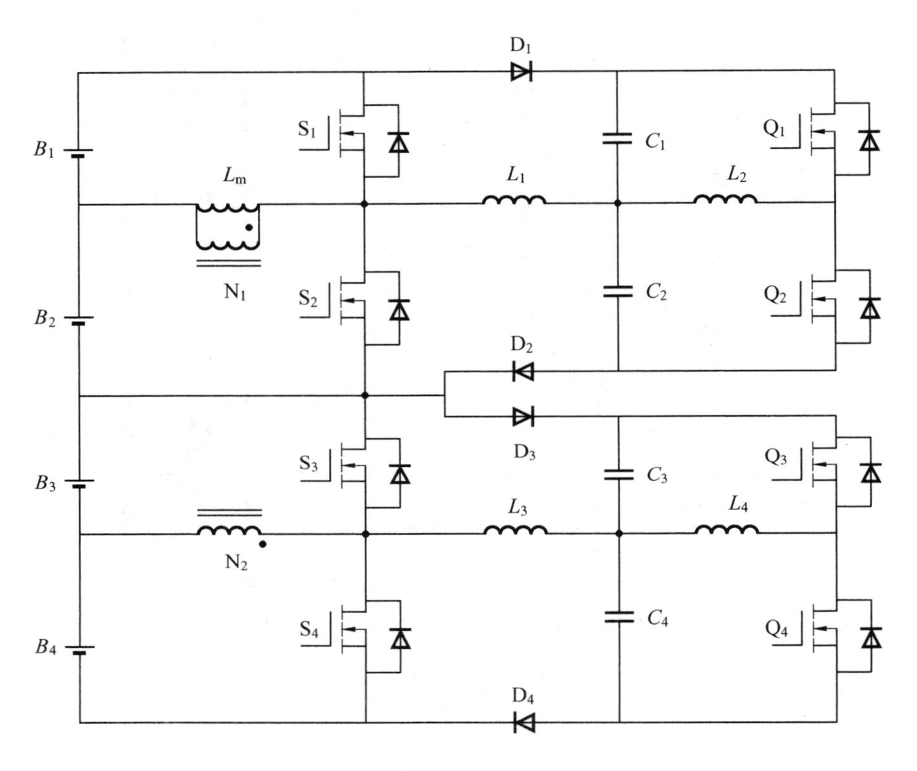

图 3.26　基于谐振变换器的分布式均衡技术

3.3.11　三单体直接交互均衡技术

在有源变换电路可合理实现的条件下，均衡电路能够直接均衡的单体数量越多越好。本书作者曾设计出一种三单体直接均衡电路[34-36]，其电路原理如图 3.27 所示。这种均衡电路能够实现相邻三个串联储能单体中的任意两个单体间直接能量双向传递，非相邻储能单体（或电源模块）无需均衡时，均衡过程可实现能量跨越式地直接变换和传递，而无须借助于中间单体进行二次均衡能量变换和传递，有利于缩短均衡过程能量传递路径并提高均衡效率。

三单体直接均衡电路采用带中心抽头的电磁元件作为能量的转移元件，由三个耦合

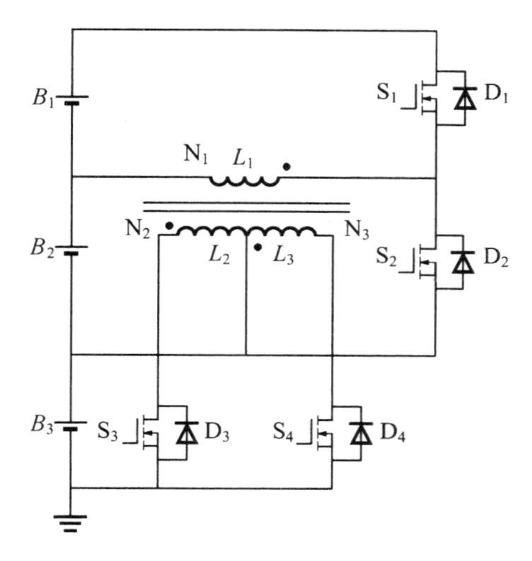

图 3.27　三单体直接均衡电路原理图

绕组 L_1、L_2、L_3（变比为 1∶1∶1）和四只 MOSFET 开关管 $S_1 \sim S_4$ 及其体二极管 $D_1 \sim D_4$ 构成。根据不同的电压失衡状态，开通相应的开关管，均衡电路可构成正激、反激和 Buck－Boost 等不同的开关变换拓扑，均衡电路可能的六种工作模态见表 3.1。

表 3.1　三单体均衡电路可能的工作模态

开关	失衡状态	开关变换模式
S_1	$U_{B1} \geqslant U_{B2} \geqslant U_{B3}$	无输出电感的正激 $B_1 \rightarrow B_3$ 复合反激 $B_1 \rightarrow B_3$
	$U_{B1} \geqslant U_{B3} \geqslant U_{B2}$	无输出电感的正激 $B_1 \rightarrow B_3$ 复合 Buck－Boost $B_1 \rightarrow B_2$
S_2	$U_{B2} \geqslant U_{B1} \geqslant U_{B3}$	无输出电感的正激 $B_2 \rightarrow B_3$ 复合反激 $B_2 \rightarrow B_3$
	$U_{B2} \geqslant U_{B3} \geqslant U_{B1}$	无输出电感的正激 $B_2 \rightarrow B_3$ 复合 Buck－Boost $B_2 \rightarrow B_1$
S_3	$U_{B3} > U_{B2} > U_{B1}$	无输出电感的正激 $B_3 \rightarrow B_2$ 复合反激 $B_3 \rightarrow B_1$
S_4	$U_{B3} \geqslant U_{B1} \geqslant U_{B2}$	无输出电感的正激 $B_3 \rightarrow B_1$ 复合反激 $B_3 \rightarrow B_2$

例如，在理想条件下，当电路出现 $U_{B1} \geqslant U_{B2} \geqslant U_{B3}$ 的失衡状态时，电路可能工作在正激变换模式或反激工作模式中（图 3.17），均衡过程的电路工作波形如图 3.28 所示。当开关 S_1 导通期间，B_1 通过 S_1 向 L_1 充电，L_1 两端电压为 $U_{B1} - U_{S1}$，电压方向为右正左负，由于绕组间变比为 1∶1∶1，L_3 两端感应电压也为 $U_{B1} - U_{S1}$，此时，回路 L_1—B_3—D_4 导通。此时电路构成正激电路拓扑，如图 3.29(a) 所示。这期间电感励磁电流将逐渐上升，其上升斜率为 U_{B1}/L_{1M}，L_1 中的励磁电流为

$$i_{L1M} = \frac{U_{B1}}{L_{1M}} \times (t - t_0)$$

T_{on} 期间，L_1 存储的励磁能量为

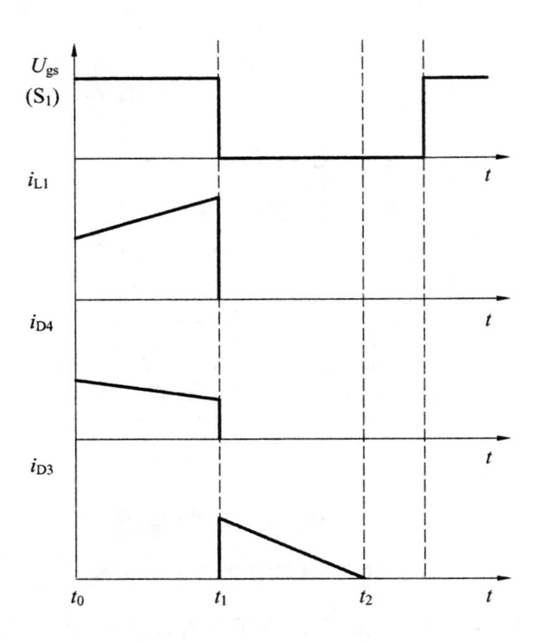

图 3.28 理想电磁元件情况下电路电流波形

$$W_{L1M}=\int_0^{T_{on}}U_{B1}\cdot i_{L1M}\,dt$$

在 D_4 开通瞬间，由于 L_1 中电压为 $U_{B1}-U_{S1on}$，而 B_3 两端电压为 U_{B3}，因此开通瞬间会产生一峰值电流，其大小为

$$I_{max}=\frac{U_{B1}-U_{B3}}{R_{L3}+R_{D3}+r_{B3}}$$

此后 L_3 电压被钳位在 $U_{B3}+U_{D4}$ 上，电流逐渐下降，下降斜率为 $U_{B3}+U_{D4}/L_3$，故 L_3 中的电流在这段时间内为

$$i_{L3}=\frac{U_{B1}-U_{B3}}{R_{L3}+R_{D3}+r_{B3}}-\frac{U_{B3}}{L_3}(t-t_0)$$

L_1 中电流为

$$i_{L1}=\frac{U_{B1}}{L_{M1}}\times(t-t_0)+i_{L3}$$

$$W_{L3}=\int_0^{t_{on}}U_{B3}\cdot i_{L3}\,dt$$

当 $t=t_1$ 时刻，电路模态如图 3.29(b) 所示。开关管 S_1 关断，由楞次定律知，L_1 感应出左正右负电压，使 L_2 和 L_3 电压也瞬间反向，D_4 承受反压而关断。而 D_3 此时承受正向压降导通，L_1 中的励磁能量将通过 L_2 向 B_3 释放，在此期间，电路运行于反激模式，从而实现

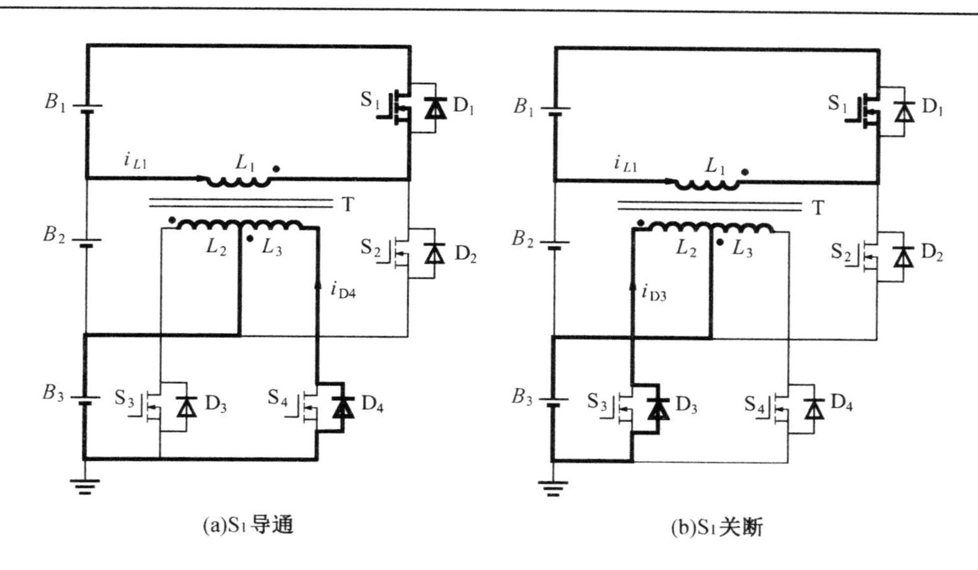

图 3.29　理想电磁元件情况下电路工作模态

磁复位，即该电路利用了一反激变换器实现了 L_1 的磁场复位，这部分磁复位能量大小等于 W_{L1M}。

其他失衡状态下的均衡过程分析与此类似。但是，无论动力电池还是超级电容器，单体电压都比较低，单体间不均衡电压差通常为毫伏级，因此在均衡电路中，开关管的通态压降、变压器漏感等对电路的运行状态是有影响的，在实际均衡系统设计中应给予充分考虑。相关内容详见第 5 章。

综上所述，在小容量储能应用场合，基于上述各类均衡电路的均衡技术取得了较大进展，但对于单体数量更多、充放电速度更快的动力串联储能电源来说，现有均衡技术还存在一些有待于进一步解决的问题。

(1) 储能电源是一个有限能量电源，均衡过程的损耗尽管比例不大，但不可忽视，同时快速充电或放电要求均衡也必须是快速的。因此，各种通过相邻单体依次传递能量的均衡电路结构因系统中能量传输的级数多，不仅会增加损耗，还会降低均衡速度。相比之下，飞渡电容均衡系统可实现任意过充单体直接向过放单体近似无损耗的能量传递。

(2) 飞渡电容均衡系统虽然损耗小、速度快，但在电压源型储能单体间的开关切换过程中，存在电流冲击或扼流电感的谐振问题，而且稳态均衡电流不可控，这一问题可通过 DC/DC 变换器替代电容得以解决，但投切网络更加复杂。更需要注意的问题是，实际均衡系统中，各单体两极的能量传输线要以线束的形式经开关投切矩阵集中与飞渡电容或 DC/DC 相连，线路距离长，线间短路是重要防护内容，尤其是在移动式大型储能电源系统中。

(3) 均衡系统要实现快速、高效的均衡，对于均衡电路来讲，均衡电路拓扑、系统结构和均衡控制策略是同等重要的问题。

综合上述问题，开展兼有均衡损耗少、均衡速度快、线路结构简单的系统均衡技术研究，将有助于拓展均衡技术的应用领域，提高均衡系统的性能。

3.4 基于图论的均衡系统结构分析

种类繁多的均衡拓扑结构为均衡电路设计提供了便利，但却又使设计者面对如此多的均衡电路选择无所适从。理想的均衡结构拓扑能够实现充放电条件下任意两单体双向能量传递，并具有良好的动特性、扩展性和成本优势。均衡拓扑结构根本上决定了均衡电路性能，研究均衡电路结构及均衡系统的拓扑形式与均衡效率和均衡速度的关系具有重要意义和价值。

图论[37] 作为一门广泛且内容丰富的数学分支，将其所研究的图作为具体事物间联系的数学抽象，用顶点代表事物，用边代表事物间的二元关系。图论应用于电路分析中，将具体电路抽象为点和路，由于均衡结构中能量的传递是有方向性的，因此可以利用有向图对均衡电路进行建模。

寻找具有良好性能的均衡电路拓扑结构是提高均衡效率和速度的有效途径。基于有向图的建模方法抽象具体电路为图的表达，将研究重点放在拓扑结构上，而忽略元件参数影响，能够有效指导新型均衡电路结构设计和均衡系统优化[38]。

3.4.1 图论在均衡电路拓扑中的引申和定义

定义 1 设 $V(G)=\{v_1,v_2,\cdots,v_p\}$ 是一个非空有限集合，$E(G)=\{e_1,e_2,\cdots,e_q\}$ 是与 $V(G)$ 不相交的有限集合。一个图 G 是指一个有序三元组 $(V(G),E(G),\varphi(G))$，其中 $\varphi(G)$ 是关联函数，它使 $E(G)$ 中每一元素都对应 $V(G)$ 中的无序元素对。$V(G)$、$E(G)$ 分别称为 G 的顶点集合和边集合。$V(G)$ 中的元素称为 G 的顶点，$E(G)$ 中的元素称为 G 的边。

定义 2 设 $V(D)=\{v_1,v_2,\cdots,v_p\}$ 是一个非空有限集合，$A(D)=\{a_1,a_2,\cdots,a_q\}$ 是与 $V(D)$ 不相交的有限集合。有向图 D 是指一个有序三元组 $(V(D),A(D),\varphi(D))$，其中 $\varphi(D)$ 是关联函数，它使 $A(D)$ 中的每一元素(称为边或弧)对应于 $V(D)$ 中的有序元素

(称为顶点或点)对。若 a 是一条弧,而 u、v 是使得 $\varphi_D(a)=(u,v)(\neq(v,u))$ 的顶点,则称 a 从 u 指向 v,称 u 是 a 的起点,v 是 a 的终点。

定义 3　设 u 和 v 是有向图的两个顶点,若有一条从 u 到 v 的有向路,则称 v 是从 u 可达的,或者称 u 可达 v。如果有向图 D 的任何两个顶点都是相互可达的,则称 D 是强连通的。如果有向图 D 的任何两个顶点至少由一个顶点到另一个顶点可达,则称 D 是单向连通的。

均衡拓扑结构的图论表达形式是由点和边构成的。均衡能量的存储器件构成均衡电路中的点,能量流路径构成边。由于图论表达形式的抽象性,只是考虑能量传递的路径,而不考虑电路中的实际连线的形式,因此继电器、变压器、开关器件等仅仅是为了构成电路途径,故都视为边的一部分,而串联储能电源组的固有连线,均衡能量不在该连线上相互传递,不作为图的边。

在均衡结构图论分析中,主要考察各储能电源组模块或单体间的连接关系,因此模块单元或单体称为有效点。均衡电路中能量传递元件,如电容和电感,称为图中的辅助点,能量传输轨迹不变的辅助点,比如升降压分布式均衡结构中的电感,称为非独立辅助点;能量传输轨迹变化的辅助点,如集中式飞渡电容结构中的中间电容,称为独立辅助点。

均衡结构构建的图论表达 $G=(V,A,\varphi)$ 中,顶点 V 和边 A 之间都是有确切的关系,$V\times V$ 中元素都为有序数对,因而均衡结构图论表达都是有向的,并且是连通的。此外均衡电路能够均衡到任何单体,故由此构建的有向图是强连通图。

用有方向的弧表示能量传递的方向,两个顶点之间的能量传递可以是单向传递也可以是双向传递。简明起见,将结构中的能量单向流动的边用单向弧表示,结构中的能量双向流动的边用双向弧表示。能量单向传递,路径 $P(u,v)$ 和路径 $P(v,u)$ 所包含的点与边的集合一般不同;能量双向传递,则有向图由双向边构成,路径 $P(u,v)$ 和路径 $P(v,u)$ 包含的点与边的集合相同。理想的均衡结构中任何两点之间都双向边相互连接,理想的均衡结构的有向图表达是唯一的,并且是完全有向图。

为各有向边赋予权重,将赋予权的有向图称为是赋权有向图。设 $P(u,v)$ 是赋权图 $G=(V,E,F)$ 中从点 u 到 v 的路径,用 $E(P)$ 表示路径 $P(u,v)$ 中全部边的集合,记

$$F(P)=\sum_{e\in E(P)}F(e) \tag{3.1}$$

则称 $F(P)$ 为路径 $P(u,v)$ 的权。

若是 G 中连接 u、v 的路径,且对任意在 G 中连接 u、v 的路径 $P(u,v)$ 都有

$$F(P_0)\leqslant F(P) \tag{3.2}$$

则称 $P_0(u,v)$ 是 G 中连接 u、v 的最短路。

为了定量地对各均衡结构的图进行评价，为各边赋予权重。将均衡结构的图形表示中各边的权重定义为相应变换器的效率，若路径为多边的串联，则串联边的权为各边权重之积。为统一起见，假设同一类均衡结构的图中，各边的权重相同，设为 η；对于不同结构其权重也不同，以相对权重 λ 定义为各边权重与该类结构权重之比，根据假设可知，各边相对权重为 1 代替绝对权重实现各不同类均衡结构之间的比较分析，则串联边的相对权重为各边相对权重之和 $\Sigma\lambda$，其绝对权重等于 $\eta^{\Sigma\lambda}$。同时，规定经过非独立辅助点的路径视为直接连通，路径权重不变，而经过独立辅助点的路径视为中断，其绝对权重依次相乘。

由此可知，在均衡结构的图中，最长路径的相对权重越小，均衡系统效率越高。均衡拓扑结构都能写出相应的赋权矩阵，一个 n 阶赋权图 $G=(V,E,F)$ 的权矩阵 $\boldsymbol{A}=(a_{ij})_{n\times n}$，其中

$$a_{ij}=\begin{cases}F(v_iv_j) & (v_{ij}\in E)\\ 0 & (i=j)\\ \infty & (v_{ij}\notin E)\end{cases} \tag{3.3}$$

3.4.2 基于有向图的均衡拓扑结构分析

利用有向图理论对几类常用的均衡电路结构进行分析，描述它们各自的有向图表达形式和对应权阵，考察它们之间本质上的区别和差异，有利于均衡系统扩展，寻求优化路径，并为寻找新型拓扑提供指导。

1. 飞渡电容均衡结构有向图描述

飞渡电容均衡拓扑结构的有向图表达如图 3.30 所示，图 3.30(a) 是每一均衡过程的分解子图，而图 3.30(b) 是分解子图的并集。实际中，均衡电路每次动作只能是子图中的某一具体形式。均衡能量暂存在飞渡电容中，故飞渡电容作为均衡拓扑电路的辅助点。当串联超级电容器组出现能量失衡状态时，飞渡电容(A 点) 与串联电容器组内最高电压的电容 $B_i(i=0,1,\cdots,N)$ 并联形成均衡图中的一条边，能量存储于辅助触点 A 中，之后 A 点与串联电容器组内最低电压的电容 $B_j(j=0,1,\cdots,N$，且 $i\neq j)$ 连通，存储在辅助点中的能量转移到 B_j 中，均衡过程中能量传递路径为$(B_i(A)B_j)$，图中任一路径$(B_i(A)B_j)$的权均等于 2η。

设从任意点到辅助点的边的权重是 η，则所有均衡路径$(B_i(A)B_j)$ 的权都为 2η，其中

$i,j=0,1,\cdots,N$，且 $i\neq j$。其权矩阵的表达形式为

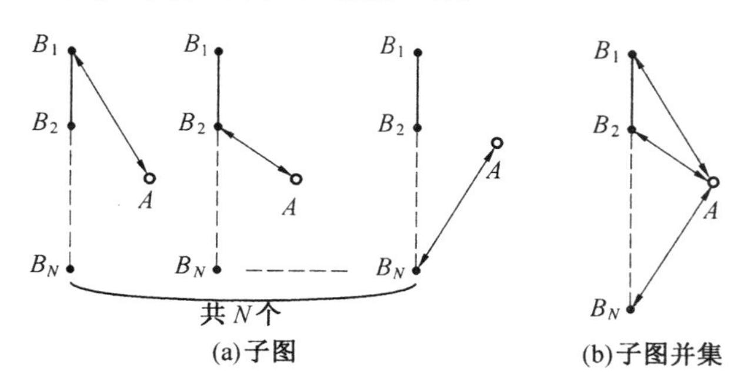

图 3.30　飞渡电容式均衡结构有向图表达

$$
\boldsymbol{A}=\begin{array}{c}
 \\ B_1 \\ B_2 \\ B_3 \\ \vdots \\ B_{i-1} \\ B_i \\ B_{i+1} \\ \vdots \\ B_j \\ \vdots \\ B_N
\end{array}
\begin{array}{c}
\begin{array}{ccccccccccc}
B_1 & B_2 & B_3 & \cdots & B_{i-1} & B_i & B_{i+1} & \cdots & B_j & \cdots & B_N
\end{array} \\
\left[\begin{array}{ccccccccccc}
0 & \eta^2 & \eta^2 & \cdots & \eta^2 & \eta^2 & \eta^2 & \cdots & \eta^2 & \cdots & \eta^2 \\
\eta^2 & 0 & \eta^2 & \cdots & \eta^2 & \eta^2 & \eta^2 & \cdots & \eta^2 & \cdots & \eta^2 \\
\eta^2 & \eta^2 & 0 & \cdots & \eta^2 & \eta^2 & \eta^2 & \cdots & \eta^2 & \cdots & \eta^2 \\
\vdots & \vdots & \vdots & & \vdots & \vdots & \vdots & & \vdots & & \vdots \\
\eta^2 & \eta^2 & \eta^2 & \cdots & 0 & \eta^2 & \eta^2 & \cdots & \eta^2 & \cdots & \eta^2 \\
\eta^2 & \eta^2 & \eta^2 & \cdots & \eta^2 & 0 & \eta^2 & \cdots & \eta^2 & \cdots & \eta^2 \\
\eta^2 & \eta^2 & \eta^2 & \cdots & \eta^2 & \eta^2 & 0 & \cdots & \eta^2 & \cdots & \eta^2 \\
\vdots & \vdots & \vdots & & \vdots & \vdots & \vdots & & \vdots & & \vdots \\
\eta^2 & \eta^2 & \eta^2 & \cdots & \eta^2 & \eta^2 & \eta^2 & \cdots & 0 & \cdots & \eta^2 \\
\vdots & \vdots & \vdots & & \vdots & \vdots & \vdots & & \vdots & & \vdots \\
\eta^2 & \eta^2 & \eta^2 & \cdots & \eta^2 & \eta^2 & \eta^2 & \cdots & \eta^2 & \cdots & 0
\end{array}\right]
\end{array}
\tag{3.4}
$$

2. 多输出绕组变压器集中式均衡结构有向图描述

多输出绕组变压器集中式均衡结构中的能量既可以是单向传递，也可以是双向传递，因此顶点与辅助点之间可以是单边连接也可以是双边连接。

该类均衡电路结构的实现过程中，各单元之间的能量传递是通过变压器绕组来实现的，单向结构的能量总是从整体电容器组中取出，然后传递给各个单体，而各单体之间（顶点 $B_i(i=1,2,3,\cdots,N)$）不能进行能量直接传递，双向传递的结构能量可以从整体电容器组中取出传递给单体，也可以从各个单体取出送到整个电容器组，但两种方式能量都不能直接从某一单体传递到另外一个单体。

比较图 3.30(b) 和图 3.31(b) 可知，多输出绕组变压器集中式均衡结构有向图与飞渡电容式均衡结构的有向图表达形式相同，均衡最长迹具有相同的权重，两顶点之间都对应两条边和一个辅助点，但辅助点类型不同。

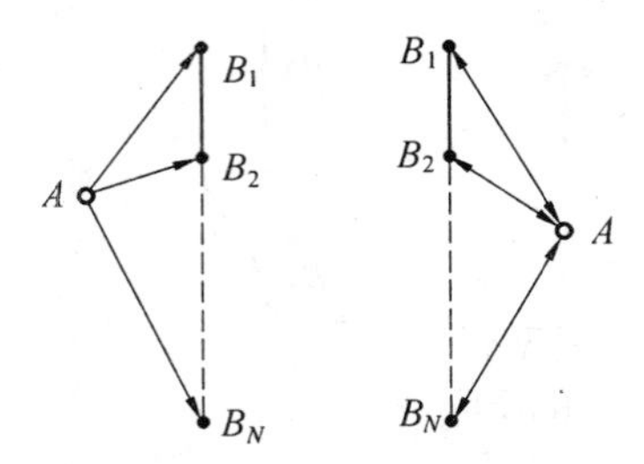

(a)单向能量传递　(b)双向能量传递

图 3.31　多输出绕组变压器集中式均衡结构有向图表达

通过图 3.31(a) 可以看出，同轴多输出绕组变压器的均衡电路的各条均衡轨迹表达形式都为 $B_iAB_j(1 \leqslant i,j \leqslant N, i \neq j)$，都经过非独立辅助点 A，各迹的权重相同，因此均衡效率一致。但非独立辅助点只有一个，任何情况下均衡能量都经过此点，属于集中式均衡方式。

这种结构描述的非独立辅助点往往由多输出变压器绕组构成，均衡器实际的电路结构复杂，需要复杂的磁技术，元件数量多；均衡电路二次绕组数量设计必须与电池最大可能数量一致，不易扩展；低压绕组到各单体之间的导线长度和形状不同，变比有差异，均衡误差大；变换器与电池组之间的 $n+1$ 条功率导线的布线工艺不容易设计。同样可以写出同轴多输出绕组变压器均衡结构的权矩阵，表述如下：

$$
\mathbf{A} = \begin{array}{c} B_1 \\ B_2 \\ B_3 \\ \vdots \\ B_{i-1} \\ B_i \\ B_{i+1} \\ \vdots \\ B_j \\ \vdots \\ B_N \end{array}
\overset{\begin{array}{ccccccccccc} B_1 & B_2 & B_3 & \cdots & B_{i-1} & B_i & B_{i+1} & \cdots & B_j & \cdots & B_N \end{array}}{\begin{bmatrix}
0 & \eta^2 & \eta^2 & \cdots & \eta^2 & \eta^2 & \eta^2 & \cdots & \eta^2 & \cdots & \eta^2 \\
\eta^2 & 0 & \eta^2 & \cdots & \eta^2 & \eta^2 & \eta^2 & \cdots & \eta^2 & \cdots & \eta^2 \\
\eta^2 & \eta^2 & 0 & \cdots & \eta^2 & \eta^2 & \eta^2 & \cdots & \eta^2 & \cdots & \eta^2 \\
\vdots & \vdots & \vdots & & \vdots & \vdots & \vdots & & \vdots & & \vdots \\
\eta^2 & \eta^2 & \eta^2 & \cdots & 0 & \eta^2 & \eta^2 & \cdots & \eta^2 & \cdots & \eta^2 \\
\eta^2 & \eta^2 & \eta^2 & \cdots & \eta^2 & 0 & \eta^2 & \cdots & \eta^2 & \cdots & \eta^2 \\
\eta^2 & \eta^2 & \eta^2 & \cdots & \eta^2 & \eta^2 & 0 & \cdots & \eta^2 & \cdots & \eta^2 \\
\vdots & \vdots & \vdots & & \vdots & \vdots & \vdots & & \vdots & & \vdots \\
\eta^2 & \eta^2 & \eta^2 & \cdots & \eta^2 & \eta^2 & \eta^2 & \cdots & 0 & \cdots & \eta^2 \\
\vdots & \vdots & \vdots & & \vdots & \vdots & \vdots & & \vdots & & \vdots \\
\eta^2 & \eta^2 & \eta^2 & \cdots & \eta^2 & \eta^2 & \eta^2 & \cdots & \eta^2 & \cdots & 0
\end{bmatrix}} \tag{3.5}
$$

分析比较图 3.30 和图 3.31，可以发现尽管辅助点的特性或者电路实现方式迥然不同，但这两种方式具有相同的图形表达，都属于集中式均衡形式。

3. Buck－Boost 变换器集中式均衡结构有向图描述

图 3.32 是 Buck－Boost 变换器集中式均衡结构的有向图表达，能量自上而下单向依次传递，当串联储能电源组出现 B_i 电池电压最高，而 B_{i-1} 电池电压最低，则在图中形成的均衡路径为最长，长度为 $B_iB_{i+1}B_{i+2}\cdots B_NAB_1B_2\cdots B_{i-1}$，该路径包含了有向图几乎所有的点和边，能量传递必须经过最长迹，该迹的权为 $N\cdot\eta$。注意到只要能量最低单体出现在上部，而能量最高单体出现在下部，就会出现均衡能量迹很长的情况。依据概率统计来讲，能量最低单体出现在上部，而能量最高单体出现在下部这种情况出现的概率为所有失衡情况出现概率的一半，因此整体来讲均衡速度会较低。

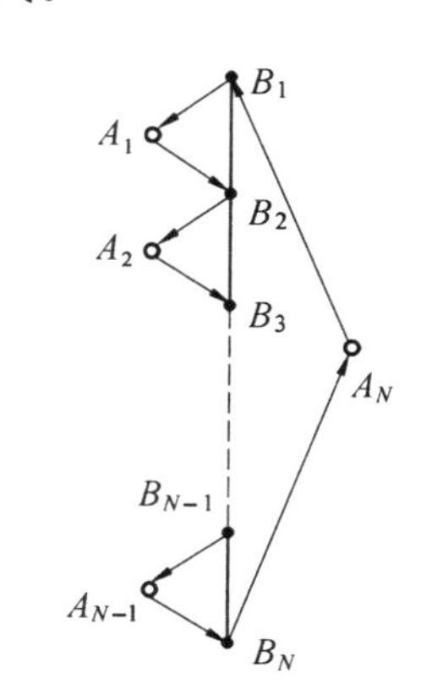

图 3.32　Buck－Boost 变换器集中式均衡结构的有向图表达

同样可以写出 Buck－Boost 变换器的集中式均衡结构的权矩阵，表述如下：

$$
\mathbf{A}=\begin{array}{c} \\ B_1 \\ B_2 \\ B_3 \\ \vdots \\ B_{i-1} \\ B_i \\ B_{i+1} \\ \vdots \\ B_j \\ \vdots \\ B_N \end{array}
\begin{array}{c}
\begin{array}{ccccccccccc} B_1 & B_2 & B_3 & \cdots & B_{i-1} & B_i & B_{i+1} & \cdots & B_j & \cdots & B_N \end{array} \\
\begin{bmatrix}
0 & \eta^2 & 0 & \cdots & 0 & 0 & 0 & \cdots & 0 & \cdots & 0 \\
0 & 0 & \eta^2 & \cdots & 0 & 0 & 0 & \cdots & 0 & \cdots & 0 \\
0 & 0 & 0 & \cdots & \eta^2 & 0 & 0 & \cdots & 0 & \cdots & 0 \\
\vdots & \vdots & \vdots & & \vdots & \vdots & \vdots & & \vdots & & \vdots \\
0 & 0 & 0 & \cdots & 0 & \eta^2 & 0 & \cdots & 0 & \cdots & 0 \\
0 & 0 & 0 & \cdots & 0 & 0 & \eta^2 & \cdots & 0 & \cdots & 0 \\
0 & 0 & 0 & \cdots & 0 & 0 & 0 & \cdots & 0 & \cdots & 0 \\
\vdots & \vdots & \vdots & & \vdots & \vdots & \vdots & & \vdots & & \vdots \\
0 & 0 & 0 & \cdots & 0 & 0 & 0 & \cdots & 0 & \cdots & \eta^2 \\
\vdots & \vdots & \vdots & & \vdots & \vdots & \vdots & & \vdots & & \vdots \\
\eta^2 & 0 & 0 & \cdots & 0 & 0 & 0 & \cdots & 0 & \cdots & 0
\end{bmatrix}
\end{array}
\tag{3.6}
$$

4. DC/DC 变换器分布式均衡结构有向图描述

分布式 DC/DC 均衡结构无论是采用隔离式变换器，还是采用非隔离式变换器结构，能量通常采用双向传递。图 3.33 是基于 Buck－Boost 电路能量双向传递的分布式均衡的有向图表达。从图中可以看到该类均衡结构的最长的迹为 $B_1A_1B_2A_2\cdots A_{N-1}B_N$，该迹的权重为$(N-1)\eta$，对比图 3.32 和图 3.33，两个图最大的不同在于最长迹的数量不同，对于图 3.32 只要出现 B_i 电压大于 B_{i-1} 的情形，均衡就必须按最长迹进行，因此最长迹的数量为 $N-1$ 条，并且只要是出现上部单体能量最低，而底部单体最高的情况的任何一种，其均衡路径都较长，其可能的权为$(N-1)\eta$，$(N-2)\eta$，$(N-3)\eta$ 等。而图 3.33 中最长迹仅一条，任意相邻两点不均衡时，均衡路径的权均为 η，因此双向变换器其均衡路径短，均衡速度更快，在长距离传递中具有优势，相应的该类结构的权矩阵表达形式为

$$
\mathbf{A}=\begin{array}{c}
 \\ B_1 \\ B_2 \\ B_3 \\ \vdots \\ B_{i-1} \\ B_i \\ B_{i+1} \\ \vdots \\ B_j \\ \vdots \\ B_N
\end{array}
\begin{array}{c}
\begin{array}{ccccccccccc}
B_1 & B_2 & B_3 & \cdots & B_{i-1} & B_i & B_{i+1} & \cdots & B_j & \cdots & B_N
\end{array} \\
\left[\begin{array}{ccccccccccc}
0 & \eta^2 & 0 & \cdots & 0 & 0 & 0 & \cdots & 0 & \cdots & 0 \\
0 & 0 & \eta^2 & \cdots & 0 & 0 & 0 & \cdots & 0 & \cdots & 0 \\
0 & 0 & 0 & \cdots & \eta^2 & 0 & 0 & \cdots & 0 & \cdots & 0 \\
\vdots & \vdots & \vdots & & \vdots & \vdots & \vdots & & \vdots & & \vdots \\
0 & 0 & 0 & \cdots & 0 & \eta^2 & 0 & \cdots & 0 & \cdots & 0 \\
0 & 0 & 0 & \cdots & 0 & \eta^2 & 0 & \cdots & 0 & \cdots & 0 \\
0 & 0 & 0 & \cdots & 0 & 0 & 0 & \cdots & 0 & \cdots & 0 \\
\vdots & \vdots & \vdots & & \vdots & \vdots & \vdots & & \vdots & & \vdots \\
0 & 0 & 0 & \cdots & 0 & 0 & 0 & \cdots & 0 & \cdots & \eta^2 \\
\vdots & \vdots & \vdots & & \vdots & \vdots & \vdots & & \vdots & & \vdots \\
0 & 0 & 0 & \cdots & 0 & 0 & 0 & \cdots & 0 & \cdots & 0
\end{array}\right]
\end{array}
\tag{3.7}
$$

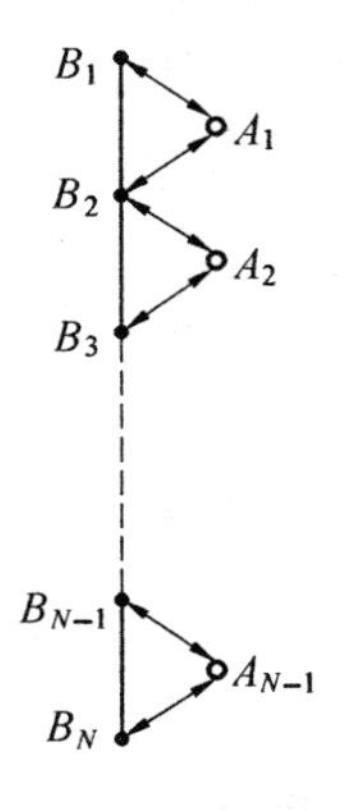

图 3.33　分布式 DC/DC 结构的有向图表达

观察两种结构的权矩阵表达形式，可以发现双向结构权矩阵沿主对角线对称，而单向结构权矩阵只有双向结构的一半。目前较为成熟的分布式非隔离双向 DC/DC 均衡结构方案采用升降压电路实现，通过图 3.33 可以看出该结构中具有多个非独立辅助点，属于分散式均衡方式，有利于均衡器结构的模块化设计，实现均衡电路的任意扩展。均衡轨迹并不等长，最短的迹为 $B_iA_iB_{i+1}$，最长的迹为 $B_1A_1B_2A_2\cdots A_{N-1}B_N$。各迹的权重也不相同，其中最短迹具有最小权，最长迹具有最大权。仅当出现串联储能器组中首尾两储能器单体 B_1 和 B_N 能量不均衡时，能量流动轨迹为最长迹。

5. 升降压电路衍生均衡结构有向图描述

升降压电路衍生均衡结构图形表示如图 3.34 所示。

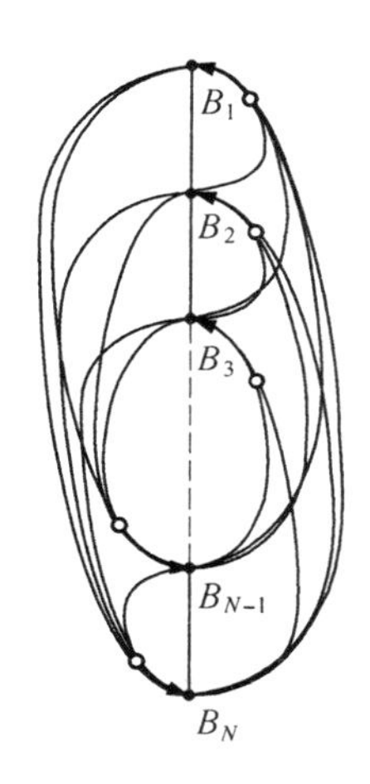

图 3.34　升降压电路衍生均衡结构图形表示

为获得足够的峰值电流满足动态性设计要求，采用多个串联电池整体对最低单体充电进行能量传递的方案，输入电压远远高于输出电压，对于具体的某个能量单体 B_i 来讲，其均衡效率与 B_i 在串联电池中所处的位置有关。例如对于 B_1 来讲，由 B_2 到 B_N 构成的串联能量单元组给 B_1 提供均衡能量，而对于 B_2，则由 B_3 到 B_N 构成的串联能量单元组合给 B_2 提供能量。对于 B_i，则是由 B_{i+1} 到 B_N 构成的串联能量单元组合给 B_i 提供均衡能量。这还仅仅是对应于该均衡结构的上半部分。对于均衡电路的下半部分，则要采用与上半部分完全对称的结构，也就是说对于 B_N 来讲，由 B_{N-1} 到 B_1 构成的串联能量单元组给 B_1 提供均衡能量，而对于 B_2，则由 B_{N-2} 到 B_1 构成的串联能量单元组合给 B_2 提供能量。对于 B_j，则是由 B_{N-j} 到 B_1 构成的串联能量单元组合给 B_j 提供均衡能量。这样就使得图 3.34 结构上半部分缺少能量向下的传递路径，下半部分缺少能量向上的传递路径，结构上是不完整的，但从能量传递的角度来看是完整的，可以有效地实现串联超级电容器组的均衡。其权矩阵形式如下：

$$
\boldsymbol{A}=\begin{array}{c}
\\ B_1 \\ B_2 \\ B_3 \\ \vdots \\ B_{i-1} \\ B_i \\ B_{i+1} \\ \vdots \\ B_j \\ \vdots \\ B_N
\end{array}
\begin{array}{c}
\begin{array}{ccccccccccc}
B_1 & B_2 & B_3 & \cdots & B_{i-1} & B_i & B_{i+1} & \cdots & B_j & \cdots & B_N
\end{array}\\
\left[\begin{array}{ccccccccccc}
0 & \eta^n & \eta^n & \cdots & \eta^n & \eta^n & \eta^n & \cdots & \eta^n & \cdots & \eta^n \\
0 & 0 & \eta^{n-1} & \cdots & \eta^{n-1} & \eta^{n-1} & \eta^{n-1} & \cdots & \eta^{n-1} & \cdots & \eta^{(n-1)} \\
0 & 0 & 0 & \cdots & \eta^{n-2} & \eta^{n-2} & \eta^{n-2} & \cdots & \eta^{n-2} & \cdots & \eta^{(n-2)} \\
\vdots & \vdots & \vdots & & \vdots & \vdots & \vdots & & \vdots & & \vdots \\
0 & 0 & 0 & \cdots & 0 & \eta^{(n-i+2)} & \eta^{(n-i+2)} & \cdots & \eta^{(n-i+2)} & \cdots & \eta^{(n-i+2)} \\
0 & 0 & 0 & \cdots & 0 & 0 & \eta^{(n-i+1)} & \cdots & \eta^{(n-i+1)} & \cdots & \eta^{(n-i+1)} \\
0 & 0 & 0 & \cdots & 0 & 0 & 0 & \cdots & \eta^{(n-i)} & \cdots & \eta^{(n-i)} \\
\vdots & \vdots & \vdots & & \vdots & \vdots & \vdots & & \vdots & & \vdots \\
0 & 0 & 0 & \cdots & 0 & 0 & 0 & \cdots & 0 & \cdots & \eta^{(n-j+1)} \\
\vdots & \vdots & \vdots & & \vdots & \vdots & \vdots & & \vdots & & \vdots \\
\eta^2 & 0 & 0 & \cdots & 0 & 0 & 0 & \cdots & 0 & \cdots & 0
\end{array}\right]
\end{array}
\tag{3.8}
$$

利用Cuk变换器也可以实现图3.33所示结构的功能，但Cuk变换器虽然可以实现类似的电路变换，但相比于Buck－Boost结构来，Cuk变换器结构均衡电路所需均衡电感数量由$2(N-1)$减少为N，因此能有效减少均衡系统的成本和体积，但在电路结构和控制上更为复杂，实现困难。

3.4.3　理想均衡结构的图论表达与实现

1. 理想的均衡结构的提出

根据基本均衡结构的有向图归纳分析，可以构造一个理想的均衡结构，如图3.35所示，其具有以下特点：

（1）理想均衡结构应为双向结构，理想均衡结构任意两点之间均有边连接，其最长迹与最短迹均为连接两点之边。

（2）每一个点的出度和入度都是$N-1$，均衡能量轨迹条数为$N\cdot(N-1)/2$。

（3）理想均衡结构的权矩阵特征为对称阵，主对角线上的元素为0，而其他各元素大小相等，即权相等。

(4) 充放电动态均衡结构中均衡能量轨迹权越小,均衡效率越高。

理想的均衡结构的有向图描述如图 3.35 所示,均衡结构中采用 M 个非独立辅助点 A,各能量均衡轨迹的迹长度相同并且均为最短,都为 $B_iA_mB_j(1\leqslant i,j\leqslant N,i\neq j,m\geqslant N-1)$,相对权重也相同。

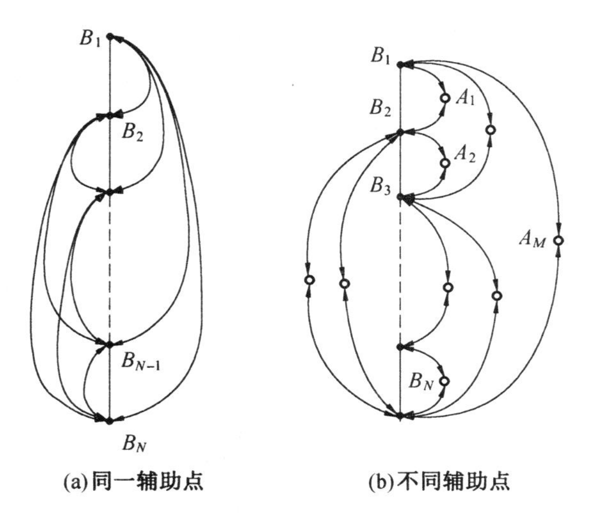

(a)同一辅助点　　(b)不同辅助点

图 3.35　理想均衡结构的图论描述

图 3.35(a) 中任一单体向其他单体传递能量均是通过同一个非独立辅助点实现,而图 3.35(b) 中任一单体向其余单体传递能量采用的非独立辅助点均是不同的,这就意味着在实际电路中 3.35(a) 较 3.35(b) 会节约大量的能量存储过渡元件和连线,同时也意味着电路拓扑技术实现上的困难。

综合来看,实际的电路拓扑应该介于图 3.35(a) 和图 3.35(b) 之间,其权矩阵表达式为

$$
\mathbf{A}=\begin{array}{c}
\\
B_1\\ B_2\\ B_3\\ \vdots\\ B_{i-1}\\ B_i\\ B_{i+1}\\ \vdots\\ B_j\\ \vdots\\ B_N
\end{array}
\begin{array}{c}
\begin{array}{ccccccccccc}
B_1 & B_2 & B_3 & \cdots & B_{i-1} & B_i & B_{i+1} & \cdots & B_j & \cdots & B_N
\end{array}\\
\left[\begin{array}{ccccccccccc}
0 & \eta^2 & \eta^2 & \cdots & \eta^2 & \eta^2 & \eta^2 & \cdots & \eta^2 & \cdots & \eta^2\\
\eta^2 & 0 & \eta^2 & \cdots & \eta^2 & \eta^2 & \eta^2 & \cdots & \eta^2 & \cdots & \eta^2\\
\eta^2 & \eta^2 & 0 & \cdots & \eta^2 & \eta^2 & \eta^2 & \cdots & \eta^2 & \cdots & \eta^2\\
\vdots & \vdots & \vdots & & \vdots & \vdots & \vdots & & \vdots & \vdots & \vdots\\
\eta^2 & \eta^2 & \eta^2 & \cdots & 0 & \eta^2 & \eta^2 & \cdots & \eta^2 & \cdots & \eta^2\\
\eta^2 & \eta^2 & \eta^2 & \cdots & \eta^2 & 0 & \eta^2 & \cdots & \eta^2 & \cdots & \eta^2\\
\eta^2 & \eta^2 & \eta^2 & \cdots & \eta^2 & \eta^2 & 0 & \cdots & \eta^2 & \cdots & \eta^2\\
\vdots & \vdots & \vdots & & \vdots & \vdots & \vdots & & \vdots & & \vdots\\
\eta^2 & \eta^2 & \eta^2 & \cdots & \eta^2 & \eta^2 & 0 & \cdots & \eta^2 & \cdots & \eta^2\\
\vdots & \vdots & \vdots & & \vdots & \vdots & \vdots & & \vdots & & \vdots\\
\eta^2 & \eta^2 & \eta^2 & \cdots & \eta^2 & \eta^2 & \eta^2 & \cdots & \eta^2 & \cdots & 0
\end{array}\right]
\end{array}
\tag{3.9}
$$

图 3.36 给出了三种结构上为非理想情况的均衡结构有向图表达,图 3.36(a) 和

图 3.36(b) 采用了单向传递的一种图论表达，它们都缺少能量反向传递路径，图 3.36(c) 的复合传递均衡结构是前两者的组合，上半部分缺少能量自下而上的传递轨迹，下半部分缺少能量自上而下的传递轨迹。

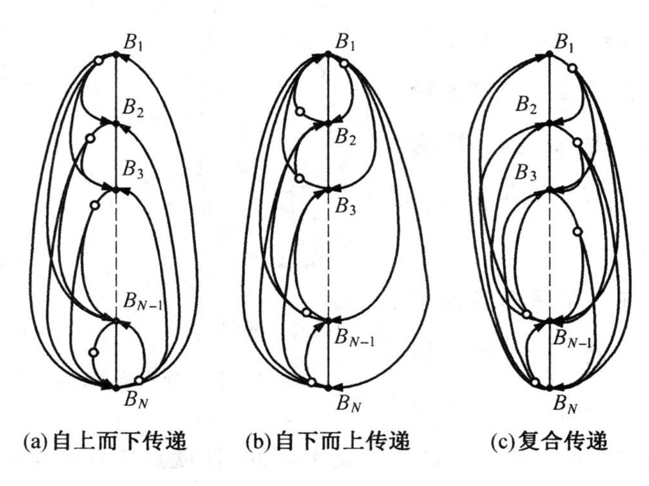

图 3.36 单向传递衍生均衡结构的图形表示

在上述几种均衡结构中，虽然无点对点能量直接传递路径，但其可以经过一个或者几个辅助节点实现多条能量传递路径，从而实现能量从一个节点到多个节点的传递。

各类均衡结构均衡效率相同的情况下，飞渡电容式均衡结构和多输出绕组变压器集中式结构均衡效率较 DC/DC 分布式均衡结构均衡效率高，但是从系统扩展性及均衡电路工艺实现的难易程度上看，分布式 DC/DC 结构更适合作为数量较多情况下的均衡系统设计，故对均衡拓扑结构的研究主要针对分布式均衡结构。在分布式均衡结构中，辅助点数量即均衡器单元电路的数量，针对同一串联储能电源组，若采用相同的基本均衡结构，辅助点的数量越多，则构建的均衡系统复杂度越高。在均衡结构中，均衡迹包络的边数越多，能量传递路径越长，速度越慢，均衡系统动态性能越差。

2. 可实现的均衡电路结构图论模型描述和分析

理想均衡结构要求均衡电路能够采用分散式结构，并且能够实现串联储能器中任意位置两个不均衡单体之间的相互均衡，这在实际电路设计中实现难度很大。但寻求新的均衡电路形式应该以逼近这一理想均衡结构为目标，越是接近理想均衡结构，均衡效率和速度越高。这就要求构建的均衡结构权矩阵沿主对角线两侧对称分布且拥有权值的元素尽量多，同时应使元素权值尽量地小。根据此原则，能够演绎出多种均衡结构，在现有技术条件下，目前比较可行的是采用图 3.37 所示的描述形式，它是理想均衡结构描述的一部分。图 3.37 的模型较图 3.32 的模型增加了一类非独立辅助点 C，这样使得在对串联储能组首尾单体 B_1 和 B_N 均衡时，能量流动轨迹避开最长能量均衡轨迹 $B_1A_1B_2A_2\cdots A_{N-1}B_N$，而改为均衡轨迹 $C_1C_2\cdots C_M$。显然这样缩短了迹长，从而使得相对权重变小，均衡效率得到大幅提高。图 3.37 实质上实现了相邻三个储能单体的交互均衡，其中 A 类非独立辅助点仍然为 Buck－Boost 的电感元件，而增加的 C 类非独立辅助点则采用了反激变换形式的变压器绕组。

图 3.37　三单体直接交互均衡结构有向图表达

三单体直接交互均衡结构相应的权矩阵表达式见式(3.9)，与 DC/DC 变换器分布式均衡结构的权矩阵表达式相比，其在矩阵 **A** 中每一小分阵中多了一对沿主对角线对称的具有权重的元素，从而使得 B_1 与 B_3，B_4 与 B_6……B_{N-2} 与 B_N 之间建立了直接联系。

$$\boldsymbol{A}=\begin{array}{c}
\\
B_1\\ B_2\\ B_3\\ \vdots\\ B_{i-1}\\ B_i\\ B_{i+1}\\ \vdots\\ B_j\\ \vdots\\ B_N
\end{array}
\begin{array}{c}
\begin{matrix} B_1 & B_2 & B_3 & \cdots & B_{i-1} & B_i & B_{i+1} & \cdots & B_j & \cdots & B_N \end{matrix}\\
\begin{bmatrix}
0 & \eta^2 & \eta^2 & \cdots & 0 & 0 & 0 & \cdots & 0 & \cdots & 0\\
\eta^2 & 0 & \eta^2 & \cdots & 0 & 0 & 0 & \cdots & 0 & \cdots & 0\\
\eta^2 & \eta^2 & 0 & \cdots & 0 & 0 & 0 & \cdots & 0 & \cdots & 0\\
\vdots & \vdots & \vdots & & \vdots & \vdots & \vdots & & \vdots & \vdots & \vdots\\
0 & 0 & 0 & \cdots & 0 & \eta^2 & \eta^2 & \cdots & 0 & \cdots & 0\\
0 & 0 & 0 & \cdots & \eta^2 & 0 & \eta^2 & \cdots & 0 & \cdots & 0\\
0 & 0 & 0 & \cdots & \eta^2 & \eta^2 & 0 & \cdots & 0 & \cdots & 0\\
\vdots & \vdots & \vdots & & \vdots & \vdots & \vdots & & \vdots & & \vdots\\
0 & 0 & 0 & \cdots & 0 & 0 & 0 & \cdots & 0 & \cdots & 0\\
\vdots & \vdots & \vdots & & \vdots & \vdots & \vdots & & \vdots & & \vdots\\
0 & 0 & 0 & \cdots & 0 & 0 & 0 & \cdots & 0 & \cdots & 0
\end{bmatrix}
\end{array} \tag{3.10}$$

表 3.2 给出了几种典型的均衡结构性能对比。从中可以看出，对于三单体直接均衡电路结构要求的器件电压等级要求低，而均衡速度快、扩展性好，适合用作数量较多的串联储能电源组的均衡。

表 3.2　几种典型的均衡结构性能对比

方案	有效器件数量		器件电压等级		电感数目	变压器数目	均衡速度	扩展性	控制策略
	开关管	二极管	开关管	二极管					
#1	0	0	0	0	0	0	快	中	复杂
#2	1	N	$N\cdot V$	V	0	1	中等	差	简单
#3	N	N	V	V	$N-1$	0	慢	差	中
#4	$2N-2$	0	V	V	$N-1$	0	中等	好	中
#5	$2N-2$	0	V	V	0	$(N-1)/2$ $(N>3)$	快	好	中

表中，#1：飞渡电容式均衡结构；#2：多输出绕组变压器集中式均衡结构；#3：Buck－Boost 变换器的集中式均衡结构；#4：Buck－Boost 变换器分布式均衡结构；#5：三单体直接交互均衡结构

3.4.4　多层树状结构均衡系统的能量流路径寻优

串联储能电源组往往是由几十至上百个单体串联而成，最佳均衡方案应对每一储能

单体进行均衡，这样导致的直接后果就是均衡电路套数会很多，均衡系统也变得更复杂，成本也会升高，速度和效率问题随之而来，因此需对整个均衡系统拓扑进行分析，使之达到较好的均衡效果并且结构和控制策略简单、合理。

若长串的储能电源组采用单层均衡系统结构，其迹仍然很长，均衡效率和速度有时仍无法满足需求，因此均衡系统分层实现具有重要的意义。在对均衡电路进行分层分析之前，首先引进图论中树和最优路径的概念。

定义1　没有回路的连通图称为树。树是极其重要的一类连通图，也由于树是连通图中最为简单的一类图，在通常情况下，如果用 T 表示一棵树，一个简单图 T 的树当且仅当 T 中任意两个不同顶点之间有且只有一条路连接。

定义2　若一棵有向树恰好有一个顶点的入度为零，其余所有顶点的入度为1，则称该有向树为树形图。入度为0的顶点称为树形图的根，入度为1出度为0的顶点称为树形图的树叶，入度为1出度非零的顶点称为内点，内点同根统称为分至点。在树形图中，从根 v 到其余每个顶点 u 有唯一的一条有向路，其长度 $l(u)$ 称为该点 u 的层数。

树形图描述了一种离散结构的层次关系，是一种重要的数据结构。如果在树形图中规定了每一层上顶点的次序，这样的树形图称为有序树。

1. 串联储能电源组均衡系统树状拓扑

利用有向图，将各单体作为树状图的树叶，将各最小均衡电路单元作为树状图的内点，将每一次分层后得到的顶点都视为再上一层均衡的基本单元，作为有向树状图中的内点，对均衡系统进行树形图分层。由于能量传递的方向性，因此这样构建的均衡系统是有序树。

(1) 两单体直接交互均衡结构分层分析。两单体直接交互均衡分布式结构的均衡电路(例如Buck－Boost分布式均衡结构)能实现相邻两个单体的能量交互传递，故用它为模块构建的均衡系统若采用单层分散结构，共需要均衡器数目为 $N-1$ 个，如图3.38所示。它靠相邻两个均衡器不断传递能量完成均衡，该方案可以任意增加储能电源单体数量，单均衡系统能量最长迹为 $C_0B_0C_1B_1\cdots B_{N-1}C_N$。从能量传递的角度来讲，当首尾单体不均衡时，其权重为 $2N\cdot\eta(N\geqslant 1)$，当串联能量单体数量越多，均衡效率越低。

均衡系统采用两单体直接交互均衡电路，系统分层排布方案可以依据简单的二分法，分层构建成图3.39所示的树状结构。均衡储能单体的数量为 n 个，则构建成一个完整的树状图需要的层数与单体数量关系密切，单体最佳数量为 2^m(m 为层数)。

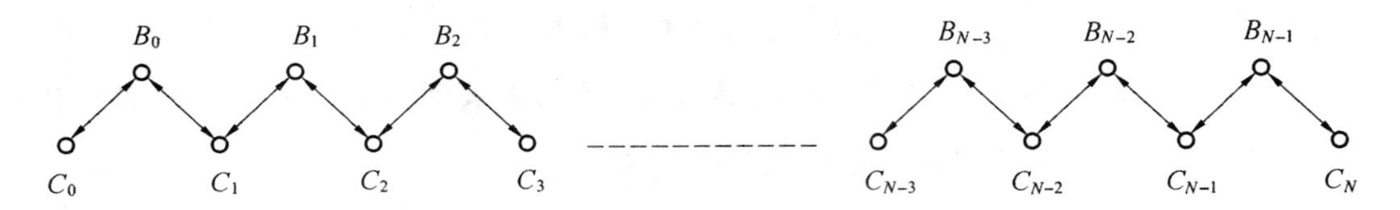

图 3.38　两单体直接交互均衡结构的单层均衡系统拓扑

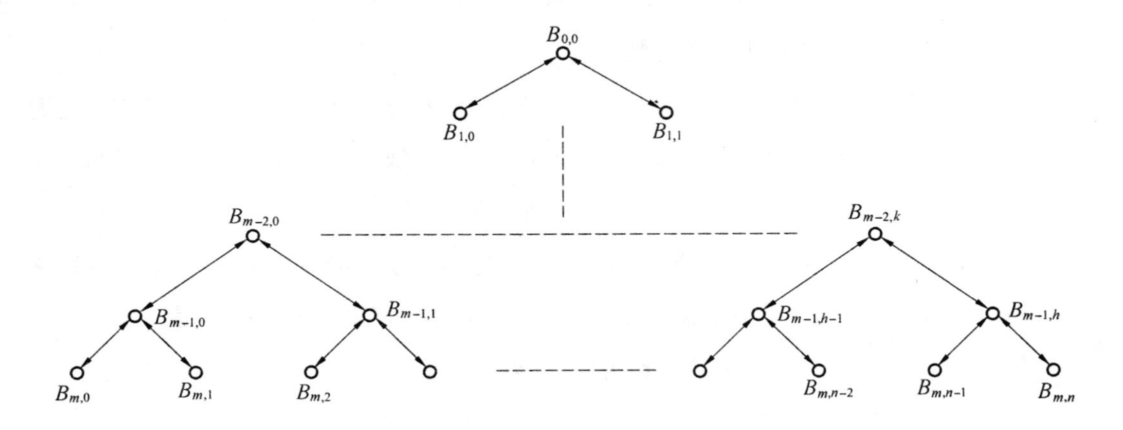

图 3.39　两单体直接交互均衡结构的多层树状均衡系统拓扑

当首尾储能单体出现失衡时，依次传递构成最长的均衡轨迹路径为 $C_0B_{m,0}B_{m-1,0}B_{m-2,0}\cdots B_{0,0}B_{1,1}\cdots B_{m-2,k}B_{m-1,h}C_N$，从能量传递的角度来看，假设各变换器效率相同，都是 η，则其能量迹传输权重为 $\eta\cdot(2m+1)$，远远小于单层均衡系统该失衡条件下的能量迹权重。

(2) 三单体直接交互均衡结构构建多层均衡系统拓扑。三单体直接交互均衡结构构建均衡系统，无论单层或是多层都较两单体直接交互式均衡结构有优势。

若采用单层分散结构，如图 3.40 所示，最长迹为 $C_1B_0C_2\cdots C_N$，共需要均衡器数目为 $(N-1)/2(N>3)$，较采用两单体直接交互式均衡结构，均衡单元数量明显减少，系统变简。

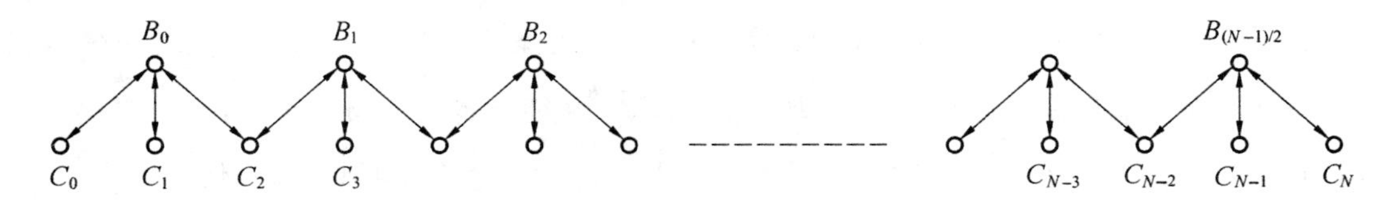

图 3.40　三单体直接交互均衡结构的单层分散式均衡系统拓扑

均衡系统采用三单体直接交互均衡结构，系统分层排布构建成图 3.41 所示的树状结构。设均衡电池的数量为 n，层数 m 与 n 之间的最佳关系为 $n=3^m$。

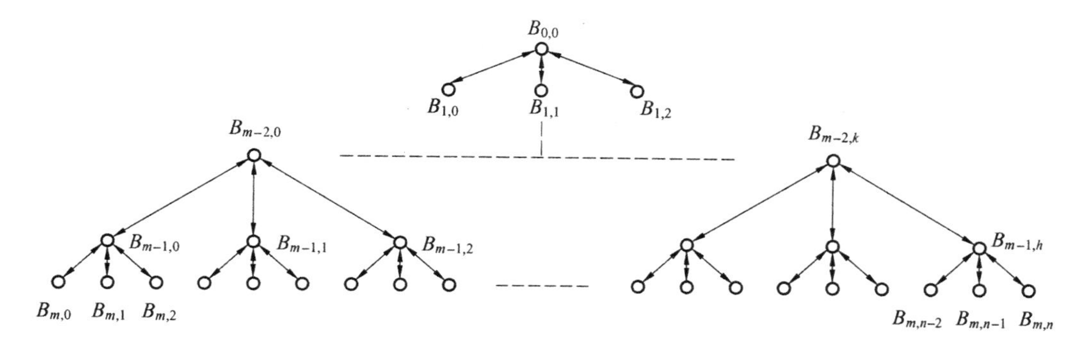

图 3.41　三单体直接交互均衡结构的多层树状均衡系统拓扑

(3) 复合方式构建多层均衡系统拓扑复合方式是指针对不同的均衡要求，多层均衡系统拓扑中的各层采用不一致的均衡电路实现形式。图 3.42 描述的均衡系统第 $m-1$ 层采用 Buck－Boost 均衡电路形式，而在 $m-2$ 层采用三单体直接均衡电路形式。

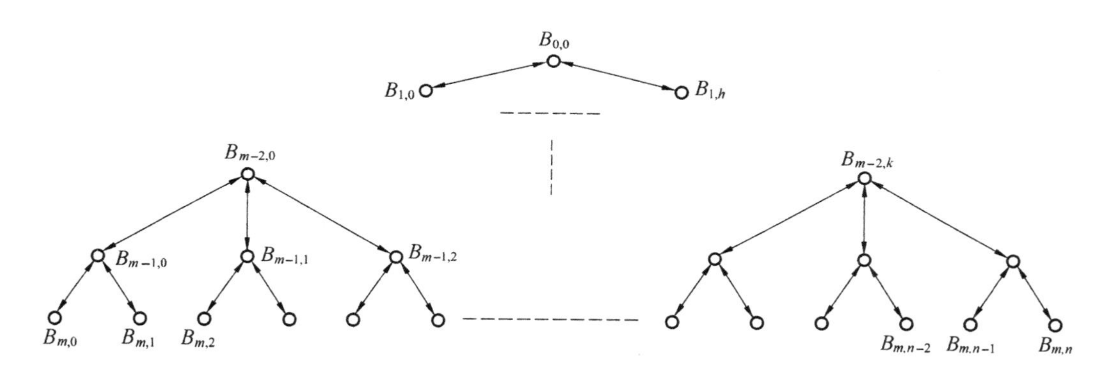

图 3.42　复合式均衡系统多层树状拓扑结构

同样也可以利用树状图对四单体或更多单体直接交互均衡结构进行分层分析，并可推广得出：

(1) 各层采用统一均衡单元的前提下，假设均衡数量的能力与底层均衡电路能一次性均衡的能量单体数量为 a，则最佳均衡单体数量与层数的关系为 $n=a^m$。

(2) 底层单元电路一次性能够均衡的数量越多，构建分层均衡电路越简单，需要的层数也越少。

(3) 复合方式的均衡系统拓扑在一些情况下表现出更好的均衡性能。

(4) 四单体以上直接交互均衡电路不易采用分散结构实现，虽然采用集中式均衡具有实现的可能性，但仍不能保证能量变压器参数一致性，故不予以采用。

2. 分层均衡系统的能量流路径寻优

分层均衡系统在确定了具体的拓扑形式后，还应该寻找到能量传递路径，从而保证均衡系统在串联超级电容器的各种失衡条件下，尤其是在恶劣失衡情况下，均衡效率和均衡速度都能得到优化，这个问题可以转化为寻求树中的最短路问题。多层树状均衡系统寻求均衡最短路径可以采用 Floyd 方法[39-41]，其基本步骤为：

设 $\boldsymbol{A}=(a_{ij})_{n\times n}$ 为赋权图 $G=(V,E,F)$ 的权矩阵，d_{ij} 表示从 v_i 到 v_j 点的距离，r_{ij} 表示从 v_i 到 v_j 点的最短路中一个点的编号。

① 赋初值。对所有 $i,j,d_{ij}=a_i,r_{ij}=j,k=1$，转向 ②。

② 更新 d_{ij},r_{ij}。对所有 i,j，若 $d_{ik}+d_{kj}<d_{ij}$，则令 $d_{ij}=d_{ik}+d_{kj},r_{ij}=k$，转向 ③。

③ 终止判断。若 $k=n$ 终止；否则，令 $k=k+1$，转向 ②。

最短路线可由 r_{ij} 得到。

利用上述方法，可以很清楚地看到两单体直接交互式均衡电路单层在首尾两单体出现失衡时均衡路径最长，而两单体直接交互式均衡电路多层均衡拓扑中，均衡路径选择最外围包络线。但必须注意到，在分层结构中，当均衡拓扑图中分别位于对称轴线上两侧距离较近的单体出现不均衡时，原本在单层均衡系统中能够用很短均衡路径实现的均衡过程被额外地加长了均衡路径，并且其轨迹都等长。尤其是当对称轴线两侧的第一对单体失衡时，其均衡路径与首尾单体失衡时均衡路径相比，因为分层获得的利益非但没有升高反而有所降低。

本章参考文献

[1] TERADA N,YANAGI T,ARAI S. Development of lithium batteries for energy storage and EV applications[J]. Journal of Power Sources,2001,100(2):80-92.

[2] MARIE F J N,GUALOUS H. 42 V power net with supercapacitor and battery for automotive applications[J]. Journal of Power Sources,2005,143(2):275-283.

[3] HUNG S T,HOPKINS D C ,MOSLING C R. Extension of battery life via charge equalization control[J]. IEEE Transactions on Industrial Electronics,1993, 40(1):96-104.

[4] KONG Zhiguo,ZHU Chunbo,LU Rengui. Comparison and evaluation of charge equalization technique for series connected batteries[C]. Busan:37th IEEE Power

Electronics Specialists Conference,2006,7:18-20.

[5] MOORE S W,SCHNEIDER P T. A review of cell equalization methods for lithium-ion and lithium polymer battery systems[J]. SAE Technical Paper Series, 2001,6:1-5.

[6] LINZEN D,BULLER S. Analysis and evaluation of charge-balancing circuits on performance,reliability and lifetime of supercapacitor Systems[J]. IEEE Transactions on Industry Applications,2005,41(5):1135-1141.

[7] MOORE S W,SCHNEIDER P J. A review of cell equalization methods for lithium-ion and lithium polymer battery systems[C]. Canada:The 17th International Electric Vehicle Symposium,2001,9:1145-1149.

[8] PASCUAL C,KREIN P T. Switched capacitor system for automatic series battery equalization[C]. Michigan:Applied Power Electronics Conference and Exposition, 1997,2:848-854.

[9] ANDREW B,MEHDI F. Double-tiered capacitive shuttling method for balancing series-connected batteries[C]. Chicago:IEEE Vehicle Power and Propulsion Conference,2005,8:50-54.

[10] ANDREW B,MEHDI F. Analysis of the double-tiered three-battery switched capacitor battery balancing system[C]. Windsor:IEEE Vehicle Power and Propulsion Conference,2006,11(6-8):1182-1188.

[11] 逯仁贵,王铁成,朱春波. 基于飞渡电容的超级电容组动态均衡控制算法[J]. 哈尔滨工业大学学报,2008,140(19):1421-1425.

[12] 李忠学,陈杰. 超级电容器组件的电压均衡控制电路设计[J]. 电子元件与材料,2006,125(5):39-42.

[13] KUHN B T,PITEL E G,KREIN P T. Electrical properties and equalization of lithium-ion cells in automotive applications[C]. Chicago:VPPC 2005 IEEE Conference,2005,6:55-59.

[14] KUTKUT N H,DIVAN D M,NOVOTNY D W. Charge equalization for series connected battery strings[J]. IEEE Transactions on Industry Applications,1995, 31(3):562-568.

[15] KUTKUT N H. Non-dissipative current diverter using a centralized multi-winding transformer[C]. Saint Louis,MO:PESC 1997,1998:648-654.

[16] WEST S,KREIN P T. Equalization of valve-regulated lead-acid batteries:issues and life test result[C]. Phoenix:Twenty-second International Telecommunications Energy Conference,2000:439-446.

[17] PARK S H,PARK K B,KIM H S,et al. Sing-magnetic cell to cell charge equalization converter with reduced number of transformer windings[J]. IEEE Transactions on Power Electronics,2012,27(6):2900-2911.

[18] HOPKINS D C,MOSLING C R,HUNG S T. Dynamic equalization during charging of serial energy storage elements [J]. IEEE Transactions on Industry Applications,1993,29(2):363-368.

[19] KUHN T B,PITEL E G,KREIN P T. Electrical properties and equalization of lithium-ion cells in automotive applications[C]. Chicago:VPPC 2005 IEEE Conference,2005,6:55-59.

[20] HOPKINS D C,MOSLINGN C R,HUNG S T. The use of equalizing converters for serial charging of long battery strings[C]. Dallas. TX:Applied Power Electronics Conference and Exposition,1991:493-498.

[21] NASSER H K. A modular non dissipative current diverter for EV battery charge equalization[C]. Anaheim:APEC 1998,1998,13(2):686-690.

[22] MOO C S,HSIEH Y C,TSAI I S. Charge equalization for series-connected batteries[J]. IEEE Transactions on Aerospace and Electronic Systems,2003,39(2):704-710.

[23] MOO C S,HSIEH Y C,TSAI I S. Dynamic charge equalisation for series-connected batteries[J]. IEEE Proceedings on Electric Power Applications,2003,150(5):501-505.

[24] HSIEH Y C,CHOU S P,MOO C S. Balance discharging for series-connected batteries[C]. Berlin:PESC 2004 IEEE 35th Annual,2004:2697-2702.

[25] BARRADE P. Series connection of supercapacitors:comparative study of solutions for the active equalization of the voltages[C]. Canada:7th International

Conference on Modeling and Simulation of Electric Machines,2002:18-21.

[26] LEE Y S,CHENG Guotian. Quasi-resonant zero-current-switching bidirectional converter for battery equalization applications[J]. IEEE Transactions on Power Electronics,2006,21(5):1213-1224.

[27] LEE Y S,CHENG Guotian. ZCS bidirectional DC-to-DC converter application in battery equalization for electric vehicles[C]. Berlin:PESC 2004 IEEE 35th Annual,2004:2766-2772.

[28] LEE Y S,WANG Chengming. Intelligent control battery equalization for series connected lithium-ion battery strings[J]. IEEE Transactions on Industrial Electronics,2005,52(5):1297-1307.

[29] MESTRALLET F,KERACHEV L,CREBIER J C,et al. Multiphase interleaved converter for lithium battery active balancing[C]. Applied Power Electronics Conference and Exposition,2012:369-376.

[30] 丑丽丽,杜海江,朱冬华. 一种新型蓄电池组的均衡拓扑及其控制策略[J]. 电力与能源,2011,32(5):392-394.

[31] BARRADE P,PITTET S,RUFER A. Energy storage system using a series connection of supercapacitors with an active device for equalizing the voltages[C]. Fortworth:IPEC 2000,2000,3:982-985.

[32] SAKAMOTO H,MURATA K. Balanced charging of series connected battery cells[C]. Japan:INTELEC 1998,1998,8:311-315.

[33] KIM T H,PARK N J,KIM R Y,et al. A high efficiency zero voltage-zero current transition converter for battery cell equalization[C]. [出版地不详]:Applied Power Electronics Conference and Exposition,2012:2590-2595.

[34] WANG Xiongfei YANG Shiyan,PARK N J,et al. A three-port bidirectional modular circuit for li-ion battery strings charge/discharge equalization applications[C]. Fortworth:Power Electronics Specialist Conference,PESC 2008 IEEE 39th Annual,2008:4695-4698.

[35] GAI Xiaodong,YANG Shiyan,YANG Wei. Analysis on equalization circuit topology and system architecture for series-connected ultra-capacitors[C]. Greece:

IEEE Vehicle Power and Propulsion Conference 2008,2008:1-5.

[36] 盖晓东.基于三单体直接均衡电路的串联储能电源组均衡技术研究[D].哈尔滨:哈尔滨工业大学,2010.

[37] 卜月华.图论及其应用[M].南京:东南大学出版社,2007.

[38] 孙强,沈建华,顾君忠.求图中顶点之间所有最短路径的一种实用算法[J].计算机工程及应用,2002,2:78-80.

[39] 刘耀年.从有向图的通路矩阵生成有向图的全部有向回路的一个算法[J].电工技术学报,1992,2:58-60.

[40] 李洪波,王茂波.Floyd最短路径算法的动态优化[J].计算机工程及应用,2006,34(2):60-63.

[41] 张德全,吴果林,刘登峰.最短路问题的Floyd加速算法与优化[J].计算机工程及应用,2009,45(17):41-46.

第 4 章　复合储能系统及相关技术

复合储能系统广泛应用于新能源汽车、风力发电系统、独立光伏系统等多种领域。不同能量转换装置及储能设备协同工作，可充分发掘各自的性能优势，相互补充，实现系统整体性能的提高。本章以电池和超级电容器组成的复合储能系统为例，介绍混合储能系统结构及其控制等相关技术。

4.1　复合储能系统的组合方式与结构

4.1.1　复合储能系统组合方式

为了获得整体性能提升，采用多种储能技术时，一般情况下，高比能量能源可作为主能源，高比功率储能源可作为辅助能源。燃料电池和蓄电池可以作为高比能量的主能源，超级电容、超高速飞轮、部分蓄电池可以作为辅助能源。

综合国内外对复合储能源的研究进展[1]，总结出目前应用的复合储能技术具有代表性的组合[2,3]，见表 4.1。

表 4.1　主从能源的典型组合方式

项目	组合方式	主能源	辅助能源
近期	B＋UC	铅酸电池	超级电容
		镍氢蓄电池	超级电容
		锂离子电池	超级电容
		锌空气电池	超级电容
长期	B＋UFLY	铅酸电池	超高速飞轮
	UC＋UFLY	超级电容	超高速飞轮

注：B 代表蓄电池、UC 代表超级电容器(以下简称超级电容)、UFLY 代表超高速飞轮。

(1) 高比能量电池与超级电容的组合。这种组合方式在 EV 和 HEV 上都有应用，但由于 HEV 对车载储能源的要求不像 EV 对能量要求较高，而是峰值功率要求，所以这种组合更多地出现在 HEV 上。

从蓄电池和超级电容的特点来看，两者在技术性能上有很强的互补性。超级电容功率密度大，充放电效率高，循环寿命长，非常适应于大功率充放电和循环充放电的场合，但能量密度相对偏低，还不适宜于大规模的电力储能。而蓄电池则相反，其能量密度大，但功率密度小，充放电效率低，循环寿命短，对充放电过程敏感，大功率充放电和频繁充放电的适应性不强。如果将超级电容与蓄电池混合使用，使蓄电池能量密度大和超级电容功率密度大、循环寿命长等特点相结合，储能装置的性能将会得到大幅度的提升。根据系统实际使用情况，两者主要有直接并联、通过电感并联和利用变换器并联等几种结构。一般情况下，通过变换器会提高系统的可控性，从而获得性能上的提高。比如混合储能可以提高系统整体的功率输入输出能力，减小系统的容量；减小蓄电池充放电循环次数和放电深度，延长蓄电池使用寿命。研究发现，超级电容通过一定的方式与蓄电池混合使用，可以使储能装置具有很好的负载适应能力，能够提高供电的可靠性，缩小储能装置的体积，减轻质量，可以改善储能装置的经济性能。与超级电容混合使用，可以减小蓄电池的输出电流峰值，降低内部损耗，延长放电时间，还可以优化蓄电池的充放电过程，延缓失效进程。

从国内外复合储能技术的研究状况来看，铅酸电池与超级电容的组合方式应用最为广泛。此种组合方式的特点是结合铅酸电池可靠性好、原材料易得、价格便宜等优点，采用超级电容的高比功率和长循环寿命来弥补铅酸电池当前存在的比功率低和使用寿命短、从而造成使用成本过高的问题[1]。而且超级电容充电速率快、效率高，恰好弥补了铅酸电池充电慢和低效的劣势，从而有利于再生制动能量回收。

镍氢蓄电池与超级电容的组合方式近几年在 HEV 上也得到了应用。此种组合方式立足于镍氢蓄电池比能量高的优势，借助超级电容高比功率、长循环寿命、高充放电效率，减轻车辆瞬时加速或制动时大电流或高功率对镍氢蓄电池的冲击，从而有效减少 HEV 车载镍氢蓄电池的工作循环次数及协助电池快速吸收车辆再生制动过程所产生的能量，以降低电动车辆的运营成本。

在 HEV 上应用锂离子电池与超级电容的组合方式，主要针对锂离子电池目前存在的大电流性能差、成本较高以及安全性问题，将超级电容引入，可以大幅提高储能源的峰值功率输出能力，优化电池的充放电过程，减少电池的配置容量，从而有效保护电池，延长其使用寿命，继而降低其使用成本。

另外镍氢蓄电池、锂离子电池与超级电容的组合方式也较多地被应用于燃料电池汽车，除了利用它们提供车辆需求的瞬时功率需求，以改善车辆的动力性能外，还能克服燃料电池无法回收再生制动能量的缺陷，从而达到节能的目的。

而锌空气电池与超级电容的组合方式也有一定的研究，较多出现在 EV 上，如德国卡尔斯鲁厄大学研制的纯电动小型巴士车，主要利用超级电容提供车辆加速时的高功率和回收车辆制动时的再生能量，从而弥补锌空气电池比功率较小且不能存储再生制动能量的问题，提高能量的利用率。超级电容分担了电机对电池的部分大功率需求，有利于更好地发挥锌空气电池比能量高的优势，从而使电动车辆能够明显地提高其续驶里程。

目前，超级电容与蓄电池组成混合储能，在电动汽车上的应用比较广泛。将超级电容作为功率缓冲器，与蓄电池并联使用，应用于电动汽车或混合电动汽车，以对蓄电池在汽车加速、减速时所需的输出、输入瞬时大功率进行滤波，可以减小电机对蓄电池的峰值功率需求，以减小蓄电池的安装容量，延长使用寿命。此外，由于超级电容蓄电池混合储能的性能特点，在面向可再生能源的应用方面，也成为近期研究的热点。

(2) 高比能量电池、超级电容与超高速飞轮的组合。超级电容与超高速飞轮结合能很好地提供加速和爬坡时必要的能量需求，并在车辆制动和下坡时回收再生能量。就目前的技术现状，整体式超高速飞轮系统可达到 10 ～ 150 Wh/kg 的比能量和 2 ～ 10 kW/kg 的比功率。就长远来看，若超高速飞轮的比能量得到进一步提高，有望取代蓄电池，并和燃料电池或超级电容组成 FC＋UFLY 或 UC＋UFLY 的复合储能系统。但由于针对飞轮电池的研究起步较晚，将飞轮电池用于电动汽车还有很长的路要走[4]。

不论哪种组合方式，它们的出现都是随着储能系统应用过程中出现的问题应运而生的，人们应该从储能系统的成本、效率、循环寿命和系统的动力性、经济性综合考虑来最终选择最合适的组合。

4.1.2　复合储能系统的能量匹配

对于主从式储能源，特别是由蓄电池和超级电容组成的复合储能系统，其配置结构问题一直是研究的热点之一。下面介绍几种比较常见的应用于混合动力汽车的复合储能系统结构。

早期的结构一般直接将两种能源并联使用[5,6]，如图 4.1 所示。这种结构的优点是电路简单，与单一储能源相比，在脉冲负载条件下，主能源电流减小，且变化平稳，输出的峰值功率提高，具有更长的运行时间和较长的电池循环寿命；其缺点为主、辅能源具有相同的电压，以致超级电容仅在主能源电压发生快速变化时，输出或接受功率，其负荷均衡能力不能充分发挥。

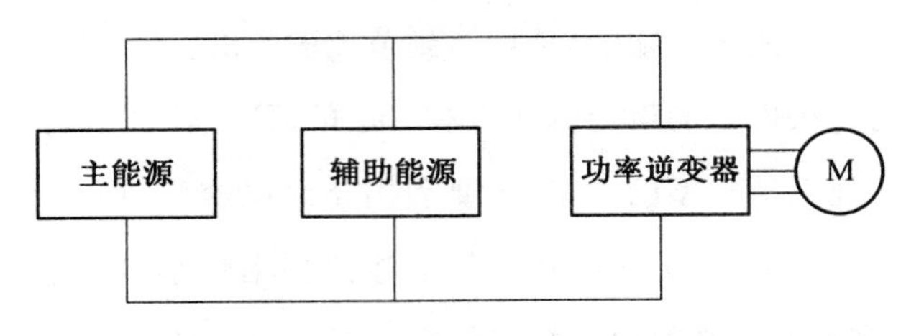

图 4.1 主从能源直接匹配

为了克服早期结构存在的缺点，人们在主辅能源间引入 DC/DC 变换器，优化主从能源的功率分配。图 4.2(a) 所示的结构使得储能系统的功率容量提高，缺点在于主能源的能量输出都要通过 DC/DC 变换器，能量转换效率降低，另外辅助能源直接连接负载，要求辅助能源的额定电压配置较高，而辅助能源一般成本较高(如超级电容)，这将增加能源系统的成本。图 4.2(b) 所示的结构具有效率较高的优点，但由于辅助能源提供瞬时功率的能力及回收制动能量的作用不能充分发挥，也限制了它的实际应用。

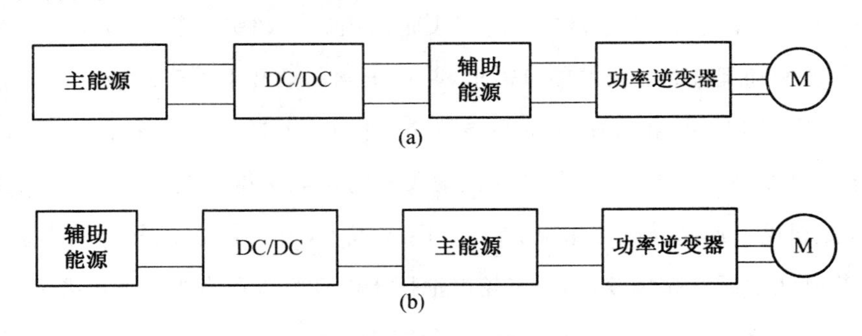

图 4.2 主从能源串联匹配

图 4.3(a) 与图 4.3(b) 也都采用了双向 DC/DC 变换器。图 4.3(a) 结构继承了图 4.2(b) 的能量转化效率较高的优点，且辅助能源通过 DC/DC 变换器与负载相连，能够在车辆加速时较好地提供瞬时功率，制动时回收制动能量，但对变换器的功率要求较高。图 4.3(b) 结构中辅助能源瞬时功率响应速度最快，便于其快速提供启车 / 加速时的功率输出和制动时的能量快速回馈。同时辅助能源的配置电压受到一定的限制，其能量是靠电压变化来存储的，所以直流母线的电压变化范围大，不利于电路的稳定工作，但对于输出特性较软、输出电压变化范围较大的主能源，比如燃料电池，适合采用此种结构。由于蓄电池端电压的变化比超级电容的端电压变化平缓，因此，对于 DC/DC 变换器而言，图 4.3(a) 比图 4.3(b) 易于控制。图 4.3(c) 结构中增加了一个 DC/DC 变换器，可以结合以上两种结构的优点，理论上具有更高的灵活性，但缺点是增加了系统的复杂性，对 DC/DC 变换器的控制要求精确复杂且不易维护。图 4.3(d) 结构适合于多能源的匹配，如燃料电

池与蓄电池、超级电容的匹配。多输入 DC/DC 变换器由多个变换器组合而成，兼具图 4.3(a) 和图 4.3(b) 的优点，问题是此种变换器的构建及整个系统的控制难度增加。除了上述典型结构外，还有人提出了一些变结构方案，这里不再赘述。

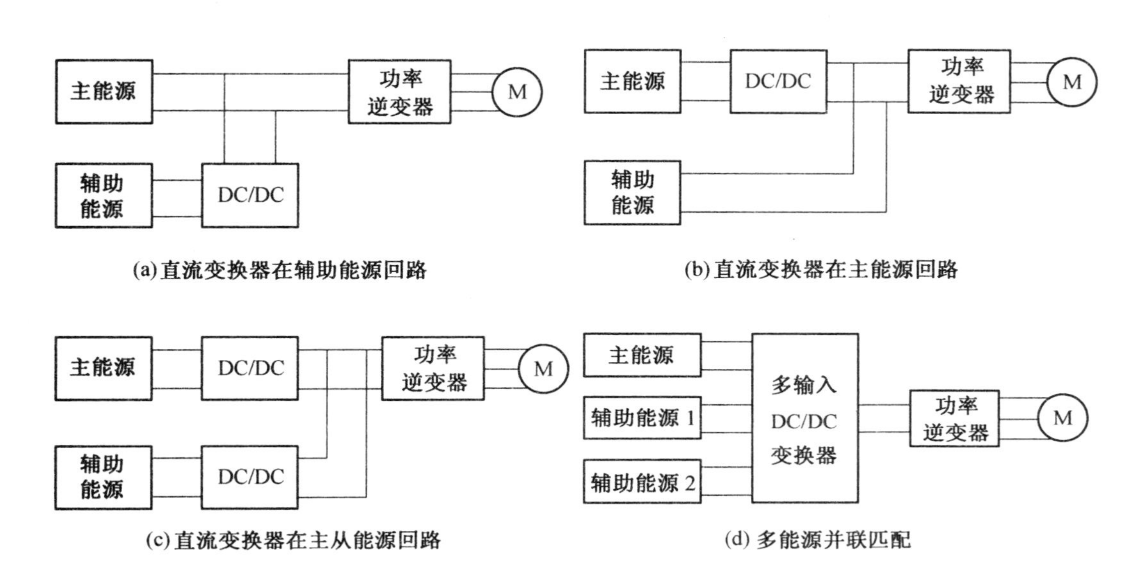

图 4.3 主从能源并联匹配

4.1.3 复合储能系统的典型结构

复合储能系统根据连接方式主要分为直接连接式和间接连接式。两种方式的区别是两储能系统之间有无通过电力电子元件连接在一起。直接式结构简单，为目前大多使用复合储能装置的混合动力车所采用。间接式需要 DC/DC 变换器连接，需要额外的器件成本，但是功率分配更为合理。

20 世纪 90 年代初，由电池和电化学电容组成的复合储能系统已经提出，但由于其非常复杂和直到今天都很昂贵的设计使得其迟迟没有投入生产，近年来，才得到较快的发展。

瑞典查尔姆斯理工大学与 Volvo 公司共同研究了由镍氢蓄电池和超级电容组成的复合储能系统[7]，用于如图 4.4 所示的串联混合动力汽车上。

镍氢蓄电池直接与直流母线相连，超级电容通过双向 DC/DC 变换器与母线相连。建立了系统中各部件模型，并进行了实验验证，但没有进行样车试验。结果表明超级电容的引入有效降低了电池所受应力，有利于延长其寿命。

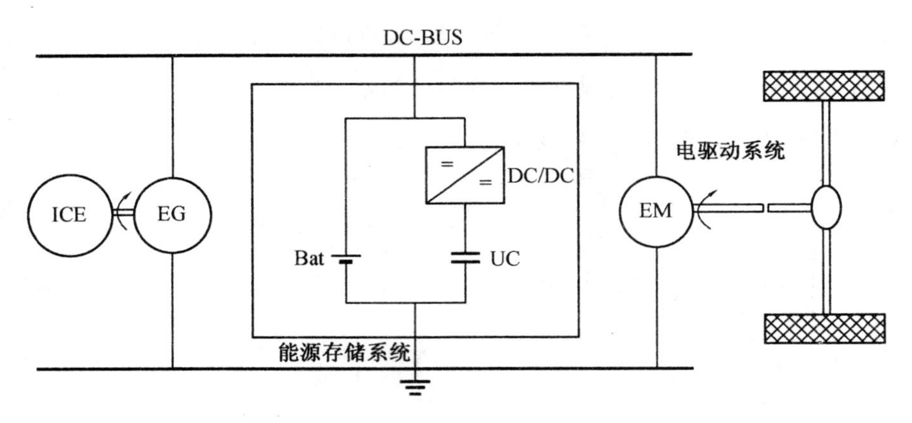

图 4.4 串联结构混合动力汽车

在文献[8]中提出了一个改善 HEV 性能的由铅酸电池和超级电容组成的储能系统，超级电容用于加速时快速提供能量而再生制动时快速能量回收，通过减少对电池的高功率要求从而减少对电池的损坏，进而延长其使用寿命。复合储能系统的总质量较原单一电池储能源降低，而整车效率增加。系统结构及能量流如图 4.5 所示。

超级电容采用 Maxwell 公司的 PC2500，单体容量 2 700 F，30 节串联，总容量 90 F，电压范围为 40 ～ 69 V。DC/DC 变换器采用双向全桥拓扑，功率 10 kW。对 DC/DC 变换器的升压和降压模式进行了实验，其中 DC/DC 变换器采用电流控制模式。对并联型 HEV 决定流出和充入超级电容组能量多少的算法目前处于研究阶段。

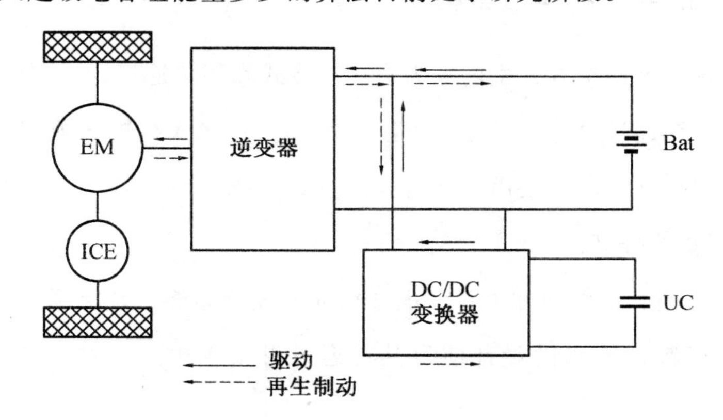

图 4.5 采用超级电容的 HEV 复合储能系统结构

图 4.6 所示为应用于一款串联 HEV 的多储能源功率流管理系统[9]。系统中超级电容、电池以及发电机后的逆变器通过一个多输入 DC/DC 变换器与直流母线相连。该多输入 DC/DC 由三个独立的双向 DC/DC 并联而成。采用滤波法、平均法和最大斜率法三种方法对各部分的功率进行分配。

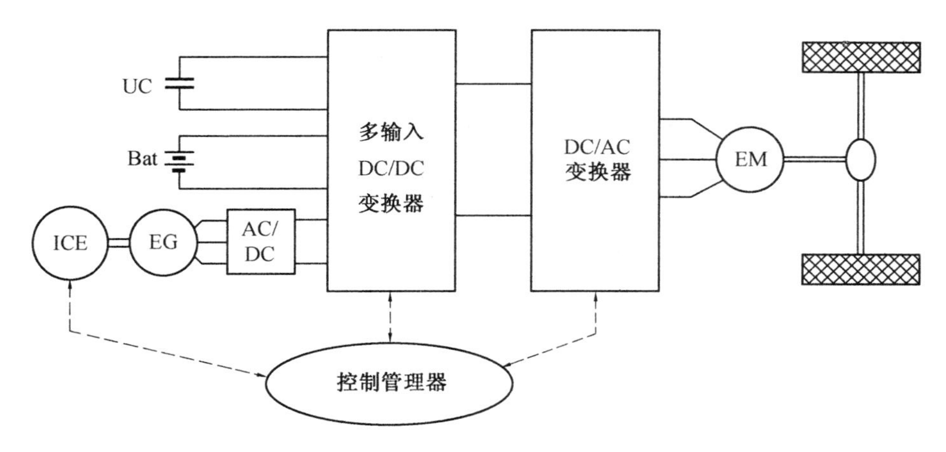

图 4.6　罗马第三大学所采用的复合能源结构

2000 年，Arnet 提出了用于 EV 的由铅酸电池和超级电容构成的复合储能源的硬件和算法概念[10]。此设计是 Solectria 公司新储能设备开发项目的一部分，采用了汽车动能与超级电容的 SOC 成反比的算法。但其成果是很初步的，而且没有对设备在实际应用中的一般性能作出评价。

Heinemann 的工作[11] 值得关注，通过试探不同的能量管理策略介绍了一些有用的供选方案，然而，他的发现大部分都是仿真或小规模的台架实验，并没有给出有关总体效率增加和可用功率的结论性数据。

2002 年左右，Gregory Wight 的文章[12] 介绍了有关电动汽车超级电容和铅酸电池结合的例证性的成果。他参加了 Ness Capacitor 公司和 EVermont 联合进行的对 1 270 kg Solectria 电动汽车超级电容的道路测试，其目标是延长电池的寿命，改善再生制动能量的回收。其实车储能系统结构如图 4.7 所示。

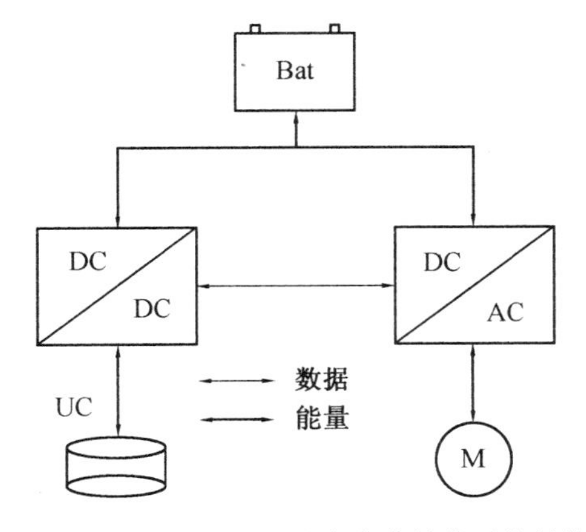

图 4.7　Solectria 电动汽车车载储能系统结构

车载储能源采用总标称电压 156 V 的铅酸电池和总额定电压 120 V 的超级电容，电容单体额定电压为 2.65 V，标称容量为 3 400 F，45 个单体串联，工作电压范围为 60 ～ 120 V。测试结果证明，加入超级电容后，车辆的性能得到极大改善，比如续驶里程、能量效率和加速性，而这些性能依赖于驾驶循环和 DC/DC 变换器的能量管理策略。

德国卡尔斯鲁厄大学研制的纯电动面包车采用高比能量的锌空气电池(ZOXY@P250S) 和超级电容(Panasonic Power Cap 1500 F/2.3 V) 作为复合储能系统[13]。

为了直流母线、超级电容、电池的电压完全相互独立，采用双 DC/DC 变换器结构，电驱动系统结构如图 4.8 所示。双 DC/DC 变换器都是采用带 PI 调节器的电流控制方式。超级电容充放电取决于直流母线电压 U_{DC} 的大小，U_{DC} 增加，则超级电容充电；反之，放电缓冲。若 U_C 达到上限值，I_C 被钳位到零，避免超级电容过充。而 I_B 受控于 U_C，只要 U_C 位于滞环窗内，I_B 通过一滞环调节器设置成一固定值。由于锌空气电池不能回收再生制动能量，如果超级电容超出了它的缓冲窗，U_{DC} 就取决于电池的电压。

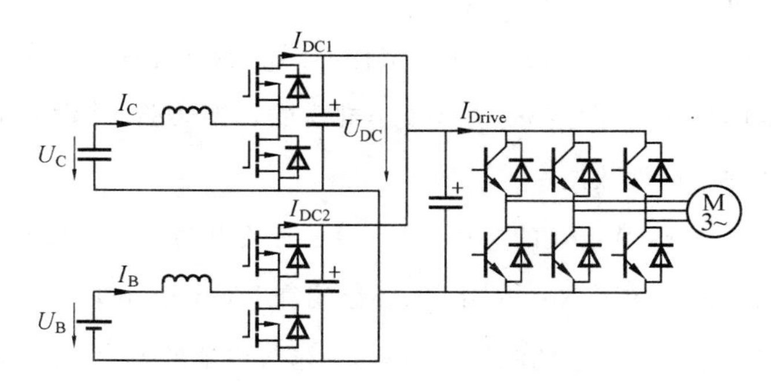

图 4.8　电驱动系统结构

实际工况测试结果显示有 14% 的能量被回收，可以预期增加 10% 的续驶里程；增加超级电容后车速从 40 km/h 增加到 55 km/h。由于采用双 DC/DC 结构使得控制更灵活，但增加的 DC/DC 导致成本增加和控制的复杂性。

智利 Catholic 大学的 J. W. Dixon 等人对由蓄电池和超级电容构成的复合储能系统进行了研究[14]，所采用的结构如图 4.9 所示。蓄电池组由 26 块铅酸电池模块串联组成，额定电压 312 V，总质量 520 kg。超级电容单体标称电压 2.3 V，最大电压 2.5 V，容量 2 700 F，132 个单体串联，总容量 20 F，标称电压 300 V，最大电压 330 V，额定电流 200 A，最大电流 400 A，电容总质量为 95 kg。

该系统采用电流限制控制策略。当车辆加速时，由蓄电池提供能量，如果电流需求超过预先设定值，则额外的电流由超级电容提供。相对地，当车辆制动时，由蓄电池回收制动能量，如果电流需求超过限定值，其余部分由超级电容吸收。该复合储能系统已被装入样车 Chevrolet LUV truck 进行试验。

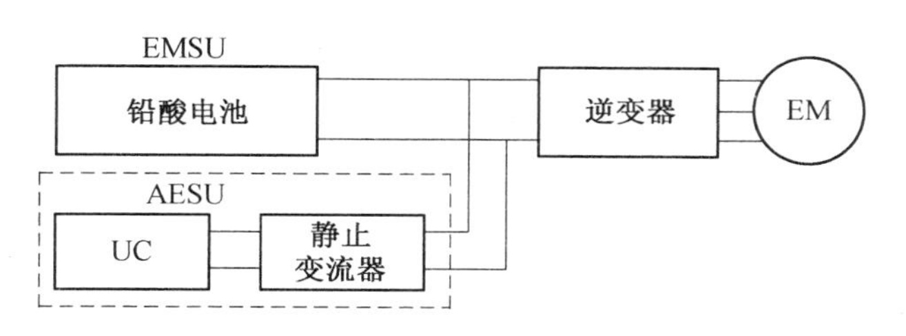

图 4.9　智利 Catholic 大学所采用的复合储能系统结构

国内也对纯电动旅游客车“BFC6110－EV”进行了研究[15]，采用锂离子电池和超级电容构成的复合储能系统，如图 4.10 所示。当汽车加速或爬坡时，DC/DC 变换器工作在 Boost 模式，超级电容向外放电。当汽车减速或制动时，变换器工作于 Buck 模式，此时超级电容处于充电状态。

还提出了 EV 超级电容参数匹配的方法。根据超级电容的时间常数、车辆加速时间及行驶工况来选择超级电容的充放电时间，从而进一步确定其他参数，包括超级电容组的容量、可供使用的能量以及超级电容组的终止电压等。

该车已经通过整车试验，主要的性能指标已经达到预定的要求：最高车速 90 km/h，0 ～ 60 km/h 加速时间 48 s，最大爬坡度 20%，续驶里程 240 km。

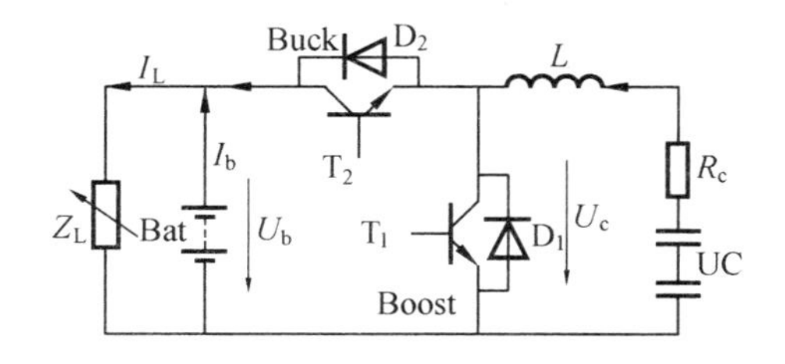

图 4.10　BFC6110 EV 复合储能源系统

对电动汽车超级电容 / 蓄电池复合储能系统的研究还包括对控制策略的研究，文献[16] 的核心是率先将 H_∞ 鲁棒控制算法应用到电动汽车复合储能源能量回收技术上，与传统方法相比，优势是可同时考虑输入电压的变化、负载扰动和其他非线性的补偿。试验表明，在市内道路行驶时，采用 H_∞ 鲁棒控制的复合储能电动汽车，最高时速可达 55 km/h，一次充电行驶里程为 180 km，比蓄电池单一储能电动汽车提高续驶里程30% ～ 50%。

由燃料电池和超级电容作为复合储能源的燃料电池城市客车[17] 系统结构如图 4.11 所示。超级电容经 DC/DC 变换器连到直流母线上，直流母线电压范围为 330 ～ 480 V。超级电容采用 Maxwell 公司的 BCAP0010，由 3 组并联而成，每组有 184 个电容单体串联，总容量为 42.4 F，最高电压 460 V，额定工作电压 430 V，最低工作电压 230 V。DC/DC 最大功率 80 kW。其最高车速、加速时间、最大爬坡度较原燃料电池车都有显著提高，尤其是加速特性；在城市工况下氢燃料经济性不到 10 kg/100 km，而戴姆勒克莱斯勒公司的 CITARO 燃料电池城市客车的平均氢燃料经济性为 15 kg/100 km。

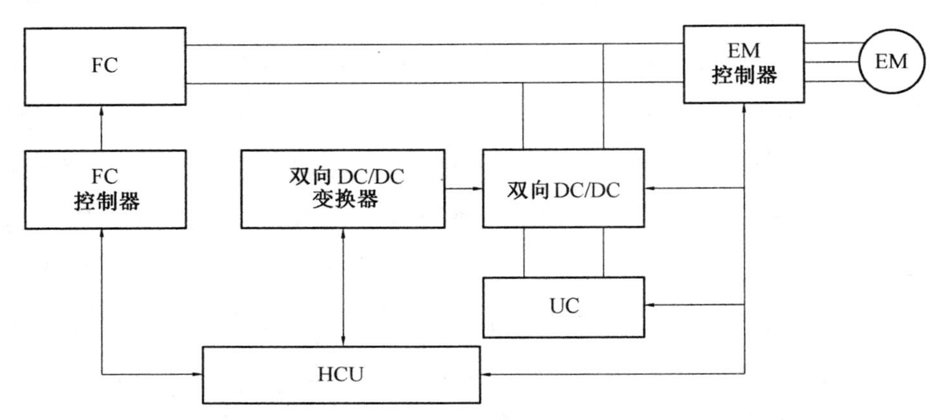

图 4.11　燃料电池城市客车系统结构图

复合储能系统除了用于新能源汽车领域以外，还广泛应用于其他方面，如风力发电系统[18]、独立光伏系统[19,20] 等。

图 4.12 所示系统采用超级电容改善中小风速区域风力发电系统的能量回收，采用了 18 个单体串联的较小的超级电容模块（总容量 650 F）和 48 V/120 A·h 铅酸电池。该系统目前只进行了仿真和试验。

国内针对光伏发电受气候和环境的影响大、发电功率不稳定和不可预测等问题，提出将超级电容应用于独立光伏系统中[20]，构建了额定功率为 1 kW 的独立光伏系统实验平台，采用单晶硅太阳能电池组件、超级电容组合结构，如图 4.13 所示。

实验表明，采用超级电容与蓄电池混合储能，可以使储能系统的性能得到较大程度的改善，在风力、光伏等可再生能源发电系统中都具有较好的应用前景。

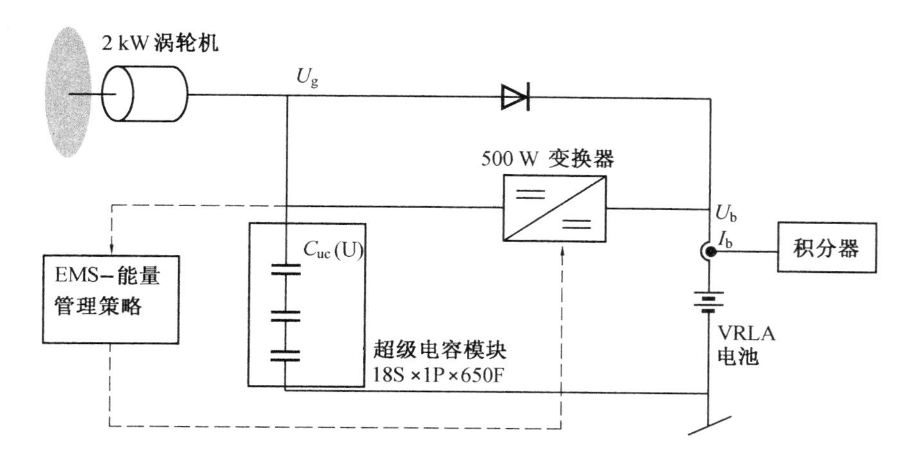

图 4.12　风力发电系统中的复合储能源系统结构

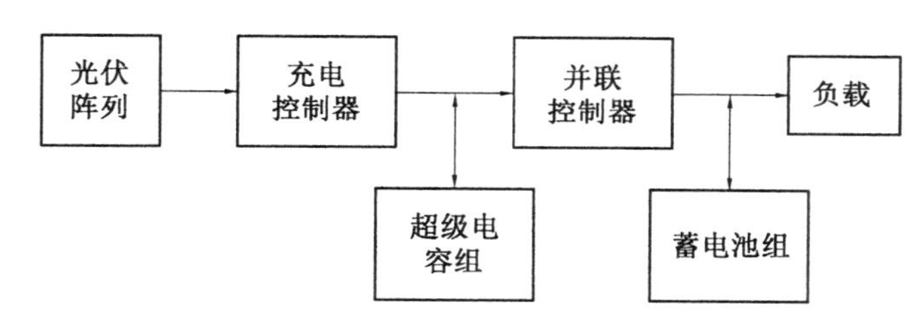

图 4.13　独立光伏系统中的复合储能源系统

4.2　混合动力汽车复合储能系统的参数匹配

为了满足不同需求，人们将混合储能系统应用于不同的场合，设计了不同的结构类型，但是，无论系统结构如何，都必须要有一套参数匹配的方法和一套合理的控制策略，并根据一定的规则和算法对系统中的多能量源进行统一管理和分配，这也成为研究混合储能系统的核心技术之一。深入研究复合储能系统与整车中其他元件的相互制约因素，寻求各部件的最佳匹配，并对控制策略和部件匹配参数作进一步的优化是促进混合储能系统应用研究的难题。本章以混合动力汽车储能系统为例，讨论混合储能系统的参数匹配技术。

混合动力汽车储能系统参数匹配的基本原则为：明确目标工况下储能源的最大功率和能量需求，在匹配电池参数时，遵循通过限制电池功率和最大放电电流以延长电池使用寿命的原则；在匹配超级电容参数时，基于复合储能系统控制策略，遵循最大限度回收一次连续最大再生制动能量和保证一定时间的电机峰值功率助力能量供给的原则。

本书讨论的 HEV 复合储能系统参数匹配方法为：基于给定的车型，根据整车动力性能指标，确定混合动力汽车总的功率和能量需求；在确定的整车控制策略下，基于循环工况，计算出目标行驶工况下电动系统对储能系统要求的功率和能量并确定储能系统的最大功率和能量需求，结合复合储能系统内部两储能源的功率和能量分配策略，确定两储能源的参数；在一定的约束条件下结合具体的优化目标确定最终匹配方案。

4.2.1 混合动力汽车整车性能需求及分析

1. 整车性能需求

对于电荷维持型 HEV（即电储能系统的 SOC 在循环工况始末保持相等），在一定循环工况下用于驱动整车的能量消耗等于发动机和电机产生的能量，而电储能系统的能量来自发动机或者再生制动。图 4.14 为本书研究的 HEV 车型的动力传动系统结构以及能量流。

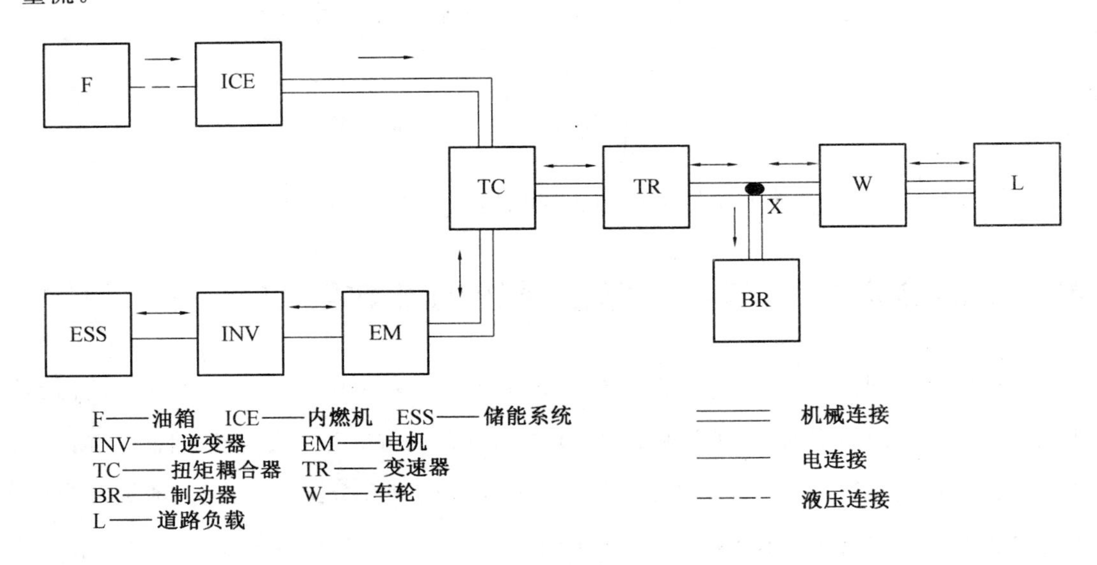

图 4.14 混合动力汽车能量流

(1) 能量平衡。根据能量守恒定律，各动力源提供的能量要满足一定行驶工况下车辆路面行驶的能量需求，而制动工况下的能量消耗除了通过电机发电运行回馈给储能源外，剩余的部分由机械制动器消耗，能量平衡关系可表示为

$$E_{\mathrm{cyc}} = E_{\mathrm{ice}} + E_{\mathrm{em}} - E_{\mathrm{br}} \tag{4.1}$$

$$E_{\mathrm{cyc}} = \int_0^{t_{\mathrm{cyc}}} P_{\mathrm{req}}\,\mathrm{d}t,\quad E_{\mathrm{ice}} = \int_0^{t_{\mathrm{cyc}}} P_{\mathrm{ice}}\,\mathrm{d}t,\quad E_{\mathrm{em}} = \int_0^{t_{\mathrm{cyc}}} P_{\mathrm{em}}\,\mathrm{d}t,\quad E_{\mathrm{br}} = \int_0^{t_{\mathrm{cyc}}} P_{\mathrm{br}}\,\mathrm{d}t \tag{4.2}$$

其中，E_{cyc}、E_{ice}、E_{em}、E_{br} 分别为行驶工况能量需求、发动机提供的能量、电机输入 / 输出的

能量及机械制动能量；P_{req}、P_{ice}、P_{em}、P_{br} 分别为整车需求功率、发动机功率、电机功率和机械制动功率；t_{cyc} 为行驶工况时间历程。

(2) 功率平衡。在车辆行驶的每一瞬间，不仅驱动力与行驶阻力要保持平衡，动力系统的功率也与道路工况需求的功率平衡，下面分别给出 HEV 驱动工况和制动工况下的功率平衡关系。

① 驱动工况下。

$$P_{req}/\eta_t = P_{ice} + P_{em} \quad P_{ess} = P_{em}/(\eta_{em,inv}\eta_{ess,dch}) \tag{4.3}$$

发动机给电池充电

$$P_{ess} = P_{em}\eta_{eg,inv}\eta_{ess,cha} = P_{ice\_cha} \tag{4.4}$$

$$\eta_{eg,inv} = \eta_{eg}\eta_{inv}, \quad \eta_{em,inv} = \eta_{em}\eta_{inv} \tag{4.5}$$

其中，η_{eg}、η_{em}、η_{inv}、$\eta_{ess,cha}$、$\eta_{ess,dch}$ 分别为电机发电效率、电机电动效率、逆变器的效率、电池充电效率和电池的放电效率。

② 制动工况下。

再生制动

$$P_{ess} = P_{em}\eta_{eg,inv}\eta_{ess,cha} = P_{req}\eta_t\eta_{eg,inv}\eta_{ess,cha} \tag{4.6}$$

复合制动

$$P_{ess} = (P_{req} - P_{br})\eta_t = P_{eg,max}\eta_{eg,inv}\eta_{ess,cha} \tag{4.7}$$

其中，η_t 为传动系统效率。而发动机及电机的功率分配是由整车控制策略决定的。

根据车辆的运动学方程，可以得到车辆在坡道上上坡加速行驶时的汽车行驶方程式：

$$F_t = F_f + F_w + F_i + F_j \tag{4.8}$$

车辆运行时的瞬时功率需求方程为

$$P_{req} = F_{req}v = \frac{1}{3\ 600}(mgf\cos\alpha + 0.047C_DAv^2 + mg\sin\alpha + \delta ma)v \tag{4.9}$$

式中，m 为整车质量，kg；g 为重力加速度；f 为滚动阻力摩擦系数；δ 为旋转质量换算系数；a 为车辆加速度，m/s^2；v 为车速，km/h；C_D 为空气阻力系数；A 为车辆前部迎风面积，m^2；α 为道路的坡度角，(°)。

(3) 根据整车参数与性能指标计算能量和功率需求。

① 汽车以最高车速在平直路面上行驶时所需要的功率。

$$P_{v_{max}} = \frac{1}{3\ 600\eta_t}(mgf + 0.047C_DAv_{max}^2)v_{max} \tag{4.10}$$

② 汽车加速性能需求。

加速期间的瞬时功率需求为

$$P_a = \frac{1}{3\,600\eta_t}(mgf + 0.047C_DAv^2 + \delta ma)v \tag{4.11}$$

加速度 $a = \frac{v_a}{t_a}$，即加速度假定为恒定的。加速期间的平均功率需求(也假定加速度为恒定)为

$$\bar{P}_a = \frac{1}{3\,600\eta_t t_a}\left(\frac{1}{2}mv_a^2 + mgf\int_0^{t_a} v\mathrm{d}t + 0.047C_DA\int_0^{t_a} v^3\mathrm{d}t\right),\quad v = v_a\left(\frac{t}{t_a}\right)^{1/2} \tag{4.12}$$

加速期间的能量需求为

$$E = \int_0^{t_a} P_a\mathrm{d}t \tag{4.13}$$

③ 汽车爬坡性能需求。

$$P_i = \frac{1}{3\,600\eta_t}(mgf\cos\alpha + 0.047C_DAv_{4\%}^2 + mg\sin\alpha)v_{4\%} \tag{4.14}$$

2. 整车控制策略及分析

储能系统参数匹配受到整车控制策略的影响与制约，因为不同的策略下 HEV 对电机的工作需求不同，也就对车载储能的要求不同，从而需求的储能装置也就随之改变。

HEV 的整车控制策略可以从不同的角度出发进行分析，控制策略要解决的主要问题有两个，即系统运行模式的切换和混合模式下功率的分配[21]。模式切换策略是根据不同的路况、汽车当前状态及驾驶员输入等信息，来取得模式切换的条件进行模式切换。功率分配策略是系统能量管理策略的关键，通常功率分配被看作一个以减少油耗和改善排放为目的的优化问题。目前被广泛采用的功率分配控制策略多以最小发动机油耗、最大电机效率、最小汽车排放或者使发动机和电机等效油耗最小为优化目标，以发动机和电机的转速、转矩与功率、电池的 *SOC* 等为约束条件来确定发动机、电机的工作方式和工作点，如发动机恒定工作点策略、优化工作区策略、优化工作曲线策略、自适应控制策略、模糊逻辑和神经元网络控制等基于规则的控制策略及瞬时优化、全局优化策略等基于优化算法的控制策略等。

本书选取以整车油耗为主要控制目标制定整车控制策略，采用基于规则的能量管理策略，根据不同的循环工况来决定发动机与电机的运行状态，并将发动机与电机的运行参

数控制在一定区域内。此种能量管理策略按照一定的逻辑规则改变和调节各动力源的工作状态，使这些部件的工作点位于一定的区域内，该区域通常为发动机万有特性中最佳的油耗曲线附近，并且使用部件的稳态 MAP 图来确定发动机与电机之间的动力分配。图 4.15 所示为所采用的发动机的稳态 MAP 图，图中曲线 A 为发动机最佳油耗曲线。

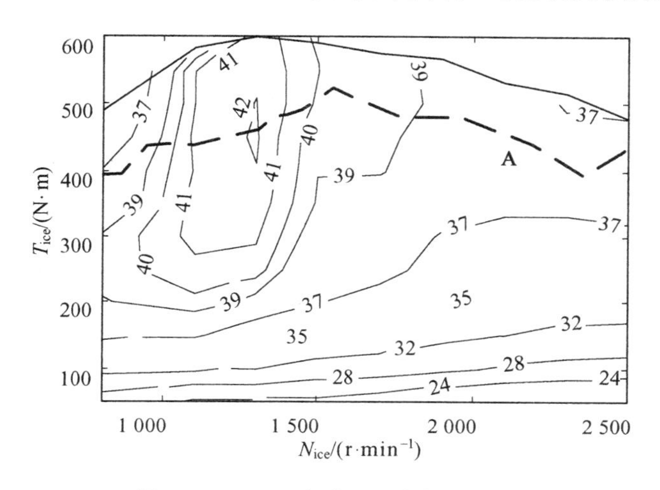

图 4.15 HEV 发动机的稳态 MAP 图

(1) 模式切换策略。通过判断道路循环工况的功率需求、当前车速、动力电池当前 *SOC* 与设定的发动机功率、车速与电池 *SOC* 等门限参数的关系，设定控制规则以实现工作模式间的切换。本书制定了图 4.16 所示的切换规则。

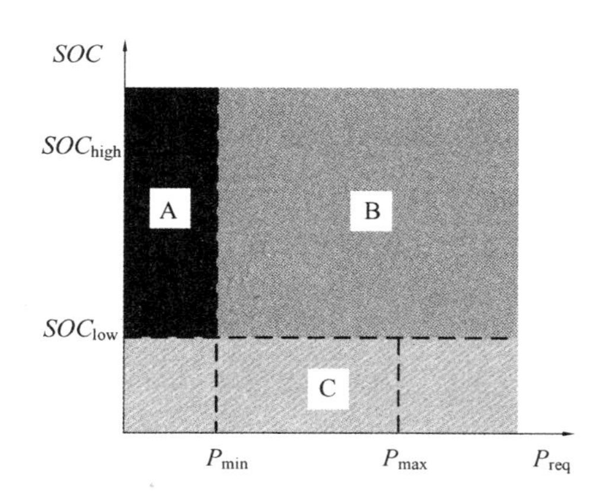

图 4.16 工作模式切换规则图

规则 1：在启动或低速巡航等小负荷情况下，P_{req} 较小，如果此时电池 *SOC* 较高，系统采用纯电动运行模式以提高燃油经济性，此时发动机被关闭（A 区），动力电池输出电能给电机用于驱动车辆。

规则 2：当由于电池消耗过大造成 *SOC* 低于优化范围（$SOC < SOC_{low}$），或车辆长时

间未使用时，无论此时车辆的需求功率多大，发动机均开启(C 区)。此时，发动机的输出功率一部分用于驱动车辆，一部分则用于给蓄电池充电，以使其 *SOC* 尽量达到合理的工作范围。

规则 3：HEV 系统处于 B 区域时的工作模式较复杂。如果前一时刻发动机的状态为关，系统进入纯电动模式；如果发动机的状态为开，系统进入混合驱动模式，发动机和蓄电池都向外提供功率，且蓄电池提供的功率可正可负，也可能为零。

规则 4：P_{req} 已超过电池的最大输出功率，发动机必须开启。

规则 5：车辆高速巡航时，作为主要动力源，发动机也必须保持开启状态。

规则 6：当需求功率为负值时，HEV 进入制动能量回馈模式，电机处于发电模式，最大限度地吸收 HEV 的制动能量。当需求负功率超过电池的最大接受能力时，多余的能量由机械制动系统消耗。

(2) 功率分配策略。正如前面所述，根据控制目标的不同，发动机与电机的功率分配策略也应相应改变。发动机工作点的确定采用发动机最优工作曲线控制策略，即尽量让发动机工作在万有特性图中最佳油耗曲线上(如图 4.15 中的曲线 A)，不足的功率由电机来提供，只有当电机驱动 / 制动功率需求超出电池的允许限制时，才调整发动机的工作点。

整车控制策略可优化发动机的工作点，也就从一定程度上影响储能系统的参数选择，是 HEV 车载储能系统匹配的关键影响因素之一。

3. 循环工况对储能源参数匹配的影响分析

循环工况是指针对某一类型车辆，如乘用车、公交车、长途客车、重型车辆等，用来代表特定交通环境下(如城区、高速公路)车辆行驶特征的速度－时间历程，是通过对车辆的实际行驶状况的调查并对实验数据进行分析统计建立起来的典型工况[22]。汽车行驶工况是汽车的道路行驶状况的反映。工况分为标准工况和非标准工况。如今，世界上很多国家都以标准等形式提出了不同车型在不同应用时的标准工况，如日本的10.15 工况循环，欧洲经济委员会的 ECE－R15 工况循环等。如果我们在设计汽车时直接采用国外的标准往往会带来令人很不满意的结果。因此，我们需要根据目标车型及研究的目的进行工况调查，选用合适的行驶工况。

不同工况性能特点差别较大，对车辆的要求不同。城市公交客车循环工况对混合动力城市客车的排放和燃油经济性影响很大。城市公交客车受交通环境因素和道路条件的限制，其运行特点是：停车、起步、加速、减速异常频繁，很少使用汽车的最高车速和最大爬坡度，也很少长时间等速行驶，但加速度指标的要求很高，其运行工况与传统的极限工况指标（最高车速、最大爬坡度、最大加速度、限定工况油耗等）相差很大[21]。

不但 HEV 的动力总成结构选型、控制算法必须以合理的、符合汽车实际行驶情况的循环工况为基础，动力部件和储能系统部件的参数匹配也受其影响。由于不同循环工况下，整车对各动力总成部件配置的需求不同，进而对应电驱动系统工作的时间和强度不同，对储能系统部件的电容量和瞬时充放电功率的要求也就不同。同样，不同循环工况下，减速制动的频率和强度不同，制动时的速度和减速度不同，储能系统部件回收能量利用率不同，等等。因此不同工况下整车的功率需求差别很大，在进行 HEV 部件参数匹配时有必要针对工况特点进行分别计算和分析。

4.2.2　基于循环工况的复合储能系统参数匹配

通过对整车控制策略以及循环工况对复合储能系统参数匹配的影响分析，HEV 复合储能系统参数匹配应当基于给定的车型、目标工况和整车基本控制策略，在满足原车动力性要求的前提下，根据电动系统对储能系统的功率和能量方面的双重要求及母线电压等级等系统参数初步确定复合储能系统中电池和超级电容的参数，在一定的约束条件下结合具体的优化目标确定最终匹配方案。

(1) 功率需求角度匹配。与 EV 不同，HEV 车载储能源主要用于功率调峰，其连续工作时间短，对其容量要求比 EV 低得多，主要是要求功率要够大。在车辆驱动和再生制动时，车载储能源分别需满足功率关系式(4.4)和式(4.6)，分析可知，由于各部件都存在效率问题，当车辆在加速行驶电机以峰值功率助力时对储能源的功率要求高于车辆制动时，车载储能源的最大功率需求由下式确定：

$$P_{essr\_max}=\max(P_{em\_max}/\eta_{em,inv},P_{cycr\_max})\tag{4.15}$$

其中，P_{em_max} 为电机的峰值功率；P_{cycr_max} 为 HEV 在目标行使工况下电动系统对储能源的最大需求功率。

HEV 采用复合储能时，复合储能系统提供的总功率应能满足目标行使工况下电机驱动整车的最大功率需求，即

$$P_{hess}=P_{bat}+P_{uc}\geqslant P_{essr\_max}\tag{4.16}$$

$$\begin{cases}P_{bat}=\eta_{bat}n_{s\_bat}m_{cell\_bat}p_{bat}\\P_{uc}=\eta_{uc}n_{s\_uc}m_{cell\_uc}p_{uc}\end{cases}\tag{4.17}$$

其中，P_{hess}、P_{bat}、P_{uc} 分别为复合储能系统总功率、电池组和超级电容组各自提供的功率；η_{bat}、n_{s_bat}、m_{cell_bat}、p_{bat}、η_{uc}、n_{s_uc}、m_{cell_uc}、p_{uc} 分别为电池和超级电容效率、串联单体数、单体质量及质量比功率。

在匹配电池参数时，遵循通过限制电池功率和最大放电电流以保护电池的原则，即限制电池提供的功率不高于最大限值 P_{bat_lim}，且限制电池的最大放电电流小于 kC，则 $kC_{bat} \times U_{bus} \leqslant P_{bat\_lim}$。因此，电池与超级电容的功率需满足

$$\begin{cases} P_{bat} = kU_{bus}C_{bat} \leqslant P_{bat\_lim} \\ P_{uc} = P_{essr\_max} - P_{bat\_lim} \end{cases} \tag{4.18}$$

电池的容量上限也由此确定，即

$$C_{bat} \leqslant P_{bat\_lim}/(kU_{bus}) \tag{4.19}$$

其中，C_{bat} 为复合储能系统中电池的容量；U_{bus} 为直流母线电压；k 为电池放电倍率。

(2) 能量需求角度匹配。由于超级电容的质量和成本与其存储的能量是直接成比例的，因此，本节从能量需求角度入手，分析电池与超级电容提供的 HEV 在目标循环工况下电动系统对储能源的能量需求应满足的条件。

单一电池储能的 HEV 储能源的最大能量需求，取决于两个方面：

① 特定循环工况时间内对储能源的功率需求进行积分所得到的能量需求中的最大值，记为 E_{max1}；

②HEV 设计指标中的加速指标所确定的能量需求，即当车辆加速时，电池以最大限制功率 P_{bat_lim} 持续 t_a 秒助力，此时储能源需提供的能量记为 E_{max2}。因此，目标工况下车载储能源的最大功率需求由下式确定：

$$E_{essr\_max} = \max(E_{max1}, E_{max2}) \tag{4.20}$$

$$\begin{cases} E_{max1} = \dfrac{1}{3\ 600}\max\left|\displaystyle\int_0^{t_i} P_{ess\_pwr\_r}\,dt\right| \\ E_{max2} = \dfrac{1}{3\ 600}P_{bat\_lim}t_a \end{cases} \tag{4.21}$$

其中，$P_{ess\_pwr\_r}$ 为单一电池储能的 HEV 在特定循环工况下行驶，储能系统的功率需求；$i = 0,1,2,\cdots,n$，根据不同工况，n 的取值不同。

另外，对超级电容的能量需求的确定很大程度上取决于对超级电容进行充放电控制的控制策略。特定循环工况时间内电动系统对储能系统需求的一次连续最大充电能量，即目标工况下的一次连续最大再生制动能量需求 E_{reg_max}，由下式计算

$$E_{reg\_max}=\frac{1}{3\,600}\max\left|\int_{t_i}^{t_{i+1}}P_{ess\_pwr\_r}\mathrm{d}t\right| \tag{4.22}$$

其中，t_i 为储能系统功率需求曲线过零点的时刻，$i=0,1,2,\cdots,n$，不同工况，n 的取值不同。

HEV采用复合储能时，复合储能系统提供的总的可用能量应能满足目标工况下电机驱动整车的最大能量需求，即

$$E_{hess}=E_{bat\_avail}+E_{uc\_avail}\geqslant E_{essr\_max} \tag{4.23}$$

且超级电容的能量应能满足目标工况下的一次连续最大再生制动能量需求，即

$$E_{uc\_avail}\geqslant E_{reg\_max} \tag{4.24}$$

考虑到HEV用动力电池不能100%放电，通常工作在浅充浅放状态，在计算能量时根据整车控制策略需要确定电池放电 SOC 窗 ΔSOC，则电池组的可用能量为

$$\begin{cases}E_{bat\_avail}=E_{bat}\Delta SOC\\E_{bat}=\eta_{bat}n_{s\_bat}m_{cell\_bat}e_{bat}=C_{bat}U_{bus}\end{cases} \tag{4.25}$$

而超级电容可提供的能量为

$$E_{uc}=\eta_{uc}n_{s\_uc}m_{cell\_uc}e_{uc}=\frac{0.5C_{cell\_uc}/n_{s\_uc}U_{max\_uc}^2}{3\,600} \tag{4.26}$$

电压波动范围为 U_{max_uc} 到 $1/2U_{max\_uc}$ 或电压波动因子 $\sigma=0.5$ 时，超级电容可放出总能量的75%，则其可用能量为

$$E_{uc\_avail}=(1-\sigma^2)E_{uc} \tag{4.27}$$

其中，e_{bat}、e_{uc} 分别为复合储能系统中电池和超级电容的质量比能量。

而电池与超级电容的能量分配很大程度上取决于复合储能系统内部的控制策略。考虑以下几种极限情况：

① 最大能量需求 E_{essr_max} 全部由动力电池组来提供，则有 $E_{bat\_avail}\geqslant E_{essr\_max}$，从而计算得 C_{bat} 的下限值；

② 考虑再生制动情况，一次连续最大再生制动能量需求全部由超级电容来提供（这是因为车辆短时加速后往往伴随制动，这样，超级电容存储的再生制动能量将用于随后的加速，且为下一次制动留有足够的储能空间），即最大化利用超级电容吸收再生制动能量，则由式(4.24)可计算得 C_{cell_uc} 的下限值 C_{cell_uc1}；

③ 考虑车辆加速时电机以峰值功率助力持续时间至少为 t_p，则超级电容的能量需满足

$$E_{uc\_avail} \geqslant (P_{essr\_max} - P_{bat\_lim}) t_p \tag{4.28}$$

从而可计算得 C_{cell_uc} 的下限值 C_{cell_uc2} 为

$$C_{cell\_uc2} = \frac{2n_{s\_uc}(P_{essr\_max} - P_{bat\_lim}) t_p}{U_{max\_uc}^2 - U_{min\_uc}^2} \tag{4.29}$$

C_{cell_uc} 的下限值由下式确定：

$$C_{cell\_uc} \geqslant \max(C_{cell\_uc1}, C_{cell\_uc2}) \tag{4.30}$$

其中，$n_{s\_uc} = U_{max\_uc}/U_{cellmax\_uc}$，$U_{cellmax\_uc}$ 为超级电容单体的最高工作电压；而 U_{max_uc} 与 U_{min_uc} 分别为超级电容组的上下限工作电压；C_{cell_uc} 为复合储能系统中超级电容单体的容量。

4.2.3 复合储能系统参数匹配优化方法

本书介绍的是基于整车动力性和运营成本的 HEV 复合储能系统参数优化方法，其内容是采用加权和方法建立以加速时间、整车运行 N 年的使用成本和储能系统质量为目标的多目标优化函数，使目标函数取值最小的匹配组合作为储能系统的最佳匹配结果，通过改变加权系数来调节优化的主要目标。

1. 优化问题的提出

前面从满足电动系统对储能系统的性能需求角度，已初步确立 HEV 复合储能系统功率和能量匹配的基本原则，但以上只可以基本确定电池和超级电容容量的大致范围。由于追求的目标不同，所配置的参数也会相应改变，本节以整车动力性、整车使用成本和储能系统质量这三个指标为优化目标，构建多目标优化函数，以电池和超级电容的容量为设计变量，对储能系统的参数匹配做进一步优化。

目标函数为

$$F(x) = \alpha T_{acc} + \beta Z_{veh} + \gamma m_{ess} \tag{4.31}$$

约束条件

$$\begin{cases} E_{bat\_min}(t) \leqslant E_{bat}(t) \leqslant E_{bat\_max}(t) \\ E_{uc\_min}(t) \leqslant E_{uc}(t) \leqslant E_{uc\_max}(t) \\ P_{bat\_min}(t) \leqslant P_{bat}(t) \leqslant P_{bat\_max}(t) \\ P_{uc\_min}(t) \leqslant P_{uc}(t) \leqslant P_{uc\_max}(t) \end{cases} \tag{4.32}$$

优化的目标是使函数 $F(x)$ 取值最小。α、β、γ 分别为 0 ~ v_s（混合动力客车 v_s = 60 km/h，混合动力轿车 v_s =100 km/h）的加速时间 T_{acc}、整车运行 N 年的使用成本 c_{veh} 和

储能系统质量 m_{ess} 的加权系数，其值都在[0,1]之间，且 $\alpha+\beta+\gamma=1$。另外，目标函数中每一项的值，根据仿真或计算得出的真实值中的最小者和最大者换算为0与1之间。$0\sim v_s$ 的加速时间可通过整车模型仿真获得，而整车运行 N 年的使用成本下面进行单独分析计算，其中考虑了整车油耗。

蓄电池的寿命相对较短，一般为充放电 1 000 次左右，比整车寿命低得多，而且随着循环次数的增加，其容量也随之衰减。若在汽车十几年的生命周期内频繁更换蓄电池，HEV 的运营成本将大大增加。而采用复合储能系统代替原单一蓄电池之后，虽然增加了超级电容部分的费用，但由于超级电容循环寿命长，且在加速、爬坡工况的高功率需求下，分担了电池的部分功率，起到改善其寿命的作用，从而减少了其更换频率，继而节省了蓄电池的使用费用，下面是具体的分析过程。

本书中的成本分析从车载储能源的初始成本与车辆运营成本两个方面入手，其中运营成本重点考虑车辆行驶 N 年的油耗成本与电池组更换成本。

(1) 车载储能源初始成本 c_{ess_init}。由于原 HEV 只装配了动力电池组作为车载储能源，因此储能源的初始成本即动力电池组的初始成本为

$$c_{o\_ess\_init}=c_{o\_bat}E_{o\_bat} \tag{4.33}$$

引入超级电容后，车载储能源变为复合储能，总初始成本变为

$$c_{h\_init}=c_{bat}E_{bat}+c_{uc}E_{uc}+c_{conv}P_{conv} \tag{4.34}$$

其中，E_{o_bat}、c_{o_bat} 分别为原 HEV 车载电池组的能量和成本；E_{bat}、E_{uc}、P_{conv}、c_{bat}、c_{uc}、c_{conv} 分别为复合储能 HEV 车载电池组、超级电容组提供的能量与 DC/DC 变换器的功率和各自的成本。

(2)N 年运营成本 c_{oper}。行驶 N 年的油耗成本与电池组更换成本分别为

$$c_{oper}=c_{fuel\_N}+c_{ess\_rep} \tag{4.35}$$

$$\begin{cases} c_{fuel\_N}=NS(FE_{fuel}/100)c_{fuel} \\ c_{ess\_rep}=[N/n]_{取整}c_{ess\_init} \end{cases} \tag{4.36}$$

其中，FE_{fuel} 为 HEV 的百公里油耗，L/km；c_{fuel} 为柴油价格，￥/L；S 为每年的行驶里程，km；n 为电池组使用寿命，年。

因此行驶 N 年的总使用成本为

$$c_{veh}=c_{ess\_init}+c_{oper} \tag{4.37}$$

故原 HEV 与复合储能 HEV 运行 N 年的总使用成本为

$$\begin{cases} c_{\text{o\_veh}} = (1+[N/n_0]_{取整})c_{\text{o\_bat}}E_{\text{o\_bat}} + NS(FE_{\text{o\_fuel}}/100)c_{\text{fuel}} \\ c_{\text{h\_veh}} = (1+[N/n_{\text{h}}]_{取整})c_{\text{bat}}E_{\text{bat}} + c_{\text{uc}}E_{\text{uc}} + c_{\text{conv}}P_{\text{conv}} + NS(FE_{\text{h\_fuel}}/100)c_{\text{fuel}} \end{cases} \tag{4.38}$$

可见,HEV 运行 N 年的总使用成本是储能源的初始配置、电池的使用寿命、油耗等参数的函数,即

$$c_{\text{veh}} = f(C_{\text{bat}}, C_{\text{cell\_uc}}, FE_{\text{fuel}}, c_{\text{fuel}}, N, n) \tag{4.39}$$

2. 优化方法描述

HEV 储能系统的参数匹配设计为多目标的优化问题,各目标之间相互制约,优化结果通常为多目标之间的折中结果,即允许存在多个优化结果,而不必仅寻求针对某单一优化目标的唯一的最优解。而从多目标的优化解转换为某单一目标的最优解时,则只需将多目标问题中的其他目标去掉。

本文使用加权和方法来描述多目标优化问题,属非线性规划问题(NLP),此种方法求解简单且具有线性化特征。将每一个目标进行规范化并建模为多目标优化问题中的一个约束项,这样,多目标优化问题的目标函数形成单一目标值的加权和,即

$$F(x) = \sum_{i=1}^{n} w_i f_i(x) \tag{4.40}$$

其中,$F(x)$ 为多目标函数;$f_i(x)$ 为第 i 个目标函数;w_i 为第 i 个目标的加权系数。加权和方法存在的一个问题是如何选择合适的加权系数存在困难,改变加权系数的值将导致不同的多目标优化解,这些解组合起来形成一个多目标优化函数 $F(x)$ 的解集。

4.2.4 复合储能系统参数匹配的步骤

在进行 HEV 复合储能系统参数匹配时,需要以行驶工况为基础,根据动力性能开展储能源优化匹配和仿真,完成储能系统参数匹配过程。通过前面对整车性能需求与电动系统对储能系统的功率与能量需求分析,并结合参数匹配优化的目标,可以得出复合储能系统参数匹配流程图,如图 4.17 所示。具体过程描述如下:首先根据整车动力性能指标,确定混合动力汽车总的功率和能量需求;在确定的整车控制策略下,基于目标行驶工况,计算出电动系统对储能系统要求的功率和能量;根据电动系统对储能系统的最大功率和能量需求,结合复合储能系统内部两储能源的功率和能量分配策略,从而初步确定两储能源的容量范围;针对 HEV 储能系统的参数匹配设计为多目标优化问题,采用加权和方法建立复合储能系统的多目标优化函数,使目标函数取值最小的匹配组合作为储能系统的

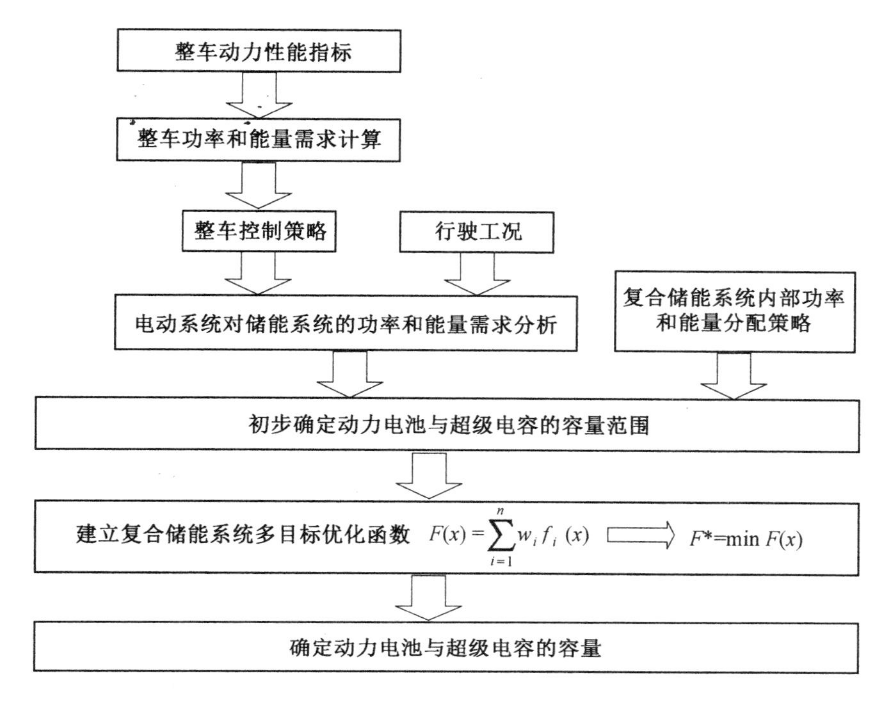

图 4.17 复合储能系统参数匹配流程图

最佳匹配结果。

4.2.5 不同混合度 HEV 复合储能系统的参数匹配

混合动力汽车混合度指的是 HEV 电系统功率占动力源总功率的百分比，即

$$R=\frac{P_{\mathrm{em\_max}}}{P_{\mathrm{ice}}+P_{\mathrm{em\_max}}} \tag{4.41}$$

式中，R 为混合度；$P_{\mathrm{em\_max}}$ 为电机的峰值功率；P_{ice} 为发动机最大功率。

对于某一具体构型的 HEV 而言，随着混合度提高，发动机功率逐渐减小而电机功率逐渐增大，原则上更能充分发挥整车的节能效果。市场上出现的 HEV 混合度 R 变化范围较广（0.1～0.5），可以认为，由于电机、电池增加了整车成本，因而高混合度 $R>0.5$ 的 HEV 并不被汽车厂商所考虑[22]。

混合度反映了发动机与电机的功率关系，不但与整车的性能相关，而且不同混合度的 HEV 由于电机功率占动力源总功率的比例不同从而对车载储能源的性能需求提出不同的要求，继而影响其参数匹配的结果，特别是对 HEV 所关心的系统成本与质量所带来的影响更应该加以考虑。本节将结合具体的实例，讨论不同混合度混合动力汽车的复合储能系统参数匹配。以三种不同混合度的并联 HEV 为原型车，在原车各动力总成保持不变的前提下，将储能系统由原单一镍氢蓄电池替换为由镍氢蓄电池和超级电容组成的复合储能源驱动。采用前面提出的多目标优化问题对由电池与超级电容构成的复合储能系统进行优化设计。

选取并联型混合动力客车（混合度 $R=42\%$）为研究对象，给出复合储能系统参数匹配的详细过程，以此类推，可以分别得出混合度分别为 $R=27\%$ 的中度混合和 $R=17\%$ 的轻度混合的混合动力轿车复合储能源参数匹配的结果。

（1）储能系统的功率与能量需求。针对特定的混合动力汽车的性能指标要求，根据前面讨论的 HEV 性能需求中给出的方法，计算得出整车在不同工况下的功率和能量需求，确定 HEV 在不同工况下的电动系统对储能源的能量与功率需求。

（2）功率匹配分析。假设原混合动力客车配置的 27 A·h 镍氢蓄电池组，存在的问题是放电电流大于 120 A 或充电电流大于 80 A 就无法正常工作，其极限能力是提供 60 kW 功率持续时间大约 5 s，即电池组所能承受的最大放电电流不大于 $5C$，充电电流不高于 $3C$。可见其大功率输出能力有限，而且频繁大电流充放电严重损害其使用寿命，且此时的效率也因内阻消耗的功率增加而降低。因此欲改善此种状况，考虑采用超级电容来分担电机的一部分功率需求，将电池的电流限制在 $5C$ 以内，即 $k=5$，且限制电池的功率不高于30 kW，即 $P_{bat\_lim}=30$ kW，效率 $\eta_{bat}=90\%$，直流母线电压 $U_{bus}=336$ V，则由式（4.19）计算得 $C_{bat}\leqslant 20$ A·h。

（3）能量匹配分析。根据式（4.21）计算出四种城市工况下的最大能量需求 $E_{max1}=760.7$ W·h，加速指标确定的最大能量需求 $E_{max2}=250$ W·h。根据式（4.23）和式（4.25），若 SOC 变化范围为 0.5～0.7，即 $\Delta SOC=20\%$，此时 $C_{bat}\geqslant 11$ A·h。根据式（4.22）得出最大再生制动能量 $E_{reg\_max}=130.1$ W·h，由式（4.24）、式（4.26）和式（4.27）计算得 $C_{cell\_uc1}=1\ 527$ F。其中 $U_{cellmax\_uc}=2.7$ V，$U_{max\_uc}=300$ V。电机以峰值功率助力时，假设持续时间 $t_p=5$ s，则根据式（4.29）计算得超级电容的容量 $C_{cell\_uc2}=1\ 419$ F。所以通过以上计算，初步确定电池的容量范围 11 A·h$\leqslant C_{bat}\leqslant$20 A·h 和超级电容的容量下限至少为1 500 F。

通过仿真可以得出，针对同一公司的电池产品，其容量越大，HEV 燃油经济性越好，而超级电容也存在同样的规律，这是因为，储能源容量越大，汽车加速或爬坡时的助力功率越大，因而节省燃油消耗。

通过对不同电池与超级电容匹配组合时的整车加速性及储能系统的质量进行仿真分

析可知，超级电容容量越大，HEV 加速时间越短，受电池的容量变化影响不是很大。

综合考虑镍氢蓄电池、超级电容、DC/DC 变换器以及燃油的价格，利用前面的成本计算公式可以计算储能系统及整车的使用成本。

目标函数中的加权系数反映了各项的重要性，即通过改变这些加权系数，利用优化函数，达到以其中的某一项作为主要优化目标同时兼顾其他项进行优化的目的。图 4.18 给出了加权系数取不同值时目标函数 $F(x)$ 的优化结果，并标出了最小值点。从图中可以看出，不论哪个公司产的镍氢蓄电池产品与C公司的超级电容产品构成复合储能系统时，以复合储能系统质量为主要优化目标时，低容量的电池与 1 500 F 的超级电容组合，目标函数取最小值；而以整车 10 年使用成本为主要优化目标时，则选取低容量的电池与 2 000 F 超级电容组合，目标函数取最小值；以 0 ～ 60 km/h 加速时间为主要优化目标时，低容量的电池与 3 000 F 超级电容组合时目标函数达到最小。而与 D 公司的超级电容产品构成复合储能系统时，以 0 ～ 60 km/h 加速时间为主要优化目标时，仍然是低容量的电池与3 000 F 超级电容组合时目标函数达到最小，而质量和成本为主要优化目标时，与前面不同的是低容量的电池与 2 400 F 超级电容更占优势，分析原因是同一个公司生产的产品，虽然容量不同，但质量相同，容量越大，车辆的燃油经济性越好，因此对成本的节约起到一个良性的作用。因此随着人们追求目标的不同及各储能源各自的特点，电池与超级电容的匹配也随之变化，但使结果最优的电池容量都是对应电池质量最小的，这是因为电池质量低有利于整车燃油经济性和动力性的提高，因此也节约了整车运营成本。

根据以上优化计算结果，可以得到复合储能系统的匹配结果。其中，复合储能系统的比能量为 $e_{\text{hess}} = \dfrac{m_{\text{bat}} e_{\text{bat}} + m_{\text{uc}} e_{\text{uc}}}{m_{\text{bat}} + m_{\text{uc}}}$；复合储能系统的比功率为 $p_{\text{hess}} = \dfrac{m_{\text{bat}} p_{\text{bat}} + m_{\text{uc}} p_{\text{uc}}}{m_{\text{bat}} + m_{\text{uc}}}$。

综上所述，混合度高于 40% 的重度 HEV，针对同一型号的电池，在满足总功率和能量的基础前提下，倾向于匹配较低容量的电池，而超级电容的容量则根据优化侧重点的不同灵活选取。以复合储能系统质量为主要优化目标时，优先考虑满足功率和能量匹配原则的基础前提下低容量的超级电容；当以运营成本为主要优化目标时，则综合超级电容对燃油经济性和整车质量的影响，选取中等容量超级电容；优化目标以 0 ～ 60 km/h 加速时间为主时，配置同等容量的电池时，倾向于高容量超级电容。

混合比是指混合储能源中高比功率储能源质量与储能源总质量的比值[24]，可以直观反映电动汽车采用复合储能源时两种储能源的配置比例。复合储能重度 HEV 选择不同优化目标时，复合储能源混合比有所不同，在 0.21 ～ 0.36 之间。以最关心的成本为主要

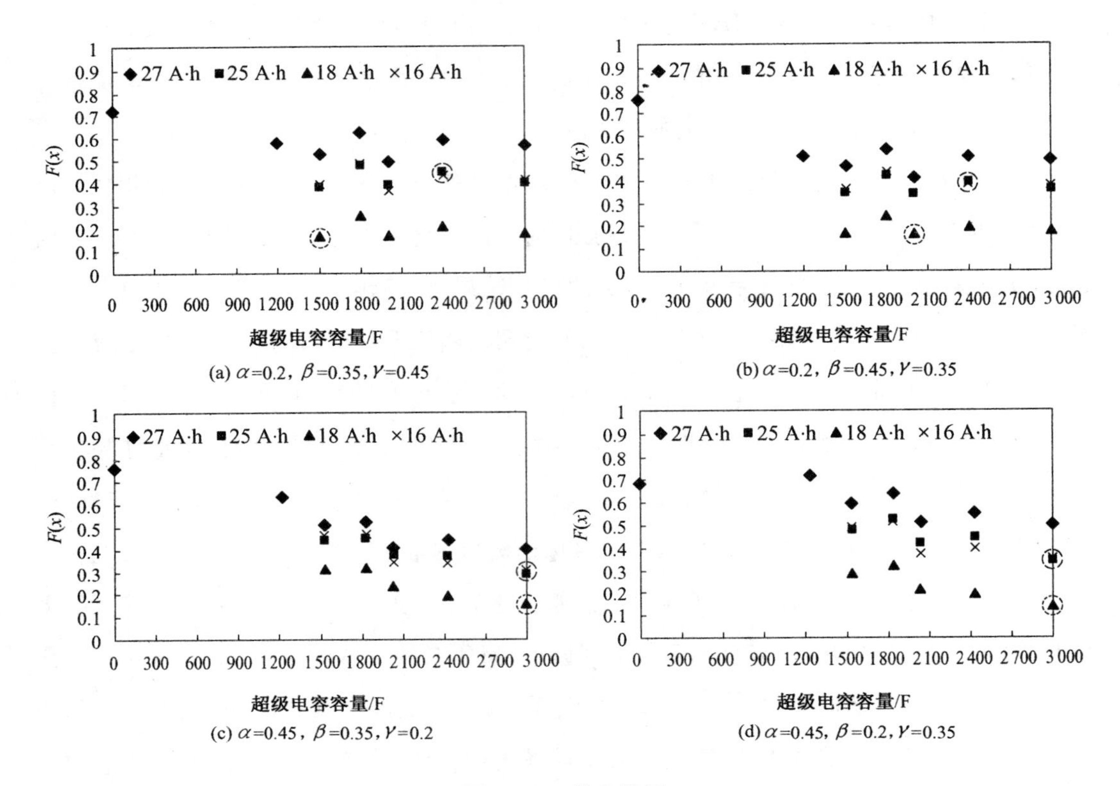

图 4.18　优化结果

优化目标时，混合比宜选 0.21。

4.3　复合储能系统的控制

由电池和超级电容构成的复合储能技术的核心问题之一是如何在二者之间进行合理的功率分配，充分发挥各自优势，尽可能地提高储能源的工作效率，有效改善电池的循环使用寿命，从而达到改善 HEV 整车性能的目的。复合储能系统控制策略制定的核心是如何在混合储能源之间合理分配功率和能量。本节将以混合动力汽车为例，重点对复合储能系统的控制策略进行研究。

复合储能系统作为整车的能量源与发动机一同为整车提供驱动能量，从这个意义上来说，针对复合储能系统的控制策略受到整车工作条件的约束，自然也就离不开整车控制策略的影响。纵观近年来人们所提出的整车控制策略，大致可分为两类：基于规则的策略和基于系统优化的策略[22-33]。

基于规则的控制策略的突出优点在于它的执行效率高，特别是对于那些要求能量流的控制具有严格实时性的混合动力车辆尤其具有优势。规则的制定通常基于人们的经验、已知系统的数学模型或工作特点、大量的试验测试结果等，它通常不依赖特定的驾驶工况信息，简单直观，但不能保证车内能量流获得最佳匹配，无法获得整车系统效率最大。

基于系统优化的策略主要包括全局优化和实时优化算法。全局优化算法的优点是理论上可以找到真正意义上的最优解，缺点是计算必须以确定的行驶循环为基础，由于所依据的行驶循环与车辆实际运行工况的差别，使得使用该方法获得的寻优结果只能对实际控制策略的制定起到一定的指导作用。实时优化算法的出发点是使任意时刻能量在流动过程中的消耗最小，基本思想是将储能系统充放电能量转换为相应的发动机油耗，并与发动机实际油耗累加，得到系统的等效油耗。那些保证系统等效油耗在任意时刻为最小的工作点即为系统的最佳工作点。这一策略的核心问题就是如何将电能转换为相应的油耗值。最终得到的发动机工作点分布与全局优化得到的结论非常接近[26-33]。基于系统优化的控制策略计算复杂，耗费时间长，通常也仅作为分析和研究混合动力汽车能量最优化分布的一种计算机模拟方法，用于指导和评价基于规则的控制策略。

如果抛开整车控制策略单看复合储能系统单元，其控制目标主要有提高电池的寿命、提高电源的充放电效率、改善整车的动力性、降低成本、减小整车质量和尺寸等。目标不同，复合储能系统的控制策略也不同[34-35]。

现有的复合储能系统控制策略大多采用基于规则策略中的逻辑门限的方法：

(1) 以保护电池为主要目的，同时兼顾超级电容的 *SOC*。功率分配策略的总体原则：通过限制电池的充放电功率（或电流）实现电池和超级电容之间的功率分配，即将电池的充放电功率限制在一定范围内，当要求的功率大于限定值时，电池以设定的功率工作，不足的部分由超级电容补充。

(2) 以超级电容充分回收再生制动能量为主要目的。功率分配策略的总体原则是使超级电容充分回收再生制动能量，降低动力电池的放电电流。即当车速为零或较低时，控制超级电容电压处于较高水平，为以后时刻车辆加速、爬坡积蓄能量；中等车速下控制超级电容处于中等电压状态，保证既能加速放电又能减速充电；当达到或接近最高车速时，控制超级电容电压处于最低工作电压附近，准备接收制动动能。当汽车处于制动工况时，控制系统将汽车的动能存储到超级电容中。有一些采用简单查表策略，即将超级电容的 *SOC* 与要求它提供的功率大小做成一个表格，通过查表来确定超级电容的功率输出大小。还有一些则采用低通滤波的方法减缓电池大的充放电电流损害，通常让电池按照设定的时间常数工作，即滞后一定的时间使输出的功率缓慢地增加，不足的功率由超级电容补充。对于用蓄电池给超级电容充电的思想，虽然可以平衡电容的电量，以备突然急加速时电容可以瞬时提供大功率，但充电过程中必然存在能量损失，进而影响整车的燃油经济性，有的文献中取消了蓄电池给超级电容充电的策略。

4.3.1 能量流动模式分析

1. 混合动力汽车工作模式

本节研究的 HEV 采用发动机为主动力源，电机与电池组成的电系统为辅助动力源。电机对发动机的输出扭矩起削峰填谷的作用，其工作模式包括以下几种：纯电动模式；发动机单独驱动模式；发动机单独驱动并给电池充电模式；混合驱动模式；再生制动模式；复合制动模式(图中没给出标示)，具体的能量流动模式如图 4.19 所示。根据循环工况的要求，HEV 在以上的六种模式间进行切换。

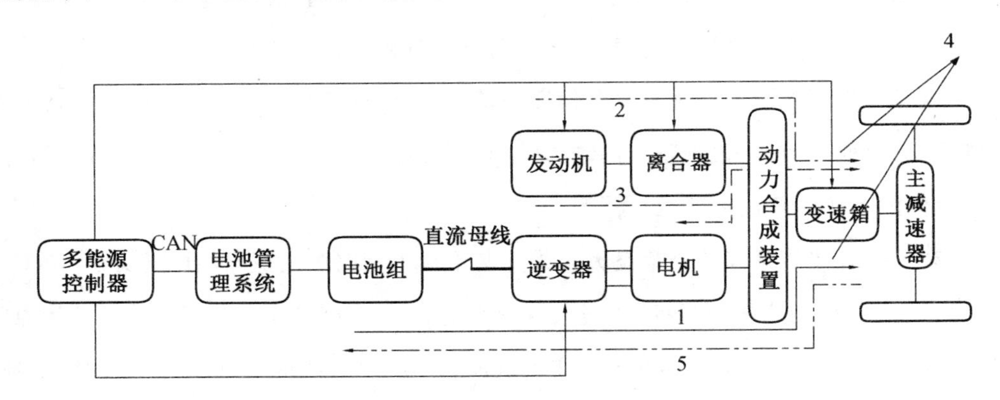

图 4.19 混合动力汽车工作模式

2. 复合储能混合动力汽车能量流动模式

HEV 的动力电池组由复合储能系统代替后，由于又增加了一个车载储能源——超级电容，能量流动模式变得更加错综复杂，图 4.20 给出了复合储能 HEV 可能存在的能量流动模式。

这里将复合储能 HEV 的工作模式与对应的整车工况进行简单的定义与划分，见表 4.2。

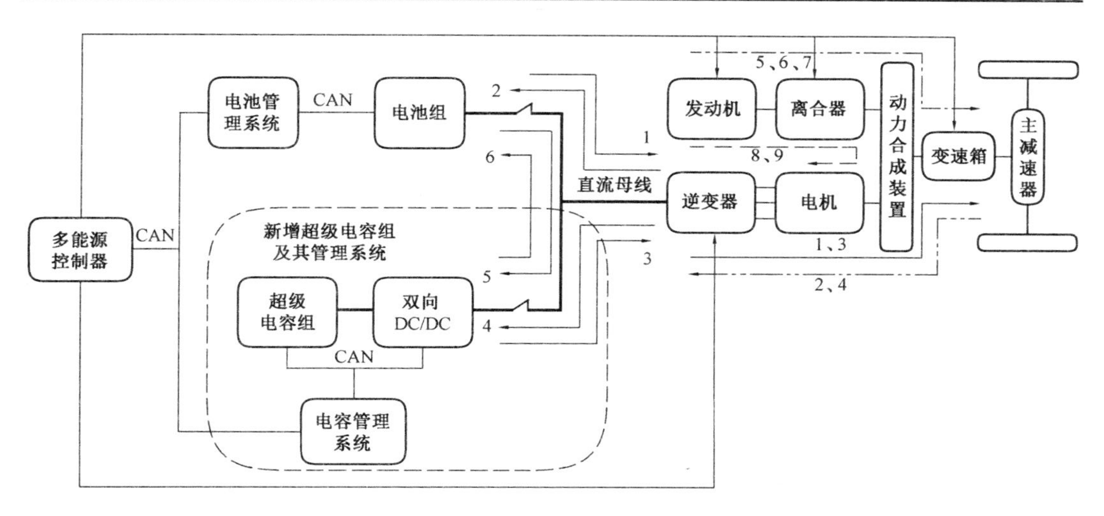

图 4.20　复合储能混合动力汽车的系统布置和能量流

表 4.2　复合储能 HEV 的能量流动模式及对应的整车工况

能量源	能量提供方式		整车工况
复合储能源	1	电池组给电机供电	纯电动行驶，匀速行驶
	2	电机给电池组充电	电池回收再生能量(电容电量满)
	3	电容组给电机供电	纯电动行驶，爬坡或加速
	4	电机给电容组充电	电容回收再生能量(电容电量不满)
	5	电池组给电容组充电	纯电动行驶，电容电量不足
	6	电容组给电池组充电	纯电动行驶，电池电量不足
燃油 (发动机)	7	发动机工作	发动机单独驱动
	8	发动机给电池组充电	发动机单独驱动，电池电量不足
	9	发动机给电容组充电	发动机单独驱动，电容电量不足

在某些情形下，HEV 存在多种能量提供方式。比如纯电动行驶(强加速、上大坡)时，车辆工作在方式 1 和 3；电机小扭矩助力(弱加速、上小坡)对应方式 1 和 7；电机大扭矩快速助力(强加速、上大坡)对应方式 3 和 7；而电机大扭矩快速连续助力(强加速、上大坡)运行于方式 1、3 和 7；电机大扭矩连续助力(电容电量不足)工作于方式 1、4 和 7；电机大扭矩快速助力(电池电量不足)同时工作在方式 2、3 和 7。发动机单独驱动时，即工作于方式 7 时，若此时超级电容的 *SOC* 低于下限值，则启动方式 5，方式 6 情况类似，但发生的概率很小，因为超级电容能量密度低，储存的能量有限，在制定控制策略时通常不考虑

此工作方式。当然还有一种工作方式即复合制动模式，对应表中方式 2 和机械制动模式（图 4.20 中没给出标示）。以上能量提供方式是考虑了车辆所遇到的所有可能的情况，假如将所有情况考虑进去真正操作起来非常复杂，根据研究目的的不同，策略有所侧重。在实际的系统设计中，选择哪一种方式予以实施则取决于很多因素，比如动力传动系统的效率、各动力部件的效率以及道路负载特性等。

3. 复合储能系统内部能量流动模式

由于 HEV 本身的工作模式已经很复杂，为了突出研究的重点，这里单独将复合储能系统拿出来，针对其工作模式进行分析，有助于进一步制定电池与超级电容的功率与能量分配策略。由电池与超级电容构成的复合储能系统工作模式主要概括为以下几种：

（1）电池单独提供电机驱动功率模式。在 HEV 巡航行驶时或者需求功率较小的加速过程，这时即使车速很高，其需求功率也不会太大。这种模式下，电池将单独提供驱动功率，而超级电容不工作。

（2）超级电容单独提供电机驱动功率模式。在 HEV 瞬时功率需求很大的起步或短时加速时，与电池相比，超级电容由于具有突发大功率的能力，能更好地满足这一需求，此时电机的功率需求将主要由超级电容提供，而电池不工作。

（3）电池与超级电容混合驱动模式。HEV 急加速或者爬坡时，由于超级电容存储的能量有限，有时会出现超级电容的 *SOC* 即使下降到允许的下限仍不能满足功率需求的情况，此时电池需与超级电容一起来提供电机驱动功率。

（4）再生制动模式。当 HEV 减速或者下坡行驶时，此时电机处于再生制动状态，功率从电驱动系统流向车载储能系统，控制 DC/DC 变换器首先由超级电容吸收再生制动能量，同时实时监测超级电容的 *SOC*；当制动时间较长，而超级电容 *SOC* 达到上限值时仍未停止，此时由电池继续吸收多余的制动能量，若电池的 *SOC* 也达到其允许的上限值，启动机械制动模式。

（5）电池给超级电容充电模式。正如前面提到的，超级电容的比能量低，在车辆低速行驶或者高速巡航时，若此时电池的电量充足，而恰好超级电容的电量严重不足的情况下，可以考虑电池给超级电容充电这种工作模式，以备充分发挥超级电容的大功率脉冲充放电能力，但由于电池的效率较低，这个过程必然导致一定的能量损失，在获得动力性的同时，必然付出经济性的代价。

图 4.21 中以复合储能系统工作在模式（3）为例，给出了动力电池与超级电容组成的

复合储能系统在简单的功率限制控制策略下与其他工作模式之间切换的流程图。首先判断电池的 SOC，若低于其最低限值，此时切换到发动机单独驱动同时给电池充电模式；否则判断此时的电机功率需求 P_{essr}，若高于电池的最大功率限值 P_{batmax}，并且 $P_{essr}(k)-P_{batmax}<P_{ucmax}$ 时，电池提供最大功率，超级电容提供电机功率需求与电池功率的差值，若 $P_{essr}(k)-P_{batmax}>P_{ucmax}$，切换到发动机单独驱动模式或发动机与电机联合驱动模式。相反地，如果电机功率需求 P_{essr} 低于电池的最大功率限值 P_{batmax}，此时判断超级电容的 SOC，若 $SOC_{uc}=SOC_{uc\_ref}$，切换到电池单独提供电机功率模式；若 $SOC_{uc}>SOC_{uc\_ref}$，切换到超级电容单独提供电机功率模式；否则，切换到电池单独提供电机功率模式或电池给超级电容充电模式。

其中，$P_{essr}(k)$、$P_{bat}(k)$、$P_{uc}(k)$ 分别为任一时刻的电机功率需求以及电池和超级电容的输出功率；P_{batmax}、P_{ucmax} 分别为电池和超级电容的功率上限；$SOC_{bat}(k)$、$SOC_{uc}(k)$、SOC_{uc_ref} 分别为电池和超级电容的 SOC 及其参考值。其他模式下的情况可以此类推。

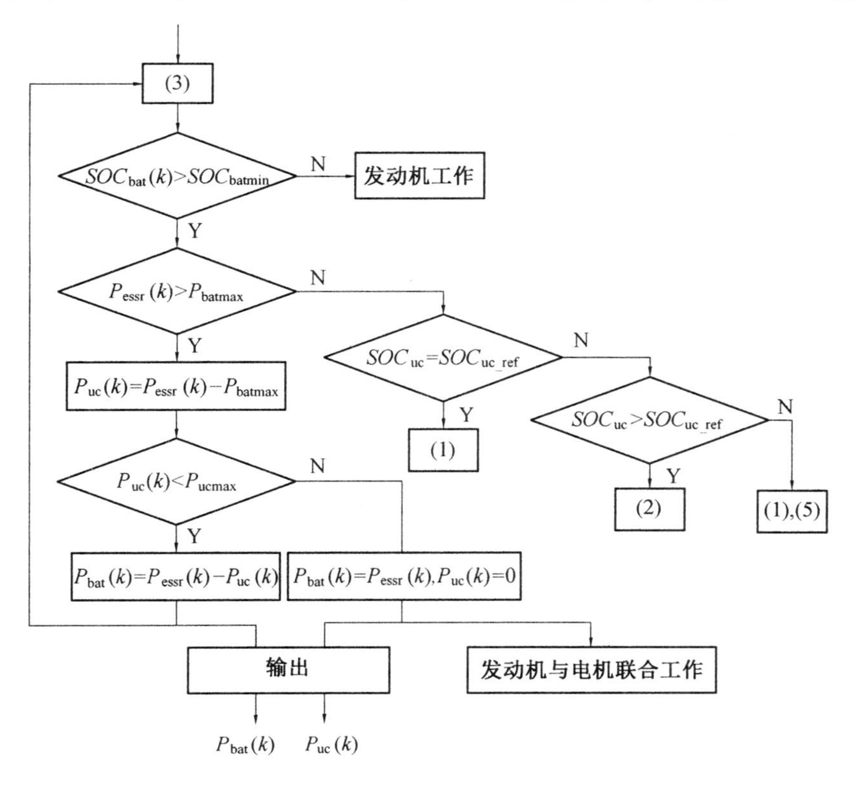

图 4.21　复合储能系统模式切换流程

4.3.2 非线性比例因子分配控制策略

HEV控制的目的之一是对车内能量流进行优化,以使系统效率最高。为了获得较高的复合储能HEV的系统总体效率,有必要研究复合储能系统内部的功率分配策略,使其有足够的能力为电机提供/接收电能。与整车类似,复合储能系统也具有多种工作模式,为了实现电池、超级电容与电驱动系统之间的功率分配,协调超级电容电压和电池电压,系统结构中采用了双向DC/DC变换器,系统功率流如图4.22所示,它描述了电池、超级电容以及电驱动系统之间功率流的输入输出关系。

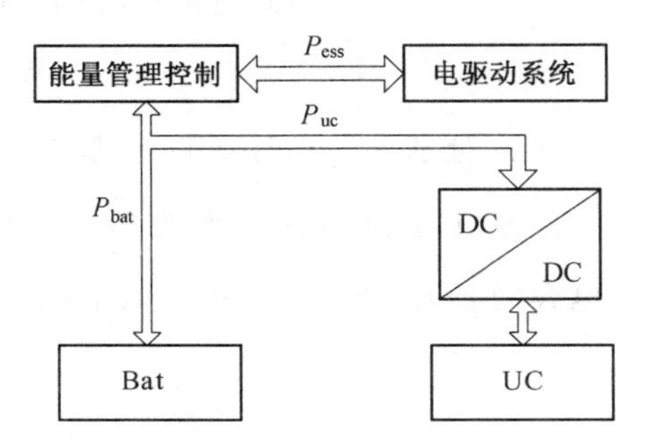

图4.22 复合储能系统功率流

功率流的管理和控制由图4.23中的复合储能系统内部能量管理模块描述,它包括控制策略和DC/DC变换器的功率开关控制两部分,后者产生占空比参考值反馈给DC/DC变换器,以控制其工作在升压或者降压模式,同时需要负责必要的电流、电压调节与系统保护,以免电池或者超级电容工作在过压或过流状态而损坏。接下来将针对复合储能系统能量管理策略展开详细的探讨与分析。

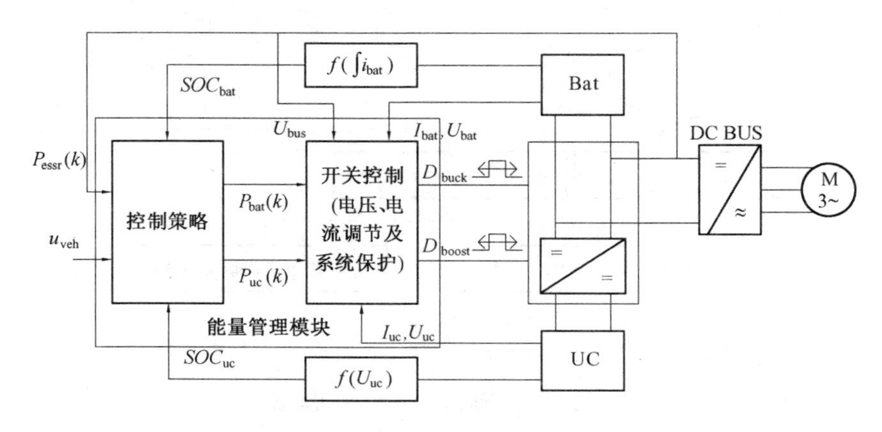

图4.23 复合储能系统能量管理整体方案示意图

1. 控制目标

任何控制问题都必须首先明确控制目标，这是因为随着控制目标的不同，控制策略自然有所侧重。针对由电池与超级电容构成的复合储能系统，确立以下控制目标：在满足整车动力性的前提下，充分发挥超级电容的负载均衡作用，提高充放电的效率，减小大电流与高功率对电池的冲击，延长电池的循环使用寿命；最大限度地回收制动能量，提高整车的燃油经济性。

为了实现复合储能系统的控制目标，需制定合适有效的控制策略。目前针对复合储能系统的控制策略主要有逻辑门限控制策略、低通滤波策略以及模糊逻辑控制策略，其中模糊逻辑控制策略其实也是一种基于规则的控制策略，只是它的门限值被模糊化了。本节在现有控制策略的基础上提出一种简单实用的非线性比例因子分配控制策略，在几种不同的循环工况下对策略的实施效果进行了较为详细的分析。

2. 非线性比例因子分配控制策略描述

早期对复合储能系统控制策略的研究大多集中在逻辑门限控制策略，即通过限制电池的充放电功率实现电池和超级电容之间的功率分配，将电池的充放电功率限制在一定范围内，当要求的功率大于限定值时，电池以设定的功率工作，不足的部分由超级电容补充，若此时超级电容的 *SOC* 超过其最高限值时，则仍由电池来提供电机的功率需求。由于电机的功率要求是不稳定的瞬态过程，对电池的冲击较大，这是逻辑门限策略的主要缺陷所在。为了缓和电池的充放电功率，使电池的充放电电流较稳定地变化，一些研究者引入时间常数的概念，时间常数是通过设定一滤波函数实现的，即当有瞬间的功率要求时，对电池的功率需求进行低通滤波后再由电池来提供。低通滤波功率分配策略思想是在逻辑门限策略的基础上，通过设定电池的时间常数实现电池和超级电容之间的功率分配。研究表明，滤波时间常数选得越小，超级电容分担峰值电流的作用越不明显，而选太大，由于超级电容的电压变化范围比较大，对超级电容的配置提出了更高的要求，从而造成成本和质量的增加，同时，超级电容的负载均衡作用还受到负载电流特性的影响，牵引负载电流的脉冲宽度较窄时，才能更好地发挥出超级电容瞬时吸收峰值大功率的优势，而脉冲宽度较宽时，由于超级电容的能量有限，其优势得不到很好的发挥。

由于复合储能系统的能量管理问题主要集中在电池与超级电容的功率如何分配上，即功率分配策略。由上节能量流动模式分析可以看出，最复杂的情况莫过于电池与超级电容共同驱动模式。当车辆处于电池与超级电容混合驱动电机模式时，电池和超级电容的功率满足下式的功率平衡方程：

$$P_{essr} = P_{bat} + P_{uc} \tag{4.42}$$

而电池与超级电容各应提供的功率大小则由电动系统对储能系统的功率需求 P_{essr} 和它们各自的容量及能量特性共同决定。

借鉴已有的研究成果，充分考虑城市工况的特点，提出一种非线性比例因子分配控制策略。非线性比例因子分配策略确定的电池与超级电容的功率为

$$P_{bat} = k_p P_{essr} \tag{4.43}$$

$$P_{uc} = (1 - k_p) P_{essr} \tag{4.44}$$

其中，k_p 为电池与超级电容的功率分配因子，$0 \leqslant k_p \leqslant 1$，当 $p=1$ 时，对应储能源放电的情况；当 $p=2$ 时，对应储能源充电的情况。

非线性比例因子分配控制策略下，电池与超级电容的功率分配遵循以下规则：当车辆正常行驶或电动系统功率需求较低时，且超级电容可以单独提供电动系统对储能源的能量需求，此时超级电容单独工作；当车辆加速 / 爬坡或电动系统功率需求较高时，此时电池与超级电容共同给电机提供能量；而当车辆制动或下坡行驶时，超级电容快速回收制动能量，制动需求超过超级电容的接受能力时，电池与超级电容共同回收制动能量。非线性比例因子 k_p 示意情况如图 4.24 所示。

对于电池和超级电容而言，为了延长其寿命，使用过程中，两者的 SOC 要尽量工作在一定的允许范围内，即对电池和超级电容的 SOC 进行以下约束：

$$SOC_{batmin}(t) \leqslant SOC_{bat}(t) \leqslant SOC_{batmax}(t) \tag{4.45}$$

$$SOC_{ucmin}(t) \leqslant SOC_{uc}(t) \leqslant SOC_{ucmax}(t) \tag{4.46}$$

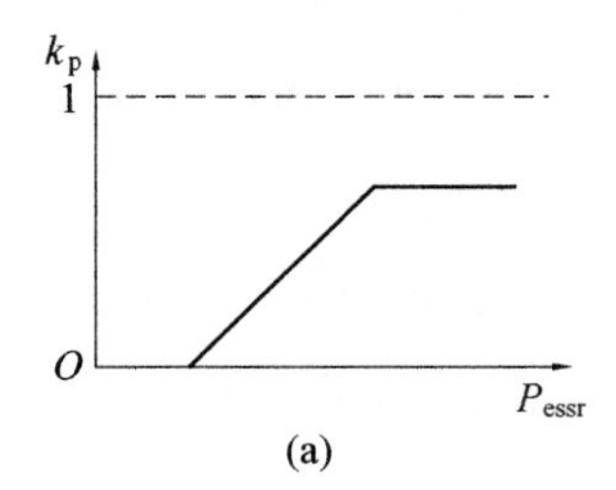

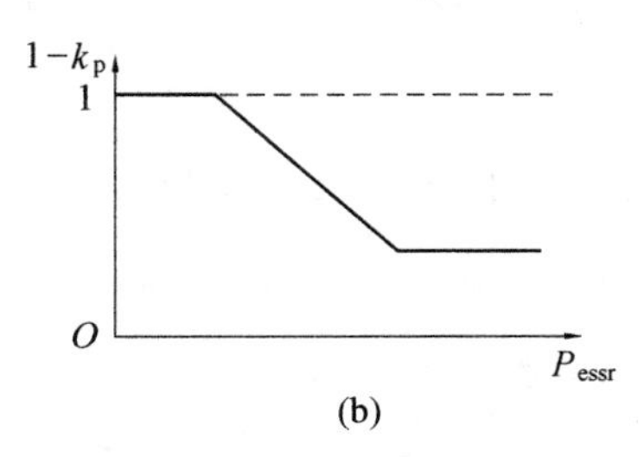

图 4.24 非线性比例因子

如果 SOC 太高，不容易尽可能多地回收再生能量，造成这部分能量的白白浪费；另一方面如果 SOC 太低，可能无法提供大的加速功率，从而影响车辆的加速性能。当超级电容的 SOC 在规定的范围内（当超级电容的端电压大于 U_{max_uc} 时，关断双向 DC/DC 变换

器，停止充电；当超级电容的端电压小于 U_{min_uc} 时，也控制双向 DC/DC 变换器关断，放电截止，因为这时超级电容可供放电的能量已经很少）时，超级电容工作，否则由电池提供全部电动系统功率需求。

而非线性比例因子分配控制策略中功率分配因子 k_p 确定的原则考虑以下两个方面：

（1）尽量减少目标行使工况下的燃油消耗。

（2）根据目标行使工况车速需求调节超级电容 *SOC* 以备未来发生的加速或制动事件。

首先考虑上面提到的第一个原则。在为车辆配备的电池与超级电容不变的情况下，由于不同的路况对车载储能源的功率需求不同，因此，无法用统一的功率分配策略满足所有的工况需求。本书以目标工况下的耗油最少为目标来确立电池与超级电容功率比例分配因子。具体实现过程为分别对复合储能 HEV 在不同目标行使工况下进行仿真，得出不同功率分配因子时百公里油耗的仿真结果，最低油耗点处的坐标作为当前行使工况下的功率分配因子 k_p。

接下来讨论确定非线性比例因子的第二个原则。结合 EMR 的反转规则，采用一个电流跟随控制率来达到进一步调节分配蓄电池和超级电容功率的目的，此电流跟随控制率的具体实现如图 4.25 所示。

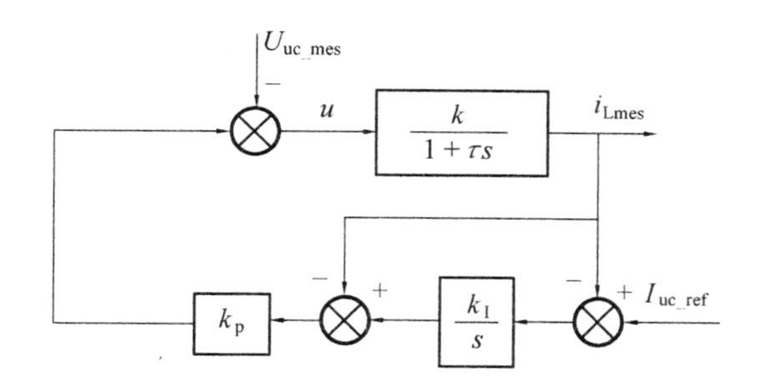

图 4.25　电感电流 PI 控制

超级电容的输入参考电流 I_{uc_ref} 不仅与负载电流（电动系统对复合储能系统要求的电流）有关，还跟超级电容的 *SOC*、车速等因素有关，因此也应该将这两个因素考虑进去。

超级电容的 *SOC* 以存储在超级电容系统内部的能量的形式给出，即认为是其电压的平方的函数：$SOC=kU_{uc}^2$，$k=1.1\times10^{-5}$，是一个校正常数，使得当 $SOC=0$ 时，超级电容两端电压为其最小工作电压 U_{min_uc}，而当 $SOC=1$ 时，对应其最大工作电压 U_{max_uc}。这样 *SOC* 就和超级电容总的剩余能量成一定的比例关系。当车速为零时，将超级电容的目标 *SOC* 设置为 0.9，而当车速为当前工况下的最大车速时，目标 *SOC* 设为 0.3。

采用 SOC 和车速进行控制时，目的就是使超级电容随时准备未来可能发生的事件。比如，当车辆低速行驶或准备停车时，下一步很可能就是加速，这时随着车速的减小控制 DC/DC 逐渐给超级电容充电，使其储存较多的能量，为车辆做好加速准备；而当车辆在高速行驶的情况下，车辆接下来可能要减速或刹车，超级电容应留有足够的能力以便回收较多的制动能量，这时就应该保持超级电容的电量处于较低的水平，即车辆高速行驶时控制 DC/DC 逐渐给超级电容放电。通过 SOC 与车速的关系来得到目标 SOC，超级电容的实际 SOC 与此目标相比较，通过一 PI 控制器后可以产生一个电流校正，以实现对超级电容的输入参考电流的调节，具体实现过程如图 4.26 所示。

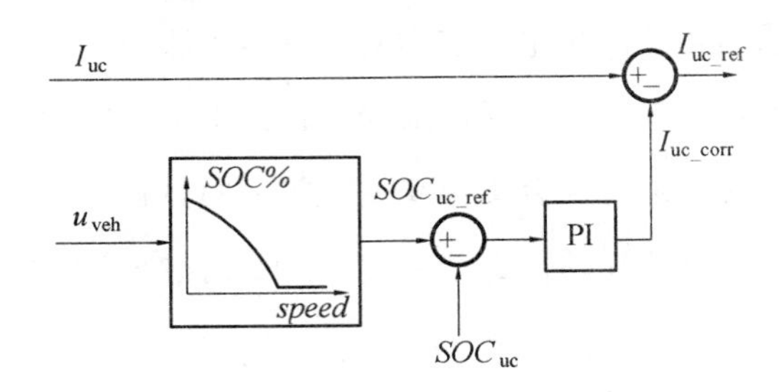

图 4.26　超级电容输入参考电流

3. 仿真结果与分析

通过对几种典型城市工况进行仿真发现，复合储能 HEV 在不同城市工况下选取不同功率分配因子时百公里油耗的发生点存在明显的不同，这是由不同行使工况下的功率需求不同决定的。以最低油耗点处的坐标作为当前行使工况下的功率分配因子 k_p。

由不同工况下储能系统的功率需求分析可知，某些工况下电动系统对储能系统的放电功率需求存在较大的峰值点，但不是很多，充放电平均功率需求都较低，因此功率分配因子在储能源的需求功率为正和为负时不同，为正时，k_p 值小，超级电容更多地参与工作以满足峰值功率需求，而需求功率为负时，没有大的尖峰，平均功率较低，存在持续时间较长的连续充电工况，而超级电容储存的能量有限，所以希望电池参与工作较多，避免超级电容的频繁充电，有利于节约燃油；而一些工况下，要求车载储能源频繁充放电，但持续时间都很短，因此 k_p 值小，充分发挥超级电容内阻低充放电快的优势，若也存在持续时间较长的连续充放电工况，k_p 值相应较大，发挥电池储能多的优势，同样达到节油的目的。这样根据不同行使工况的特点，油耗与 k_p 值是相辅相成的，由它确立的功率分配因子，可以使电池与超级电容发挥出各自的优势。

由于镍氢蓄电池的大电流充电接收能力较其大电流放电能力差，充电效率较超级电容低得多，因此在 *SOC* 允许范围内，希望超级电容吸收更多的再生制动能量，那么电池所承担的充电功率随之降低，这与控制目标是一致的。此策略中采取了根据车速来控制超级电容的 *SOC*，从超级电容 *SOC* 的变化曲线不难看出，其实际 *SOC* 与车速基本成反比的关系，体现了较好的跟随效果。

在考察的所有仿真行驶工况下，原单一电池储能 HEV 中电池都存在较大的充放电电流，而采用复合储能后，电池的充电电流分布基本都集中在 100 A 以内，最大放电电流也仅仅略高于 100 A。而从超级电容的电流分布中可以看出，更高的电池电流基本都被超级电容承担，特别是启停频繁的工况，效果最为明显；而具有最高的平均车速和平均加减速度以及最少的停车次数的工况，较其他工况电池更多地参与工作，但电流值都比较低，对电池的冲击并不大，这是因为对电池的大电流需求由于超级电容的负载均衡作用对其进行了缓冲。

采用复合储能系统后，不但蓄电池的充放电电流峰值和有效值得到了较明显的缓冲，减少了充放电循环次数，同时由于采用电池与超级电容复合储能后，超级电容内阻低，可以接收瞬间大电流，具有高效快速的充电能力，使得储能源制动能量回收比例也得到一定程度的提高，节约了燃油消耗，从而整车百公里油耗有所降低。与原电池储能 HEV 相比，四种工况下峰值放电电流都降低 50% 以上，而峰值充电电流减少最少的也达到 42% 左右。蓄电池的充放电循环次数较单一电池储能的 HEV 均有所下降，而制动能量回收比例有所提高。

4.3.3　基于效率优化控制策略

非线性比例因子分配控制策略的特点是在任一时刻电池与超级电容的功率根据储能源的功率需求进行比例分配，实现起来简单易行，速度快，效果较好，在一定程度上缓解了电池的峰值充放电电流，起到了改善动力电池循环使用寿命的目的。虽然考虑了根据车速对超级电容 *SOC* 的控制，但未考虑各储能源及整车系统效率问题，如果系统经常工作在低效率的状态下，容易造成能量浪费从而导致整车成本增加等问题，不能达到系统效率最优。下面在充分考虑各部件效率的基础上，分析复合储能 HEV 系统的效率，提出一种基于系统效率优化的控制策略。

1. 复合储能 HEV 系统的效率分析

在复合储能 HEV 系统的整个行驶过程中为使其具有最高效率，除了制定合适的控制策略外，还需要充分考虑各子系统与整车的损耗，对复合储能 HEV 的能量流进行全面分析和优化。因此，不仅需要考虑发动机和电机的效率，还要充分考虑动力电池组、超级电容组以及 DC/DC 变换器的效率特性。HEV 在不同的工作模式下，其动力传动系统的驱动形式不同，同时，由于超级电容的加入，其能量流动模式更加复杂化，因此需要对复合储能 HEV 不同驱动形式下的效率分别进行分析。图 4.27 为复合储能 HEV 的功率流。下面将主要对发动机单独驱动模式、纯电动模式、发动机与电机联合工作模式与能量回馈制动工作模式分别进行分析。

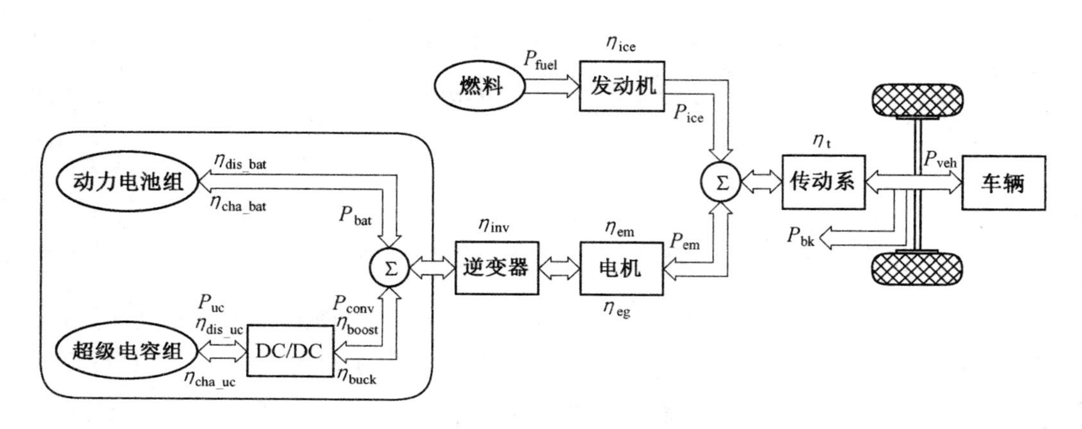

图 4.27　复合储能 HEV 的功率流

(1) 发动机单独驱动模式下的效率分析。在此模式下，发动机单独驱动车辆行驶，能量全部来自于燃油，如图 4.28 所示，燃料完全燃烧的理论功率 P_{fuel} 经发动机和传动系(包括变速箱和主减速器等)后提供驱动整车的功率 P_{veh}。

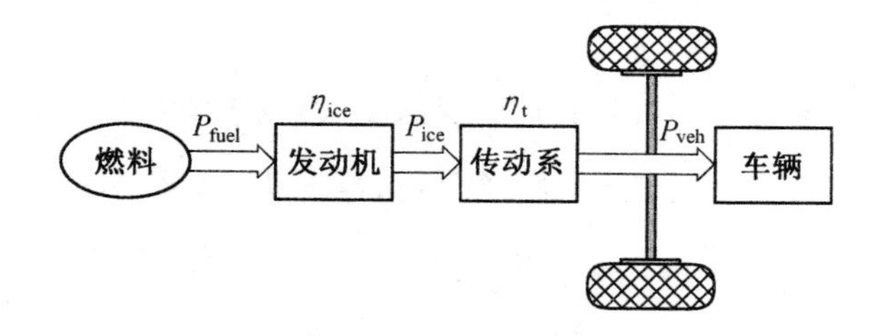

图 4.28　HEV 发动机单独驱动模式

在发动机单独驱动模式下，HEV 系统效率与传统内燃机汽车的系统效率计算一致，其效率主要取决于发动机、传动系等因素，系统的输出功率为

$$P_{out}=P_{veh}=\frac{1}{3\ 600}(mgf\cos\alpha+0.047C_DAv^2+mg\sin\alpha+\delta ma)v \tag{4.47}$$

HEV 系统的输入功率为

$$P_{in} = P_{ice}/\eta_{ice} = P_{fuel} \tag{4.48}$$

因此，HEV 在发动机单独驱动模式下的系统效率为

$$\begin{aligned}\eta_{veh} = \frac{P_{out}}{P_{in}} &= \frac{1}{3\ 600}(mgf\cos\alpha + 0.047C_D Av^2 + mg\sin\alpha + \delta ma)v/P_{fuel} = \\ &\frac{1}{3\ 600}(mgf\cos\alpha + 0.047C_D Av^2 + mg\sin\alpha + \delta ma)v\eta_{ice}/P_{ice}\end{aligned} \tag{4.49}$$

由式(4.49)可知，在发动机单独驱动模式下，系统效率主要与发动机工作效率、行驶工况和整车参数有关，当行驶工况与整车参数确定时，发动机工作效率直接影响到 HEV 的系统效率。因此，为实现高效节能的目标，应根据实际行驶工况需求，合理确定整车的运行模式，使发动机尽可能地工作在高效区。

(2) 纯电动模式下的效率分析。在此模式下，电机单独提供整车功率需求，复合储能 HEV 存在图 4.29 所示的三种工作模式：电池单独驱动模式；超级电容单独驱动模式；电池和超级电容共同驱动模式。下面针对功率流最复杂的图 4.29(c) 重点分析系统的效率，其他两种模式中可分别令 P_{bat} 和 P_{uc} 为零计算得到。

电机输出功率为

$$P_{em} = (P_{bat} + P_{conv})\eta_{inv}\eta_{em} = (P_{bat} + P_{uc}\eta_{boost})\eta_{inv}\eta_{em} \tag{4.50}$$

HEV 系统的输出功率为

$$P_{out} = P_{veh} = \frac{1}{3\ 600}(mgf\cos\alpha + 0.047C_D Av^2 + mg\sin\alpha + \delta ma)v \tag{4.51}$$

HEV 系统的输入功率为

$$P_{in} = P_{bat}/\eta_{dis\_bat} + P_{uc}/\eta_{dis\_uc} = P_{bat}/\eta_{dis\_bat} + P_{conv}/(\eta_{boost}\eta_{dis\_uc}) \tag{4.52}$$

因此，HEV 在纯电动模式下的系统效率为

$$\begin{aligned}\eta_{veh} = \frac{P_{out}}{P_{in}} &= \frac{(mgf\cos\alpha + 0.047C_D Av^2 + mg\sin\alpha + \delta ma)v}{3\ 600(P_{bat}/\eta_{dis\_bat} + P_{uc}/\eta_{dis\_uc})} = \\ &\frac{(mgf\cos\alpha + 0.047C_D Av^2 + mg\sin\alpha + \delta ma)v}{3\ 600(P_{bat}/\eta_{dis\_bat} + P_{conv}/(\eta_{boost}\eta_{dis\_uc}))}\end{aligned} \tag{4.53}$$

根据式(4.53)可以看出，在纯电动模式下的系统效率除了与行驶工况、整车参数、电机系统工作效率等因素有关外，还与电池和超级电容的放电效率、DC/DC 变换器效率等因素息息相关。

(3) 发动机与电机联合工作模式下的效率分析。在此模式下，由于发动机与电机的同时参与，再加上超级电容和 DC/DC 变换器的引入，HEV 的系统效率计算最复杂。此

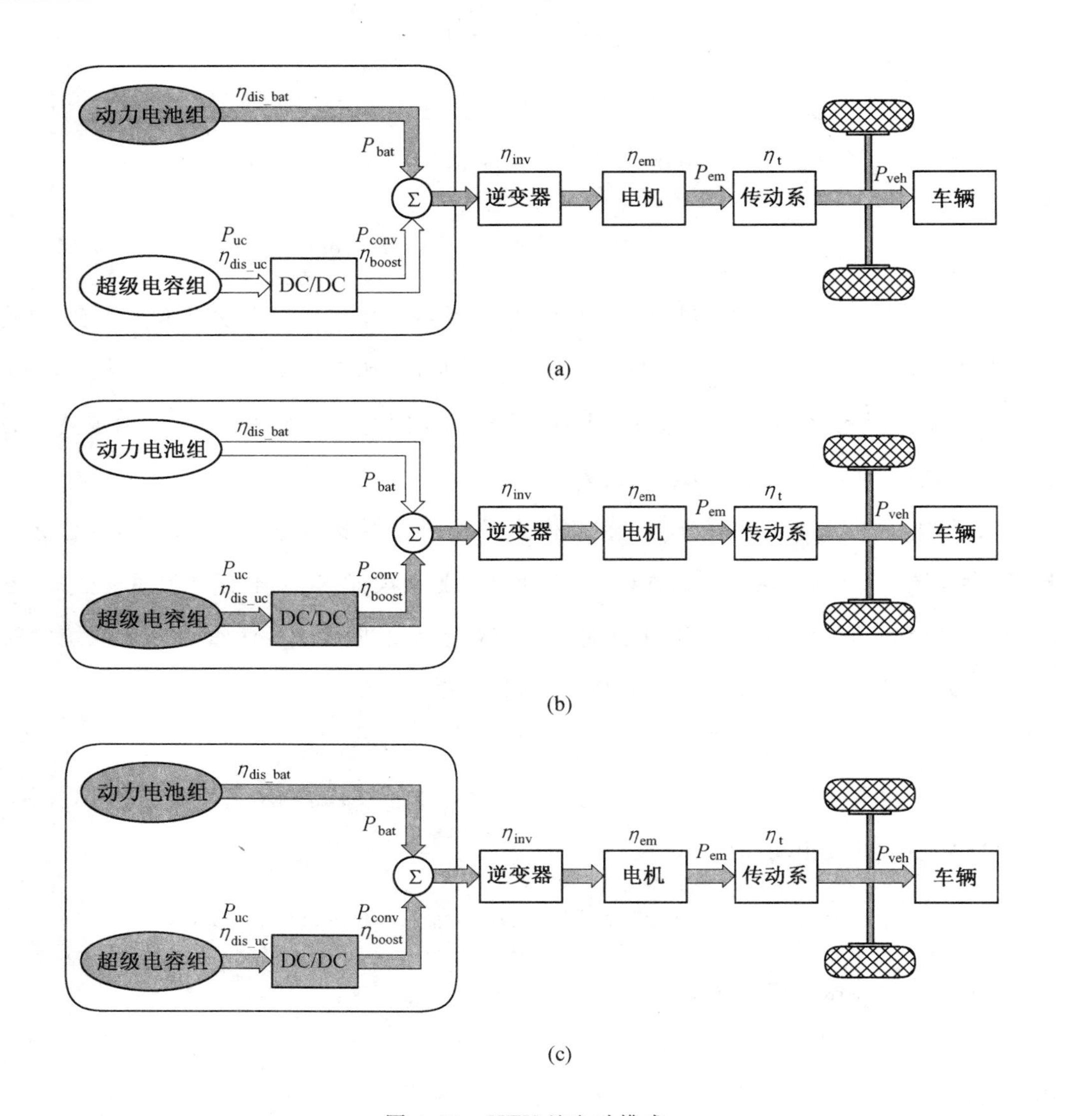

图 4.29 HEV 纯电动模式

时，HEV 中存在三种动力源：发动机、蓄电池和超级电容功率。电机的输出功率为

$$\begin{cases}P_{em}=(P_{bat}+P_{conv})\eta_{inv}\eta_{em}=(P_{bat}+P_{uc}\eta_{boost})\eta_{inv}\eta_{em} & (\text{电动})\\ P_{em}=(P_{bat}+P_{conv})/(\eta_{inv}\eta_{eg})=(P_{bat}+P_{uc}/\eta_{buck})/(\eta_{inv}\eta_{eg}) & (\text{发电})\end{cases}\tag{4.54}$$

根据电机的具体工作状态(电动 / 发电)，动力传动系统的驱动模式可分为两种情况：复合储能系统功率通过电机输出机械能，并与发动机功率合成后驱动车辆行驶，如图 4.30(a) 所示；发动机的部分功率驱动车辆行驶，另外一部分通过电机转换为电能储存在复合储能系统中，如图 4.30(b) 所示。

至于电机的输出 / 输入功率是由复合储能系统中的动力电池、超级电容还是二者共

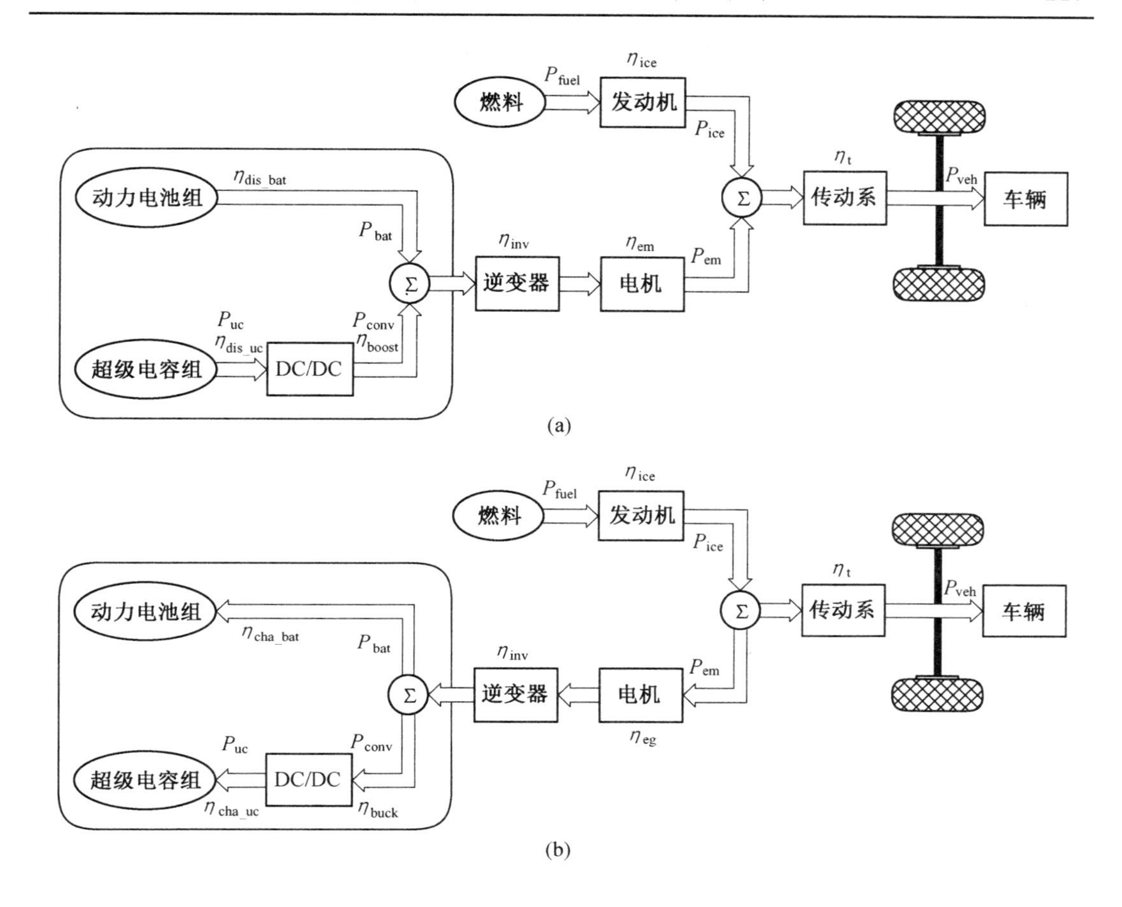

图 4.30　HEV 联合工作模式

同提供 / 接收，具体视它们的 SOC 高低情况来定，下文将对复合储能系统模块内部工作情况进行详细分析，这里的分析将其视为一个整体模块。

由于复合储能系统与电机、发动机一同参与驱动整车行驶，因此系统效率的计算相对于发动机单独驱动和纯电动时的情况都复杂，主要取决于发动机、电机、蓄电池、超级电容、DC/DC 变换器和传动系等效率因素。HEV 系统的输出功率为

$$P_{out}=P_{veh}=\frac{1}{3\ 600}(mgf\cos\alpha+0.047C_DAv^2+mg\sin\alpha+\delta ma)v \tag{4.55}$$

HEV 系统的输入功率为

$$\begin{cases}P_{in}=P_{fuel}+P_{bat}/\eta_{dis\_bat}+P_{uc}/\eta_{dis\_uc}= & \text{（电动）}\\ \qquad P_{ice}/\eta_{ice}+P_{bat}/\eta_{dis\_bat}+P_{conv}/(\eta_{boost}\eta_{dis\_uc}) & \\ P_{in}=P_{fuel}-P_{bat}\eta_{cha\_bat}-P_{uc}\eta_{cha\_uc}= & \text{（发电）}\\ \qquad P_{ice}/\eta_{ice}-P_{bat}\eta_{cha\_bat}-P_{conv}\eta_{buck}\eta_{cha\_uc} & \end{cases} \tag{4.56}$$

因此，HEV 在发动机与电机联合驱动模式下的系统效率为

$$\eta_{\text{veh}}=\frac{P_{\text{out}}}{P_{\text{in}}}=\begin{cases}\dfrac{(mgf\cos\alpha+0.047C_{\text{D}}Av^2+mg\sin\alpha+\delta ma)v}{3\,600(P_{\text{ice}}/\eta_{\text{ice}}+P_{\text{bat}}/\eta_{\text{dis\_bat}}+P_{\text{uc}}/\eta_{\text{dis\_uc}})} & \text{(电动)}\\[2ex] \dfrac{(mgf\cos\alpha+0.047C_{\text{D}}Av^2+mg\sin\alpha+\delta ma)v}{3\,600(P_{\text{ice}}/\eta_{\text{ice}}-P_{\text{bat}}\eta_{\text{cha\_bat}}-P_{\text{uc}}\eta_{\text{cha\_uc}})} & \text{(发电)}\end{cases} \tag{4.57}$$

根据上式可以看出，在发动机与电机联合工作模式下的系统效率主要与发动机工作效率、电机工作效率、电池和超级电容的充放电效率、行驶工况和整车参数等因素有关。

(4) 能量回馈制动模式下的效率分析。传统汽车在减速或制动时，通过制动器将汽车的动能转换为热能消耗，造成能量的浪费。而 HEV 与传统车辆一个最重要的区别就是可以实现再生制动，即在车辆减速时，电动机可以作为发电机工作，从而将汽车的部分动能转换为电能存入车载储能源中以备车辆驱动时使用。在保证安全的情况下，制动能量回收是提高燃油经济性的主要因素之一，因此希望最大限度地回收能量。HEV 能量回馈制动工作模式如图 4.31 所示。

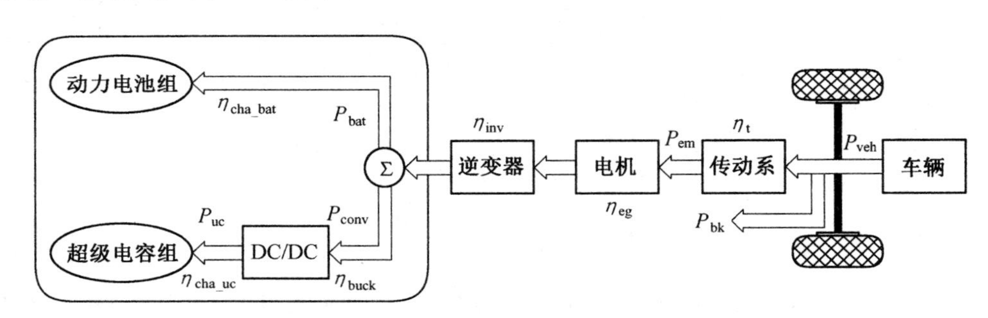

图 4.31　HEV 能量回馈制动模式

在 HEV 能量回馈制动系统中，只有由电机驱动的车轮上的制动能量能够沿与之相连的驱动轴传送到储能系统实现回收，驱动轮上再生制动和机械制动通常共同存在，当再生制动已经达到最大制动能力而且还不能满足制动要求时，机械制动才起作用。而非驱动轮上的制动只能由机械制动实现，所以部分能量在非驱动轴以热量形式被摩擦制动系统消耗掉。在回收和再利用能量的过程中，传递能量和储存能量环节会损失一部分能量。另一个影响回收能量的因素是当制动力需求超出再生制动的最大能力时，摩擦制动必须来分担一部分制动力。

电机的输出功率为

$$P_{\text{em}}=(P_{\text{bat}}+P_{\text{conv}})/(\eta_{\text{inv}}\eta_{\text{eg}})=(P_{\text{bat}}+P_{\text{uc}}/\eta_{\text{buck}})/(\eta_{\text{inv}}\eta_{\text{eg}}) \tag{4.58}$$

HEV 系统的输入功率为

$$P_{in}=P_{veh}=\frac{1}{3\,600}(mgf\cos\alpha+0.047C_DAv^2+mg\sin\alpha+\delta ma)v \tag{4.59}$$

HEV 系统的制动功率输出为

$$P_{out}=P_{reg}+P_{bk} \tag{4.60}$$

其中，再生制动功率输出和液压制动功率输出为

$$\begin{cases}P_{reg}=P_{bat}\eta_{cha\_bat}+P_{uc}\eta_{cha\_uc}=P_{bat}\eta_{cha\_bat}+P_{conv}\eta_{buck}\eta_{cha\_uc}\\P_{bk}=P_{bk\_r}+P_{bk\_f}\end{cases} \tag{4.61}$$

因此，HEV 在能量回馈制动模式下的系统效率为

$$\eta_{veh}=\frac{P_{out}}{P_{in}}=\frac{3\,600(P_{ice}/\eta_{ice}-P_{bat}\eta_{cha\_bat}-P_{uc}\eta_{cha\_uc})+P_{bk}}{(mgf\cos\alpha+0.047C_DAv^2+mg\sin\alpha+\delta ma)v} \tag{4.62}$$

由于机械制动是将制动过程中的部分能量以热量形式消耗掉，不妨将能量回馈制动模式下的系统效率认为是再生制动能量回馈效率，即将式(4.62)中的 P_{bk} 去掉。通过以上分析可以得出，HEV 能量回馈制动系统的回收效率与电机工作效率、制动器制动功率大小、行驶工况和整车参数有关外，还在一定程度上依赖电池和超级电容的充放电效率。因此，可以通过调节电机制动转矩、制动器制动转矩，同时需考虑储能系统的接受能力，在满足整车制动需求和安全要求的基础上获得最多的回收制动能量。

2. 基于效率优化的控制策略描述

(1) 动态规划优化算法。为实现给定行驶工况下的最低油耗以及最优策略，就需要将复合储能 HEV 的控制策略等价为一系列分段优化问题，然后利用逆序递推算法，从后往前依次求取各个时间点到终点的最低油耗以及与此对应的最优策略，最后得到整个路况的最优策略和最低油耗，其目标为在发动机 / 电机可行的功率范围及电池组与超级电容的允许能量范围内，求解控制量及复合储能系统模块内两储能源间的功率分配因子，使目标函数最小。

DP 算法中系统模型采用试验数据模型，而且它的迭代算法易于计算机求解，是解决 HEV 的最优控制问题的有效途径。因此，需要首先将行驶工况按照时间顺序离散化处理为 N 个阶段，其次，选择系统的状态变量 $x(k)$ 和控制变量 $u(k)$，同样将其进行离散化处理。相邻时间阶段的状态变量之间将具有如下递推关系：

$$x(k+1)=f(x(k),u(k),k),\quad \forall k\in\{0,1,\cdots,N-1\} \tag{4.63}$$

式(4.63)的意义为经过控制变量 $u(k)$ 的作用后，状态变量将从 $x(k)$ 变化为 $x(k+1)$。k 为当前的时间阶段，代表了行驶工况的某一时间点。系统控制策略的优化问题便

是使整个驾驶工况下的油耗最低，即

$$J^{*}=\min\sum_{k=0}^{N-1}[L(x(k),u(k),k)] \tag{4.64}$$

以及寻找使油耗最小化的一系列控制变量输入 $u(k)$。$L(x(k),u(k),k)$ 为状态变量变化时的油耗。

根据DP理论，控制策略的优化问题可以分解为一系列分阶段的优化问题，并按照逆序递推求解，即首先计算第 $N-1$ 步到最后一步的油耗，再计算第 $N-2$ 步到 $N-1$ 步的油耗，以此递推。

在 $N-1$ 步，系统的目标函数

$$J_{N-1}^{*}(x(N-1))=\min_{u(N-1)}[L(x(N-1),u(N-1),N-1)] \tag{4.65}$$

在第 k 步，$0\leqslant k\leqslant N-2$，系统的目标函数

$$J_{k}^{*}(x(k))=\min_{u(k)}[L(x(k),u(k),k)+J_{k+1}^{*}(x(k+1))] \tag{4.66}$$

最终，通过逆序递推算法便得到了系统的优化控制序列值 $u(k)$。同时需要注意，为保证各子系统能够正常工作，控制策略还需要满足一系列的约束条件。

(2) 基于动态规划理论的全局优化控制策略。HEV由于动力源的增加有助于传统汽车燃油经济性的改善，但同时增加了功率流与能量流控制的难度，那么，由于车载储能源的增加，复合储能HEV的工作模式与单一电池储能HEV相比更加复杂，这无疑对采用复合储能HEV的能量管理策略提出了更高的要求。因此，有必要站在全局角度，对复合储能HEV系统的能量流进行综合分析和优化，既要考虑每个瞬时工作状态下各子系统产生的损耗，又要考虑这个瞬时对下一个工作状态与整体运行状态的影响以及产生的损耗，同时还要兼顾各子系统需要满足的电压、电流、寿命等条件的约束。动态规划算法在解决诸如此种带有约束问题的全局优化问题时被人们广泛采用，下面将从整车的能量守恒分析入手，以获得整车油耗最少为目标，来寻找最佳油耗及最优控制策略。复合储能HEV的功率平衡关系如图4.32所示。

由图4.32不难看出，在任一时刻 t，三个功率源的输出功率之和需满足行驶工况需求的功率，即

$$P_{\text{fuel}}(t)+P_{\text{bat}}(t)+P_{\text{uc}}(t)=P_{\text{veh\_req}}(t) \tag{4.67}$$

又由电池组与超级电容组的功率分配系数为 $k_{\text{p}}(t)$，则有以下两式成立

$$P_{\text{bat}}(t)=k_{\text{p}}(t)(P_{\text{veh\_req}}(t)-P_{\text{fuel}}(t)) \tag{4.68}$$

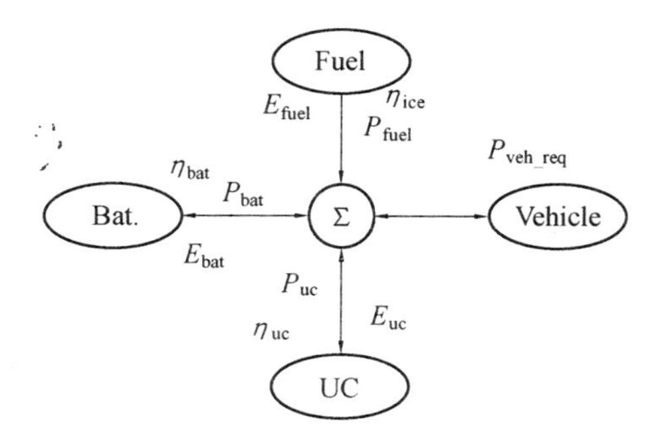

图 4.32　复合储能 HEV 功率平衡

$$P_{uc}(t)=(1-k_p(t))(P_{veh\_req}(t)-P_{fuel}(t)) \tag{4.69}$$

在已知道路循环工况的情况下，可以求得整车的功率需求 P_{veh_req}。设燃料、电池组和超级电容组的效率分别为 η_{fuel}、η_{bat} 和 η_{uc}，则在时刻 t，油箱存储的能量为

$$E_{fuel}(t)=E_{fuel0}-\int_0^t \frac{P_{fuel}(\tau)}{\eta_{fuel}(P_{fuel}(\tau))}\mathrm{d}\tau \tag{4.70}$$

在时刻 t，电池组中存储的能量为

$$E_{bat}(t)=E_{bat0}-\int_0^t f(P_{bat}(\tau))\mathrm{d}\tau \tag{4.71}$$

$$f(P_{bat})=\begin{cases}\eta_{cha\_bat}(P_{bat})P_{bat} & (P_{bat}(\tau)<0)\\ \dfrac{P_{bat}}{\eta_{dis\_bat}(P_{bat})} & (P_{bat}(\tau)\geqslant 0)\end{cases} \tag{4.72}$$

同样，在时刻 t，超级电容组中存储的能量为

$$E_{uc}(t)=E_{uc0}-\int_0^t f(P_{uc}(\tau))\mathrm{d}\tau \tag{4.73}$$

$$f(P_{uc})=\begin{cases}\eta_{cha\_uc}(P_{uc})P_{uc} & (P_{uc}(\tau)<0)\\ \dfrac{P_{uc}}{\eta_{dis\_uc}(P_{uc})} & (P_{uc}(\tau)\geqslant 0)\end{cases} \tag{4.74}$$

由于电池组与超级电容组的 *SOC* 与它们的剩余能量密切相关，选取电池组与超级电容组的剩余能量为系统状态变量，以发动机功率 P_{fuel} 和 k_p 为控制变量，则系统状态方程为

$$\dot{E}_{bat}(t)=-f(P_{bat}(t))=-f(k_p(P_{veh\_req}(t)-P_{fuel}(t))) \tag{4.75}$$

$$\dot{E}_{uc}(t)=-f(P_{uc}(t))=-f((1-k_p)(P_{veh\_req}(t)-P_{fuel}(t))) \tag{4.76}$$

最小化时间[0,T]内燃油消耗为系统目标函数，即最小化燃油的净能量消耗。由于电池在进行充放电时要经历一系列的化学反应，其充放电效率较超级电容要低得多，而且

反复充放电也会降低其循环使用寿命。因此，为了改善电池组的使用寿命，以限制由于对电池进行的不断充放电导致的系统效率下降，即加入电池 SOC 惩罚项对目标函数进行修正，则此时系统目标函数变为

$$L(x(t),u(t),t)=\int_0^T \frac{P_{\text{fuel}}(t)}{\eta_{\text{fuel}}(P_{\text{fuel}}(t))}\mathrm{d}t+\beta(t)\,|SOC_{\text{bat}}(t)-SOC_{\text{bat}}(0)| \tag{4.77}$$

其中惩罚项中的系数 $\beta(t)=\alpha t$，而 α 为惩罚因子。从而问题演化为寻找最优控制序列 $u(t)$ 使得以下目标函数最小

$$\min J=\min_{u\subset U}\sum_{k=0}^{N-1}L(x(t),u(t),t) \tag{4.78}$$

约束条件：

$$\begin{cases}0\leqslant P_{\text{fuel}}(t)\leqslant P_{\text{fuel\_max}}(t)\\ E_{\text{bat\_min}}(t)\leqslant E_{\text{bat}}(t)\leqslant E_{\text{bat\_max}}(t)\\ E_{\text{uc\_min}}(t)\leqslant E_{\text{uc}}(t)\leqslant E_{\text{uc\_max}}(t)\\ P_{\text{bat\_min}}(t)\leqslant P_{\text{bat}}(t)\leqslant P_{\text{bat\_max}}(t)\\ P_{\text{uc\_min}}(t)\leqslant P_{\text{uc}}(t)\leqslant P_{\text{uc\_max}}(t)\\ 0\leqslant k_{\text{p}}(t)\leqslant 1\end{cases} \tag{4.79}$$

同时，对于电荷维持型 HEV，为了反映整车的燃油消耗量，控制策略还需保证储能系统的能量或 SOC 在驾驶工况循环结束时须与初始时一致，对电池组和超级电容组的能量或 SOC 进行约束，即

$$E_{\text{bat}}(T)=E_{\text{bat0}} \tag{4.80}$$

$$E_{\text{uc}}(T)=E_{\text{uc0}} \tag{4.81}$$

将时间 t、状态变量 x、控制变量 u 离散化为有限个网络节点，记状态变量的离散点数为 M，控制变量的离散点数为 Q。在时间轴与电池（或超级电容）电量轴构成的平面上便形成了具有 $M\times N$ 个节点的网格，网格上的每个节点 (i,k) 代表在第 k 阶段的第 i 个状态 $x_{i,k}$，如图 4.33 所示。网格中的起点和终点由于具有确定的状态，因此用 $x(0)$ 和 $x(N)$ 表示。令 $x(0)=x(N)$，式(4.80) 的约束条件可以满足。类似地，同时可以形成时间轴与超级电容电量轴构成的网格，满足式(4.81) 的约束条件。

DP 算法的前提是行驶工况已知，根据路况要求可以计算得到车辆的需求功率为

$$P_{\text{veh\_req}}=\frac{1}{3\ 600}(mgf\cos\alpha+0.047C_{\text{D}}Av^2+mg\sin\alpha+\delta ma)v \tag{4.82}$$

发动机的功率由DP算法给定，发动机的工作状态可以确定下来，HEV系统及各子系统的工作状态也由此确定下来。

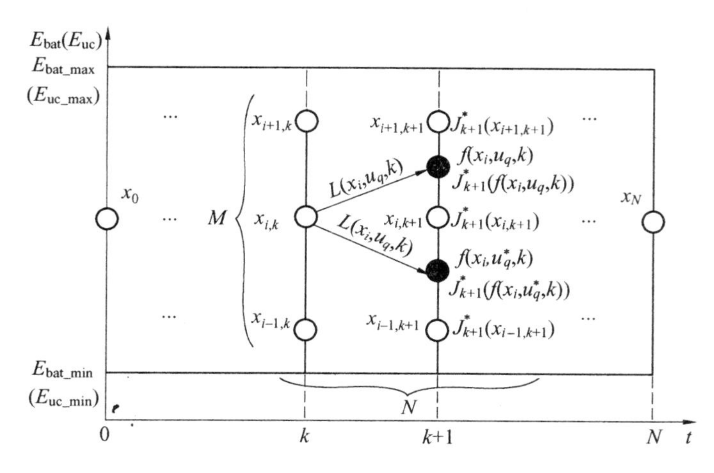

图 4.33　逆序递推 DP 算法网格图

对于任意 $i,j \in \{1,2,\cdots,M\}$ 及 $q \in \{1,2,\cdots,Q\}$，在图 4.33 所示的DP算法逆序递推示意图中，状态 $x_{i,k}$ 向状态 $x_{j,k+1}$ 转移时，将发生如下两种情况：

① 在控制变量 $u_{q,k}$ 的作用下，状态转移可以满足约束条件的限制，称为可实现的转移，转移后的状态记为 $f(x_i,u_q,k)$。根据上节分析的各部分效率关系可以计算此状态转移产生的油耗 $L(x_i,u_q,k)$，及从 k 阶段至终点的油耗 $J_k(x_{i,k})=L(x_i,u_q,k)+J^*_{k+1}(f(x_i,u_q,k))$，比较所有可实现状态转移的油耗 $J_k(x_{i,k})$，确定最优油耗 $J^*_k(x_{i,k})$，最优的控制变量输入 $u^*_{q,k}$，以及最优路径 $x_{i,k} \rightarrow f(x_i,u^*_q,k)$。

② 由于约束条件的限制，状态间的转移不可实现，此时，状态间转移油耗被置为无穷大，此路径不再被考虑。

采用 DP 理论可以充分考虑到各子系统的效率，实现选定驾驶工况下系统效率全局最优，并保持电池与超级电容电量的前后一致。但是，随着网格节点及控制输入变量的增加，控制算法将变得异常复杂，计算量、内存消耗量相当大。另外，由于 DP 算法需要预知路况信息，尽管如此，它在分析、评价、调节其他控制策略，如具有实时性强，但未考虑系统效率优化问题的控制策略具有重要的参考价值。

通过对具体工况进行仿真，从 SOC 仿真结果可以看出，在原单一电池储能的 HEV 中，电池的 SOC 在 0.65～0.7 之间变化，而对于复合储能 HEV 采用非线性比例因子分配策略时的电池的 SOC 变化 0.025；采用DP优化算法时，它们的 SOC 都与其初始电量基本一致，可见它们的电量得到了平衡控制。

同时，由于动力电池以大电流倍率进行充放电时其效率下降，复合储能 HEV 采用基于动态规划全局最优的控制策略，动力电池的充放电电流峰值和有效值较非线性比例因子分配策略有所降低，电池循环次数较原车减少，再生制动能量回收比例有所提高。另外，基于动态规划全局最优的控制策略能够在行驶工况已知的情况下，使 HEV 系统达到最佳的燃油经济性，因此可以作为评价实时控制策略的标准，如为前文提出的非线性比例因子分配策略中的最佳比例分配因子的确定提供依据。

本章参考文献

[1] 徐顺余，高海鸥，邱国茂，等. 混合动力汽车车用镍氢动力电池分析[J]. 上海汽车，2006(2):7-9.

[2] WIGHT G, JUNG D Y, GARABEDIAN H. On-road and dynamometer testing of a capacitor-equipped electric vehicles[C]. Berlin: Busan: Proceedings of the 19th EVS, 2002:1357-1367.

[3] 张炳力，朱可，赵韩. 燃料电池城市客车动力系统结构研究[J/OL]. 合肥工业大学学报，2006, 29(11):1359-1361.

[4] GOW P H, OSGOOD A R, CORRIGAN D A, et al. Novel water-cooled plastic monoblock ovonic nickel metal hydride batteries for hybrid electric vehicles[C]. Berlin: Proceedings of the 18th EVS, 2001.

[5] WEN Xuhui, GAO Jianhua, HUA Yang. The research on electric system of the PEMFC testing mini bus[C]. Berlin: Proceedings of the 18th EVS, 2001.

[6] PERA M C, HISSEL D, KAUFFMANN J M. Fuel cell systems for electrical vehicles[C]. New York: 55th IEEE Vehicular Technology Conference, 2002, 4:2097-2102.

[7] ANDERSSON T, GROOT J. Alternative energy storage system for hybrid electric vehicles[D]. Goteborg: Master of Science Thesis No 76E Chalmers University of Technology, 2003:13-29.

[8] JEONG J U, LEE H D, KIM C S, et al. A development of an energy storage system for hybrid electric vehicles using supercapacitor[C]. Busan: Proceedings of the 19th EVS, 2002:1379-1388.

[9] DINAPOLI A,CRESCIMBINI F,SOLERO L,et al. Multiple-input DC-DC power converter for power-flow management in hybrid vehicles[C]. Illionis:Proceedings of the 37th Industry Applications Conference Record,2002,3:1578-1585.

[10] ARNET B J,HAINES L P. Combining ultra-capacitors with lead-acid batteries[C]. Montreal:Proceedings of the 17th EVS,2000.

[11] HEINEMANN D,NAUNIN D. Ultracaps in power-assist applications in battery powered electric vehicles-implications on energy management systems[C]. Berlin:Proceedings of the 18th EVS,2001.

[12] WIGHT G,JUNG D Y,Garabedian H. On-road and dynamometer testing of a capacitor-equipped electric vehicles[C]. Busan:Proceedings of the 19th EVS, 2002:1357-1367.

[13] LOTT J,SPATH H. Double layer capacitors as additional power source in electric vehicles[C]. Berlin:Proceedings of the 18th EVS,2001.

[14] DIXON J W,ORTUZAR M E. Ultracapacitors DC/DC converters in regenerative braking system[J]. IEEE Aerospace and Electronic Systems Magazine,2002,17(8):16-21.

[15] 李军求,孙逢春,张承宁,等. 纯电动大客车超级电容器参数匹配与实验[J]. 电源技术,2004,28(8):483-486.

[16] 曹秉刚,曹建波,李军伟,等. 超级电容在电动车中的应用研究[J/OL]. 西安交通大学学报,2008,42(11):1317-1322.

[17] 仇斌,陈全世,黄勇. 采用超级电容的燃料电池城市客车参数匹配和性能仿真[J]. 汽车工程,2007,29(1):42-45.

[18] MILLER J M,YEUNG J C K,MA Y Q,et al. Ultracapacitors improve SWECS low wind speed energy recovery[J]. IEEE Power Electronics and Machines in Wind Applications,2009:1-6.

[19] BOSSMANN T,BOUSCAYROL A. Energetic macroscopic representation of a hybrid storage system based on supercapacitors and compressed Air[J]. IEEE International Symposium on Industrial Electronics,2007:2691-2696.

[20] 唐西胜,齐智平. 基于超级电容器储能的独立光伏系统[J/OL]. 太阳能学报,2006,27(11):1097-1102.

[21] 刘明辉. 混合动力客车整车控制策略及总成参数匹配研究[D]. 长春:吉林大学博士学位论文,2005.

[22] SALMASI F R. Control strategies for hybrid electric vehicles:evolution, classification, comparison, and future trends[J]. IEEE Transactions on Vehicular Technology,2007,56(5):2393-2397.

[23] LANGARI R,WON J S. Intelligent energy management agent for a parallel hybrid vehicle-part I:system architecture and design of the driving situation identification process[J]. IEEE Transactions on Vehicular Technology,2005, 54(3):925-934.

[24] WON J S,LANGARI R. Intelligent energy management agent for a parallel hybrid vehicle-part II:torque distribution,charge sustenance strategies,and performance results[J]. IEEE Transactions on Vehicular Technology,2005, 54(3):935-953.

[25] LIN C C,PENG H,GRIZZLE J W. Power management strategy for a parallel hybrid electric truck[J]. IEEE Transaction on Control Systems Technology, 2003,38(11):839-849.

[26] SCHOUTEN N J,SALMAN M A,KHEIR N A. Fuzzy logic control for parallel hybrid vehicles[J]. IEEE Transactions on Control Systems Technology,2002, 10(3):460-468.

[27] PISU P,RIZZONI G. A supervisory control strategy for series hybrid electric vehicles with two energy storage systems[C]. Chicago:Proceedings of IEEE VPPC 2005,2005:65-72.

[28] PISU P,RIZZONI G. A comparative study of supervisory control strategies for hybrid electric vehicles[J]. IEEE Transactions on Control Systems Technology, 2007,15(3):506-517.

[29] WAGENER A,KORNER C,SEGER P,et al. Cost function based adaptive energy management in hybrid drivetrains[C]. Berlin:Proceedings of the 18th EVS,2001.

[30] ROSARIO L C,LUK P C K. Implementation of a modular power and energy management structure for battery-ultracapacitor powered electric vehicles[C].

Coventry:The IET Hybrid Vehicle Conference,2006:141-156.

[31] BAISDEN A C,EMADI A. Advisor-based model of a battery and ultra-capacitor energy source for hybrid electric vehicles[J]. IEEE Transactions on Vehicular Technology,2004,53(1):199-205.

[32] ZOLOT M. Dual-source energy storage-control and performance advantages in advanced vehicles[C]. California:Proceedings of the 20th EVS,2003.

[33] YU Haifang,LU Rengui,WANG Tiecheng,et al. Energetic macroscopic representation based modeling and control for battery/ultracapacitor hybrid energy storage system in HEV[C]. Dearborn:5th International IEEE VPPC 2009,2009:1390-1394.

[34] CAO J,EMADIA. A new battery/ultra-capacitor hybrid energy storage system for electric,hybrid and plug-in hybrid electric vehicles[C]. Dearborn:5th International IEEE VPPC 2009,2009:941-946.

[35] MILLER J M,DESHPANDE U,DOUGHERTY T J,et al. Power electronic enabled active hybrid energy storage system and its economic viability[C]. Washington DC:24th Annual IEEE Applied Power Electronics Conference and Exposition,2009:190-198.

第5章　电压源型储能电源变换技术的应用

本章通过总结从事过的科研工作为基础，以超级电容电动公交客车直流驱动、锂离子动力电池组均衡系统、动力电池组充电电源和功率脉冲电源及其控制为例，介绍储能电源变换技术应用方面的一些体会和经验，供读者参考。

5.1　超级电容电动公交客车直流驱动系统

超级电容作为高功率密度储能电源，其充放电速度快，适合于起制动频繁、运行线路固定的城市电动公交客车，但超级电容供电电压变化范围宽，能量密度低，车载能量十分有限。如何提高有限能源的利用率，实现驱动系统高效的电驱动和能量回馈制动，是促进超级电容电动公交客车（Ultra－capacitor Electric Bus，UCEB）实际应用和技术进步的关键。

5.1.1　UCEB直流驱动系统的功能与结构

根据UCEB的运行工况和整车动力性、安全性、操控性等要求，通过方案论证，选择增磁直流驱动电机，确定的UCEB直流驱动和充电系统的功能与结构如图5.1所示。

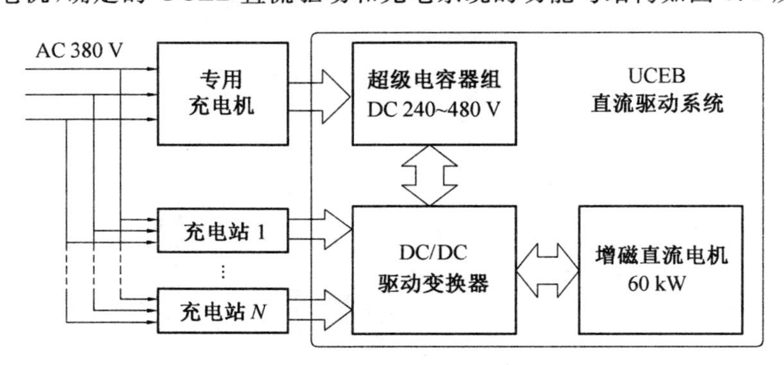

图5.1　UCEB直流驱动和充电系统的功能与结构

超级电容和驱动系统的指标参数见表5.1，从中可以得到UCEB驱动系统变换器的参数设计指标。

表 5.1　UCEB 驱动系统设备参数指标

驱动系统设备	指标名称	参　数	指标名称
超级电容	供电电压	240 ~ 480 V	输入电压
	充电电流	300 A	N/A
	储存能量	14 kW · h	
增磁直流电机	额定电压	0 ~ 190 V	输出电压
	工作电流	0 ~ 440 A	输出电流
	额定 / 峰值功率	60 kW/90 kW	额定 / 峰值功率
	电励磁功率	4 kW(约为 35% 永磁)	N/A

采用永磁和电励磁绕组结合的复合励磁的直流电机，在启动或加速爬坡需要大扭矩时，可通过增磁绕组实现电增磁，以满足 UCEB 的动力性需求；在巡航等轻载工况无需大转矩时，完全依靠永磁，以降低电励磁损耗。此外，可根据不同的车辆工况合理调节电励磁大小，从而可获得优化控制性能。

为了降低配套充电站设备成本，驱动系统变换器除具备正向电驱动、反向制动能量回馈功能以外，还应兼有大功率的车载充电功能。车载充电可直接利用驱动系统变换器给超级电容充电，可以节省专用大功率充电机设备，只需在公交线路两端充电站设置变压整流装置即可。

行车 / 车载充电切换的设计方案如图 5.2 所示。行车过程中，直流接触器 I 和 III 吸合，接触器 II 和充电接口断开，车辆工作于电驱动或制动状态；停车到站充电时，直流接触器 II 和充电接口闭合，接触器 I 和 III 断开。

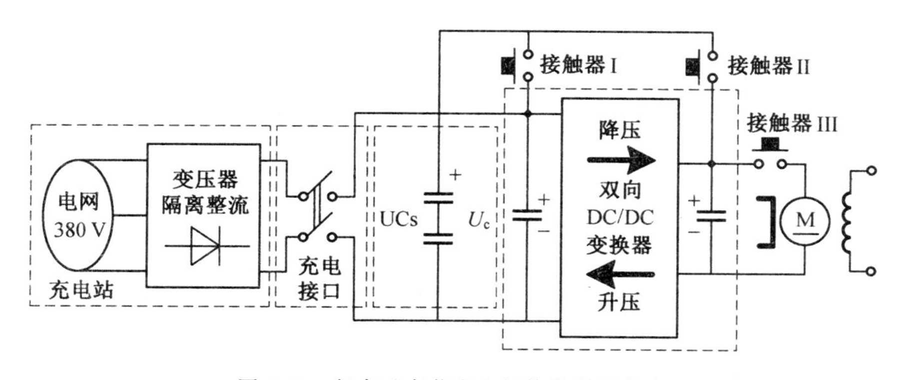

图 5.2　行车 / 车载充电切换的设计方案

5.1.2 馈能缓冲式软开关电流双象限驱动变换器

驱动系统变换器的特性决定着 UCEB 整车性能。根据 UCEB 对驱动系统的功能要求，驱动变换器应采用多象限直流变换电路。

1. UCEB 多象限直流驱动变换拓扑分析

可实现上述功能的直流变换电路有很多种，其中，对于大功率直流变换器，使用较多的是全桥直流变换电路，如图 5.3 所示。全桥直流驱动变换电路可以四象限运行，但是，在具备机械倒车装置的条件下，双象限变换器即可满足要求，而全桥变换电路相对复杂，开关器件也较多。

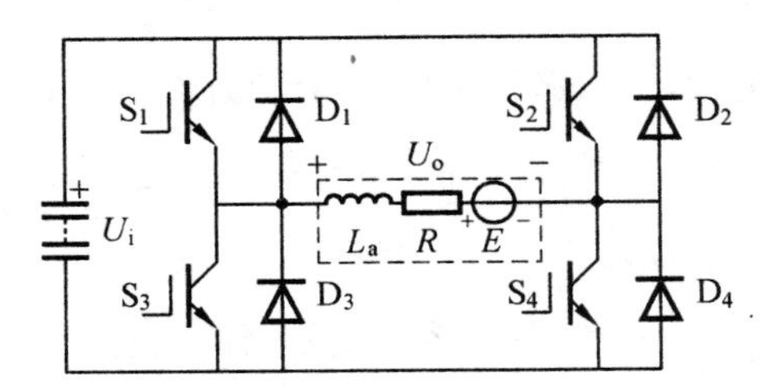

图 5.3 全桥直流变换电路

可满足驱动要求的几种常见非隔离型双象限直流变换器原理拓扑如图 5.4 所示。

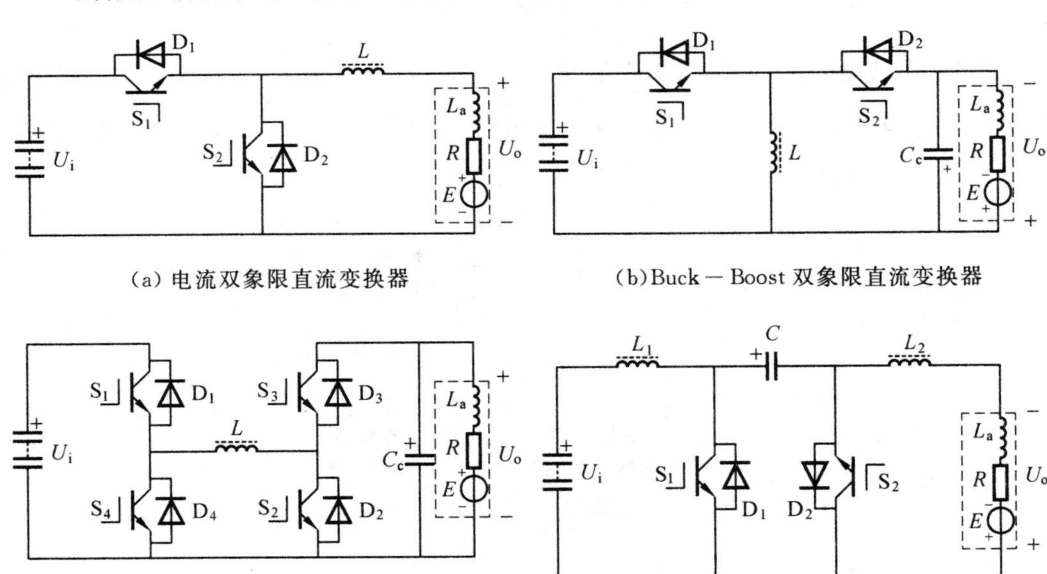

(a) 电流双象限直流变换器

(b) Buck — Boost 双象限直流变换器

(c) 级联式升降压变换器

(d) Cuk 双象限直流变换器

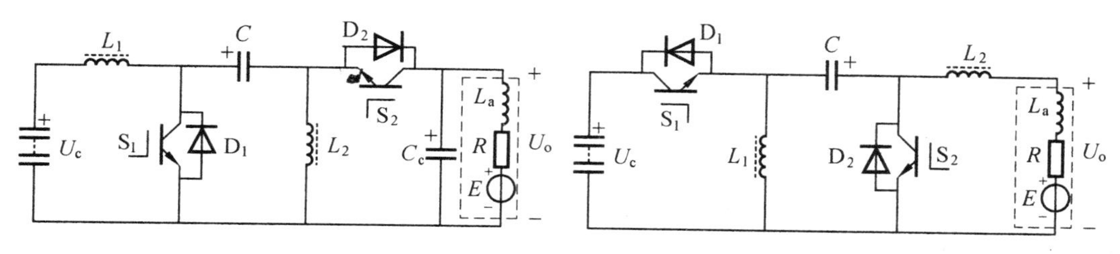

(e) SEPIC/Zeta 双象限直流变换器　(f) Zeta/SEPIC 双象限直流变换器

图 5.4　常见非隔离型双象限直流变换器

综合考虑电路结构的复杂程度、功率器件数量、开关器件应力和控制性能，从可靠、高效同时能满足应用要求的角度，选择电流双象限变换器作为 UCEB 驱动系统变换器主电路拓扑，如图 5.4(a) 所示。电流双象限变换器用作驱动变换时，可以直接利用直流电机电枢电感（数百微亨）作为储能电感，且电流闭环控制时可以省去一个大的输出滤波电容；电路工作于第 I、II 象限，系统具有正转制动能力，在车辆减速、刹车或者下坡时可以将能量回馈给超级电容。

基于图 5.4(a) 所示的电流双象限变换器基本拓扑，综合考虑 UCEB 驱动系统参数和开关器件所承受的电压、电流、热应力，为确保大功率变换器安全工作，并提高效率以节约有限车载能源，设计的馈能缓冲式电流双象限变换器电路如图 5.5 所示。图中虚线框内为馈能式缓冲电路。

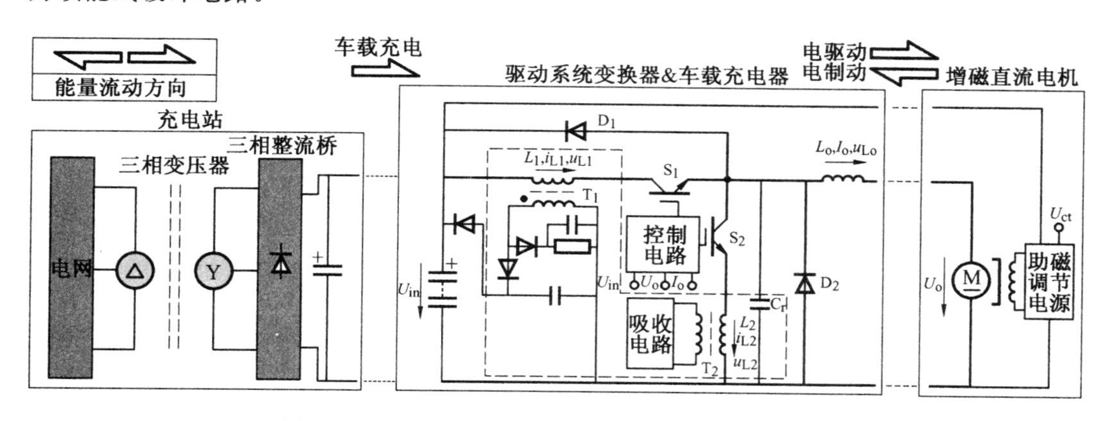

图 5.5　UCEB 馈能缓冲式电流双象限变换器电路图

2. 正向驱动电路及其馈能缓冲式软开关电路工作模态分析

为简化分析，假设：

(1) 所有电力电子器件为理想器件，无内阻，无惯性，换流过程可在瞬间完成，且通态电压为零，断态漏电流为零。

(2)L_o 足够大，一个开关周期中，L_o 电流基本保持不变，为 I_o 或 I'_{in}，在分析电路工作原理时用电流源等效。

(3) 馈能变压器(耦合电感) 为理想变压器，匝比为 $n_1:n_2$。

在一个开关周期中，带馈能缓冲式软开关电路的正向驱动电路如图 5.6 所示。与常规的 Buck 变换电路区别在于，由于反向制动电路续流二极管 D_1 存在，将缓冲电容充电电压钳位在输入电压 U_{in}。一个周期可分为六个开关模态，每个模态的等效电路和主要电量波形分别如图 5.7 和图 5.8 所示。

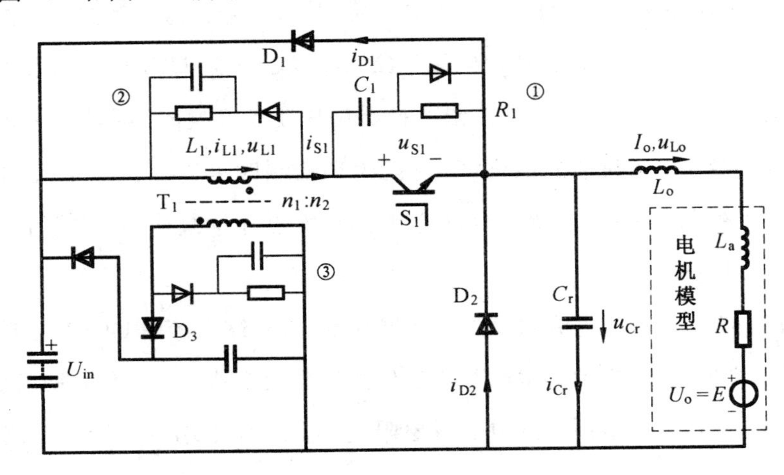

图 5.6 带有缓冲电路的正向驱动电路

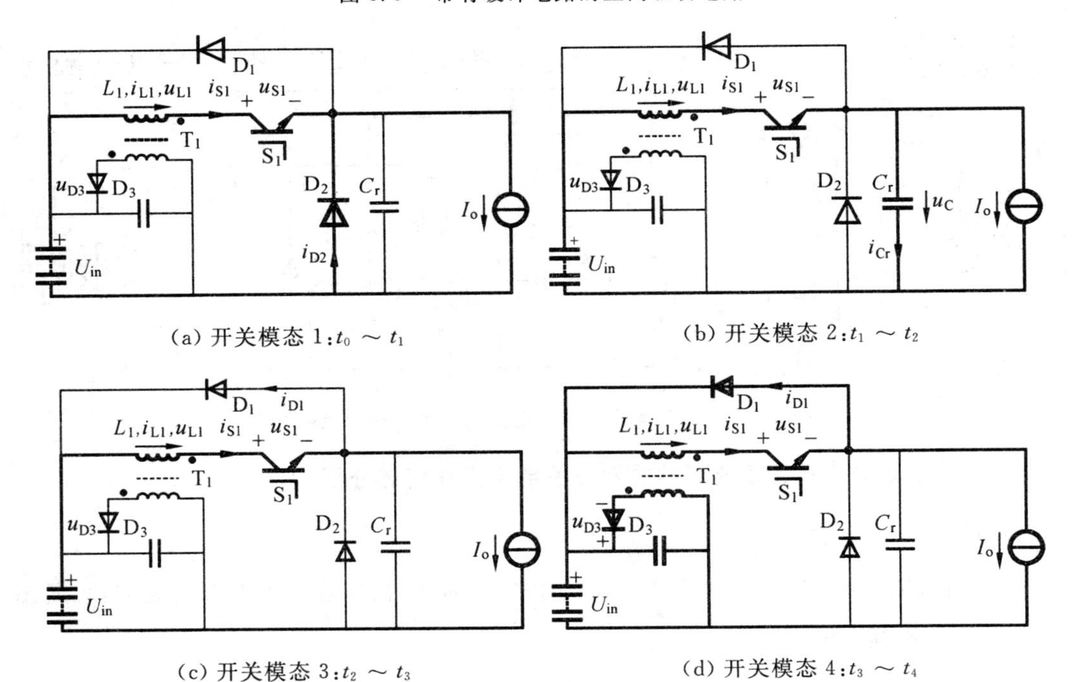

(a) 开关模态 1:$t_0 \sim t_1$

(b) 开关模态 2:$t_1 \sim t_2$

(c) 开关模态 3:$t_2 \sim t_3$

(d) 开关模态 4:$t_3 \sim t_4$

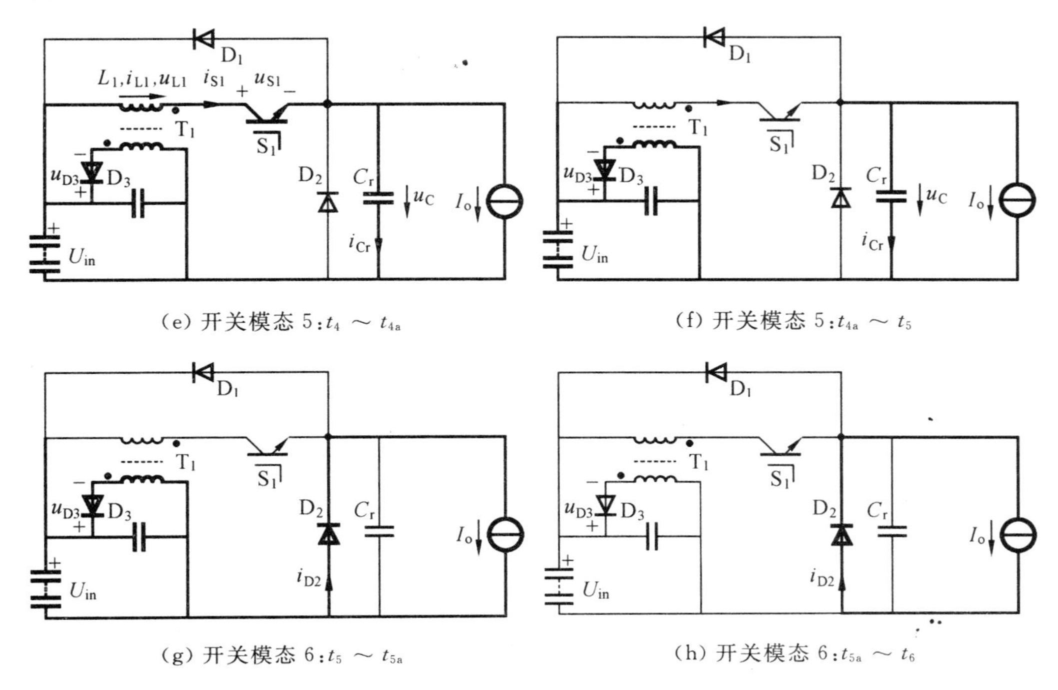

(e) 开关模态 5:t_4 ～ t_{4a}　(f) 开关模态 5:t_{4a} ～ t_5

(g) 开关模态 6:t_5 ～ t_{5a}　(h) 开关模态 6:t_{5a} ～ t_6

图 5.7　正向驱动电路一个开关周期的等效电路

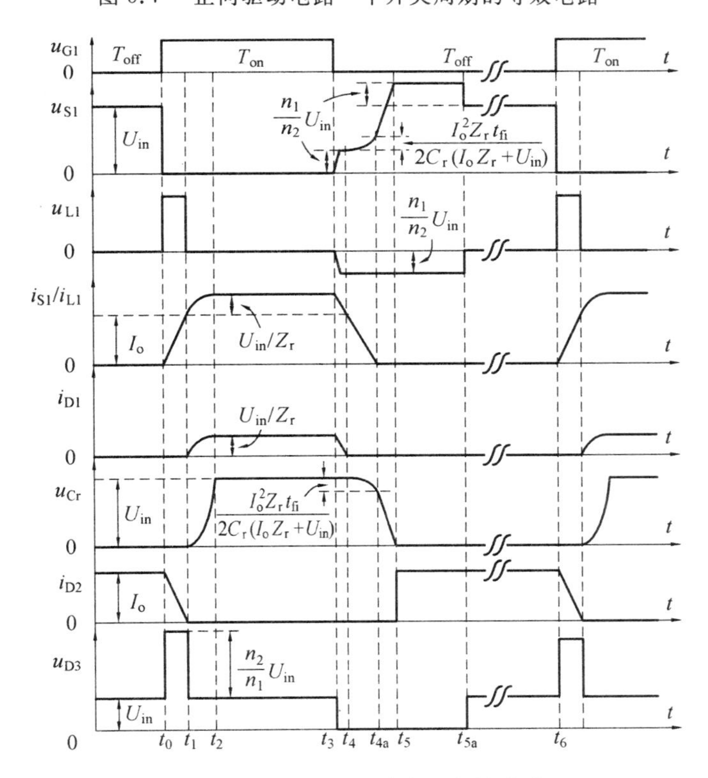

图 5.8　正向驱动电路主要电量波形

(1) 开关模态 1($t_0 \sim t_1$)——电感 L_1 充电阶段。其等效电路如图 5.7(a) 所示。t_0 时刻之前，开关管 S_1 处于阻断状态，缓冲电感电流 $i_{L1}=0$，缓冲电容电压 $u_{Cr}=0$，输出滤波电感电流 I_o 通过续流二极管 D_2 流过，维持电机电动工作。

t_0 时刻，S_1 开始导通，加在 L_1 上的电压为 U_{in}，使其电流从零开始线性上升，因此 S_1 是零电流开通，有

$$i_{S1}=i_{L1}=\frac{U_{in}}{L_1}(t-t_0) \tag{5.1}$$

而 D_2 中的电流线性下降

$$i_{D2}=I_o-\frac{U_{in}}{L_1}(t-t_0) \tag{5.2}$$

t_1 时刻，当流过缓冲电感 L_1 的电流 i_{L1} 上升到输出滤波电感电流 I_o 时，D_2 和 L_1 换流结束，此时 $i_{D2}=0$，D_2 自然关断，开关模态 1 维持时间为

$$t_{01}=t_1-t_0=L_1\frac{I_o}{U_{in}} \tag{5.3}$$

开关模态 1 中，缓冲电感 L_1 两端电压为 U_{in}，馈能变压器变比为 $n_1:n_2$，则叠加到二极管 D_3 两端的反向压降为

$$u_{D3}=U_{in}+\frac{n_2}{n_1}U_{in}=\frac{n_1+n_2}{n_1}U_{in} \tag{5.4}$$

(2) 开关模态 2($t_1 \sim t_2$)——L_1、C_r 谐振阶段。其等效电路如图 5.7(b) 所示。从 t_1 时刻开始，L_1 和 C_r 开始谐振工作，L_1 的电流 i_{L1} 和 C_r 的电压 u_{Cr} 分别为

$$i_{L1}(t)=I_o+\frac{U_{in}}{Z_r}\sin\omega(t-t_1) \tag{5.5}$$

$$u_{Cr}(t)=U_{in}[1-\cos\omega(t-t_1)] \tag{5.6}$$

式中，Z_r 为特征阻抗，$Z_r=\sqrt{L_1/C_r}$；ω 为 L_1、C_r 谐振角频率，$\omega=1/\sqrt{L_1C_r}$；f_r 为谐振频率，$f_r=1/(2\pi\sqrt{L_1C_r})$；$T_r$ 为谐振周期，$T_r=2\pi\sqrt{L_1C_r}$。

经过 $T_r/4$，到达 t_2 时刻，i_{L1} 和 u_{Cr} 分别上升到

$$i_{L1}(t_2)=I_o+\frac{U_{in}}{Z_r} \tag{5.7}$$

$$u_{Cr}(t_2)=U_{in} \tag{5.8}$$

可见，开关模态 2 持续时间为

$$t_{12}=t_2-t_1=\frac{T_r}{4}=\frac{\pi\sqrt{L_1C_r}}{2} \tag{5.9}$$

(3) 开关模态 3($t_2 \sim t_3$)——S_1、D_1 稳定导通阶段。其等效电路如图 5.7(c) 所示。t_2 时刻，缓冲电容电压上升到 U_{in}。由于二极管 D_1 存在且开始导通，将缓冲电容电压钳位在输入电压 U_{in}。由于此时 S_1 稳定导通，缓冲电感 L_1 端电压为零，所以该阶段其电流保持为 $i_{L1}(t_2)$ 不变，故模态 3 中，流过 S_1 和 D_1 的电流分别为

$$i_{S1}(t) = i_{L1}(t_2) = I_o + \frac{U_{in}}{Z_r} \tag{5.10}$$

$$i_{D1}(t) = i_{L1}(t_2) - I_o = \frac{U_{in}}{Z_r} \tag{5.11}$$

缓冲电容的电压保持稳定为

$$u_{Cr}(t) = u_{Cr}(t_2) = U_{in} \tag{5.12}$$

(4) 开关模态 4($t_3 \sim t_4$)—— 开关管电流下降阶段(缓冲能量回馈阶段之一)。其等效电路如图 5.7(d) 所示。t_3 时刻，$i_{S1}(t) = i_{L1}(t_3) = I_o + U_{in}/Z_r$，$u_{Cr}(t_3) = U_{in}$，此时关断 S_1，则 $i_{L1}(t)$ 由 $I_o + U_{in}/Z_r$ 开始线性下降，由于输出电流 I_o 近似不变，即 D_1 中电流 $i_{D1}(t)$ 先由 U_{in}/Z_r 开始下降，直到 t_4 时刻，$i_{D1}(t)$ 下降到零，D_1 自然关断，同时开关管和缓冲电感电流下降到 I_o。该过程中，根据 IGBT 的关断电路模型，可以设其关断后电流下降规律为

$$i_{S1}(t) = i_{L1}(t) = \left(I_o + \frac{U_{in}}{Z_r}\right)\left(1 - \frac{t}{t_{fi}}\right), \quad 0 \leqslant t \leqslant \frac{U_{in} t_{fi}}{I_o Z_r + U_{in}} \tag{5.13}$$

式中，t_{fi} 为 IGBT 关断时电流下降时间(可以从开关管数据手册中查得)。

开关模态 4 的持续时间为

$$t_{34} = t_4 - t_3 = \frac{U_{in} t_{fi}}{I_o Z_r + U_{in}} \tag{5.14}$$

(5) 开关模态 5($t_4 \sim t_5$)—— 缓冲电容放电阶段(缓冲能量回馈阶段之二)。其等效电路如图 5.7(e)、(f) 所示。t_4 时刻后，由于开关管电流小于输出电流，缓冲电容开始放电，$t_4 \sim t_{4a}$ 时间段内，$i_{S1}(t)$ 继续由 I_o 线性下降到零，C_r 的放电电流为

$$i_{Cr}(t) = I_o - i_{S1}(t) = \left(\frac{I_o}{t_{fi}} + \frac{U_{in}}{Z_r t_{fi}}\right)t - \frac{U_{in}}{Z_r}, \quad \frac{U_{in} t_{fi}}{I_o Z_r + U_{in}} \leqslant t \leqslant t_{fi} \tag{5.15}$$

该阶段中 C_r 电压的下降规律为

$$\begin{aligned} u_{Cr}(t) &= u_{Cr}(t_4) - \frac{1}{C_r}\int_0^t i_{Cr}(t)\mathrm{d}t = U_{in} - \frac{1}{C_r}\int_0^t \left[\left(\frac{I_o}{t_{fi}} + \frac{U_{in}}{Z_r t_{fi}}\right)t - \frac{U_{in}}{Z_r}\right]\mathrm{d}t = \\ & U_{in} - \frac{(I_o Z_r + U_{in})t^2}{2C_r Z_r t_{fi}} + \frac{U_{in} t}{C_r Z_r}, \quad 0 \leqslant t \leqslant \frac{I_o Z_r t_{fi}}{I_o Z_r + U_{in}} \end{aligned} \tag{5.16}$$

考虑到 UCEB 驱动系统变换器实际参数和各电量有可能在宽范围内变化，缓冲电容

的放电过程可以分为两种情况：

①$t_4 \sim t_{4a}$ 时间段内未放完或者刚好放完电；

② 在 $t_4 \sim t_{4a}$ 时间段内放完电。

情况 ① 中，t_{4a} 时刻，缓冲电容电压为

$$u_{Cr}(t_{4a}) = u_{Cr}(t_4) - \frac{1}{C_r}\int_0^{\frac{I_o Z_r t_{fi}}{I_o Z_r + U_{in}}} i_{Cr}(t)\mathrm{d}t = U_{in} - \frac{(I_o^2 Z_r - 2U_{in} I_o)t_{fi}}{2C_r(I_o Z_r + U_{in})} \tag{5.17}$$

令 $u_{Cr}(t_{4a}) \geqslant 0$，当各参数和电量满足下面条件之一时，情况 ① 成立：

条件 a：$I_o \leqslant \frac{2U_{in}}{Z_r}$，其他条件任意；条件 b：$I_o > \frac{2U_{in}}{Z_r}$，且 $t_{fi} \leqslant \frac{2C_r U_{in}(I_o Z_r + U_{in})}{I_o^2 Z_r - 2U_{in} I_o}$

若上述条件 a、b 均不成立，则缓冲电容放电为情况 ②，可得到电容电压在 t_4 时刻后，经过一段时间后下降到零，该段时间可以表示为

$$\Delta t = \frac{U_{in} t_{fi} + \sqrt{U_{in}^2 t_{fi}^2 + 2C_r Z_r U_{in}(I_o Z_r + U_{in})t_{fi}}}{I_o Z_r + U_{in}} \tag{5.18}$$

情况 ① 中，电容电压从 U_{in} 下降到式(5.17) 中的值的时间为

$$t_{4-a} = t_{4a} - t_4 = t_{fi} - \frac{U_{in} t_{fi}}{I_o Z_r + U_{in}} = \frac{I_o Z_r t_{fi}}{I_o Z_r + U_{in}} \tag{5.19}$$

t_{4a} 时刻后，$i_{S1}(t)$ 下降到零，缓冲电容以输出电流 I_o 继续放电，电压下降规律变为

$$u_{Cr}(t) = u_{Cr}(t_{4a}) - \frac{1}{C_r}\int_0^t i_{Cr}(t)\mathrm{d}t = U_{in} - \frac{(I_o^2 Z_r - 2U_{in} I_o)t_{fi}}{2C_r(I_o Z_r + U_{in})} - \frac{I_o t}{C_r} \tag{5.20}$$

t_5 时刻，u_{Cr} 减小到零，续流二极管 D_2 导通，该状态持续时间为

$$t_{a-5} = t_5 - t_{4a} = \frac{C_r u_{Cr}(t_{4a})}{I_o} = \frac{2C_r U_{in}(I_o Z_r + U_{in}) - (I_o^2 Z_r - 2U_{in} I_o)t_{fi}}{2I_o(I_o Z_r + U_{in})} \tag{5.21}$$

整个开关模态 4 持续时间为

$$t_{45} = t_{4-a} + t_{a-5} = \frac{2C_r U_{in}(I_o Z_r + U_{in}) + (I_o^2 Z_r + 2U_{in} I_o)t_{fi}}{2I_o(I_o Z_r + U_{in})} \tag{5.22}$$

在开关模态 4 中，t_3 时刻，开关管进入关断状态，由于缓冲电感两端电压迅速由 0 变为 $u_{L1} = -U_{in} n_1 / n_2$ 后并维持一段时间(能量回馈阶段)，且电源电压和缓冲电容电压不能突变，所以 S_1 两端电压迅速增长到 $U_{in} n_1 / n_2$；此后随着缓冲电容的放电，开关管两端电压以一定斜率上升，且与缓冲电容电压下降规律相反。当缓冲电容电压下降到零时，S_1 两端电压为

$$u_{S1} = U_{in} + U_{in}\frac{n_1}{n_2} = \frac{(n_1 + n_2)U_{in}}{n_2} \tag{5.23}$$

该电压将持续到下一开关模态，直到缓冲电感能量回馈结束时刻（设为 t_{5a}），完成缓冲电感 L_1 的磁复位，为下一周期零电流开通准备条件。

(6) 开关模态 6（$t_5 \sim t_6$）—— 自然续流阶段（缓冲能量回馈阶段之三）。其等效电路如图 5.7(g)、(h) 所示。输出电感电流 I_o 经过续流二极管 D_2 续流。同时，缓冲电感能量继续回馈，$t_0 \sim t_2$ 时间段内 L_1 伏秒之积为

$$U_{in}(t_1 - t_0) + \int_0^{\frac{T_r}{4}} u_{L1}(t)\mathrm{d}t = U_{in}L_1\frac{I_o}{U_{in}} + \int_0^{\frac{T_r}{4}}[U_{in} - u_{Cr}(t)]\mathrm{d}t = L_1 I_o + \frac{U_{in}}{\omega} \quad (5.24)$$

S_1 关断后，设缓冲电感能量回馈过程持续到 t_{5a}，该过程中，L_1 电压被钳位在 $u_{L1} = -U_{in}n_1/n_2$，则 $t_3 \sim t_{5a}$ 时间段内，缓冲电感伏秒之积为

$$u_{L1}(t_{5a} - t_3) = -\frac{n_1}{n_2}U_{in}(t_{5a} - t_3) \quad (5.25)$$

则由伏秒平衡原理可得

$$L_1 I_o + \frac{U_{in}}{\omega} - \frac{n_1}{n_2}U_{in}(t_{5a} - t_3) = 0 \quad (5.26)$$

可得电感能量回馈过程持续时间为

$$t_{5a} - t_3 = \frac{n_2\omega L_1 I_o + n_2 U_{in}}{n_1\omega U_{in}} \quad (5.27)$$

t_6 时刻，S_1 零电流开通，电路进入下一个开关周期。

3. 反向制动电路及其馈能式缓冲电路工作模态分析

带有缓冲电路的反向制动电路如图 5.9 所示，与常规 Boost 变换电路区别在于，由于正向 Buck 电路续流二极管 D_2 的存在，缓冲电容 C_r 放电到零后被钳位在零电压。

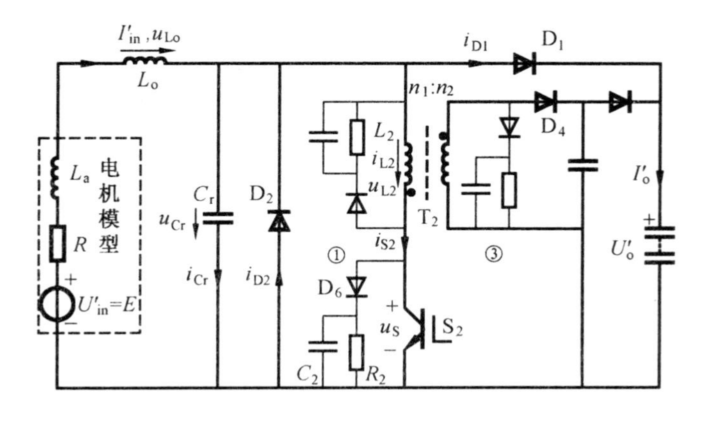

图 5.9　带有缓冲电路的反向制动电路

一个开关周期可分为六个开关模态，每个开关模态的等效电路和主要电量波形分别如图 5.10 和图 5.11 所示。输入电流 I'_{in} 等效为电流源；U'_{in} 为输入电压；U'_o 为输出电压。

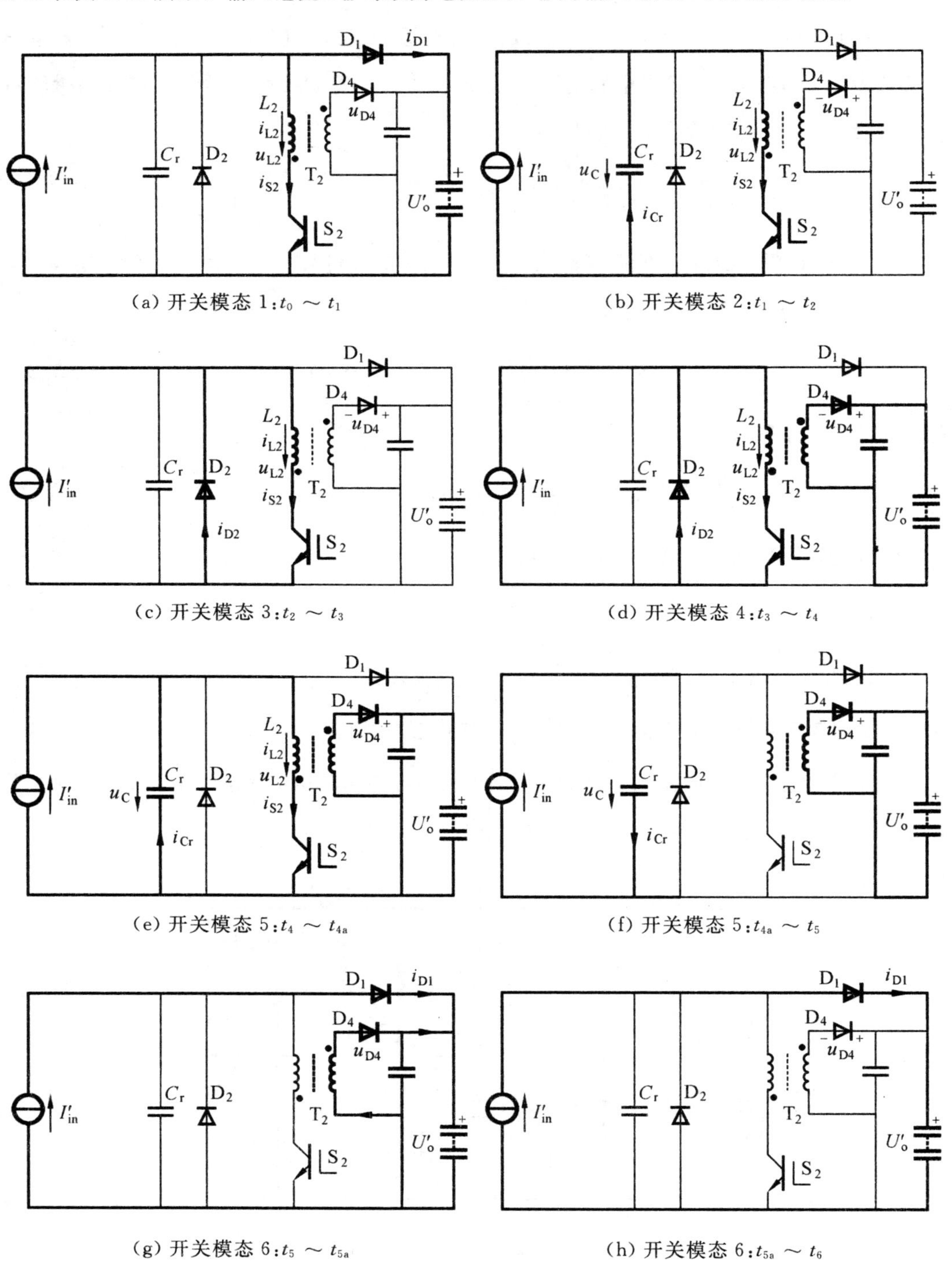

(a) 开关模态 1：$t_0 \sim t_1$　　(b) 开关模态 2：$t_1 \sim t_2$

(c) 开关模态 3：$t_2 \sim t_3$　　(d) 开关模态 4：$t_3 \sim t_4$

(e) 开关模态 5：$t_4 \sim t_{4a}$　　(f) 开关模态 5：$t_{4a} \sim t_5$

(g) 开关模态 6：$t_5 \sim t_{5a}$　　(h) 开关模态 6：$t_{5a} \sim t_6$

图 5.10　反向制动电路一个开关周期等效电路

分析比较电量波形和等效电路可以看出，反向制动电路工作原理与正向驱动电路类似，在此不再赘述。

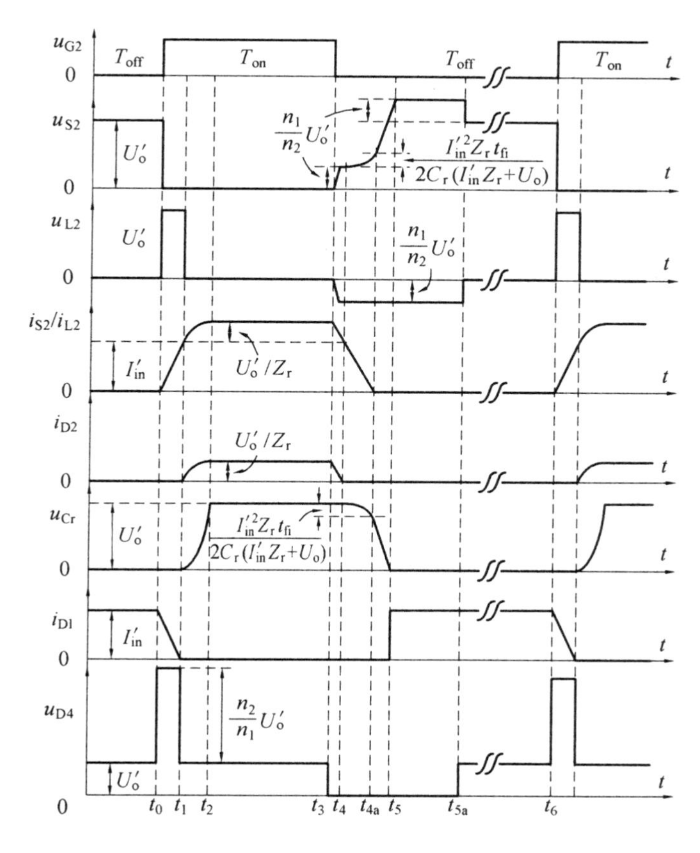

图 5.11　反向制动电路主要电量波形

4. 实验结果分析

为便于测试 UCEB 动力系统各环节的性能，需要对各环节进行联合调试。由于装车后各种测试手段难以实施，故模拟车辆运行各种工况设计了图 5.12 所示的台架实验测试系统。

为符合驾驶员习惯，直流电机采用电枢电流闭环的转矩控制；负载为感应电机，采用恒定转速控制。电驱动实验时，直流电机电动运行，感应电机在其功率允许范围之内，可保证直流电机按设定值恒速运行，从而直流电机输出功率与电枢电流成近似线性关系。此时，感应电机发电运行，经过变频器将能量送回超级电容组，实验过程中能量在系统内部循环。制动实验时，超级电容组能量经变频器转换后驱动感应电机并带动直流电机发电运行，经直流驱动系统变换器反向电路将能量回馈给超级电容组，同样可以实现能量的

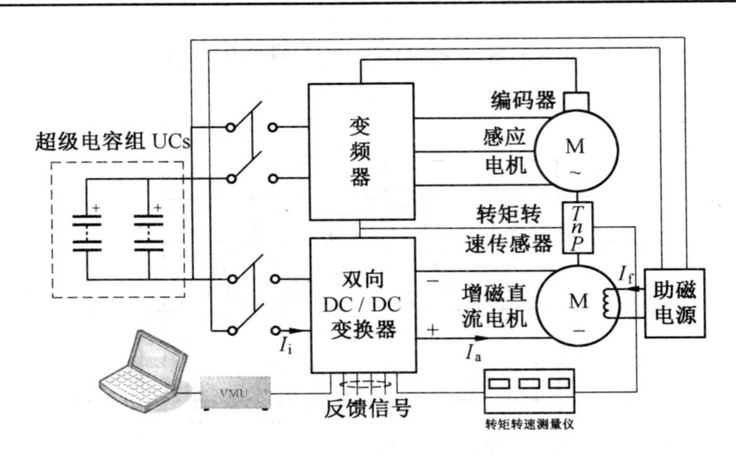

图 5.12 动力系统台架实验方案

循环利用。

图 5.13 为电驱动实验时开关管 S_1 电压和电流的实验波形，除去电流测量探头自身存在的约为 2 μs 的滞后时间，可见电压和电流波形交叠面积很小。图 5.14 为开关管 S_1 电压波形和流经能量回馈二极管 D_3 缓冲能量回馈电流波形，可见，在开关管关断后，缓冲电感能量通过馈能变压器耦合后经 D_3 回馈给超级电容。

图 5.13 和图 5.14 所示的波形表明，所采用的缓冲电路具有良好的软开关效果，可以显著降低开关管 S_1 的开关损耗，有利于系统变换效率的提高。

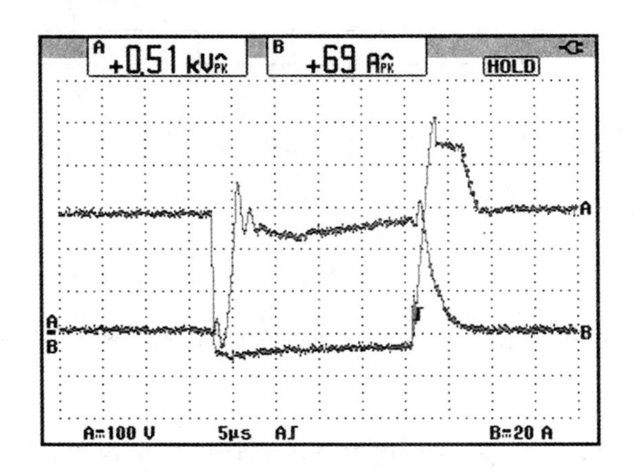

图 5.13 开关管 S_1 电压和电流的实验波形

在直流电机的增磁励磁电流为零的条件下，设定感应电机转速为 500 r/min、1 000 r/min、1 500 r/min、2 000 r/min、2 500 r/min，通过调节直流变换器的输出或输入电流，即正向电动或反向制动状态下的直流电机电枢电流，使变换器传输功率随之变化，对工作于不同状态下的电流双象限变换器效率进行测试，得到图 5.15 所示曲线。

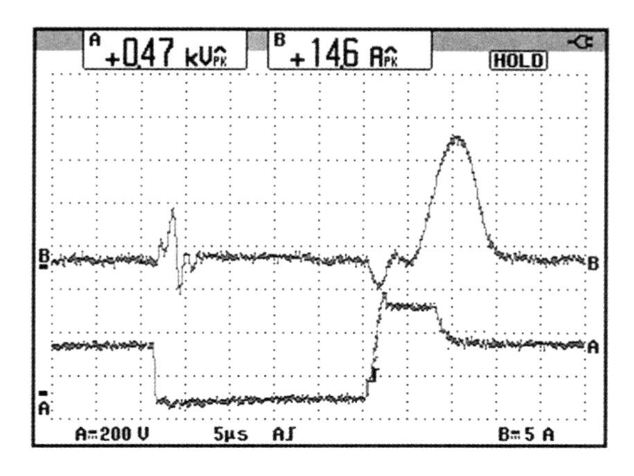

图 5.14　开关管 S_1 电压及馈能二极管 D_3 电流波形

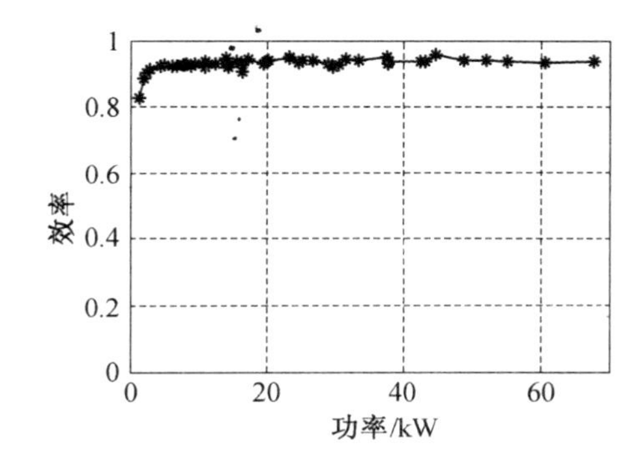

(a) 正向电动效率

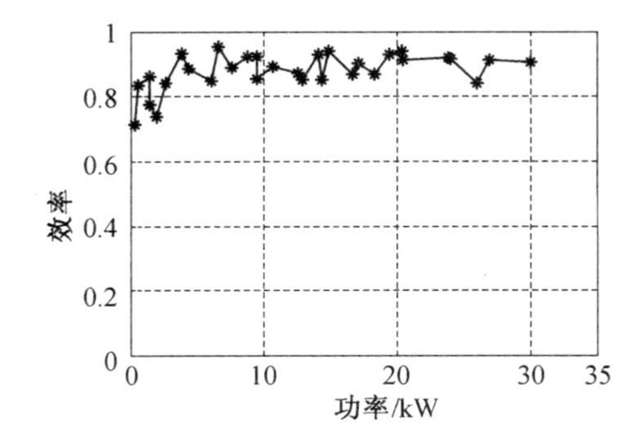

(b) 反向制动效率

图 5.15　馈能缓冲式电流双象限变换器的效率曲线

从图中可以看出，正向电动运行时的高效率(＞90%)功率范围较宽，额定功率下的效率接近 92%。对于一次充电能量极其有限的 UECB 而言，可获得车辆运行多数工况的高效率，从而有利于提高有限能源利用率。反向制动运行时，功率高于 3 kW 的效率也能达到 80% 以上，利于有效回收制动能量，提高车辆的续驶里程。

尽管通过采用永磁复合电增磁的直流电机、馈能缓冲软开关技术和制动能量回收措施，可以从主要方面提高车载能源的利用率，但由于 UCEB 的车载能量十分有限，从其他各个系统环节仍有进一步降低能量损耗的挖掘潜力。

5.1.3　改善 UCEB 驱动系统性能的多重化直流变换技术

根据电流双象限变换电路的工作原理，单重UCEB直流驱动变换器的输入电流，即超级电容的放电电流，其波形为方波脉冲，使得超级电容等效电阻的损耗增加并因发热缩短超级电容的使用寿命；单重UCEB直流驱动变换器的输出电流纹波幅值相对较大，并受功率等级限制，频率相对较低，从而将引起电机的脉动转矩增大，铁损增加。无论是超级电容还是电机中的损耗，能量均来自十分有限的车载能源。

与普通的电流双象限变换器相比，多重电流双象限变换器可以减少电动机的电枢电流纹波和超级电容的电流纹波。此外，它还能提高驱动系统的容量、变换效率、可靠性及故障状态下的容错能力。

1. 多重化直流变换对输入和输出电流纹波的改善

针对单重UCEB直流驱动系统存在的问题，以三重化为例，分析多重化直流变换技术对 UCEB 驱动系统总体变换效率、输入输出电流纹波等方面的改善作用。根据 UCEB 驱动系统所需要的电流双象限变换功能，选择的电路拓扑如图 5.16 所示。

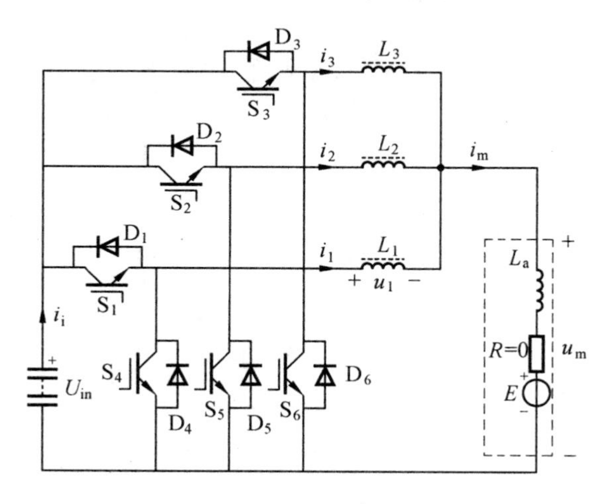

图 5.16　三重电流双象限直流变换电路

（1）三重电流双象限直流变换的工作模态。为简化分析，设所有电力电子器件为理想器件，并忽略线路的分布电感和电机电枢的等效电阻。三个开关管交错导通，导通时间错开 1/3 开关周期，则按照开关管的动作顺序，一个开关周期中包含有六个工作模态。

工作模态 1：开关管 S_1、S_3 开通，D_5 导通续流，滤波电感 L_1、L_3 电流线性上升，L_2 电流线性下降。此时 L_1 端电压 u_1 为

$$u_1 = \frac{L_a + L}{3L_a + L}U_{in} - \frac{L}{3L_a + L}E \tag{5.28}$$

电机端电压 u_m 为

$$u_m = \frac{2L_a}{3L_a + L}U_{in} + \frac{L}{3L_a + L}E \tag{5.29}$$

工作模态 2：开关管 S_1 开通，D_5、D_6 导通续流，L_1 电流线性上升，而 L_2、L_3 电流线性下降。此时 L_1 两端电压 u_1 为

$$u_1 = \frac{2L_a + L}{3L_a + L}U_{in} - \frac{L}{L + 3L_a}\mathrm{E} \tag{5.30}$$

电机端电压 u_m 为

$$u_m = \frac{L_a}{3L_a + L}U_{in} + \frac{L}{L + 3L_a}E \tag{5.31}$$

工作模态 3：开关管 S_1、S_2 开通，D_6 导通续流，L_1、L_2 电流线性上升，而 L_3 电流线性下降，L_1 端电压与工作模态 1 相同。

工作模态 4：开关管 S_2 开通，D_4、D_6 导通续流，L_2 电流线性上升，而 L_1、L_3 电流线性下降。此时 L_1 端电压 u_1 变为

$$u_1 = -\frac{L_a}{3L_a + L}U_{in} - \frac{L}{L + 3L_a}\mathrm{E} \tag{5.32}$$

工作模态 5：开关管 S_2、S_3 开通，D_4 导通续流，L_2、L_3 电流线性上升，而 L_1 电流线性下降。此时 L_1 两端电压 u_1 为

$$u_1 = -\frac{2L_a}{3L_a + L}U_{in} - \frac{L}{L + 3L_a}\mathrm{E} \tag{5.33}$$

工作模态 6：开关管 S_3 开通，D_4、D_5 导通续流，L_3 电流线性上升，而 L_1、L_2 电流线性下降，L_1 端电压与工作模态 3 相同。

(2) 三重电流双象限直流变换的输出电流纹波。从工作模态的分析可知，可以归并成四种工作模式来分析输出电流的纹波，如图 5.17 所示。随着占空比不同，电路将在不同的模式间交替变化，见表 5.2。

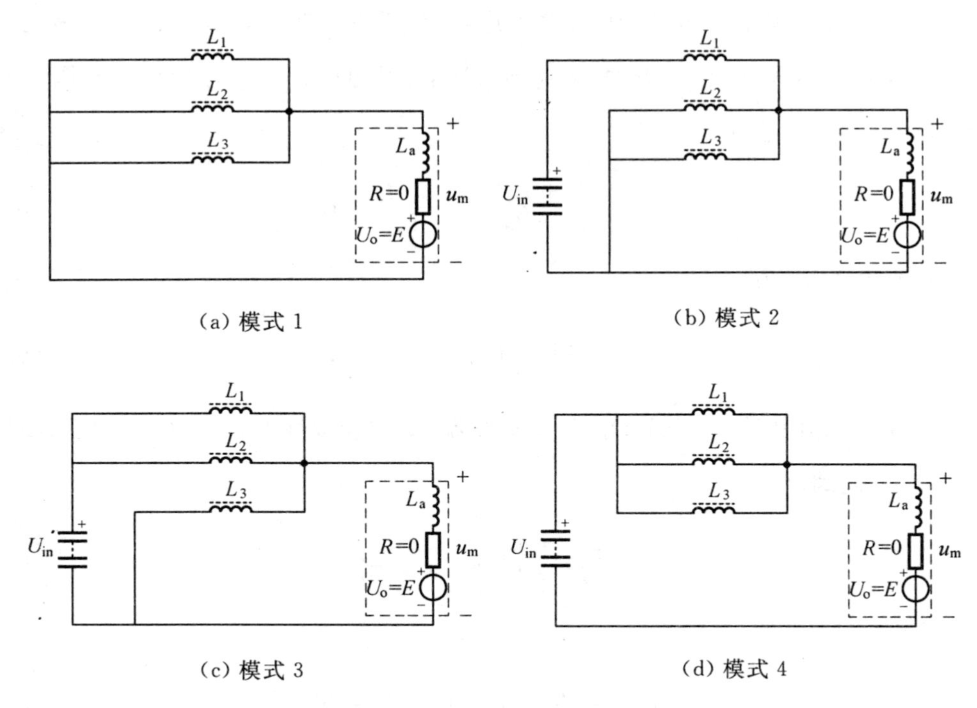

(a) 模式 1　　(b) 模式 2

(c) 模式 3　　(d) 模式 4

图 5.17　电枢两端脉动电压等效电路

表 5.2　占空比不同时电路工作模式

占空比 D	电路模式	电枢电压 u_m	占空比 D
$0 \sim 1/3$	1	$\frac{L}{L+3L_a}E$	N/A
	2	$\frac{L_a}{L+3L_a}U_{in}+\frac{L}{L+3L_a}E$	$1/3 \sim 2/3$
$2/3 \sim 1$	3	$\frac{2L_a}{L+3L_a}U_{in}+\frac{L}{L+3L_a}E$	
	4	$\frac{3L_a}{L+3L_a}U_{in}+\frac{L}{L+3L_a}E$	N/A

当变换器工作于稳定状态时，设电机的感应电动势为 $E=DU_{in}$，则可以推导出一个周期内电枢电流纹波表达式为

$$\Delta i_{a}=\begin{cases}\dfrac{(1-3D)DU_{in}}{(L+3L_{a})f_{s}} & (0\leqslant D\leqslant 1/3)\\[2ex] \dfrac{(D-1/3)(2-3D)U_{in}}{(L+3L_{a})f_{s}} & (1/3\leqslant D\leqslant 2/3)\\[2ex] \dfrac{(D-2/3)(3-3D)U_{in}}{(L+3L_{a})f_{s}} & (2/3\leqslant D\leqslant 1)\end{cases}\tag{5.34}$$

而 UCEB 驱动系统单重电流双象限变换器的电枢电流纹波表达式为

$$\Delta i'_{a}=\frac{D(1-D)U_{in}}{(L''+L_{a})f_{s}}\tag{5.35}$$

式中，L' 为单重变换器的滤波电感值。

图 5.18 给出了 $f_s=10$ kHz、$U_{in}=350$ V、$L_a=0.6$ mH、$L'=1.6$ mH、$L=L'/3=0.533$ mH 时，不同占空比下电流纹波 Δi_a 和 $\Delta i'_a$ 的对比关系。

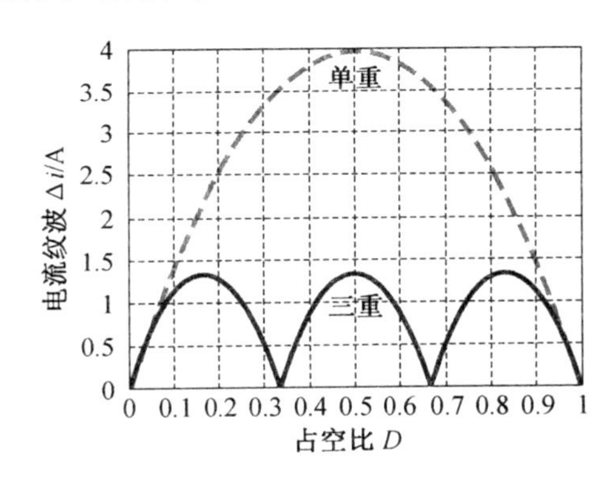

图 5.18　电枢电流纹波与占空比 D 的关系

可见，三重化电路能明显降低输出电流纹波变化幅度；亦即在相同的输出电流纹波变化幅度要求下，可以降低开关管的实际工作频率或者电感元件的设计值等，从而降低开关管损耗或者电感元件的体积和质量。

(3) 三重电流双象限直流变换的输入电流脉动。直流变换器的输入电流即超级电容的输出电流。在单重电流双象限直流变换器中，每个开关周期，超级电容输出电流在零到负载电流(电枢电流）之间变化，脉动幅度较大；而在三重电流双象限直流变换器中，变换器的输入电流脉动也与占空比有关，在占空比全调节范围内，单重 Buck/Boost 变换器电容电流在 $0\sim I_o$ 之间变化，而三重电路电容电流变化幅度为 $I_o/3$。图 5.19 所示为单重与三重变换在不同调制占空比下的主要电量波形对比。可见，在整个占空比范围内，三重变换输出电流脉动幅度可减小到单电路的 1/3。

为了衡量电流脉动的大小，引进系数 K 描述电流的品质因数，K 表示电流有效值与

平均值之比。三重变换器 K 与 D 的关系为

$$K=\begin{cases}\dfrac{1}{\sqrt{3D}} & (0\leqslant D\leqslant 1/3)\\[2ex] \dfrac{\sqrt{9D-2}}{3D} & (1/3\leqslant D\leqslant 2/3)\\[2ex] \dfrac{\sqrt{15D-6}}{3D} & (2/3\leqslant D\leqslant 1)\end{cases}\tag{5.36}$$

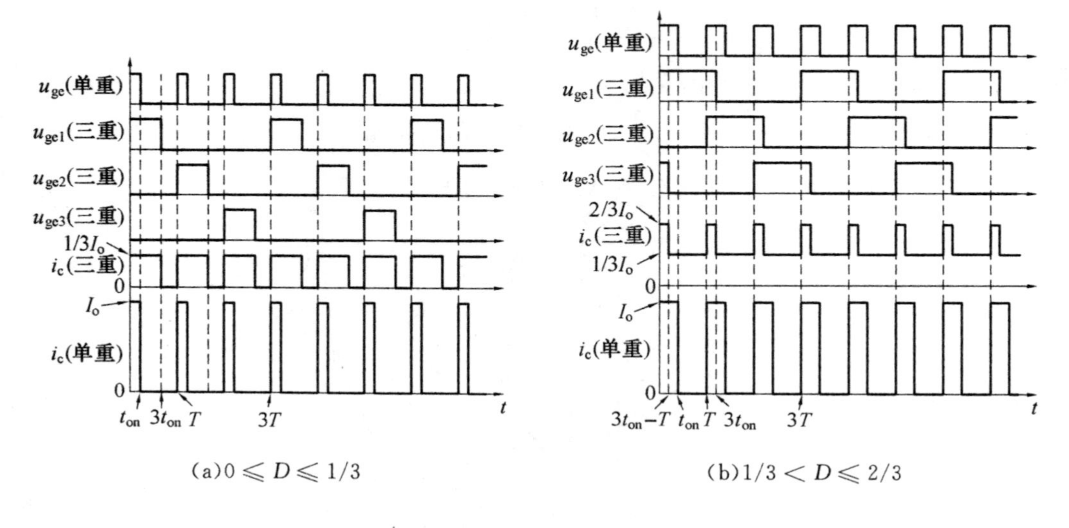

(a)$0\leqslant D\leqslant 1/3$ (b)$1/3<D\leqslant 2/3$

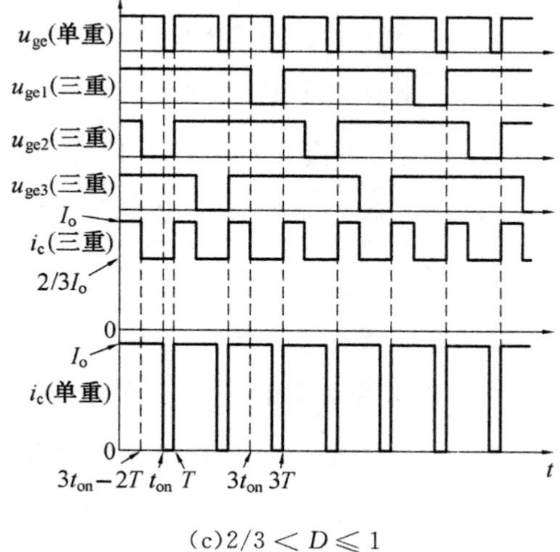

(c)$2/3<D\leqslant 1$

图 5.19 单重与三重变换在不同调制占空比下的主要电量波形对比

而单重变换器 K 与 D 关系为

$$K=\frac{1}{\sqrt{D}}\tag{5.37}$$

式(5.36)与(5.37)对应的曲线如图5.20所示。

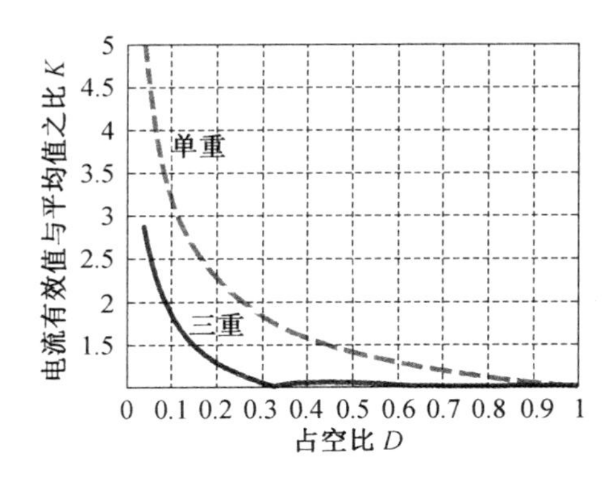

图5.20　输入电流品质因数 K 与占空比 D 的关系

2. 多重化直流变换条件下超级电容的内部热损耗分析

为便于分析，设单重和三重变换过程中的输入电压(超级电容组电压)和调制占空比相同；负载同为恒流 I_o 负载，三重变换开关频率为单重变换的1/3。根据图5.19所示波形，可以推导出单重变换条件下，超级电容放电电流的有效值 i_{cRMS} 和消耗在电容等效串联电阻 r_c 上的热损耗功率 P_c 分别为

$$i_{cRMS1}=\sqrt{\frac{1}{T}\int_0^T i_c^2\mathrm{d}t}=\sqrt{\frac{1}{T}\int_0^{t_{on}} I_o^2\mathrm{d}t}=\sqrt{D}\cdot I_o \tag{5.38}$$

$$P_{c1}=i_{cRMS1}^2\cdot r_c=DI_o^2r_c \tag{5.39}$$

而在三重变换条件下，根据图5.19所示波形，超级电容等效串联电阻 r_c 上面的热耗 P_{c3} 因占空比 D 的取值范围不同而不同，分别为：

(1) $0\leqslant D\leqslant 1/3$。电容放电电流在 $0\sim I_o/3$ 之间变化，占空比 D_3 为 $3t_{on}/T$，此时

$$i_{cRMS3}=\sqrt{\frac{1}{T}\int_0^T i_c^2\mathrm{d}t}=\sqrt{\frac{1}{T}\int_0^{3t_{on}} \left(\frac{1}{3}I_o\right)^2\mathrm{d}t}=\sqrt{\frac{D}{3}}\cdot I_o \tag{5.40}$$

$$P_{c3}=i_{cRMS3}^2\cdot r_c=\frac{D}{3}I_o^2r_c \tag{5.41}$$

(2) $1/3< D\leqslant 2/3$。电容放电电流在 $I_o/3\sim 2I_o/3$ 之间变化，占空比 D_3 为 $(3t_{on}-T)/T$，此时

$$i_{cRMS3}=\sqrt{\frac{1}{T}\int_0^T i_c^2\mathrm{d}t}=\sqrt{\frac{1}{T}\int_0^{3t_{on}-T} \left(\frac{2}{3}I_o\right)^2\mathrm{d}t+\frac{1}{T}\int_{3t_{on}-T}^{T} \left(\frac{1}{3}I_o\right)^2\mathrm{d}t}=\sqrt{\frac{1}{9}(9D-2)}\cdot I_o \tag{5.42}$$

$$P_{c3}=i_{cRMS3}^2\cdot r_c=\frac{1}{9}(9D-2)I_o^2r_c \tag{5.43}$$

(3)$2/3 < D \leqslant 1$。电容放电电流在 $2I_o/3 \sim I_o$ 之间变化，占空比 D_3 为 $(3t_{on}-2T)/T$，此时

$$i_{cRMS3} = \sqrt{\frac{1}{T}\int_0^T i_c^2 \mathrm{d}t} = \sqrt{\frac{1}{T}\int_0^{3t_{on}-2T} I_o^2 \mathrm{d}t + \frac{1}{T}\int_{3t_{on}-2T}^{T} \left(\frac{2}{3}I_o\right)^2 \mathrm{d}t} = \sqrt{\frac{1}{3}(5D-2)} \cdot I_o \tag{5.44}$$

$$P_{c3} = i_{cRMS3}^2 \cdot r_c = \frac{1}{3}(5D-2) I_o^2 r_c \tag{5.45}$$

根据上述超级电容电流有效值和消耗在电容等效串联电阻上的热耗计算，结合UCEB实际系统参数和实验测得的超级电容等效串联电阻($r_c = 118$ mΩ)，与单重变换相比，分析结果如表 5.3 和图 5.21 所示。三重化变换可使内部超级电容热耗降低最多66.7%。

表 5.3 单重变换与三重变换的电容热耗比较

占空比	$0 \leqslant D \leqslant \frac{1}{3}$	$\frac{1}{3} < D \leqslant \frac{2}{3}$	$\frac{2}{3} < D \leqslant 1$
单重变换器电容热耗	$DI_o^2 r_c$	$DI_o^2 r_c$	$DI_o^2 r_c$
三重变换器电容热耗	$\frac{DI_o^2 r_c}{3}$	$\frac{(9D-2)I_o^2 r_c}{9}$	$\frac{(5D-2)I_o^2 r_c}{3}$
电容热耗之比	3	$\frac{3}{2} \leqslant \frac{9D}{9D-2} \leqslant 3$	$1 \leqslant \frac{3D}{5D-2} \leqslant \frac{3}{2}$

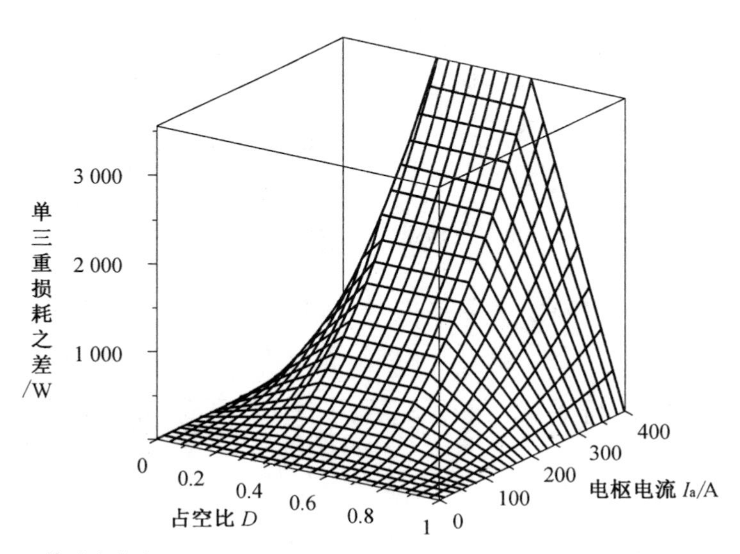

图 5.21 单重变换与三重变换的超级电容热耗之差与占空比及电枢电流之间的关系

超级电容等效串联电阻比一般电容大，因此通过同样电流的发热量也比一般电容器大。据工作温度对超级电容寿命影响的一般规律，电容电流脉动的降低不仅可以减小超级电容内部热耗，提高有限电能系统的变换效率，而且有利于延长超级电容的使用寿命。图 5.22 所示为某种 2.5 V 超级电容寿命和工作电压及工作温度之间的关系[1]，可以看出，温度每下降 10 ℃，寿命延长约一倍。

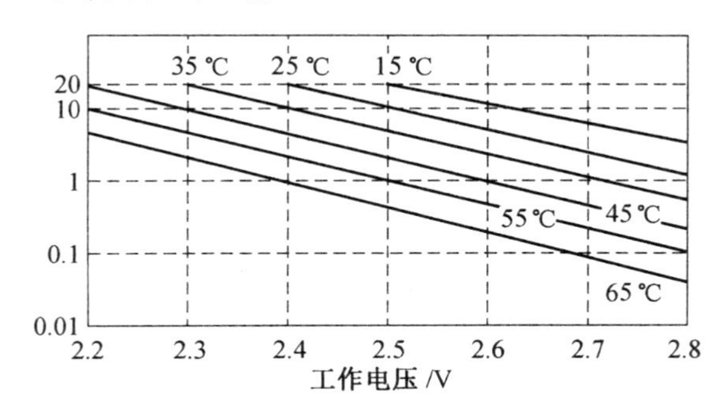

图 5.22　超级电容寿命和工作电压及工作温度之间的关系[1]

3. 扩展高效率工作区间的逐重控制

根据单重电流双象限驱动变换器工作时所测试的效率随输出功率变化的一般规律，变换器的高效率区域往往集中在额定功率附近，当实际输出功率远低于额定功率(比如低于 1/3 倍额定功率)时，其运行效率将明显下降。

对于三重化变换来说，设每重单元变换器的额定功率为 $P_N/3$，可根据 UCEB 的实际功率需求进行逐重投入控制。三重变换对拓宽高效率工作区间的作用如图 5.23 所示。曲线 ① 表示单元变换器效率随功率变化曲线，则由三个相同单元变换器构成的三重变换器时，根据输出功率的不同，按图中所示的方式降重，即可得到三重化变换器的综合效率曲线由曲线 ①、②、③ 组成，其中曲线 ② 和曲线 ③ 分别表示两个相同单元变换器同时工作和三个相同单元变换器同时工作时的效率曲线，与三个单元始终同时工作时的效率曲

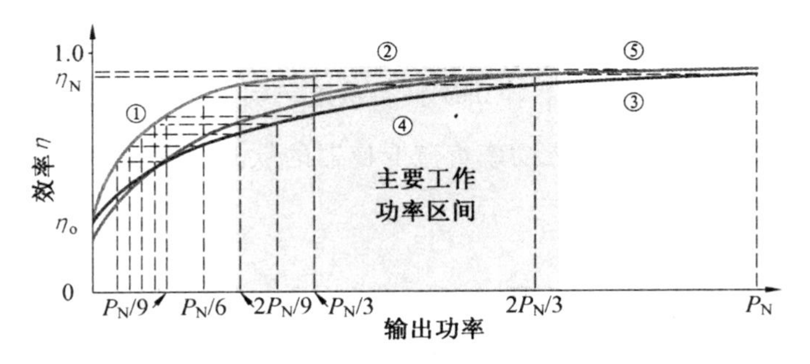

图 5.23　三重变换对拓宽高效率工作区间的作用

线(由曲线 ③ 和曲线 ④ 组成)相比,在中小功率区间内可明显提高变换器的综合效率。

考虑到相同功率等级的单重和三重变换器效率曲线可能有所差异,单重变换器实际效率曲线可能近似为曲线 ⑤ 所示,二者在额定功率附近效率相差不大,但在中小功率区间内采用逐重控制可明显提高变换器综合效率。

随着UCEB运行工况的不同,当车辆电驱动或者电制动时,其驱动系统变换器输出功率和电机电枢电流将在宽范围变化,如图 5.24 所示。其中电流等级和功率等级均用数字1到5表示:“5”代表变换器输出功率和电枢电流分别为额定功率和额定电流(满额),1到4则表示驱动系统实际运行时变换器输出功率和电流相对于额定电流的大小份额估计。

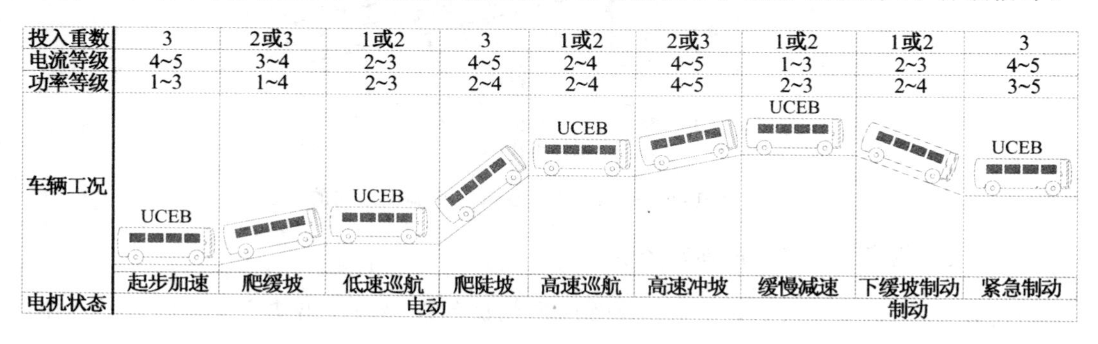

图 5.24　UCEB不同运行工况时变换器功率等级和电流等级

可见,中等偏小功率或者中等偏小电流即可满足大部分的公交车辆运行工况。UCEB驱动变换器主要工作在图 5.23 中的阴影所示的区间。因此,采用多重化变换技术有利于提高系统总体的变换效率。

5.1.4　带耦合电感的交错并联电流双象限直流变换器

三重电流双象限直流变换器在应用于大功率场合并有高变换效率要求时,由于存在开关管动作瞬间各重电感电流不能突变而形成电压尖峰的问题,无损缓冲电路的设计十分困难。文献[2]和[3]分别提出了基于 Buck 和 Boost 电路并可实现开关管零电流开通的交错并联电路,在此基础上,结合 UCEB 驱动系统的实际应用要求,提出了错相 PWM 控制并联交错方案以解决多重化大功率直流变换器的软开关问题,同时保留多重化变换技术的优点。

1. 电路拓扑与工作原理

图 5.25 所示为带耦合电感的交错并联直流变换器的电路拓扑,其中 L_1、L_2 和 L_3、L_4 分别为两紧密耦合的电感,耦合电感 Ⅰ 对应于由 S_1 和 S_3 组成的交错 Buck 电路单元 Ⅰ,

耦合电感Ⅱ对应于由 S_5 和 S_7 组成的交错Buck电路单元Ⅱ，D_1、D_3、D_5、D_7 分别为与各开关管对应的续流二极管；交错Buck单元Ⅰ和交错Buck单元Ⅱ并联后电流流过电机电枢电感 L_a。上述为电路正向工作状态，当输入和输出互换，耦合电感Ⅰ对应于由 S_2 和 S_4 组成的交错Boost电路单元Ⅰ，耦合电感Ⅱ对应于由 S_6 和 S_8 组成的交错Boost电路单元Ⅱ，D_2、D_4、D_6、D_8 分别为和各个开关管对应的续流二极管；电枢电流经 L_a 后给并联的交错Boost单元Ⅰ和交错Boost单元Ⅱ供电。

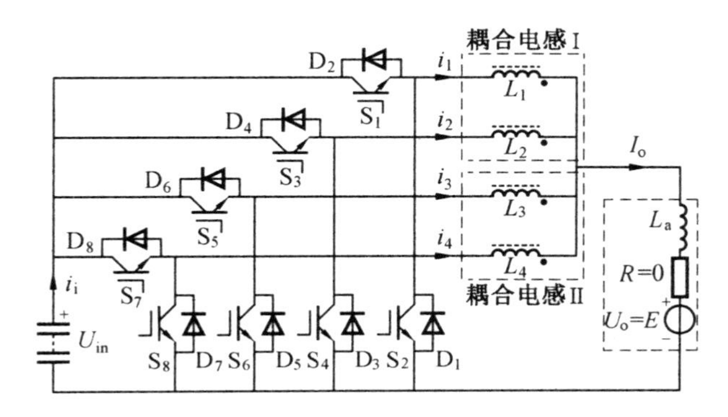

图5.25　带耦合电感的交错并联直流变换电路

根据电路理论，可对图5.25中的耦合电感进行解耦，解耦前后各电感值之间的对应关系可表示为

$$\begin{cases} L'_1 = L_1 - L_{m1} \\ L'_2 = L_2 - L_{m1} \\ L_{m1} = k_1\sqrt{L_1 L_2} \end{cases},\quad \begin{cases} L'_3 = L_3 - L_{m2} \\ L'_4 = L_4 - L_{m2} \\ L_{m2} = k_2\sqrt{L_3 L_4} \end{cases} \tag{5.46}$$

式中，L_1、L_2，L_3、L_4 分别为两两耦合电感；k_1、k_2 为分别与之对应的耦合系数；L'_1、L'_2，L'_3、L'_4 分别为两电感在等效电路中的漏感；L_{m1}、L_{m2} 为互感。

为简化分析，设电路中的所有元件都是理想的，流过 L_{m1}、L_{m2} 的电流看成恒流，输入、输出电压分别由恒压源 U_{in} 和 U_o 代替。

图5.26所示为解耦后的等效正向并联交错Buck变换器电路拓扑，耦合电感解耦后的等效电路如图中虚线框所示。

为了控制变换器合理工作，首先确定各开关管的驱动信号时序，此处设计了错相PWM控制时序，表5.4给出了各开关驱动信号的设置情况：交错Buck单元内部两个开关管导通时刻错开二分之一开关周期(T)，单元间驱动波形相位错开四分之一开关周期。电路的等效开关频率将为实际开关频率的4倍。

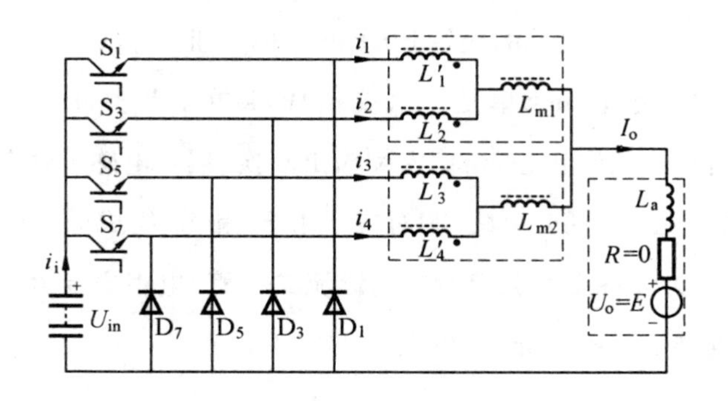

图 5.26 交错并联 Buck 变换器拓扑

表 5.4 错相 PWM 控制时序(Buck 单元)

驱动	u_{ge1}	u_{ge3}	u_{ge5}	u_{ge7}
错相	0	1/2T	1/4T	3/4T
脉宽	D_1T	D_3T	D_5T	D_7T
周期	T	T	T	T

为便于分析,忽略各开关管占空比误差。因电感紧密耦合,L_{m1}、L_{m2} 远大于 L'_1、L'_2、L'_3、L'_4,设 $L_1=L_2=L_3=L_4$,$k_1=k_2$,$L_{m1}=L_{m2}=L_m$,$L'_1=L'_2=L'_3=L'_4$,流过 L_{m1}、L_{m2} 的电流为恒定电流 $0.5I_o$(I_o 为负载电流),并联交错 Buck 电路的电量波形如图 5.27 所示。下面以交错 Buck 单元 I(由 S_1、D_1、S_3、D_3、D_2、D_4、L'_1、L'_2、L_{m1} 组成)来分析电路的工作原理,一个周期包含六个工作模态。

(1) 模态 1:0 ~ t_1 时刻。从图 5.27 可以看出,$t=0$ 时刻前开关管 S_1 关断,二极管 D_3 导通续流,D_3、L'_2、L_{m1} 流过电流恒定电流 $0.5I_o$。$t=0$ 时刻,S_1 开始导通,S_1、L'_1、L'_2、D_3 和 U_{in} 形成闭合回路,S_1、L'_1 中电流线性上升实现 S_1 零电流开通,L'_2、D_3 中电流线性下降,斜率均为

$$\frac{di}{dt}=\frac{U_{in}}{L'_1+L'_2} \tag{5.47}$$

L_{m1} 中电流变化斜率为

$$\frac{di}{dt}=\frac{(L_m-L_a)U_{in}-2L_mU_o}{L_m(2L_m+4L_a)} \tag{5.48}$$

L_a 中电流变化斜率为

$$\frac{di}{dt}=\frac{3U_{in}-4U_o}{2L_m+4L_a} \tag{5.49}$$

当 D_3 中电流下降到零后自然关断,该开关模态结束,其中

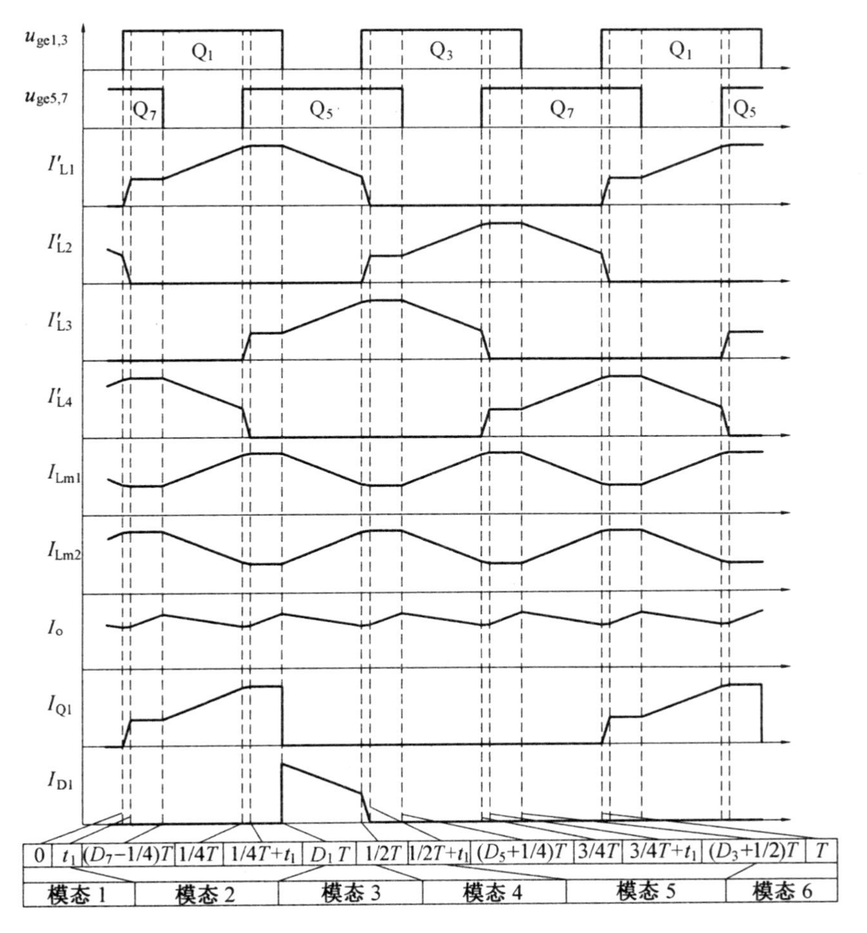

图 5.27　并联交错 Buck 变换器电量波形

$$t_1=\frac{I_o(L'_1+L'_2)}{2U_{in}} \tag{5.50}$$

(2) 模态 2：$t_1 \sim DT$（D为占空比）。t_1 时刻开始，S_1 进入稳定导通状态，电流流经 S_1、L'_1、L_{m1}。该开关模态可以分为以下三种情况：

①$t_1 < t < (D-0.25)T$ 和 $t_1+0.25T < t < DT$，L_{m1} 中电流变化斜率为

$$\frac{di}{dt}=\frac{U_{in}-U_o}{L_m+2L_o} \tag{5.51}$$

L_a 中电流变化斜率为

$$\frac{di}{dt}=\frac{2(U_{in}-U_o)}{L_m+2L_a} \tag{5.52}$$

②$(D-0.25)T < t < 0.25T$，L_{m1} 中电流变化斜率为

$$\frac{\mathrm{d}i}{\mathrm{d}t}=\frac{(L_{\mathrm{m}}+L_{\mathrm{a}})U_{\mathrm{in}}-L_{\mathrm{m}}U_{\mathrm{o}}}{L_{\mathrm{m}}(L_{\mathrm{m}}+2L_{\mathrm{a}})} \tag{5.53}$$

L_{a} 中电流变化斜率为

$$\frac{\mathrm{d}i}{\mathrm{d}t}=\frac{U_{\mathrm{in}}-2U_{\mathrm{o}}}{L_{\mathrm{m}}+2L_{\mathrm{a}}} \tag{5.54}$$

③$0.25T<t<t_1+0.25T$，L_{m1} 中电流变化斜率为

$$\frac{\mathrm{d}i}{\mathrm{d}t}=\frac{(2L_{\mathrm{m}}+L_{\mathrm{a}})U_{\mathrm{in}}-2L_{\mathrm{m}}U_{\mathrm{o}}}{2L_{\mathrm{m}}(L_{\mathrm{m}}+2L_{\mathrm{a}})} \tag{5.55}$$

L_{a} 中电流变化斜率为

$$\frac{\mathrm{d}i}{\mathrm{d}t}=\frac{3U_{\mathrm{in}}-4U_{\mathrm{o}}}{2L_{\mathrm{m}}+4L_{\mathrm{a}}} \tag{5.56}$$

该开关模态持续到 S_1 关断时刻 DT。

(3) 模态 3：$DT\sim 0.5T$。S_1 关断后，D_1 开始续流，电流流经 D_1、L'_1、L_{m1}。L_{m1} 中电流变化斜率为

$$\frac{\mathrm{d}i}{\mathrm{d}t}=-\frac{L_{\mathrm{a}}U_{\mathrm{in}}+L_{\mathrm{m}}U_{\mathrm{o}}}{L_{\mathrm{m}}(L_{\mathrm{m}}+2L_{\mathrm{a}})} \tag{5.57}$$

L_{a} 中电流变化斜率为

$$\frac{\mathrm{d}i}{\mathrm{d}t}=\frac{U_{\mathrm{in}}-2U_{\mathrm{o}}}{L_{\mathrm{m}}+2L_{\mathrm{a}}} \tag{5.58}$$

该过程中，因 L_{m1} 远大于 L'_1，所以 L'_1 两端电压近似为零，从而流经 D_3、L'_2 的电流近似为零。该工作模态持续到 S_3 导通时刻 $0.5T$。

(4) 模态 4：$0.5T\sim 0.5T+t_1$。S_3 导通瞬间，由于上一模态中流经 D_3 的电流近似为零，大大减小了续流二极管的损耗。S_3、L'_2 中电流线性上升，实现零电流开通，L'_1、D_1 中电流线性下降，该过程类似于 $t_0\sim t_1$ 时刻 S_1 导通过程。

(5) 模态 5：$0.5T+t_1\sim 0.5T+t_1+DT$。S_3 进入稳定导通阶段，电路工作状况类似于 $t_1\sim DT$ 时间段内电路工作状况。

(6) 模态 6：$0.5T+t_1+DT\sim T$。S_3 关断后，D_3 开始续流，电流流经 D_3、L'_2、L_{m1}。电路的工作状况类似于 $DT\sim 0.5T$ 时间段内电路工作情况，直至一个周期结束。

同理可分析交错 Buck 单元 Ⅱ（由 S_5、D_5、S_7、D_7、D_6、D_8、L'_3、L'_4、L_{m2} 组成）的工作原理。从图 5.27 中可以看出，两交错 Buck 单元并联后，提供给负载的总电流将为单个交错 Buck 单元电路的两倍；错相 PWM 控制便于控制电路的设计，且将输出电流纹波频率提高到开关频率的 4 倍，同时降低了纹波大小。

进一步分析电路结构可以看出，无需改变耦合电感结构，互换正向并联交错 Buck 电路的输入和输出，即可得到反向并联交错 Boost 电路，也能实现主开关管的零电流开通并降低续流二极管的反向恢复损耗。解耦后的反向 Boost 交错并联电路等效电路如图 5.28 所示，图 5.29 所示为一个周期各电量波形图，表 5.5 为其错相 PWM 控制时序。

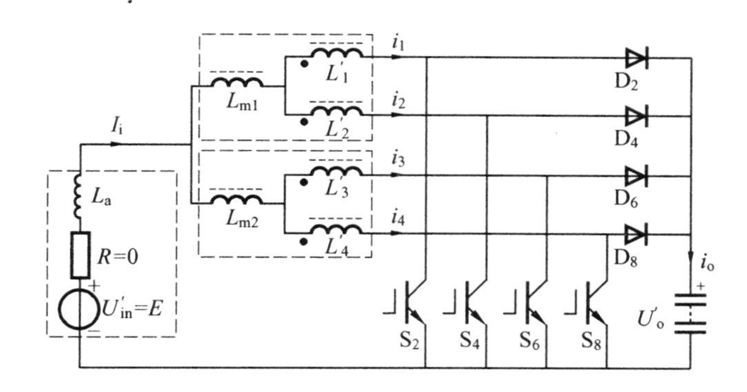

图 5.28　交错并联 boost 变换器拓扑

表 5.5　错相 PWM 控制时序(Boost 单元)

驱动	u_{ge2}	u_{ge4}	u_{ge6}	u_{ge8}
错相	0	$1/2T$	$1/4T$	$3/4T$
脉宽	D_2T	D_4T	D_6T	D_8T
周期	T	T	T	T

因电路结构存在对偶关系，对比图 5.27 和图 5.29，可以看出电量波形类似，其工作原理的分析类似，不再赘述，耦合电感也能实现主开关管的零电流开通，同时降低续流二极管的反向恢复损耗。

2. 均流特性分析

电路参数存在差异，若不采取均流措施，将导致交错单元内部和单元间电流分配不均，从而引起开关管间电流失衡，流过电流较大的开关管可能过热而损坏。为了使双向变换器能正常工作，需要实现变换器的均流，此处包括交错单元内部单元间的均流。

(1) 交错单元内部均流特性分析。交错 Buck 单元(以交错 Buck 单元 Ⅰ 为例)内部均流，是指电感 L_1、L_2 之间的均流，以保证流过 S_1、S_3 的电流间的平衡。电路工作时，由于检测元件、控制电路等存在误差或延迟，导致 S_1、S_3 驱动占空比 D_1、D_3 不相等有所差异，可能引起 S_1、S_3 间电流不均衡。

为简化分析，忽略单元间的相互影响，交错 Buck 单元Ⅰ稳态电量波形如图 5.30 所示。

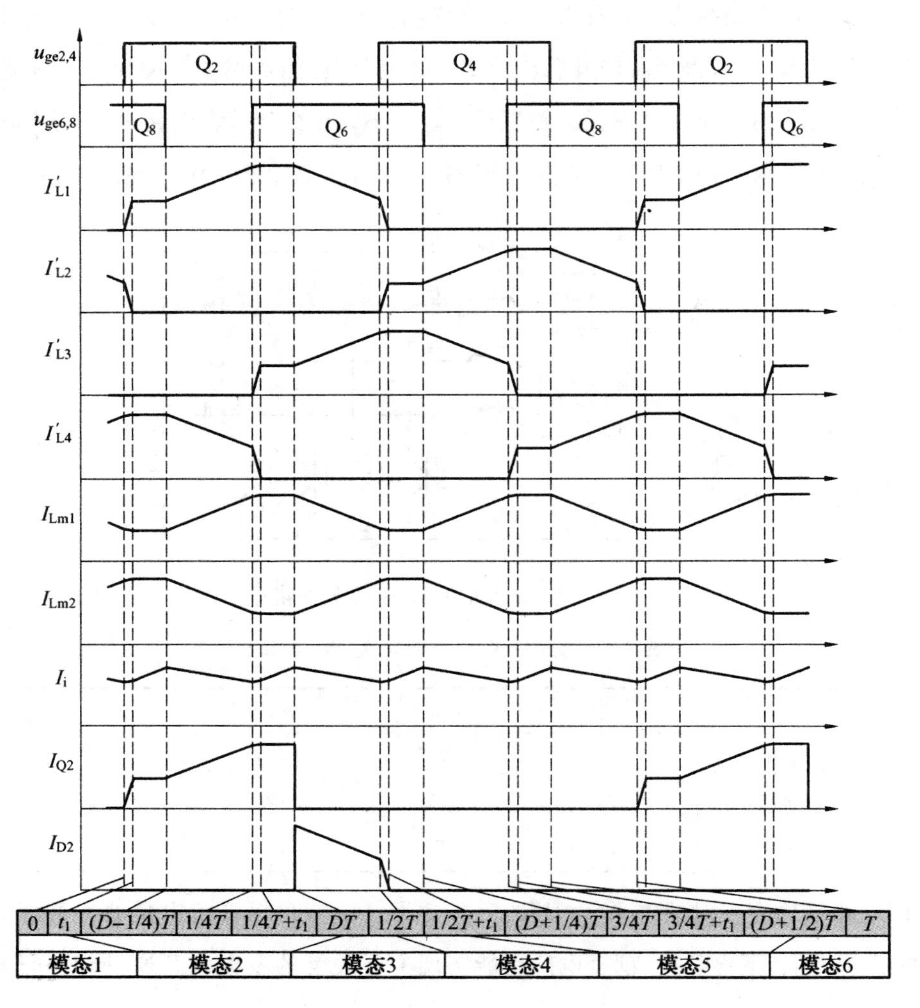

图 5.29　并联交错 boost 变换器电量波形

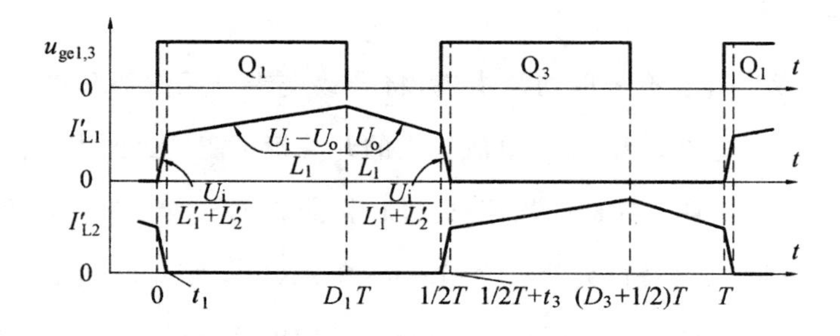

图 5.30　交错 Buck 单元 I 电量波形

根据一个周期内 I'_{L1} 和 I'_{L2} 的变化，可得

$$\frac{U_{in}}{L'_1+L'_2}D_{11}T+\frac{U_{in}-U_o}{L_1}(D_1-D_{11})T=\frac{U_{in}}{L'_1+L'_2}D_{31}T+\frac{U_o}{L_1}(0.5-D_1)T \tag{5.59}$$

$$\frac{U_{in}}{L'_1+L'_2}D_{31}T+\frac{U_{in}-U_o}{L_2}(D_3-D_{31})T=\frac{U_{in}}{L'_1+L'_2}D_{11}T+\frac{U_o}{L_2}(0.5-D_3)T \tag{5.60}$$

其中，D_1T 为一个周期 S_1 导通时间，D_3T 为一个周期 S_3 导通时间，$D_{11}T=t_1$ 为 S_1 零电流开通时间，$D_{31}T=t_3$ 为 S_3 零电流开通时间。

假设 $L'_1=L'_2=(1-k)L, D_1=D, D_3=D+\delta D, L_1=L_2=L$，代入式(5.60)整理可得

$$D_{31}-D_{11}=\frac{-\delta DU_{in}(1-k)}{U_{in}-(1-k)(U_{in}-U_o)} \tag{5.61}$$

流过 I_{L1} 和 I_{L2} 的平均电流分别为

$$\begin{aligned}I_1=&\frac{1}{T}\left\{\frac{1}{2}D_{11}T\frac{U_{in}}{L'_1+L'_2}D_{11}T+\frac{1}{2}(D_1-D_{11})T\left[\frac{2U_{in}}{L'_1+L'_2}D_{11}T+\frac{U_{in}-U_o}{L_1}(D_1-D_{11})T\right]+\right.\\&\frac{1}{2}(0.5-D_1)T\left[\frac{U_{in}}{L'_1+L'_2}(D_{11}+D_{21})T+\frac{U_{in}-U_o}{L_1}(D_1-D_{11})T\right]+\\&\left.\frac{1}{2}D_{21}T\frac{U_{in}}{L'_1+L'_2}D_{21}T\right\}\end{aligned} \tag{5.62}$$

$$\begin{aligned}I_2=&\frac{1}{T}\left\{\frac{1}{2}D_{31}T\frac{U_{in}}{L'_1+L'_2}D_{31}T+\frac{1}{2}(D_3-D_{31})T\left[\frac{2U_{in}}{L'_1+L'_2}D_{31}T+\frac{U_{in}-U_o}{L_2}(D_3-D_{31})T\right]+\right.\\&\frac{1}{2}(0.5-D_3)T\left[\frac{U_{in}}{L'_1+L'_2}(D_{31}+D_{11})T+\frac{U_{in}-U_o}{L_2}(D_3-D_{31})T\right]+\\&\left.\frac{1}{2}D_{31}T\frac{U_{in}}{L'_1+L'_2}D_{31}T\right\}\end{aligned} \tag{5.63}$$

利用前面假设，整理可得

$$\begin{aligned}I_1-I_2=&\frac{T}{2}\left\{\frac{U_{in}}{2(1-k)L}[2(D_{31}^2-D_{11}^2)-(2D+\delta D)(D_{31}-D_{11})]+\right.\\&\left.\frac{U_{in}-U_o}{L}[(0.5+D)(D_{31}-D_{11})-0.5\delta D+D_{11}^2-D_{31}^2+\delta DD_{31}]\right\}\end{aligned} \tag{5.64}$$

因为 D_{11}、D_{31}、δ 均比较小，忽略 D_{11}、D_{31}、δDD_{31} 三项，式(5.64)可简化为

$$\begin{aligned}I_1-I_2\approx&\frac{T}{2}\left\{-\frac{U_{in}}{2(1-k)L}(2D+\delta D)(D_{31}-D_{11})+\right.\\&\left.\frac{U_{in}-U_o}{L}[(0.5+D)(D_{31}-D_{11})-0.5\delta D]\right\}\end{aligned} \tag{5.65}$$

将式(5.61)代入式(5.65)可得

$$I_1 - I_2 \approx \frac{T\delta D}{4L[U_{in} - (1-k)(U_{in} - U_o)]}\{U_{in}^2(2D+\delta D) - (U_{in} - U_o)\cdot U_{in}[2(1-k)(0.5+D)+1] + (1-k)(U_{in} - U_o)^2\} \tag{5.66}$$

由于电感紧密耦合,$(1-k)$很小,式(5.65)可以简化为

$$I_1 - I_2 \approx \frac{T\delta D}{4L}\{U_{in}(2D+\delta D) - (U_{in} - U_o)\} \tag{5.67}$$

如果$\delta D \ll 2D$,式(5.67)可进一步简化为

$$I_1 - I_2 \approx \frac{T\delta D}{4L}\{2DU_{in} - (U_{in} - U_o)\} \tag{5.68}$$

此即流过开关管S_1和S_3平均电流之差,通常由于电路参数引起的δD很小,所以流过S_1和S_3平均电流几乎相等,故在交错Buck单元内部,无需均流措施,后续实验将验证此结论。同理可类似分析交错Boost单元电路也无需均流。

(2)交错并联单元间均流。常见的变换器(电压模块)并联均流方法较多,包括下垂法、主/从设置法、平均电流自动均流法等。根据实际情况,本书在两个并联输出的交错单元间采用主/从设置方法实现均流,图5.31是实现均流的控制电路:其中U_{ref}为电压给定信号,U_e为电压误差信号,作为电流内环的给定信号,以保证两个并联的交错单元输出电流相等。

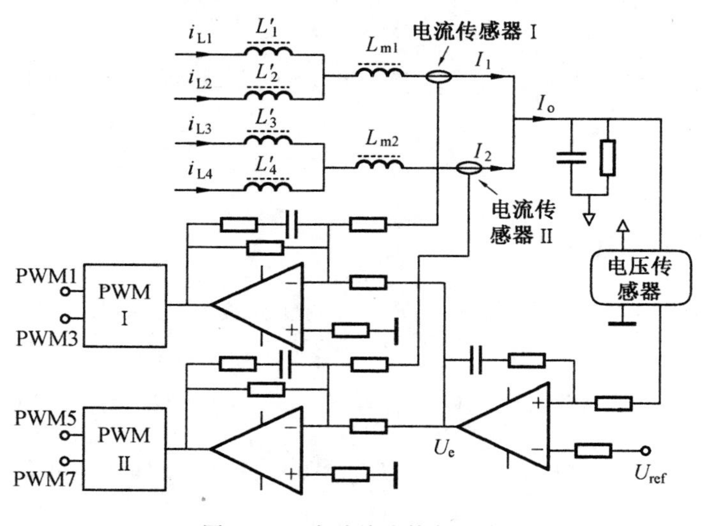

图5.31 主从均流控制电路

3. 交错并联控制的验证性试验

为验证并联交错控制对UCEB驱动系统性能的改善效果,设计了一个额定功率为

1.5 kW 的并联交错直流变换器实验平台。输入电压为 100 V，开关频率为 10 kHz，输出电压为75 V，电阻性负载，耦合电感设计值为：$L_1=L_2=L_3=L_4=160\ \mu\text{H}$，$k_1=k_2=0.97$。

图 5.32 所示为交错并联电流双象限直流变换器的实验测试波形。图 5.32(a) 为交错单元内部两耦合电感电流波形，其相位错开 180°，形状和大小基本相同，可见交错 Buck 单元内部确实能够自动实现均流；图 5.32(b) 为设有主从均流电路的两个交错并联单元的输出电流波形，在输出电流为 17.3 A 时，由于传感器误差等原因，电流误差约为 0.6 A；图 5.32(c) 波形表明，在开关频率为 10 kHz 时，输出负载电流纹波频率为 40 kHz，等效开关频率为开关管频率的 4 倍；图 5.32(d) 为负载电流和开关管电流波形，可见，流过开关管的最大电流为负载电流的 1/2，降低了对开关管的电流容量要求。

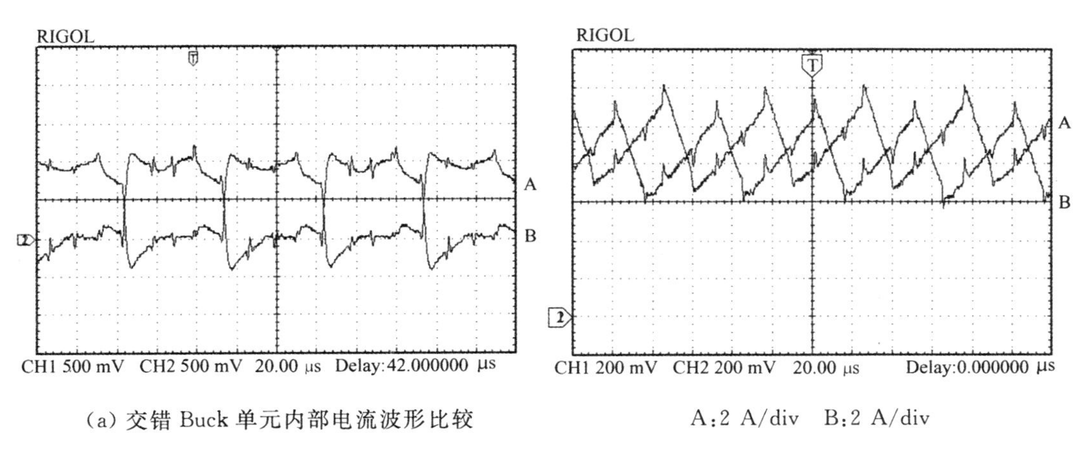

(a) 交错 Buck 单元内部电流波形比较

A：2 A/div　B：2 A/div

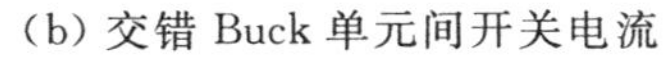

(b) 交错 Buck 单元间开关电流

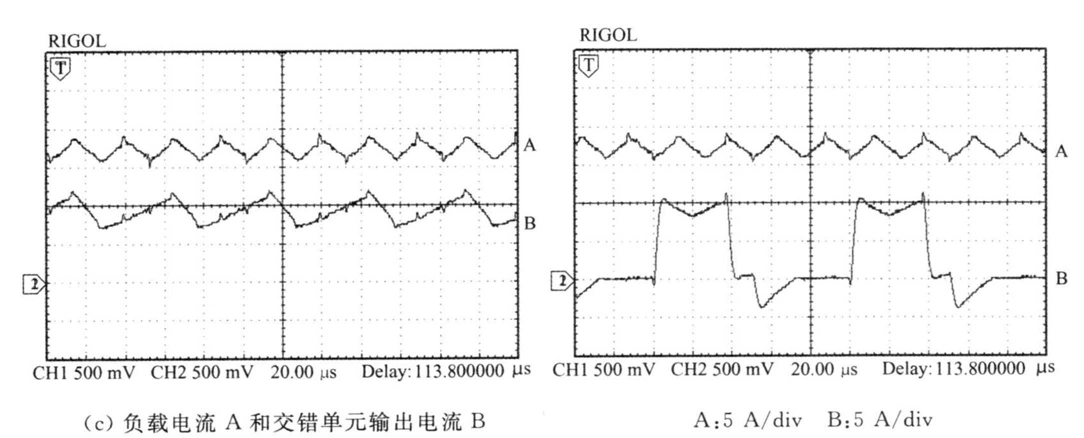

(c) 负载电流 A 和交错单元输出电流 B

A：5 A/div　B：5 A/div

(d) 负载电流 A 和开关管电流 B

图 5.32　交错并联电流双象限直流变换器的实验测试波形

图 5.33 所示为直流变换器的效率测试曲线。可以看出，当输出功率超过 800 W 时

(额定功率 60%)，效率达到 90% 以上；当输出功率达到 1 374 W 时，可测得效率为 94.9%。可以预见，当交错并联方案用于UCEB大功率直流驱动变换器时，变换效率有望进一步提高。

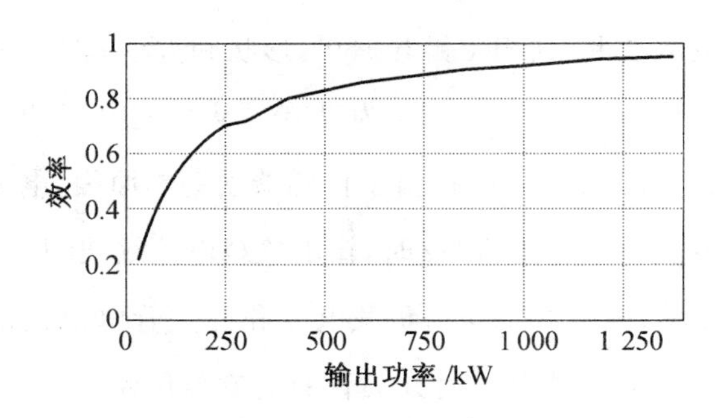

图 5.33　效率－输出功率曲线

5.2　多层树状结构的锂离子动力电池组均衡系统

第 3 章中已介绍了理想条件下的三单体直接均衡电路的工作原理，其特点是能够实现相邻三个串联储能单体中的任意两个单体间直接能量双向传递。但是，无论动力电池还是超级电容，单体电压都比较低，单体间不均衡电压差通常为毫伏级，因此在均衡电路中，开关管的通态压降、变压器漏感等对电路的运行状态是有影响的，在实际均衡系统设计中应给予充分考虑。

5.2.1　三单体直接均衡电路

图 5.34 给出了三单体直接均衡器的理想电路和实际电路的比较。

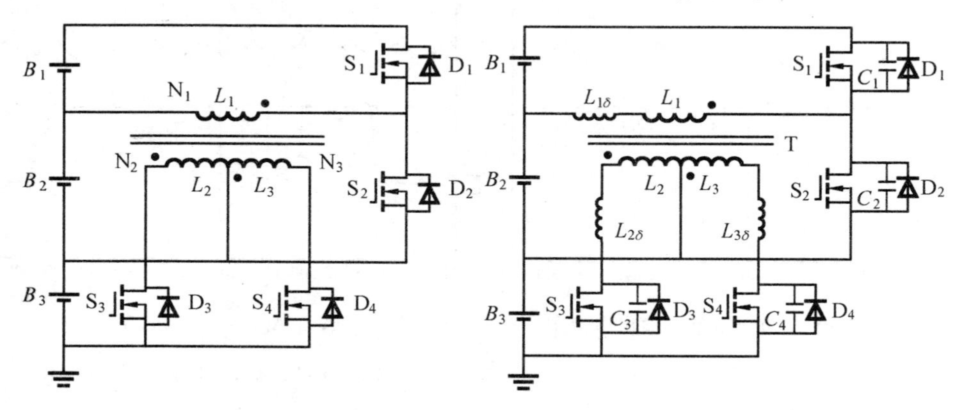

(a) 理想三单体直接均衡电路　　(b) 实际三单体直接均衡电路

图 5.34　三单体直接均衡电路

由于储能单体间失衡情况的不同以及开关管通态压降的影响，随着变压器原副边电压差的变化，均衡电流的方向也有所不同，电路相应地工作在三种开关变换模式，分别为无输出电感的正激模式、反激模式和 Buck－Boost 模式。当变压器原副边的电压差高于工作的开关管和二极管的导通压降时，均衡电路工作在无输出电感的正激模式，此时变压器副边绕组的漏感代替输出滤波电感传递能量。利用开关管关断期间，电路工作在类似于反激模式或 Buck－Boost 模式，起到磁复位的作用。当变压器原副边的电压差低于工作的开关管和二极管的导通压降时，根据储能电源单体间电压差的不同，电路工作在反激模式或 Buck－Boost 模式。由于正激工作模态中励磁电感磁芯需要可靠复位，因此为保证变压器的磁复位并最大限度地传递能量，电路工作在电流断续模式。

表 5.6 描述了电路在可能出现的失衡情况下的工作状态及相应的电路开关变换模式。根据储能单体间电压的失衡情况和主电路中相对应开关管的工作状态，电路可分为四种工作情况，分别是：单体 B_1 电压最高，开关管 S_1 工作的情况；单体 B_2 电压最高，开关管 S_2 工作的情况；单体 B_3 电压最高且单体 B_1 电压最低，开关管 S_3 工作的情况；单体 B_3 电压最高且单体 B_2 电压最低，开关管 S_4 工作的情况。

表 5.6　实际三单体直接均衡电路工作模式

失衡状态	条件	开关变换模式
$U_{B1} \geqslant U_{B2} \geqslant U_{B3}$	$U_{B1}-U_{B3} \geqslant U_{S1}+U_{D4}$	无输出电感的正激复合反激磁复位 $B_1 \to B_3$
	$U_{B1}-U_{B3} < U_{S1}+U_{D4}$	完全反激 $B_1 \to B_3$
$U_{B1} \geqslant U_{B3} \geqslant U_{B2}$	$U_{B1}-U_{B3} \geqslant U_{S1}+U_{D4}$	无输出电感的正激 $B_1 \to B_3$ 复合升降压磁复位 $B_1 \to B_2$
	$U_{B1}-U_{B3} < U_{S1}+U_{D4}$	完全升降压 $B_1 \to B_2$
$U_{B2} \geqslant U_{B1} \geqslant U_{B3}$	$U_{B2}-U_{B3} \geqslant U_{S2}+U_{D3}$	无输出电感的正激复合反激磁复位 $B_2 \to B_3$
	$U_{B2}-U_{B3} < U_{S2}+U_{D3}$	完全反激 $B_2 \to B_3$
$U_{B2} \geqslant U_{B3} \geqslant U_{B1}$	$U_{B2}-U_{B3} \geqslant U_{S2}+U_{D3}$	无输出电感的正激 $B_2 \to B_3$ 复合升降压磁复位 $B_2 \to B_1$
	$U_{B2}-U_{B3} < U_{S2}+U_{D3}$	完全升降压 $B_2 \to B_1$
$U_{B3} \geqslant U_{B2} \geqslant U_{B1}$	$U_{B3}-U_{B2} \geqslant U_{S3}+U_{D2}$	无输出电感的正激 $B_3 \to B_2$ 复合反激磁复位 $B_3 \to B_1$
	$U_{B3}-U_{B2} < U_{S3}+U_{D2}$	完全反激 $B_3 \to B_1$
$U_{B3} \geqslant U_{B1} \geqslant U_{B2}$	$U_{B3}-U_{B1} \geqslant U_{S4}+U_{D1}$	无输出电感的正激 $B_3 \to B_1$ 复合反激磁复位 $B_3 \to B_2$
	$U_{B3}-U_{B1} < U_{S4}+U_{D1}$	完全反激 $B_3 \to B_2$

1. 无输出电感的正激复合反激磁复位工作模式

以 $U_{B1} \geqslant U_{B2} \geqslant U_{B3}$ 且 $U_{B1}-U_{B3} \geqslant U_{S1\,ON}+U_{D4\,ON}$ 为例来阐明该种模式下电路的具体

工作原理。这种工作模式可分为四个模态,电路的工作过程如图 5.35 所示。

(1) 模态 1[t_0,t_1]。S_1 和 D_4 导通,电路工作于无输出电感的正激模式,单体 B_1 中的能量通过变压器副边漏感 $L_{3\delta}$ 传递到 B_3。变压器原边电流等于励磁电流与折算到原边的副边电流之和,根据电路电压与电流关系,可得方程组

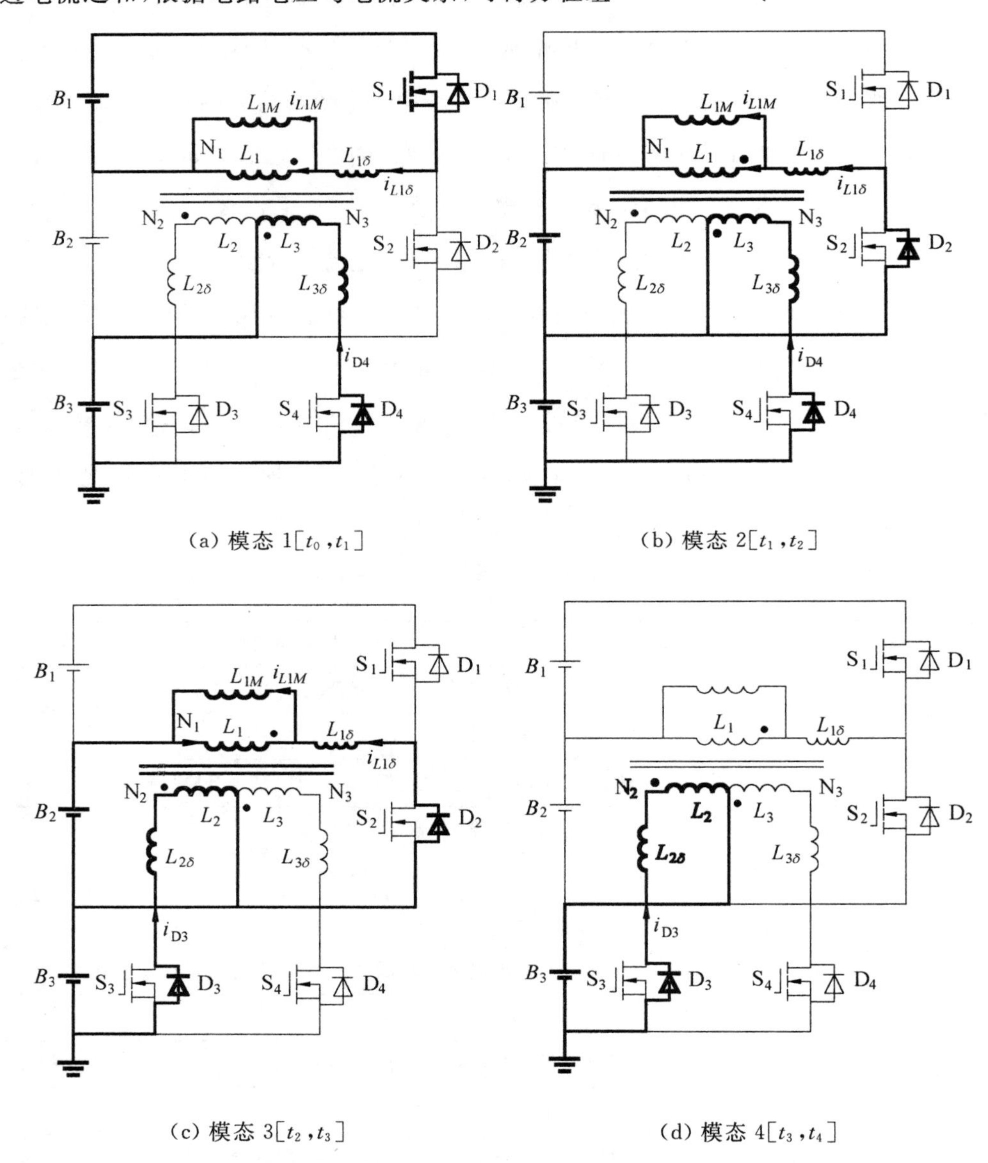

(a) 模态 1[t_0,t_1]　(b) 模态 2[t_1,t_2]

(c) 模态 3[t_2,t_3]　(d) 模态 4[t_3,t_4]

图 5.35　无输出电感的正激复合反激磁复位模式的开关模态

$$
\begin{cases}
U_{L1}=U_{L3}=L_{1M}\dfrac{\mathrm{d}i_{L1M}}{\mathrm{d}t}\\
U_{L1\delta}=L_{1\delta}\dfrac{\mathrm{d}i_{L1\delta}}{\mathrm{d}t}\\
U_{L3\delta}=L_{3\delta}\dfrac{\mathrm{d}i_{L3\delta}}{\mathrm{d}t}\\
U_{L3}=U_{B3}+U_{\mathrm{D4\,ON}}+U_{L3\delta}\\
U_{L1\delta}+U_{L1}=U_{B1}-U_{\mathrm{S1\,ON}}\\
i_{L1\delta}=i_{L1M}+i_{L3\delta}=i_{L1M}+i_{\mathrm{D4}}
\end{cases}
\tag{5.69}
$$

设漏感系数 $K=\dfrac{L_{i\delta}}{L_{iM}}=\dfrac{L_{1\delta}}{L_{1M}}=\dfrac{L_{2\delta}}{L_{2M}}=\dfrac{L_{3\delta}}{L_{3M}}$，解得

$$
\begin{cases}
\dfrac{\mathrm{d}i_{L1M}}{\mathrm{d}t}=\dfrac{U_{B1}+U_{B3}-U_{\mathrm{S1\,ON}}+U_{\mathrm{D4\,ON}}}{(K+2)\cdot L_M}\\
\dfrac{\mathrm{d}i_{L1\delta}}{\mathrm{d}t}=\dfrac{(K+1)(U_{B1}-U_{\mathrm{S1\,ON}})-(U_{B3}+U_{\mathrm{D4\,ON}})}{(K+2)\cdot K\cdot L_M}\\
\dfrac{\mathrm{d}i_{L3\delta}}{\mathrm{d}t}=\dfrac{(U_{B1}-U_{\mathrm{S1\,ON}})-(K+1)(U_{B3}+U_{\mathrm{D4\,ON}})}{(K+2)\cdot K\cdot L_M}
\end{cases}
\tag{5.70}
$$

在 $t=t_1$ 时刻

$$
\begin{cases}
i_{L1M}(t_1)=\dfrac{U_{B1}+U_{B3}-U_{\mathrm{S1\,ON}}+U_{\mathrm{D4\,ON}}}{(K+2)\cdot L_M}T_{\mathrm{ON}}\\
i_{L1\delta}(t_1)=\dfrac{(K+1)(U_{B1}-U_{\mathrm{S1\,ON}})-(U_{B3}+U_{\mathrm{D4\,ON}})}{(K+2)\cdot K\cdot L_M}T_{\mathrm{ON}}\\
i_{L3\delta}(t_1)=\dfrac{(U_{B1}-U_{\mathrm{S1\,ON}})-(K+1)(U_{B3}+U_{\mathrm{D4\,ON}})}{(K+2)\cdot K\cdot L_M}T_{\mathrm{ON}}
\end{cases}
\tag{5.71}
$$

由上式可知，当电路的开关频率 f_s、变压器的漏感和单体电压一定时，通过控制开关占空比，可控制充电电流的大小，从而控制电路中能量转移的多少。占空比越高(在小于0.5的范围内，大于0.5时 B_1 及 B_2 可能发生直通)充电电流越大。另外，变压器各绕组漏感大小对充电电流大小也有影响，在开关频率 f_s、占空比 D 和单体电压一定时，漏感值越小，单体间充电电流峰值越高。

(2) 模态2[t_1, t_2]。S_1 关断，D_2 导通续流，$L_{1\delta}$ 中的能量转移到单体 B_2，漏感 $L_{1\delta}$ 中的电流 $i_{L1\delta}$ 下降。D_3 维持关断状态，D_4 仍然导通，L_3 及 $L_{3\delta}$ 中的能量转移到单体 B_3，漏感 $L_{3\delta}$ 中的电流下降，至 t_2 时刻，$L_{3\delta}$ 中电流 i_{D4} 降为零，D_4 自然关断，此时 $i_{L1\delta}$ 与磁化电流 i_{L1M} 相等。

(3) 模态 3[t_2,t_3]。D_3 导通。L_2、$L_{2\delta}$、D_3 和 B_3 构成回路将 L_{1M} 中存储的能量转移到 B_3 和 $L_{2\delta}$。D_2 继续导通续流,将漏感 $L_{1\delta}$ 中剩余的能量继续转移到 B_2,$L_{1\delta}$ 中电流 $i_{L1\delta}$ 继续下降。同时由于要使变压器安匝数不变,L_2 及 $L_{2\delta}$ 中的电流之和 i_{D3} 线性上升。至 t_3 时刻,电流 $i_{L1\delta}$ 降为零,D_2 关断,而 i_{D3} 升至最大值。

在模态 2 及模态 3 中,漏感 $L_{1\delta}$ 的存在使导通时存储在磁场中的能量不完全转移到 B_3,而有一部分转移到 B_2。$L_{1\delta}$ 越大,$i_{L1\delta}$ 下降越慢,次级电流 i_{D3} 上升延迟时间越长,传输到中间单体 B_2 的能量越多,进一步削弱均衡效果。

(4) 模态 4[t_3,t_4]。D_3 继续导通,i_{D3} 从峰值开始下降,电感 L_1 中剩余的励磁能量和漏感 $L_{2\delta}$ 中的剩余能量全部转移至 B_3 中。此时,电路中所有电流全都为零,磁化电感储存的励磁能量降为零,变压器完成磁复位。

2. 完全反激工作模式

以 $U_{B1} \geqslant U_{B2} \geqslant U_{B3}$ 且 $U_{B1}-U_{B3} \leqslant U_{S1\,ON}+U_{D4\,ON}$ 为例来阐明此工作模式下电路具体工作原理。此模式分为三个模态,整个电路工作过程如图 5.36 所示。

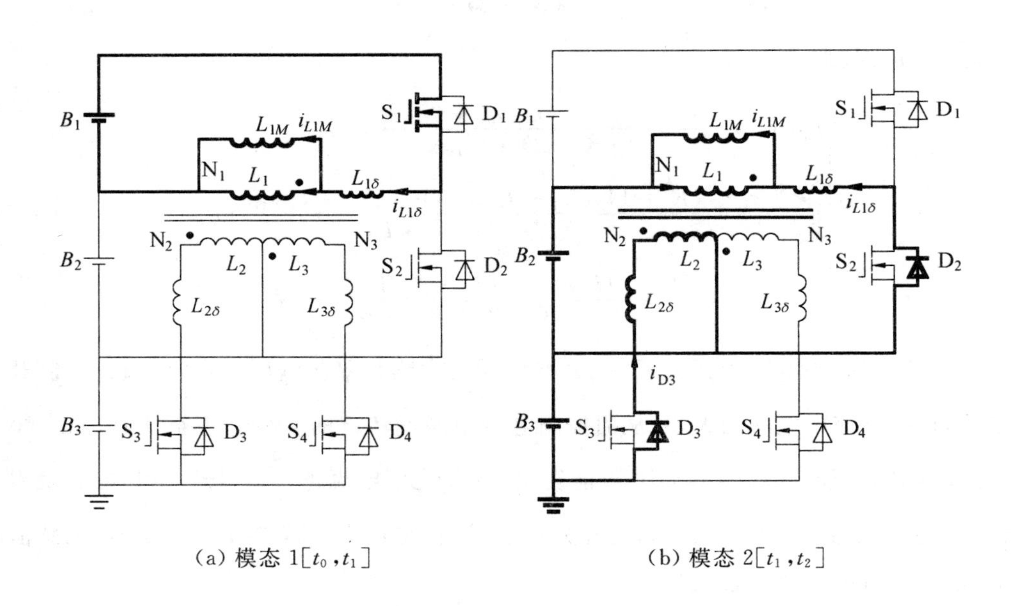

(a) 模态 1[t_0,t_1]　　(b) 模态 2[t_1,t_2]

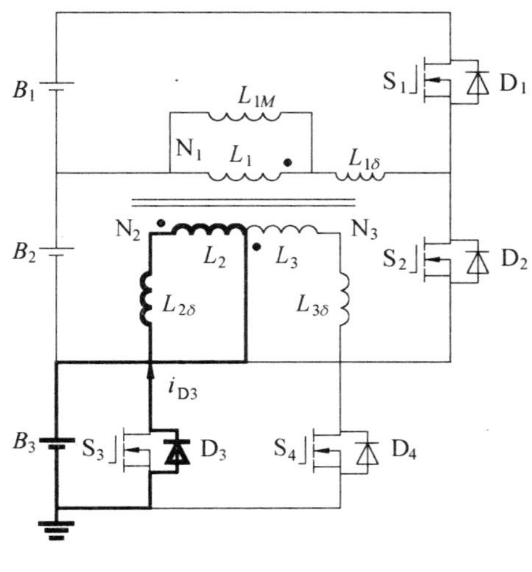

(c) 模态 3$[t_2, t_3]$

图 5.36　完全反激模式下开关模态

(1) 模态 1$[t_0, t_1]$。开关管 S_1 导通，B_1、S_1、$L_{1\delta}$ 构成回路，电池 B_1 中的能量一部分转化成变压器磁化能量存储在 L_{1M} 中，另一部分存储到漏感 $L_{1\delta}$ 中。由于 $U_{B1} - U_{B3} \leqslant U_{S1\,ON} + U_{D4\,ON}$，变压器副边不能构成回路，绕组 L_2 和 L_3 均无电流流过，只存在原边磁化电感及漏感储能的过程。

(2) 模态 2$[t_1, t_2]$。S_1 关断，D_3 导通。L_2、D_3 和 B_3 构成回路，绕组 L_1 中储存的励磁能量转移到单体 B_3，电路工作于反激模式。同时，D_2 导通续流，漏感 $L_{1\delta}$ 中能量通过 $L_{1\delta}$、L_1、B_2 和 D_2 构成的回路释放给单体 B_2，$L_{1\delta}$ 中电流减小，至 t_2 时刻减至零，D_2 自然关断。

(3) 模态 3$[t_2, t_3]$。D_3 继续导通，原边励磁电感 L_{1M} 存储的能量通过 L_2、$L_{2\delta}$、D_3 和 B_3 构成的回路继续向 B_3 转移，电流 i_{D3} 减小，t_3 时刻为零，D_3 自然关断。

3. 无输出电感正激复合升降压磁复位工作模式

以 $U_{B1} \geqslant U_{B3} \geqslant U_{B2}$ 且 $U_{B1} - U_{B3} \geqslant U_{S1\,ON} + U_{D4\,ON}$ 情况来阐述此工作模式下电路的具体工作原理。此模式分为三个模态，整个电路工作过程如图 3.37 所示。

(1) 模态 1$[t_0, t_1]$。S_1 和 D_4 导通，电路工作于无输出电感的正激模式。单体 B_1 中的能量沿 L_3、$L_{3\delta}$、B_3 及 D_4 构成的回路传递到 B_3。

(2) 模态 2$[t_1, t_2]$。S_1 关断，D_2 导通续流，原边漏感 $L_{1\delta}$ 中存储的能量转移到单体 B_2。D_4 导通续流，绕组 L_3 及漏感 $L_{3\delta}$ 中能量转移至 B_3。至 t_2 时刻，$L_{3\delta}$ 中能量转移完毕，电流 $i_{L3\delta}$ 变为 0。

(3) 模态 3$[t_2, t_3]$。由于单体 B_2 的电压低于单体 B_3，D_3 保持关断，D_2 继续导通，磁化

电感 L_{1M} 中储存的能量转移到 B_2。至 t_3 时刻，能量转移完毕，电路中所有电流均变为 0，变压器实现磁复位。

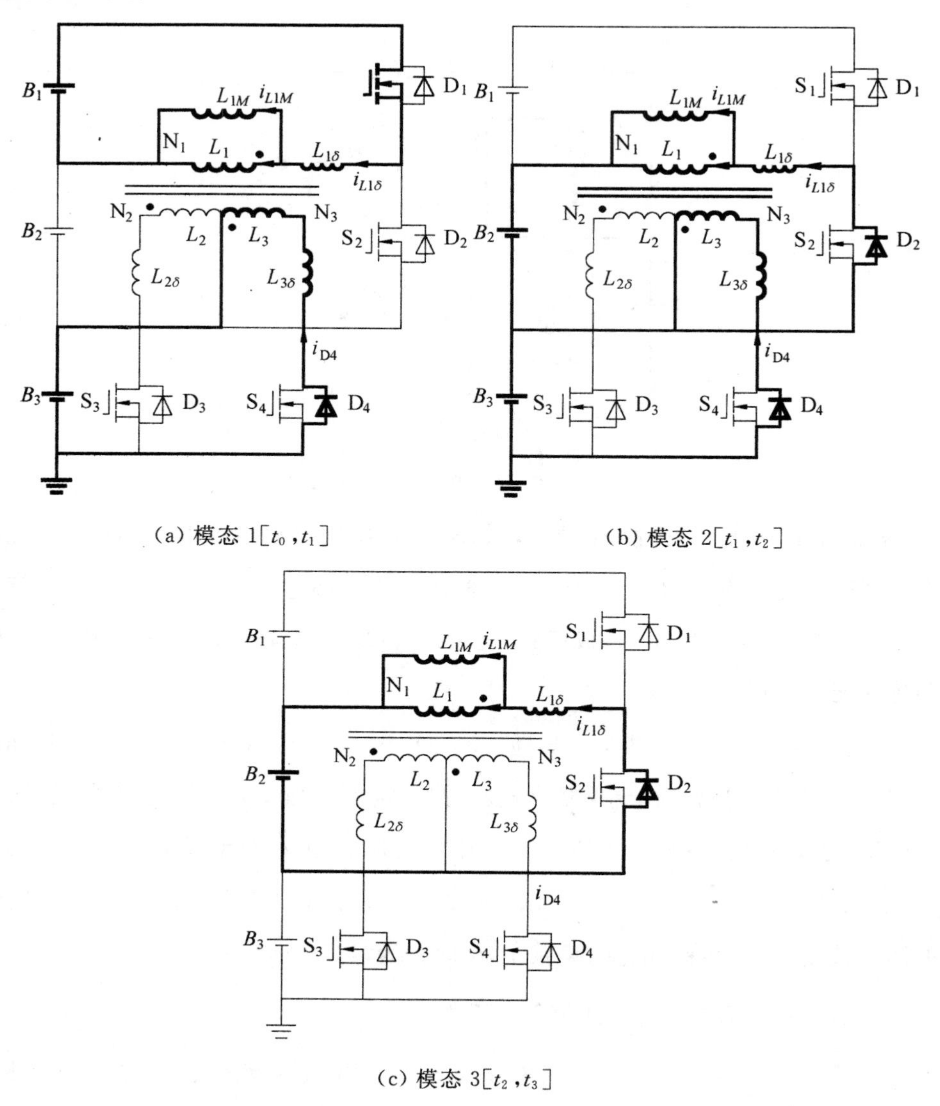

(a) 模态 1[t_0, t_1]

(b) 模态 2[t_1, t_2]

(c) 模态 3[t_2, t_3]

图 5.37 无输出电感正激复合升降磁复位的开关模态

由以上分析可知，仅在开关管关断期间，漏感和励磁电感在导通期间储存的能量传递到最低单体，而在整个开关管开通期间，正激模态将能量从最高单体全部传递给了中间单体，没有完全传递到最低单体，大大削弱了均衡效果，这使得该种工作模式的均衡效率很低。

4. 完全升降压工作模式

以 $U_{B1} \geqslant U_{B3} \geqslant U_{B2}$ 且 $U_{B1} - U_{B3} \leqslant U_{S1\,ON} + U_{D4\,ON}$ 为例来阐明此模式下电路具体工作

原理。此模式下电路分为两个模态，整个电路工作过程如图 5.38 所示。

(1) 模态 1[t_0，t_1]。S_1 导通，L_1、$L_{1\delta}$、B_1 和 S_1 构成回路，单体 B_1 中的能量存储在绕组 L_1 及其漏感 $L_{1\delta}$ 中。

(2) 模态 2[t_1，t_2]。S_1 关断，D_2 导通续流，L_1、$L_{1\delta}$、B_2 和 D_2 构成回路，L_1 和 $L_{1\delta}$ 中存储的能量全部转移到单体 B_2。至 t_2 时刻，能量转移完毕。

该种模式下，开关管导通期间电感及漏感存储的能量能够完全直接转移到最低单体，均衡效率最高。

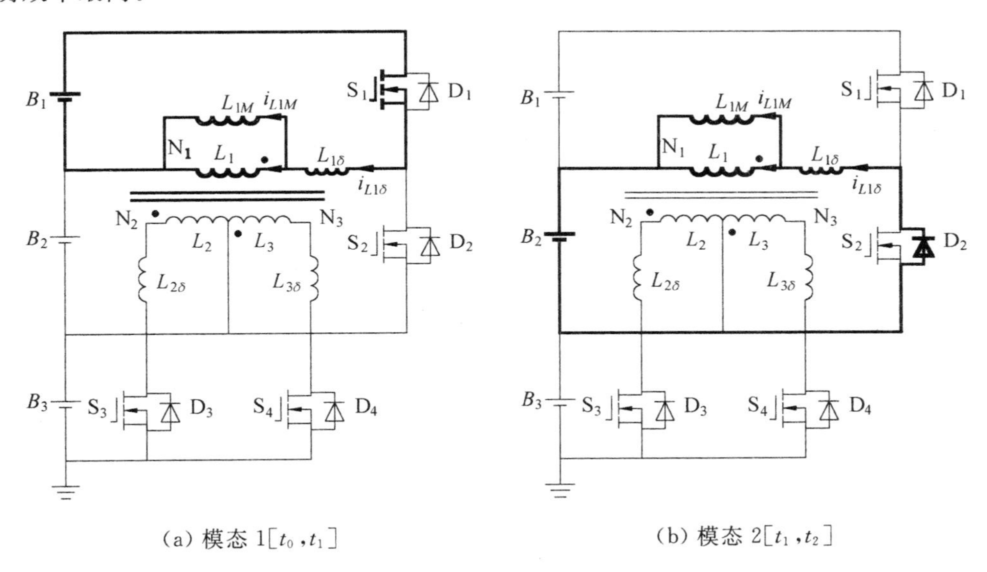

(a) 模态 1[t_0，t_1]　　(b) 模态 2[t_1，t_2]

图 5.38　完全升降压模式的开关模态

在其他电压失衡条件下，三单体直接均衡电路的工作原理与上述几种情况相同，不再赘述。以上四种电压失衡条件下各个主要元件的理想波形如图 5.39 所示。

由上述四种可能工作模式的分析可见，漏感对三单体直接均衡电路的工作情况有很重要的影响。一方面，漏感的存在导致出现不必要的开关过程，一部分均衡能量传递到中间单体，降低了均衡能量的直接传递效率，漏感越大，对均衡效率的影响越大；另一方面，若电磁元件副边绕组的漏感值太小，在无输出电感的正激模态中，电路的输出滤波电感过小，则会造成单体间充放电电流峰值过高。因此，在设计电磁元件漏感时需要折中考虑，在单体能承受的充放电电流峰值范围内，尽可能降低带中心抽头的电磁元件各绕组的漏感值。

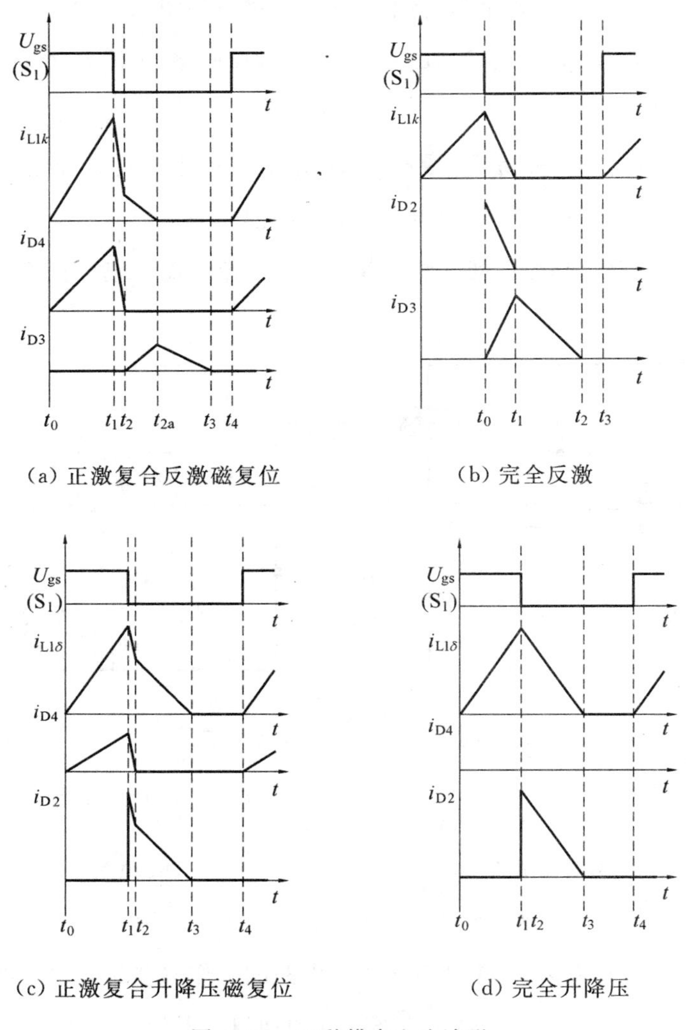

(a) 正激复合反激磁复位　　(b) 完全反激

(c) 正激复合升降压磁复位　　(d) 完全升降压

图 5.39　四种模态电流波形

5.2.2　基于三单体直接均衡电路的均衡系统

串联储能电源组均衡系统的关键技术基本包括三个重要方面:底层单元电路的结构和性能、系统拓扑结构和均衡系统控制策略。底层单元电路是构成均衡系统的最小单元,直接决定了均衡系统的效率和速度。均衡拓扑结构和控制策略规划及实现能量流动的合理路径,保证能量传递过程的实时、可靠、高效。

1. 基于三单体直接均衡电路的均衡系统结构

利用第 3 章均衡系统分层分析方法,结合均衡系统线路结构、层数、效率和速度等各项指标,以三单体直接均衡器为基本均衡单元,构建的多层树状结构均衡系统如图 5.40 所示。

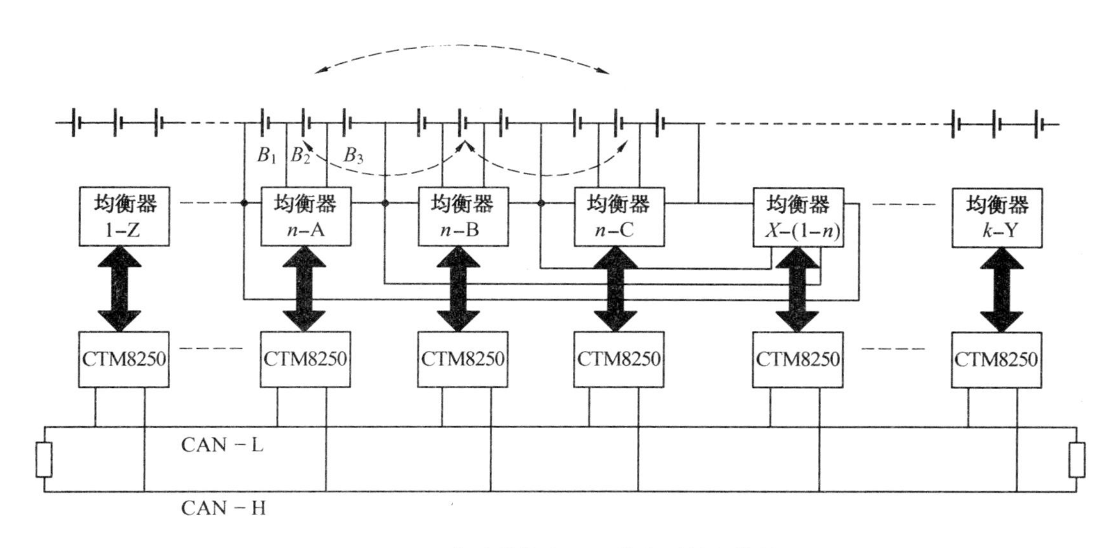

图 5.40　串联储能电源组均衡系统的结构

设系统中的均衡单体数量为 3^n 个，分层数为 n。底层（n 层）每个均衡器控制 3 个电池单体的均衡，其上一层（$n-1$ 层）每个均衡器控制 n 层 3 个均衡器的均衡。以此类推，顶层的一个均衡器（1 层）控制 2 层 3 个均衡器的均衡。这种结构具有如下特点：

(1) 储能单体与单元的工作电流和均衡电流都是相同的，各层的能量传输线路规格相同，无须投切转换且大多数集中于系统底层，有利于提高系统的可靠性和安全性。

(2) 系统中各层均衡器可同时动作，不会出现直通的问题，且两个单体或单元之间的能量传递不受相邻限制，具有直接能量通道或通过上层均衡器构成的跨越通道，能量传递路径短、损耗小、速度快。

(3) 每个均衡器可独立进行局部均衡，各均衡器之间通过 CAN 总线传递单体荷电信息与均衡控制指令，系统控制更灵活，扩展方便。

系统控制采用 CAN 总线技术协调各均衡器之间的动作，规划均衡能量的合理流动路径，实现均衡能量的实时传递。系统中上层均衡器与下层均衡器之间，同层均衡器之间以及各均衡器与上位机之间通过 CAN 总线传送单体电压数据信息及均衡控制指令，能实现更为灵活的系统控制，且便于系统扩展。

2. 多层树状均衡系统均衡效率分析

概率论是研究随机现象数量规律的数学分支。应用概率论分析基于三单体直接均衡器的多层树状均衡系统的能量转换效率，并与两单体直接交互式单层均衡系统作对比计算，通过计算失衡情况随机时两种系统出现各均衡效率值的概率及均衡效率的期望值，能对多层树状均衡系统效率获得更为直观清晰的认识。

(1) 三单体直接交互式多层树状系统均衡效率的概率计算。

三单体直接交互式多层树状均衡系统的结构如图 5.41 所示。假设串联储能单体数目为 3^n 个，分为 n 层。并假定单个均衡器的均衡效率为 η，则整个均衡系统可能出现的效率值 x 有 $\eta,\eta^2,\eta^3,\cdots,\eta^n$ 等 n 种。而对 3^n 个储能单体来说，其失衡情况根据待均衡的两个单体（电压最高及电压最低单体）出现的位置确定，则根据概率论中排列组合的相关知识，其失衡情况的总体为 $3^n(3^n-1)$ 种。以下分别计算出现 $\eta,\cdots,\eta^k,\cdots,\eta^n$ 均衡效率值的失衡情况的数目，并将其与失衡情况总体数目相除即可得到各种均衡效率值出现的概率值。

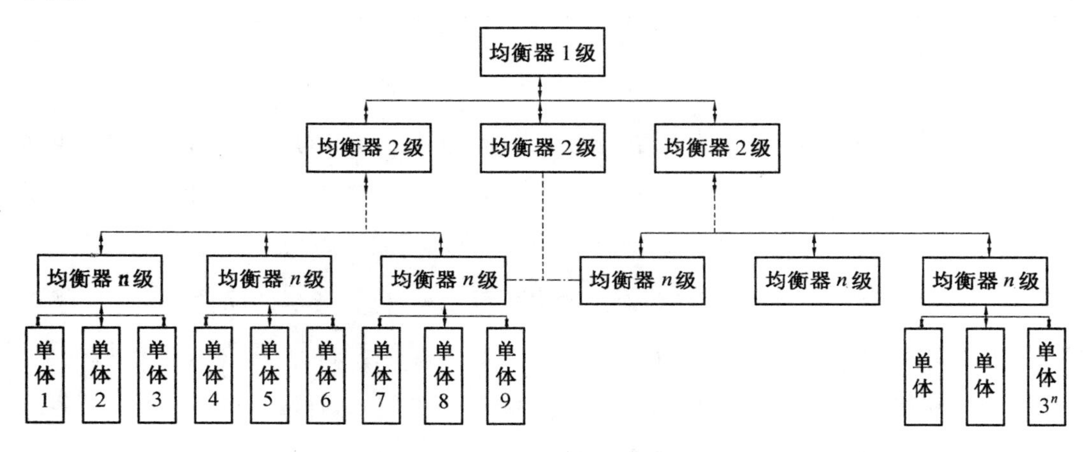

图 5.41 串联储能电源组多层树状均衡结构

① 均衡效率值为 η。系统均衡效率值出现 η 的情况发生在待均衡的两单体位于底层（n 层）的同一个均衡器内时。此时，待均衡两单体的位置情况可能有 $3!\times 3^{n-1}$ 种，因此系统均衡效率为 η 值出现的概率为

$$P(x=\eta)=\frac{6\times 3^{n-1}}{3^n(3^n-1)} \tag{5.72}$$

② 均衡效率值为 η^k。类推可得系统均衡效率值出现 η^k 的情况发生在待均衡的两个单体位于第 $n-k+1$ 层的同一个均衡器但是属于第 $n-k+2$ 层的不同均衡器内时。此时，待均衡的两个单体的位置情况可能有 $(3^{k-1}\times 3^{k-1}\times 2\times 3)\times 3^{n-k}$ 种，因此

$$P(x=\eta^k)=\frac{(3^{k-1}\times 3^{k-1}\times 2\times 3)\times 3^{n-k}}{3^n(3^n-1)}=\frac{3^{k-1}\times 2}{3^n-1} \tag{5.73}$$

③ 均衡效率值为 η^n。系统均衡效率值出现 η^n 的情况发生在待均衡的两个单体分别位于底层的首尾两个均衡器内时。因此系统均衡效率值取值 η^n 出现的概率值为

$$P(x=\eta^n)=\frac{3^{n-1}\times 3^{n-1}\times 2\times 3}{3^n(3^n-1)} \tag{5.74}$$

④ 均衡效率的期望。离散型随机变量的一切可能的取值 x_i 与对应的概率 $P(x=x_i)$ 之积的和称为数学期望，求取均衡系统效率的数学期望，能描述系统效率平均取值的大小。

按照定义，基于三单体直接均衡电路的多层树状均衡系统的均衡效率 x（可取值为 η，$\eta^2,\cdots,\eta^n$）的期望 X 可按下式计算，即

$$X=\sum_{k=1}^{n}x_i p(x_i)=\sum_{k=1}^{n}\eta^k\frac{3^{k-1}\times 2}{3^n-1}=\frac{2}{3(3^n-1)}\sum_{k=1}^{n}(3\eta)^k=\frac{2\eta[1-(3\eta)^n]}{(1-3\eta)\times(3^n-1)} \tag{5.75}$$

（2）两单体交互式单层系统均衡效率的概率计算。

基于两单体直接交互式均衡电路的单层均衡系统结构如图 5.42 所示。同样假设储能单体数目为 3^n 个，设单个均衡器的效率也为 η，则整个均衡系统可能出现的效率值 y 有 $\eta,\eta^2,\cdots,\eta^{3n-1}$，共 $3n-1$ 种情况。

图 5.42　两单体直接交互式均衡结构

① 均衡效率值为 η。系统均衡效率值出现 η 的情况发生在待均衡的两单体相邻时。此时，待均衡两单体的位置情况可能有 $(3^n-1)\times 2$ 种，因此

$$P(y=\eta)=\frac{(3^n-1)\times 2}{3^n(3^n-1)} \tag{5.76}$$

② 均衡效率值为 η^k。类推可得系统均衡效率值出现 η^k 的情况发生在待均衡的两个单体间相隔 $k-1$ 个单体时。此时，待均衡两单体的位置情况可能有 $k+(3^n-2k)\times 2+k$ 种，因此

$$P(y=\eta^k)=\frac{k+(3^n-2k)\times 2+k}{3^n(3^n-1)}=\frac{2(3^n-k)}{3^n(3^n-1)} \tag{5.77}$$

③ 均衡效率值为 η^n。系统均衡效率为 η^n 值出现的概率为

$$P(y=\eta^n)=\frac{n+(3^n-2n)\times 2+n}{3^n(3^n-1)} \tag{5.78}$$

④ 均衡效率值为 η^{3^n-1}。系统均衡效率值出现 η^{3^n-1} 的情况发生在待均衡的两单体出现首尾位置时。此时，待均衡两单体的位置情况可能有 2 种，因此

$$P(y=\eta^{3^n-1})=\frac{2}{3^n(3^n-1)} \tag{5.79}$$

⑤ 均衡效率的期望。按定义，两单体直接交互式单层均衡系统效率的期望 Y 按下式计算

$$\begin{aligned} Y&=\sum_{k=1}^{3^n-1}y_i p(y_i)=\sum_{k=1}^{3^n-1}\eta^k\,\frac{(3^n-k)\times 2}{3^n(3^n-1)}=\frac{2}{3^n(3^n-1)}\sum_{k=1}^{3^n-1}\eta^k\times(3^n-k)= \\ &\frac{2}{3^n-1}\sum_{k=1}^{3^n-1}\eta^k-\frac{2}{3^n(3^n-1)}\sum_{k=1}^{3^n-1}k\times\eta^k= \\ &\frac{2(\eta-\eta^{3^n})}{(3^n-1)(1-\eta)}-\frac{2[\eta^{3^n}\times(3^n\times\eta-3^n-\eta)+\eta]}{3^n(3^n-1)(\eta-1)^2} \end{aligned} \tag{5.80}$$

(3) 两种均衡系统的比较。

由上述两种系统均衡效率的概率计算结果，可根据概率统计中独立事件的概率计算原理，计算出三单体直接交互式多层树状均衡系统效率高于两单体直接交互式单层均衡系统效率的概率，记为 $P(x>y)$，计算式为

$$\begin{aligned} P(x>y)&=\sum_{k=1}^{n}p(x=\eta^k)\times[1-p(y=\eta)-\cdots-p(y=\eta^k)]= \\ &\sum_{k=1}^{n}\frac{3^{k-1}\times 2}{3^n-1}\times\left[1-\frac{2(3^n-1+3^n-2+\cdots+3^n-k)}{3^n(3^n-1)}\right]= \\ &1-\frac{6\cdot 3^n\ln 3}{(3^n-1)^2}+\frac{2}{3^n-1}+\frac{3\cdot(\ln 3)^2}{(3^n-1)^2} \end{aligned} \tag{5.81}$$

由上式计算可得：

当 $n=2$ 即 9 个单体串联时，$P(x>y)=0.38$；

当 $n=3$ 即 27 个单体串联时，$P(x>y)=0.819$；

当 $n=4$ 即 81 个单体串联时，$P(x>y)=0.942$；

当 $n=5$ 即 243 个单体串联时，$P(x>y)=0.981$。

可见，当串联储能电源组均衡单体数目较多时，基于三单体直接均衡电路的多层树状均衡系统与两单体直接交互式单层均衡系统相比，在均衡效率上有非常明显的优势。如

当 81 个单体串联时，存在 94.2% 的可能性，使得前者均衡效率高于后者。

为了比较两种系统的均衡效率期望值，设待比较的单个三单体直接均衡电路及两单体直接交互式均衡电路的均衡效率 η 均为 0.9，根据式(5.75) 及式(5.80) 计算，比较结果见表 5.7。

表 5.7　两种系统均衡效率期望

串联储能电源组单体数目	基于三单体直接均衡电路的多层树状均衡系统效率 X	基于两单体交互式均衡电路的单层均衡系统效率 Y
9($n=2$)	0.833	0.718
27($n=3$)	0.761	0.451
81($n=4$)	0.690	0.222
243($n=5$)	0.623	0.197

由表中所得结果可以看出，在均衡单体数目一定的情况下，基于三单体直接均衡电路的树状多层系统均衡效率的期望值远远大于两单体交互式单层系统均衡效率的期望值，且单体数目越多，树状多层均衡系统的效率优势体现得越明显。

5.2.3　均衡系统的 CAN 总线控制

1. 三单体直接均衡器控制电路设计

考虑到工程现场使用要求，单元均衡模块必须具有如下特点：模块化设计、高可靠性、接线方便、储能元件状态显示和扩展性等，单元电路基本功能和原理框图如图 5.43 所示。

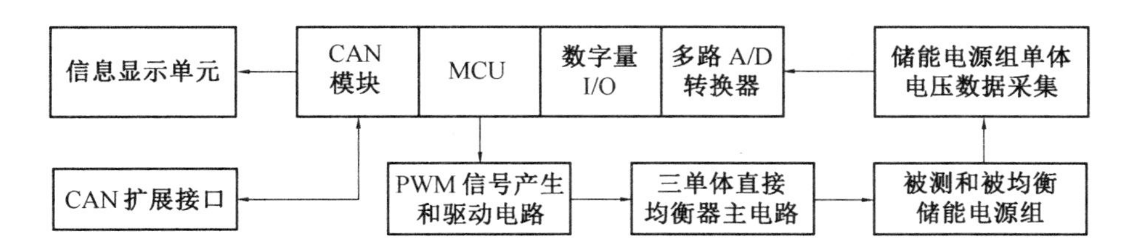

图 5.43　三单体直接均衡器功能和原理框图

具体电路采用具有 CAN 通信功能的 PIC18F2480 单片机作为核心器件，产生与失衡状态相对应的 PWM 驱动信号。PIC18F2480 共有 5 路 10 位模拟输入通道，所有通道共用一个采样 / 保持电路，用一个多路转换开关进行切换。在参考电压为 5 V 时，最低有效电位为 5 mV，可以满足三单体直接均衡器电压采样和转换的需求。

三单体直接均衡器需要对其均衡的三储能单体进行电压的准确、快速测量，电压采样电路如图 5.44 所示。

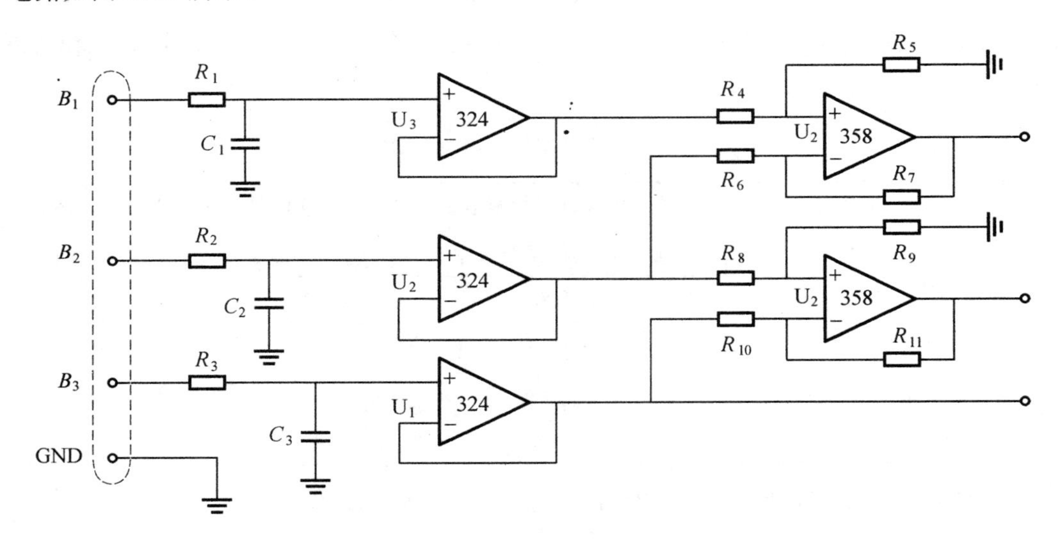

图 5.44 电压采样电路原理图

利用跨接在均衡器端口上的 9 ～ 12 V 被均衡能量源作为输入，通过集成电压转换芯片获得单片机和控制电路所需的＋5 V 和＋15 V 辅助电源。采用磁环形式的磁芯设计开关管的隔离驱动电路，减少对辅助电源需求的数量。

2. 三单体直接均衡器控制策略及实现

三单体直接均衡器提高 AD 采集三只串联储能电源单体各自的电压后，送给 PIC18F2480。这些单体电压数据经过 CAN 总线上传至上位机，上位机控制程序对这些电压数据进行分类、计算和处理，将得到的储能单体电压值与真值表进行匹配，确定串联储能电源组失衡状态，然后发出相应的控制指令，返回给下位单片机，单片机根据上位机的指令，输出相应的 PWM 波，通过驱动电路驱动三单体直接均衡电路主电路中相应的开关管 S_1 ～ S_4。

三单体直接均衡器控制程序主要包含初始化子程序、AD 采样子程序、AD 转换完成中断子程序、CAN 收发数据处理子程序、PWM 生成子程序和滞环控制子程序六部分，程序开发工具为 MPLAB IDE v8.30 和 MPLAB IDE ICD2 型仿真器。

(1)PWM 输出控制。

PWM 生成方式可以通过两种方式实现：一种是通过定时器软件编程嵌套中断的方式实现，采用这种方式可以通过单片机的 I/O 口直接输出 4 路 PWM 波，该方案适用于开关频率相对低的场合，在频率高于 20 kHz 时波形表现不稳定；另一种是利用 PIC18F2480 自身所具有的 PWM 生成模块实现，这种方式生成的 PWM 波形在高频输出时稳定，只是需要采用多路选择开关芯片。

(2) 均衡过程滞环控制。

当储能电源组中三个储能单体中有电池电压幅度趋于接近时，任何工作模式下开关管的短暂开通都会使得均衡器脱离目前的工作模态而转入其他工作模态，这就使得三单体直接均衡电路中开关管处于不断交替开关状态，进而使得三个储能单体的电压逻辑关系反复交替变化，表现在观测均衡曲线上就是相应的电压高频振荡过程，这种高频振荡非但没有必要，而且由于该过程损耗了大量的能量，降低了均衡系统的均衡效率，因此在控制策略加入滞环控制，滞环控制可以设置在上位机或者下位机，滞环宽度的设置则根据均衡一致性要求和串联储能电源组使用条件要求确定。

(3) 均衡过程控制逻辑。

根据电压失衡状态，由三单体直接均衡电路工作模式并考虑滞环控制确定控制逻辑见表 5.8，其中设滞环宽度为 Δ。程序运行时，首先判断电压失衡状态，并根据失衡状态开通相应开关管，均衡过程开始，之后进行滞环逻辑判断，若电压失衡状态在滞环条件以内，则保持开关管动作状态，不予改变，直至储能电源单体电压失衡状态脱离滞环控制条件，进而跳转至三单体直接均衡电路的其他工作模态，当三储能单体间电压失衡状态达到设定的电压差值许可范围时，则关断所有开关管，均衡过程结束。均衡器控制流程如图5.45 所示。

表 5.8　三单体直接均衡器逻辑控制表

失衡状态	PWM 输出 I/O	对应开关管	滞环条件
$U_1 > U_2 > U_3$	RC0	S_1	$\lvert U_{B1} - U_{B3} \rvert \leqslant \Delta, \lvert U_{B1} - U_{B2} \rvert \leqslant \Delta$
$U_1 > U_3 > U_2$	RC0	S_1	$\lvert U_{B1} - U_{B2} \rvert \leqslant \Delta, \lvert U_{B1} - U_{B3} \rvert \leqslant \Delta$
$U_2 > U_1 > U_3$	RC1	S_2	$\lvert U_{B2} - U_{B3} \rvert \leqslant \Delta, \lvert U_{B2} - U_{B1} \rvert \leqslant \Delta$
$U_2 > U_3 > U_1$	RC1	S_2	$\lvert U_{B2} - U_{B1} \rvert \leqslant \Delta, \lvert U_{B2} - U_{B3} \rvert \leqslant \Delta$
$U_3 > U_2 > U_1$	RC2	S_3	$\lvert U_{B3} - U_{B1} \rvert \leqslant \Delta, \lvert U_{B3} - U_{B2} \rvert \leqslant \Delta$
$U_3 > U_1 > U_2$	RC3	S_4	$\lvert U_{B3} - U_{B2} \rvert \leqslant \Delta, \lvert U_{B3} - U_{B1} \rvert \leqslant \Delta$

(4) 上位机程序。

应用 Borland C ++ Builder 进行开发的上位机程序对三单体直接均衡器的均衡过程进行监控和控制，其主要功能为：串口选择、电池电压监视与记录、滞环控制、上位机调试、文件存储等，其工作流程如图 5.46 所示。实际应用场合可根据成本与需求，考虑是否需要上位机的显示与记录等功能，如无需要，可采用单片机开发上位机程序。

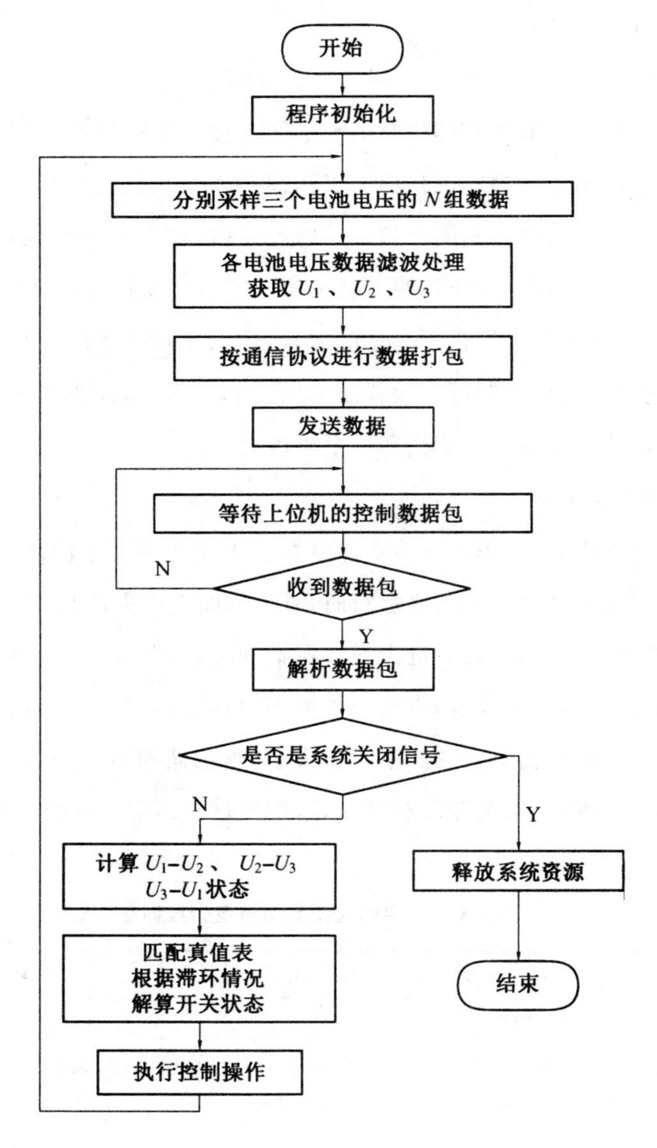

图 5.45　三单体直接均衡器控制程序流程图

3. CAN 通信设计

在复杂不均衡条件下，解决多个失衡单体之间如何连通最短能量传递通道以及各层相关均衡器动作协调的问题，以使均衡过程损耗最小，同时进行的局部均衡和系统均衡使得均衡速度更快，有利于提高均衡系统性能和使用价值。

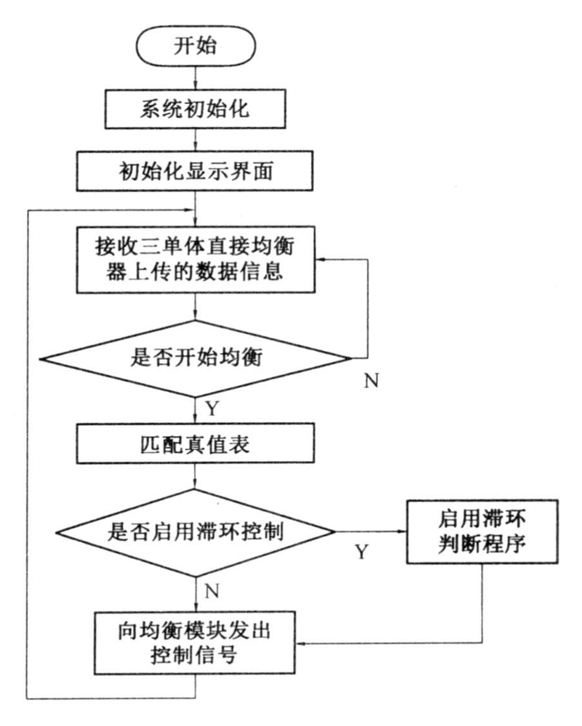

图 5.46　上位机程序流程图

由多个均衡模块构建的均衡系统必须要求通信及时可靠，采用CAN通信方式构建均衡系统只需一根电缆就连接所有均衡模块，可以减少由于接线复杂导致可能出现故障点的概率，这一点在电动车辆等需要移动或者工况差的设备中尤为重要。串联储能电源组同层均衡模块之间，上层均衡模块与下层均衡模块之间，各均衡模块与上位机之间都采用CAN总线作为系统的通信技术，可以根据需要任意进行系统扩展，且可靠性高，信息传送实时性好。

为了在任意两个CAN仪器之间建立兼容性，制定了CAN技术规范V2.0，包括V2.0A和V2.0B。V2.0A中定义的报文采用标准格式，由11位定义地址范围。V2.0B中定义的报文可采用标准或扩展格式，由29位定义地址范围。CAN规范主要用来定义传输层，确定控制帧结构、执行仲裁、错误检测、出错标定、故障界定等传送规则，以及确定总线上什么时候开始发送新报文及什么时候开始接收报文等。采用标准格式的报文就能满足这一系统的使用要求。

(1)CAN接口电路设计。将CAN接口电路集成到均衡器模块中，均衡器可以通过CAN接口电路实现系统扩展。为缩小均衡器尺寸，采用一款带隔离的通用CAN收发器芯片CTM8250，将PIC18F2480的CAN控制器输出的TTL逻辑电平差动放大为CAN总线的差分电平，芯片原理图如图 5.47 所示。

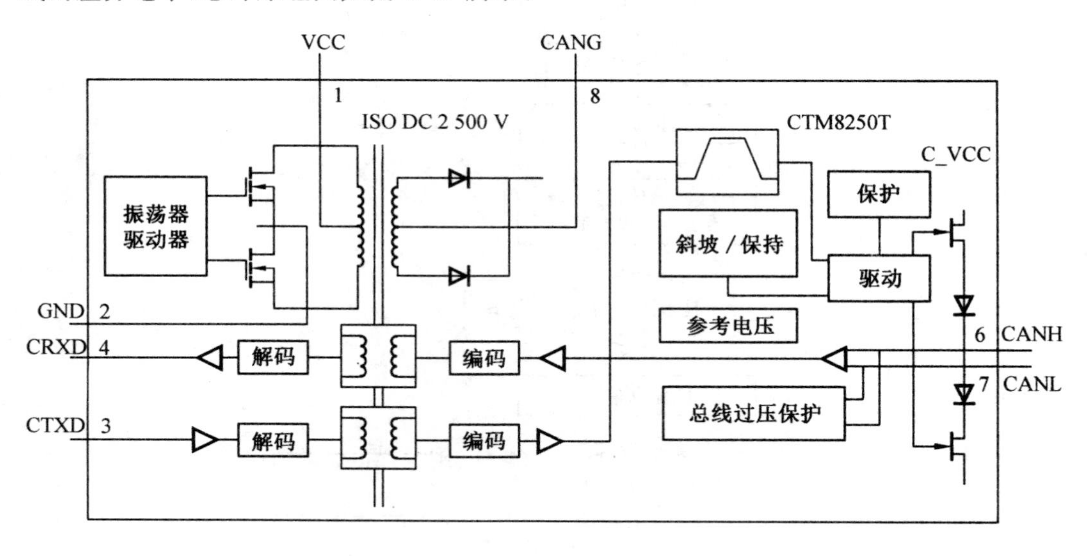

图 5.47 CTM8250 隔离收发器原理框图

采用 CTM8250 设计的 CAN 接口电路如图 5.48 所示，与其他采用分立元件实现隔离的 CAN 收发电路相比，省略了隔离、光耦等器件，简化了电路设计，缩小了电路板尺寸。

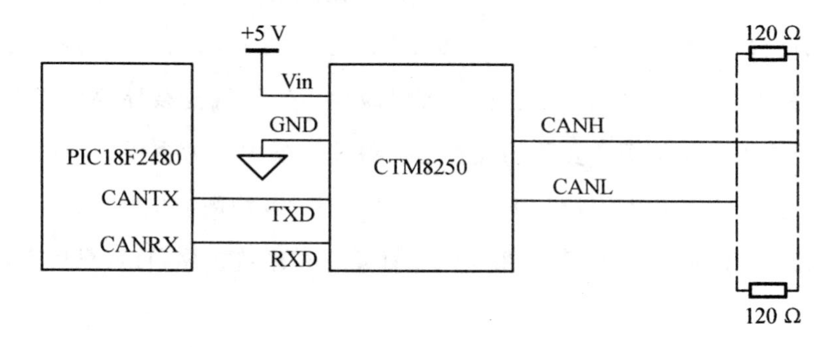

图 5.48 采用 CTM8250 隔离收发器实现 CAN 接口电路

（2）CAN 通信协议设计。CAN 控制器只需要进行少量的配置就可以进行通信，其基本的初始化流程如图 5.49 所示。

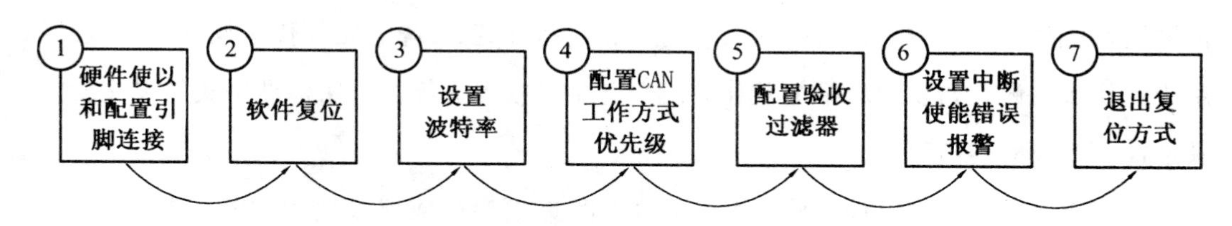

图 5.49 CAN 接口软件设计流程图

CAN 通信协议是保证均衡系统正常通信控制从而实现有效均衡的关键。在多层树状均衡系统中，CAN 通信遵循 CAN2.0B 协议，为使电压及控制数据等信息能被有效发送与接收，可按下列要求设计相关应用层通信协议：

① 底层均衡器发送的电压数据，上层均衡器与上位机都能收到，但自己本身不能收到；

② 上层均衡器向所辖下层均衡器发送的开始均衡的控制信号，所辖下层均衡器都能收到；

③ 上层均衡器向下层发送的控制信号上位机收不到；

④ 各均衡器发送各种数据要能区分是由哪一均衡器发送；

⑤ 总线上的信息有底层均衡器上传的电压数据信息及开关管的动作情况等状态信息，以及上层均衡器向所辖下层均衡器发送的控制信息，信息类别要能区分；

⑥ 将 CAN 总线数据转换成上位机串口数据时，为在上位机程序中找到数据信息、状态信息及控制信息的入口，需合理设置 CAN 信息帧格式。

以构建九单体三层树状均衡系统为例，由以上 ① 至 ③ 条可以设置各均衡器 CAN 节点标识符 ID，见表 5.9。由 ④ 至 ⑥ 条可设置总线上各层均衡器发送的数据信息和上层均衡器发送的控制信息的帧构成。

表 5.9　各均衡器节点标识符 ID

	发送标识符	接收滤波标识符	接收屏蔽标识符
底层均衡器 1	01101111011	0001000000	00110000000
底层均衡器 2	01100111011		
底层均衡器 3	01100011011		
上层均衡器	00010000000	01100000011	11100000110
上位机	00000000000	01100000001	11100000001

5.2.4　双层均衡系统实验

串联储能电源均衡系统的实验研究主要包括三单体直接均衡器的实验、上位机和底层单元模块 CAN 通信程序调试，以及分层均衡系统的实验。

1. 三单体直接均衡电路实验研究

三单体直接均衡器按照反激模态下峰值电流 5 A 的要求进行设计，主要技术参数见表 5.10。均衡对象为容量 10 A·h，标称电压 3.7 V 的锂离子电池，首先通过预先充放电将电池充放至预定电压，然后再进行均衡试验。

表 5.10 三单体直接均衡电路主要技术参数

电路元件	参　数
集成电磁元件匝比	1∶1∶1
集成电磁元件电感	20 μH
集成电磁元件漏感	3% ～ 5% 电感量值
开关频率(f_s)	15 kHz
占空比(DC)	0.4

根据前面的分析，三单体均衡电路工作在完全反激，尤其是升降压模式下，均衡效率较高。因此主要考察了这两种模式下均衡电路工作情况。其中，完全反激工作模式下的均衡实验曲线如图 5.50 所示。电池的初始电压分别为 $U_{B1}=2.92$ V、$U_{B2}=3.64$ V、$U_{B3}=3.82$ V，均衡过程中电压最高的单体将能量跨越相邻单体，传递给了电压最低的单体。

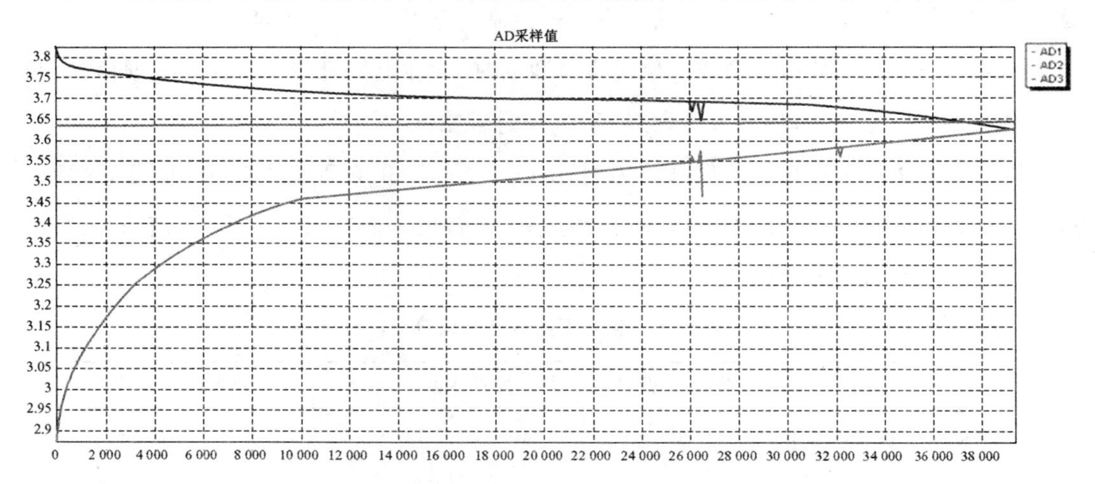

图 5.50 完全反激工作模式下的均衡实验曲线

图 5.51 所示为滞环宽度分别设置为 20 mV、50 mV、80 mV 时对应的电压均衡曲线。按以上条件设置滞环后，均衡电压振荡周期分别为 3 s、120 s、300 s，在振荡段内，电压较高的两电池单体交替为电压最低单体补充能量。实际应用中可根据实际情况对电压均衡精度的要求和均衡能量损失情况独立设置。

2. 串联储能电源组均衡实验

在三单体直接均衡器的实验基础上，将串联储能电池单体扩展成九个，采用四块三单体直接均衡器可以构成双层结构的均衡系统。图 5.52(a) 是对九个电容(模拟电池)均衡所得电压变化仿真曲线，图 5.52(b) 是对九个电池单体均衡所得的电压变化实验曲线。可见，随着均衡过程的延续，通过各层均衡器的协同工作，可使各单体电压逐渐接近，达到均衡效果。

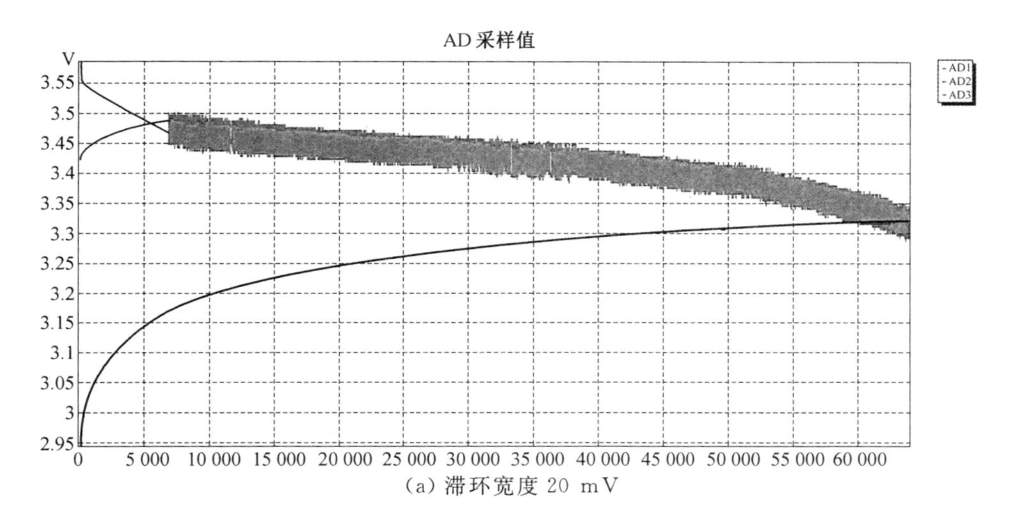

(a) 滞环宽度 20 mV

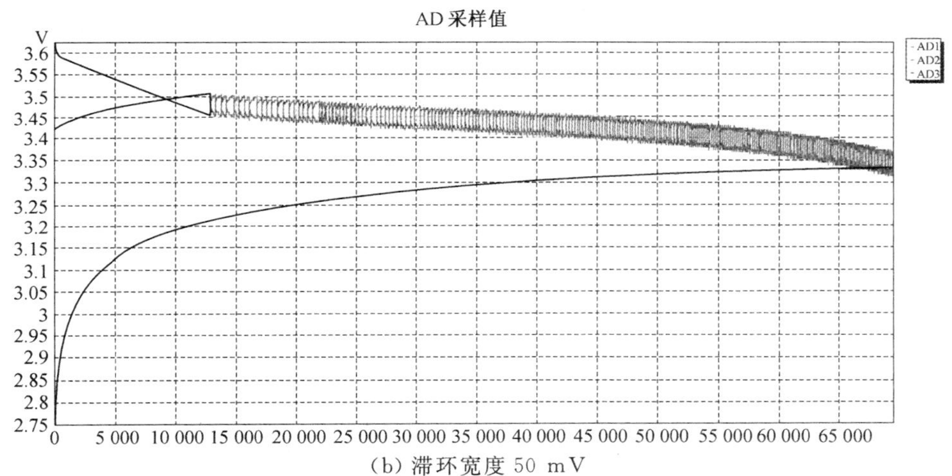

(b) 滞环宽度 50 mV

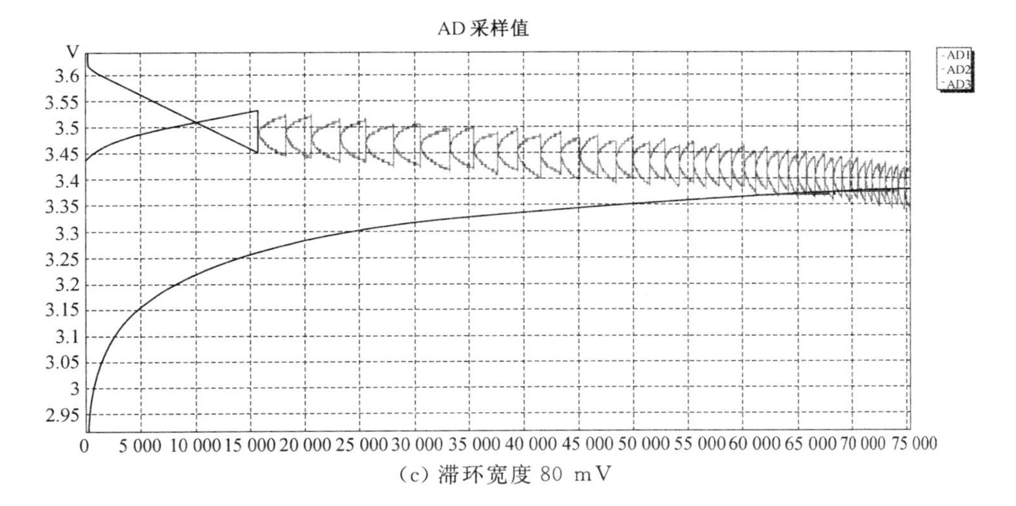

(c) 滞环宽度 80 mV

图 5.51　不同滞环宽度均衡曲线

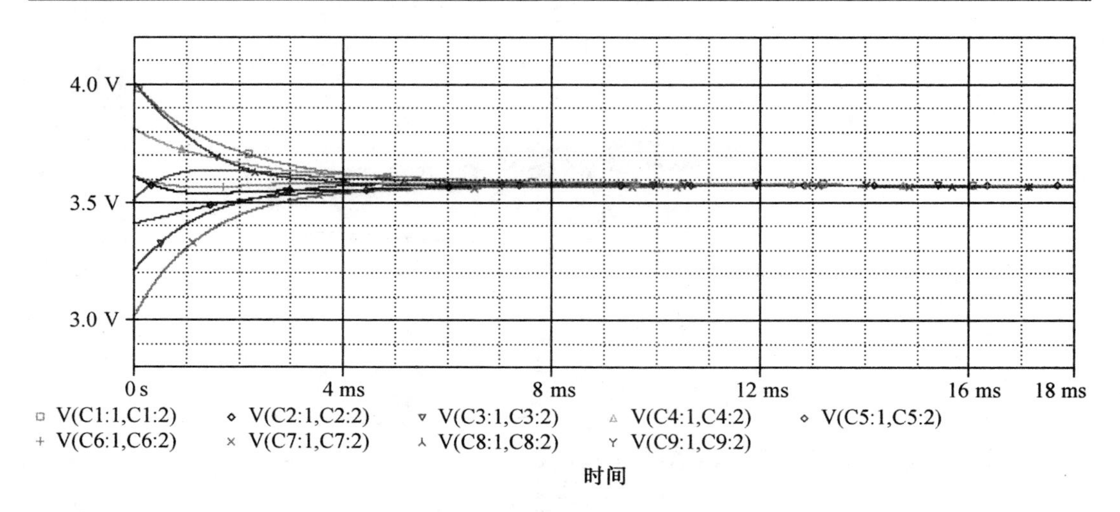

(a) 均衡系统均衡效果仿真曲线

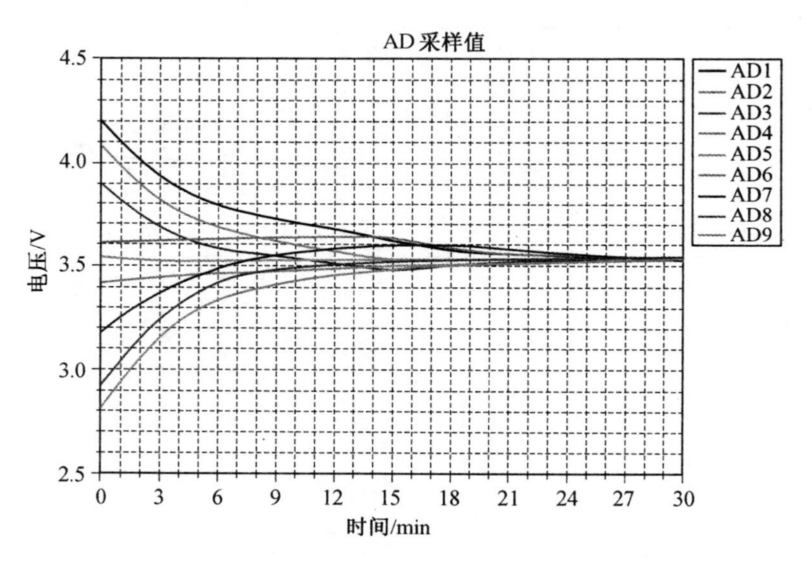

(b) 均衡系统均衡效果实验曲线

图 5.52 双层均衡系统的均衡效果曲线

5.3 电动汽车车载充电电源

随着电动汽车的飞速发展,辅助设备充电机也有了很快的发展。电动汽车的充电机种类很多。按照电动汽车的充电机与电网接触与否,分为接触式充电和感应式充电,其中接触式充电又分为场站充电和车载充电。由于车载工况对充电机的性能要求更高,在此以车载充电机为例,介绍与动力电池组充电电源相关的研究内容。

5.3.1　技术要求与电路结构

与场站充电电源相比，车载充电电源虽然功率不是很大，但其安放空间有限且运行工况相对恶劣，因此要求其体积小且防护等级高。另外，电动汽车作为“绿色”交通工具，其充电装置也不应对电网造成谐波污染，而且在民用配电容量有限的条件下，其功率因数应等于或接近 1。

为满足上述要求，车载充电电源应采用软开关变换技术，以提高充电电源的功率密度和变换效率；应采用 APFC 技术，以抑制网侧电流谐波并提高功率因数；在最大限度减小能量变换热损耗的前提下，采用密封结构和自然冷却方式，以提高防护等级；根据动力电池的充电特性，车载充电电源应能在较宽的电流、电压范围内进行输出特性调节。

包含 APFC 功能的充电变换器按其电路结构可分为单级型和两级型。采用单级型电路系统结构简单，但是难以兼顾 APFC 和输出特性调节的高性能要求；相比之下，两级型电路结构较为复杂，但是其前级 APFC 级和后级 DC/DC 级的功能各自独立，更容易实现性能的综合提升。

综合考虑车载充电电源的功能和主要性能指标，见表 5.11。选用两级电路结构，即前级有源功率因数校正电路和后级 DC/DC 变换电路的整体结构，如图 5.53 所示。

表 5.11　车载充电电源的主要技术参数

技术指标	参　数
输入交流电压	AC 220 V(1 ± 20%)，50 Hz
输出额定电压	DC 120 V，连续可调
输出直流电流	DC 0 ~ 20 A，连续可调
输出最大功率	2.4 kW
整机额定效率	≥ 94%
功率因数 PF	≥ 0.98
总谐波畸变率 THD	≤ 3%
防护等级要求	IP65

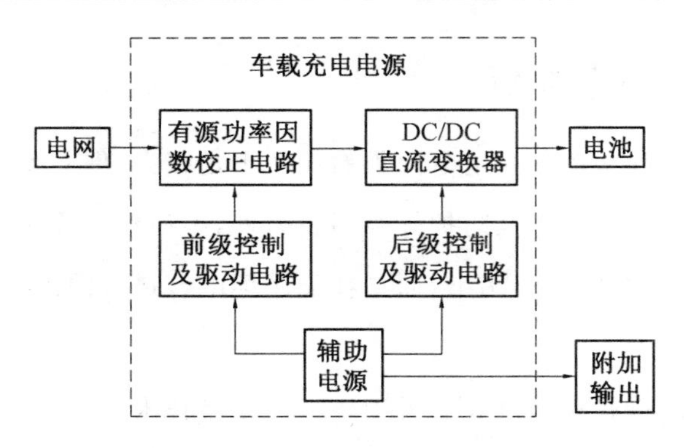

图 5.53　车载充电电源的整体结构框图

5.3.2　交错并联有源功率因数校正

有源功率因数校正(APFC) 利用电流反馈技术,使输入电流跟踪电网电压的正弦波形,可以得到高达 0.99 以上的功率因数,被广泛应用在 AC/DC 开关电源领域。

1. APFC 的主电路选择

从基本原理上说,Boost、Buck、Buck－Boost、Flyback 以及 Cuk 等变换器都可以作为 APFC 的主电路。在单相 APFC 电路中,Boost 电路的电感与输入端串联,既可以储存能量又可以实现滤波的功能,降低了系统对输入滤波器的要求,其拓扑结构简单,有利于提高功率密度和获得高质量的输入电流波形,提高功率因数,应用非常广泛。另外,由于 Boost APFC 电路允许输入电压范围非常宽,有利于车载充电电源适应世界各国不同的电网电压,大大提高了车载充电电源的适应性和灵活性。

但是,随着变换器功率等级的不断提高,单相 Boost APFC 的开关器件必然要承受更大的电流应力,不利于元器件的选型和参数配置,而且大电流导致热损耗大,再加上纹波大、EMI 问题严重,使得设计复杂化;而磁性元件体积随电流成倍增加,也不利于变换器功率密度的提高。

为解决传统单相 Boost APFC 变换器的上述问题,将交错并联技术引入 Boost APFC 变换器中,能有效减小输入电流纹波,减少单个磁性器件容量,降低电路中功率器件承受的电压、电流应力,能大幅度增加输出功率等级,降低整个系统的成本。因此,交错并联 Boost 有源功率因数校正器适合于大功率、大电流等领域。早期研究的交错并联 PFC 电路,采用四个以上的基本单元并联组成的拓扑较多。但是由于并联模块较多,电路复杂性提高,设计和控制难度增加,并且由于元器件的增多,电路损耗也增加,反而不利于中小功率场合效率的提高。因此,对于 2 ～ 3 kW 的车载充电电源来说,选择两单元交错并联电路作为前级主电路是比较适合的。包括 EMI 滤波电路在内的 APFC 主电路如图 5.54 所示。

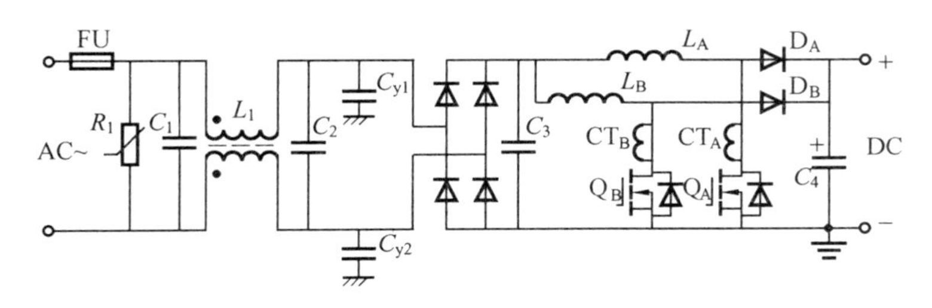

图 5.54　前级 APFC 主电路

2. APFC 控制方式

按照电感电流状态，Boost APFC 电路的工作模式可以分为以下三种：电流断续模式(DCM)、电流临界模式(CRM)及电流连续模式(CCM)，而交错并联 Boost 型有源功率因数校正电路也可以工作在这三种工作模式下[6]。

工作在电流断续模式或临界模式下，电路结构相对简单，电流不连续，不存在二极管的反向恢复损耗问题，开关管可以实现零电流开通，减少开关损耗，电感量小，但是电流峰值较大，并且较大的电流纹波会带来更强的电磁干扰，对于临界电流模式，变换器开关频率不固定，THD 较大，这两种模式适用于小功率传输的场合[7]。

相比于以上两种模式，工作在连续模式时，开关管工作在硬开关状态，开关损耗较大，并且由于电流连续，二极管存在一定的反向恢复损耗，但是电流尖峰及纹波小，功率器件的导通损耗小，THD 和 EMI 都较小，适用于功率较大的场合。电流连续模式下应用较多的电流控制方法主要有峰值电流控制(PCC)、滞环电流控制(HCC)及平均电流控制(ACC)方法。平均电流模式下的这三种控制方式比较见表 5.12。

表 5.12　电流连续模式下三种电流控制方式比较

控制方式	开关频率	工作模式	对噪声	适用拓扑	其他
滞环电流	变频	CCM	敏感	Boost	需要逻辑控制
峰值电流	恒频	CCM	敏感	Boost	需要斜坡补偿
平均电流	恒频	任意	不敏感	任意	需要电流误差放大

半个周期内，电流连续模式下三种电流控制方式的电感电流波形如图 5.55 所示。

由于平均电流控制使电感电流的平均值跟踪给定电流，电感电流纹波小，对噪声不敏感，抗干扰能力强，并有利于实现较高的功率因数，在车载充电电源中采用是适合的。

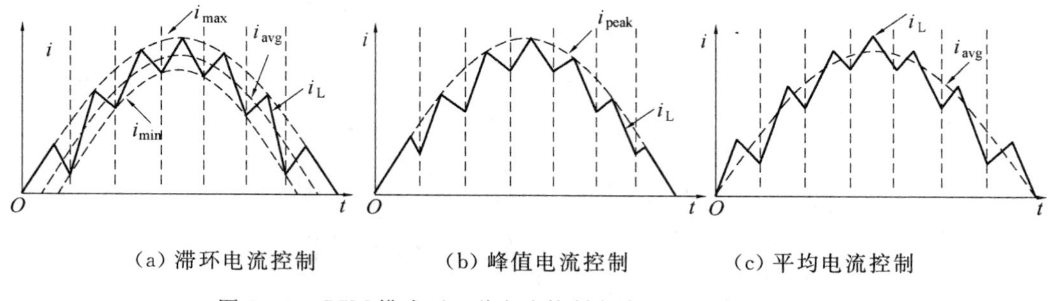

(a) 滞环电流控制 (b) 峰值电流控制 (c) 平均电流控制

图 5.55 CCM 模式下三种电流控制方式下的电感电流波形

3. 交错并联 APFC 的电路设计

在确定了主电路拓扑及其控制方式之后，即可根据车载充电电源的功能和性能指标进行主电路参数的计算和控制电路的设计。

(1) 主电路参数计算。

①Boost 电感。在前级 APFC 变换器中，两个并联 Boost 电路参数完全相同，以限制总的电流脉动率低于 10% 为原则来设计电感。

在电感电流连续模式下，两单元交错并联 APFC 变换器的控制信号以 180° 相位差交错进行，所以两路电感中的电流相位也存在 180° 的相位差，两路电感电流相互叠加后，总的输入电流在占空比为 50% 时完全抵消，在占空比大于或者小于 50% 的其他占空比区域，电路工作模型不同，但是纹波也以部分抵消的形式减小。

影响开关频率选择的因素有很多，综合考虑磁性器件体积、功率密度、开关管损耗、效率等因素后，折中选择每一路的开关频率为 70 kHz，那么两路电感电流合成后，总电流纹波频率为 140 kHz，总电流上升占空比为

$$D_i=\begin{cases}2\mathrm{D} & (D\leqslant 0.5)\\ 2D-1 & (D>0.5)\end{cases}$$

电感电流连续模式下，Boost 型拓扑的输入电压、输出电压与占空比满足以下关系：

$$D_{\max}=\frac{U_{\mathrm{o}}-U_{\mathrm{in\_PKmin}}}{U_{\mathrm{o}}}=\frac{400-170\sqrt{2}}{400}\approx 0.4 \tag{5.82}$$

其中，U_{o} 为 APFC 直流输出电压(取值 400 V)；$U_{\mathrm{in\_PKmin}}$ 为最低输入电压峰值。

由于最大占空比小于 0.5，两路电感电流叠加后总的电流纹波可以在电流下降的 $1-D_i$ 阶段内计算。此时，两路电感电流叠加波形示意图如图 5.56 所示。

每一路的电感电流纹波大小为

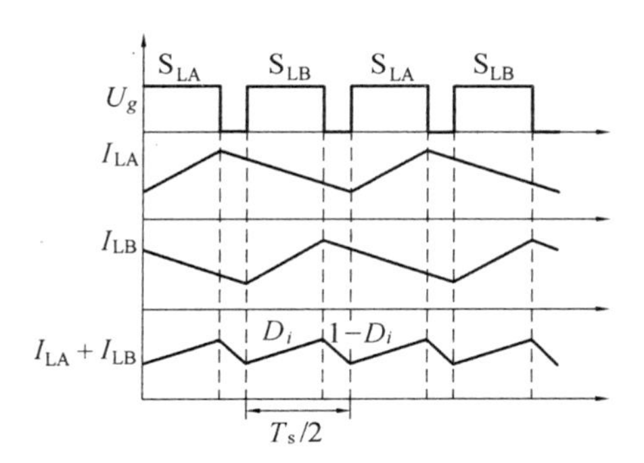

图 5.56　$D\leqslant0.5$ 时两路电感电流叠加波形示意图

$$\Delta I_{LA}=\frac{U_o-U_{in\_PKmin}}{L_A}\times(1-D_i)\times\frac{T_s}{2}=\frac{U_o-U_{in\_PKmin}}{L_A}\times(1-2D)\times\frac{T_s}{2}\tag{5.83}$$

$$\Delta I_{LB}=\frac{U_o-U_{in\_PKmin}}{L_B}\times(1-D_i)\times\frac{T_s}{2}=\frac{U_o-U_{in\_PKmin}}{L_B}\times(1-2D)\times\frac{T_s}{2}\tag{5.84}$$

若两路电感完全相同，即 $L_A=L_B$，两路电感电流叠加后，总的电流纹波为

$$\Delta i_{in}=\Delta I_{LA}+\Delta I_{LB}=\frac{U_o-U_{in\_PKmin}}{L_A}\times(1-2D)\times T_s\tag{5.85}$$

将其限制在 10% 的输入电流范围之内，即

$$\Delta i_{in}\leqslant10\%\times I_{in\,max}\tag{5.86}$$

最大输入电流 $I_{in\,max}$ 出现在最低电网电压峰值处，设 APFC 效率为 95%，由电路功率平衡可得

$$I_{in\,max}/\mathrm{A}=\frac{\sqrt{2}P_o}{\eta U_{in\,min}}=\frac{\sqrt{2}\times2\,400}{0.95\times170}=21.28\tag{5.87}$$

由式(5.85)～(5.87)可计算电感值为 $L_A=L_B\geqslant214\ \mu\mathrm{H}$，实际取值为 $L_A=L_B=230\ \mu\mathrm{H}$。两个电感中的电流有效值均为

$$I_{LArms}/\mathrm{A}=I_{LBrms}=\frac{I_{Lrms}}{2}=\frac{P_o}{2\eta U_{in\,min}}=\frac{2\,400}{2\times0.95\times170}\approx7.43\tag{5.88}$$

流经电感电流的最大峰值为

$$I_{LAmax}/\mathrm{A}=I_{LBmax}=\sqrt{2}I_{LArms}+\frac{U_{in\,min}}{L_A}\times D_{max}\times T=11.65\tag{5.89}$$

根据电感电流计算结果和 400 V 的输出电压，考虑到输出电压可能存在尖峰以及电感电流纹波的影响，实际应用中要留出相应的裕量，可进行功率开关管的选择。

② 输出滤波电容。主要考虑保持时间和输出电压纹波这两方面因素。假设保持时间是指关机后输出电压跌落到正常电压的 $a\%$ 时所经历的时间，则能量关系为

$$\frac{1}{2}C_{\mathrm{OUT}}U_{\mathrm{OUT}}^{2}-\frac{1}{2}C_{\mathrm{OUT}}(a\%U_{\mathrm{OUT}})^{2}=P_{\mathrm{o}}T_{\mathrm{hold}} \tag{5.90}$$

由此可得输出电容

$$C_{\mathrm{OUT}}\geqslant\frac{2P_{\mathrm{o}}\cdot T_{\mathrm{hold}}}{U_{\mathrm{OUT}}^{2}-(a\%U_{\mathrm{OUT}})^{2}}=\frac{2\times 2.4\times 10^{3}\times 0.01}{400^{2}-300^{2}}\mu\mathrm{F}=686\ \mu\mathrm{F} \tag{5.91}$$

其中，P_{o} 为输出功率，2.4 kW；T_{hold} 为保持时间，取电网周期的 50%，为 10 ms；取 $a\%$ 为 75%。

为了减小输出电容的等效串联电阻(ESR)，实际应用中，可选用三个 220 μF 或 330 μF、耐压 450 V 的电解电容并联使用。

(2) 控制电路设计。根据已确定的交错并联 APFC 电路及其电感电流连续模式下的平均电流控制方式，选择 TI 公司推出的一款专用集成控制器 UCC28027 作为主控芯片，设计的交错并联 APFC 控制电路如图 5.57 所示。

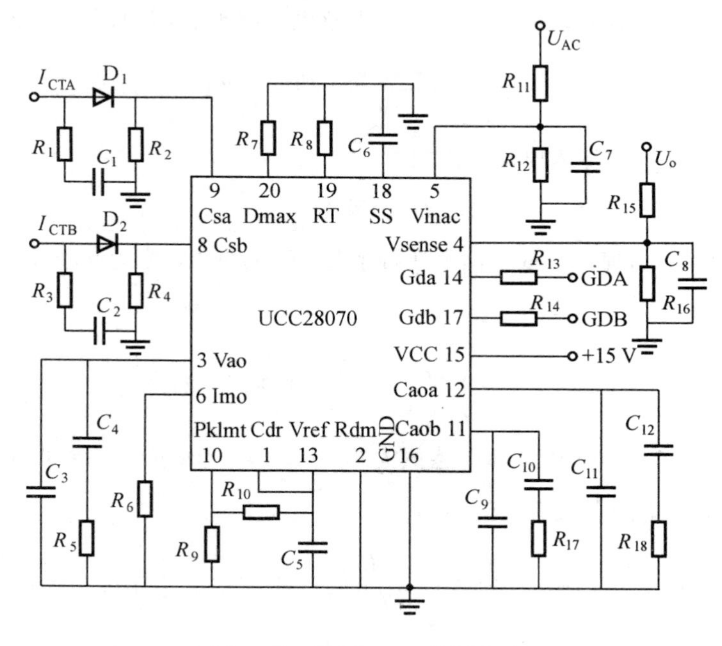

图 5.57 UCC28070 外围电路

UCC28070 内部集成了两路单独的 PWM 脉冲宽度调制器，它们以 180° 的相位差同频、同步工作，PWM 频率和最大占空比钳制通过选择 RT 脚和 DMAX 脚上的电阻来设置，两路电感电流交错以后，实际输入电流纹波的频率加倍。UCC28070 最突出的设计之一是电流合成电路，其原理是通过取样开关管导通时电感的上升电流来仿真开关管关断时电感的下降电流，从而实现电感电流的瞬时检测，有利于获得更高的效率和功率因数。

此外，UCC28070 内部还集成有量化电压前馈校正、高线性度的乘法器、最大占空比钳制、可调的峰值电流限制等丰富的功能环节。具体使用时可查阅该产品的详细资料。

4. 交错并联 APFC 的仿真与实验

利用 Saber 建立交错并联 APFC 的电路仿真模型，主要参数为：网侧单相交流输入 AC220 V，50 Hz；电路工作在额定负载条件下，即输出直流电压 DC400 V，输出功率 2.4 kW；两个 Boost 单元的升压电感值相等，均为 230 μH；开关频率为 70 kHz，两路电感电流交错以后，实际输入电流纹波的频率为 140 kHz。主要仿真波形如图 5.58 所示。

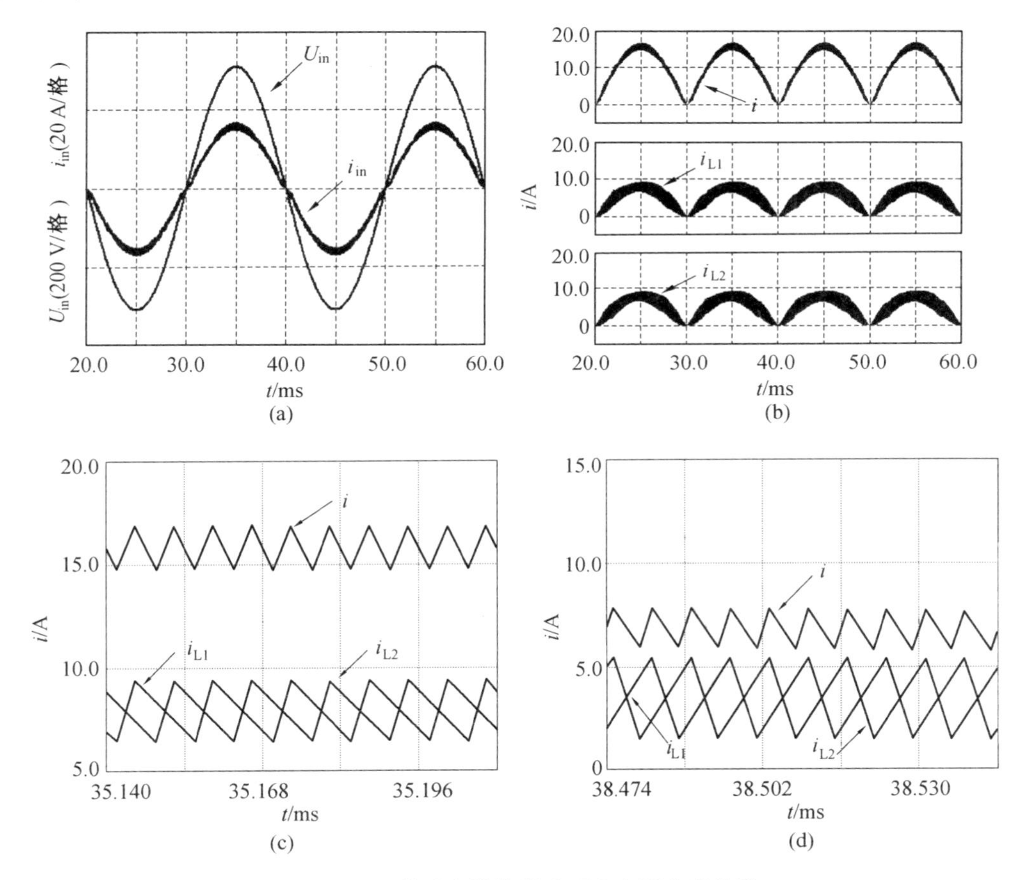

图 5.58　两单元交错并联 APFC 主要仿真波形

从图中可以看出，网侧输入电流无相位差地跟踪电网输入电压，而且无论占空比大于还是小于 50%，两个相等的电感电流纹波叠加后，总输入电流纹波显著减小，低于单路电感电流纹波的 50%。

相同参数条件下的实验结果与仿真结果近似，测得的实验波形如图 5.59 所示。受电能质量分析仪的精度限制，PF 值应理解为接近于 1。

为检验两单元交错并联 Boost 有源功率因数校正电路的功率提升效果，在对其进行效率测试的同时也对一台相同规格的常规单路 Boost 有源功率因数校正电路的效率进行了测试。两单元交错并联电路的最大效率可达 97.3%，在 600 ～ 2 400 W 输出功率范围内，变换效率较常规电路均有提高，但提高幅度不足 1%。

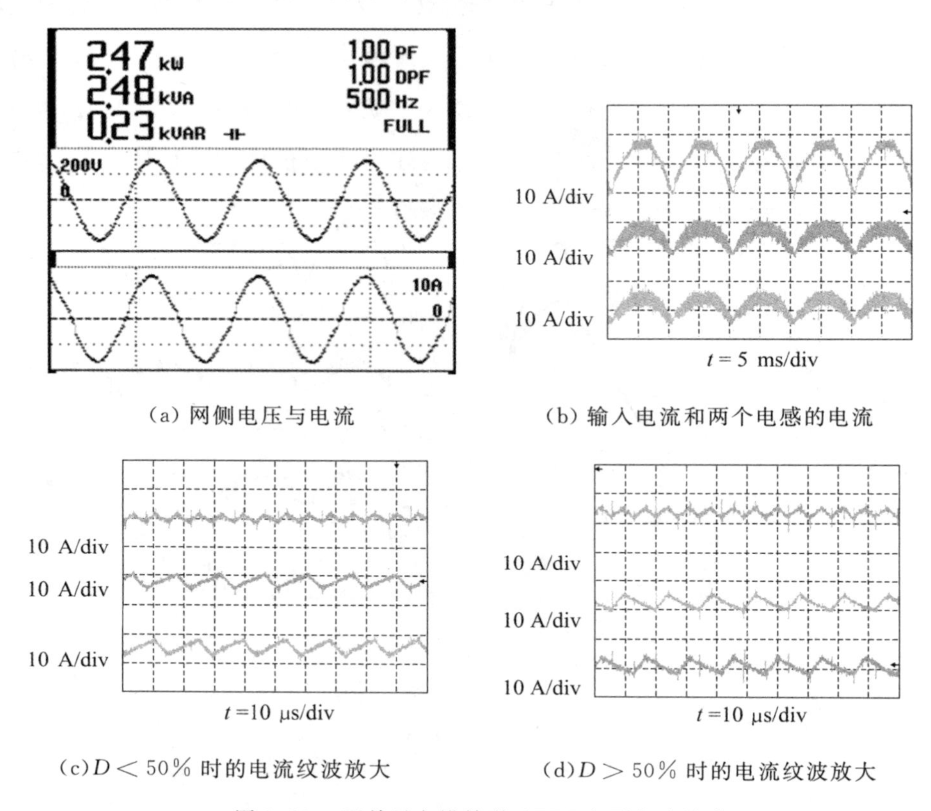

(a) 网侧电压与电流　　(b) 输入电流和两个电感的电流

(c) $D < 50\%$ 时的电流纹波放大　　(d) $D > 50\%$ 时的电流纹波放大

图 5.59　两单元交错并联 APFC 主要实验波形

5.3.3　改进型移相全桥 ZVS 软开关直流变换器

针对电动汽车车载充电电源对高效率、高功率密度及安全性的要求，后级直流变换器应选择变换效率和磁芯利用率高，且具有较宽输出调节范围的软开关隔离型变换器。在这类变换器中，移相全桥 ZVS 软开关变换器比较适合于千瓦以上功率等级的直流变换，但其存在轻载时滞后桥臂实现 ZVS 困难、整流二极管电压应力大、反向恢复损耗大等缺点。R. Redl 提出了一种利用原边二极管钳位抑制整流二极管尖峰电压和振荡的方法，降低了二极管损耗的同时实现了轻载时滞后桥臂的 ZVS[8,9]。在此基础上，又有学者提出将变压器与滞后桥臂相连的改进型电路，消除了由于钳位二极管每周期多余导通带来的损耗，有利于进一步提高变换器的效率[10]。

1. 改进型电路的工作模态分析

如图5.60所示，这种改进型的电路以传统的移相全桥ZVS PWM变换器为基础，在变压器的原边加入了两个钳位二极管和一个谐振电感，变压器与滞后桥臂相连。

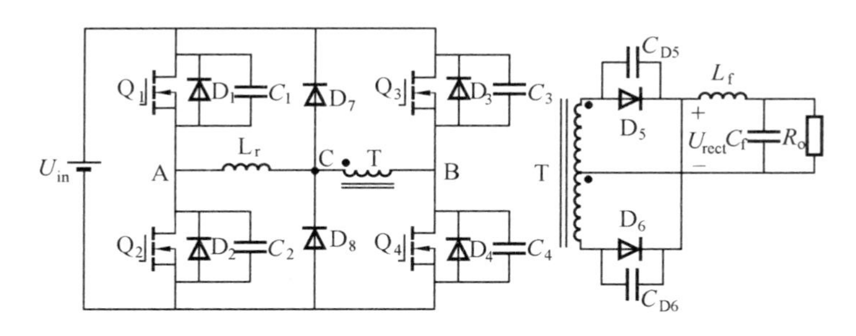

图5.60　二极管钳位的移相全桥ZVS PWM变换电路

图中，$Q_1 \sim Q_4$ 是全桥变换器的四个开关管，$C_1 \sim C_4$ 是开关管的寄生结电容，$D_1 \sim D_4$ 是开关管的体二极管，D_7、D_8 是钳位二极管，L_r 是谐振电感，T是高频变压器，D_5、D_6 是副边的输出整流二极管，C_{D5}、C_{D6} 是副边输出整流二极管的寄生电容，L_f 和 C_f 分别为输出滤波电感和输出滤波电容。其中 Q_1 和 Q_2 组成超前桥臂，Q_3 和 Q_4 组成滞后桥臂，而高频变压器T和滞后桥臂相连。

电路工作的主要波形如图5.61所示，分别为四个开关管的驱动波形、谐振电感电流 i_{Lr} 波形、变压器原边电流 i_p 波形、两桥臂中点电压 u_{AB} 波形、两个钳位二极管电流 i_{D_7} 和 i_{D_8} 波形及副边输出整流电压 u_{rect} 波形。

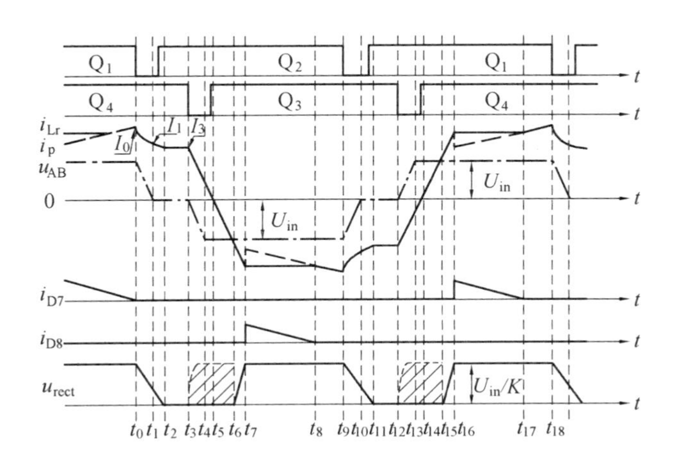

图5.61　改进型移相全桥ZVS PWM电路工作的主要波形

下面详细分析一下该变换器的各个开关模态，变换器在一个完整的开关周期中有16种开关模态，其中后面8种开关模态的工作原理与前面8种类似，因此介绍前面8种开关模态的工作情形,后面 8 种略去。图 5.62 给出了前 8 种不同开关模态的等效电路[11-13]。

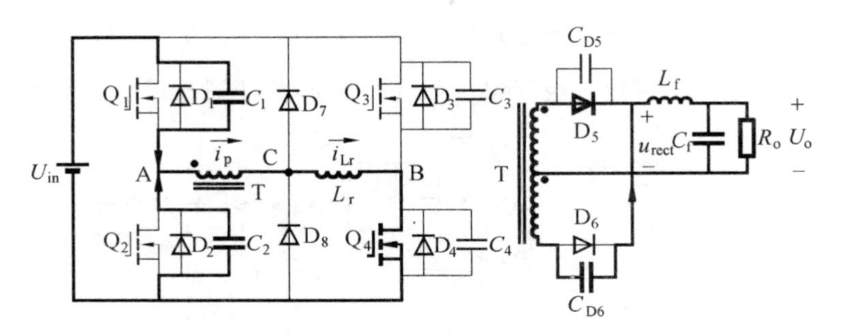

(a) 开关模态 1[$t_0 \sim t_1$]

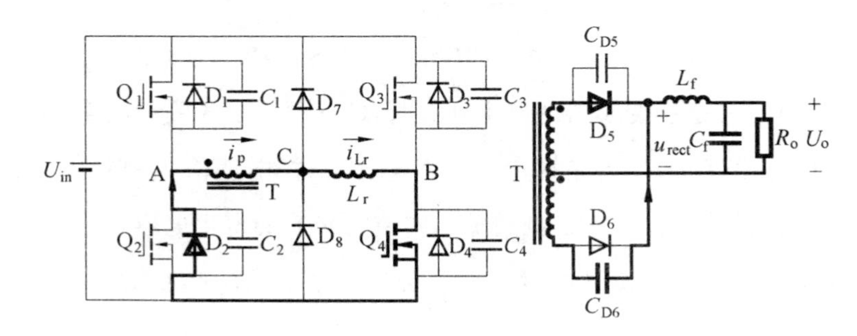

(b) 开关模态 2[$t_1 \sim t_2$]

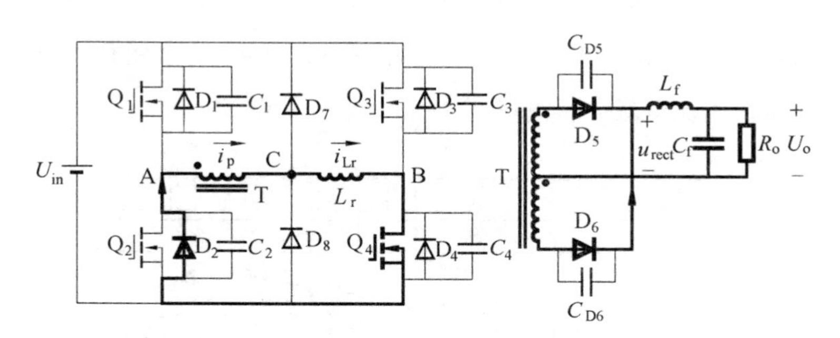

(c) 开关模态 3[$t_2 \sim t_3$]

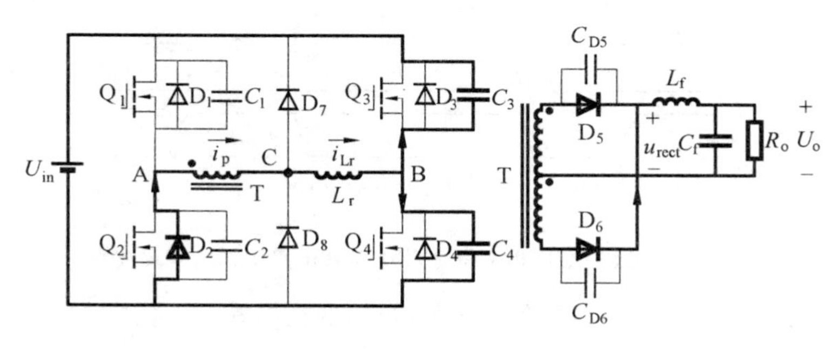

(d) 开关模态 4[$t_3 \sim t_4$]

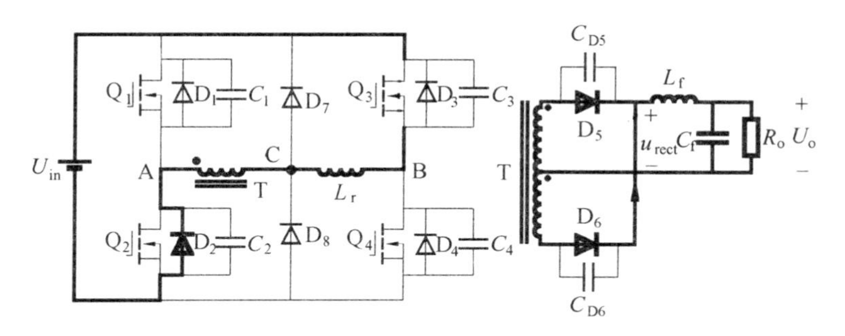

(e) 开关模态 5[t_4 ～ t_6]

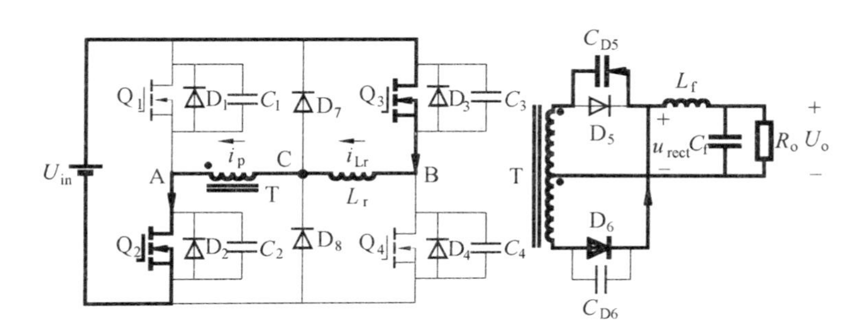

(f) 开关模态 6[t_6 ～ t_7]

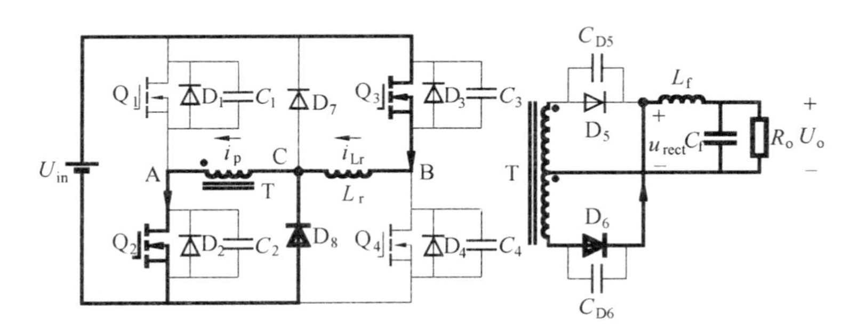

(g) 开关模态 7[t_7 ～ t_8]

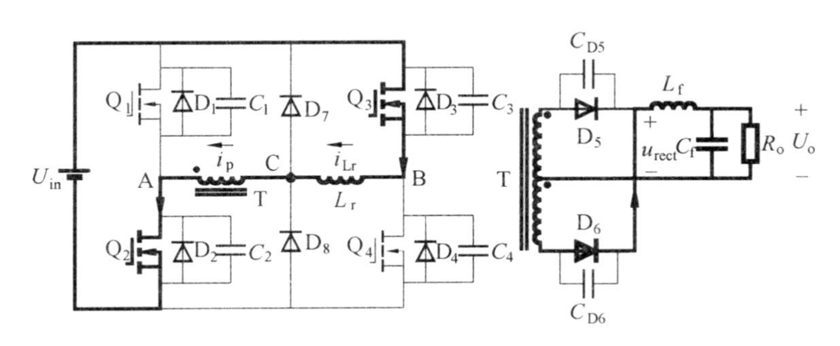

(h) 开关模态 8[t_8 ～ t_9]

图 5.62　改进型全桥变换器的各开关模态等效电路

这里假设：① 除了将输出整流二极管等效为一个理想二极管和一个理想电容并联之外，其他所有的开关管和二极管及电容和电感均假设为理想器件；② 输出滤波电感远大于谐振电感折算到副边的等效值，即 $L_f \gg L_r/n^2$，其中 n 为变压器匝比。

上述八种开关模态的具体工作状态分别描述如下：

(1) 开关模态 1[$t_0 \sim t_1$]。t_0 时刻以前，Q_1 与 Q_4 处于导通状态，D_5 也处于导通状态，D_6 处于截止状态。t_0 时刻，Q_1 驱动信号变为低电平，变压器原边电流 i_p 给电容 C_1 充电、给电容 C_2 放电，C_2 两端电压即 A 点电位随之下降，u_{AB} 减小。由于电容 C_1 和 C_2 的作用使得 Q_1 零电压关断。在此期间全桥变换器工作于谐振状态，谐振电感 L_r、超前臂两个开关管的结电容 C_1 和 C_2 以及变压器副边输出整流二极管 D_6 的结电容 C_{D6} 参与谐振，C_{D6} 处于放电状态，i_p 和 i_{Lr} 下降。由变压器副边电压大于零可知，原边电压也大于零，即 C 点对地电位始终处在零点以上，因此 D_8 不导通。C_{D6} 的放电导致变压器副边电压减小，使得原边电压也减小，即 C 点电位降低，始终小于输入电压 U_{in}，因此 D_7 也处于关断状态。开关模态 1 的简化等效电路如图 5.63 所示。

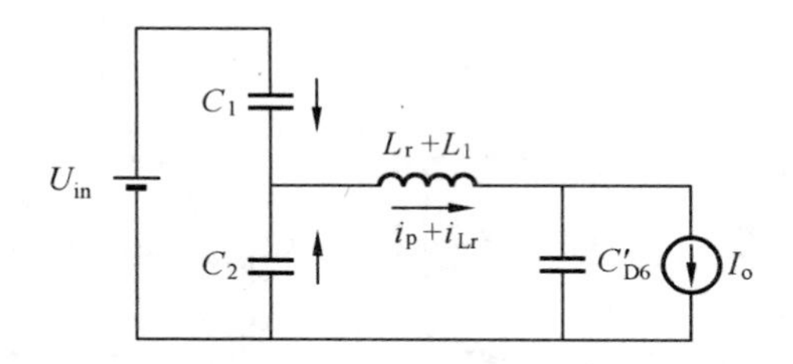

图 5.63　开关模态 1 的简化等效电路

其中，L_1 是变压器漏感，C'_{D6} 为 C_{D6} 向变压器原边折算的等效电容值，I_o 为 t_0 时刻的输出滤波电感电流向变压器原边折算的等效值。

(2) 开关模态 2[$t_1 \sim t_2$]。t_1 时刻，C_2 上的电压降为零，A 点电位为零，D_2 导通，$u_{AB}=0$，可以在此时间段内使 Q_2 零电压导通。Q_1 与 Q_2 的死区时间

$$t_{d12} > t_1 - t_0$$

A 点电压先于 C 点电压减小到零，C_{D6} 在 C 点电压减小到零之前继续放电，i_{Lr} 和 i_p 继续随之减小，u_{rect} 也随之减小但未到零。

(3) 开关模态 3[$t_2 \sim t_3$]。t_2 时刻，C_{D6} 的放电过程结束，D_6 零电压导通，u_{rect} 下降到零，C 点的电位也变为零，i_{Lr} 与 i_p 仍然相等，达到自然续流状态，并且电流值保持不变。虽然 Q_2 有驱动信号，但是 i_{Lr} 与 i_p 均大于零，Q_2 不导通。开关模态 3 的简化等效电路如图 5.64 所示。

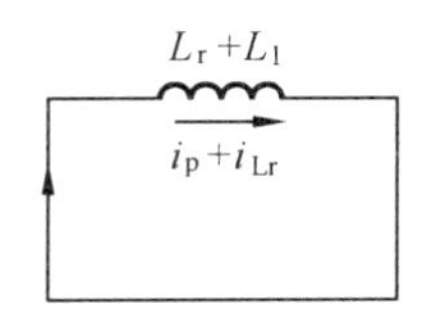

图 5.64　开关模态 3 的简化等效电路

(4) 开关模态 4[t_3 ～ t_4]。t_3 时刻，关闭 Q_4 驱动，D_5 与 D_6 同时处于导通状态，变压器原副边均等效为短路状态，电压均为零，L_r 和 L_1 与 C_3、C_4 产生谐振，C_4 充电、C_3 放电，Q_4 在 C_4 的作用下零电压关断。随着 C_4、C_3 充放电的进行，u_{AB} 电压负向增大。t_4 时刻，C_4 充电到 U_{in}，C_3 放电到零，此时 $u_{AB}=-U_{in}$。D_3 自然导通，可以使 Q_3 零电压导通。

(5) 开关模态 5[t_4 ～ t_6]。开关模态 5 又可以分为两个开关过程，如图 5.65 所示。

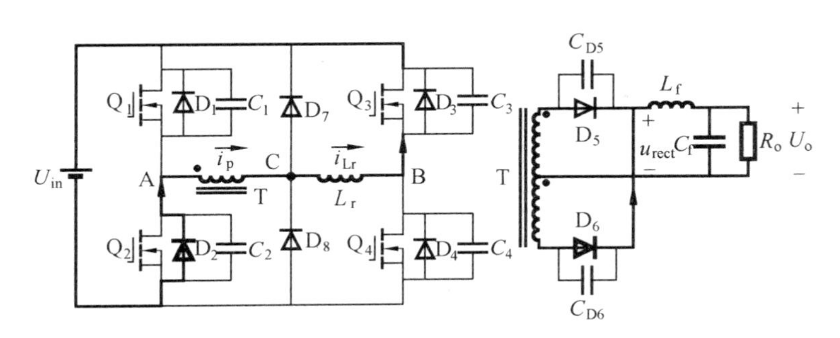

(a)[t_4 ～ t_5] 开关过程

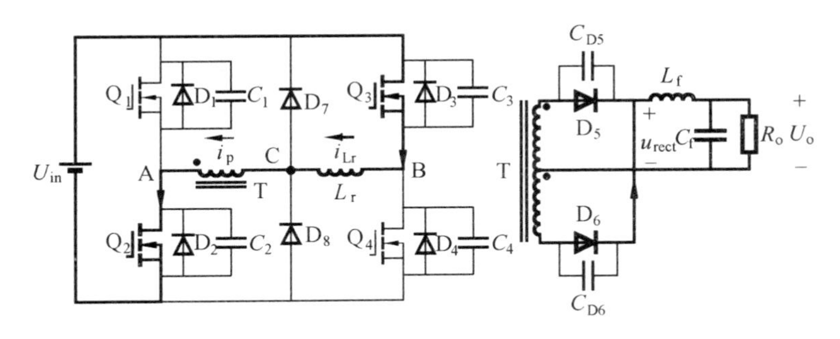

(b)[t_5 ～ t_6] 开关过程

图 5.65　开关模态 5 的细化开关过程

t_4 时刻，C_3 放电到零，D_3 导通续流。Q_3 与 Q_4 死区时间 $t_{d34}>t_4-t_3$，死区时间后可以零电压开通 Q_3。但是此时 i_p 很小，不足够来提供所需要的负载电流，D_5 和 D_6 同时导通，变压器原副边短路，输入电压 U_{in} 全部由 L_r 承担，$i_{Lr}=i_p$，两者以线性规律减小，到 t_5 时刻下降到零，[t_5 ～ t_6] 区间内，两者反向线性增大，此时由 Q_2 和 Q_3 构成通路，D_5 和 D_6 仍同时导通，变压器原副边仍被短路，至 t_6 时刻，负载电流折算到变压器原边的等效值与原边电流相等，即 $i_p(t_6)=-\frac{I_{Lf}(t_6)}{n}$，$D_5$ 关断，开关模态 5 结束。开关模态 5 的简化等效电路如图 5.66 所示。

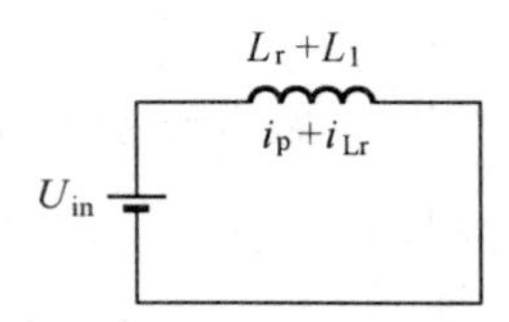

图 5.66 开关模态 5 的简化等效电路

(6) 开关模态 6[$t_6\sim t_7$]。t_6 时刻，D_5 关断，D_6 导通。谐振电感 L_r 与电容 C_{D5} 产生谐振，给电容 C_{D5} 充电，i_p 和 i_{Lr} 电流值继续反向增大。

$$i_p(t)=i_{Lr}(t)=\frac{I_{Lf}(t_6)}{n}+\frac{U_{in}}{Z_{r2}}\sin\omega_4(t-t_6) \tag{5.92}$$

$$U_{C_{D5}}(t)=\frac{2U_{in}}{n}[1-\cos\omega_4(t-t_6)] \tag{5.93}$$

$$Z_{r2}=\sqrt{\frac{L_r}{C'_{D5}}} \tag{5.94}$$

$$\omega_4=\frac{1}{\sqrt{L_rC'_{D5}}} \tag{5.95}$$

式中，C'_{D5} 为 C_{D5} 折算至原边的等效电容。

在[$t_6\sim t_7$]时间段内，B 点电位恒等于 U_{in}，而 C_{D5} 被充电导致变压器原边电压增大，即 u_{BC} 增大，故 C 点电位降低。至 t_7 时刻，C_{D5} 上的电压等于$\frac{2U_{in}}{n}$，此时 $u_{BC}=U_{in}$，即 C 点电位降到零，D_8 导通钳位，使得 u_{BC} 恒等于 U_{in}，并使 C_{D5} 两端电压恒等于$\frac{2U_{in}}{n}$。由式(5.93)可知，开关模态 6 的持续时间为

$$t_7-t_6=\frac{\pi}{2\omega_4}$$

(7) 开关模态 7[$t_7\sim t_8$]。t_7 时刻，D_8 导通钳位，D_8 提供电流通道，使 i_p 阶跃减小到副边滤波电感中的电流折算到变压器原边的等效电流值，随后开始反向增加，在此期间 i_{Lr} 一直保持不变。i_{Lr} 与 i_p 的差值电流流经 D_8，D_8 中电流呈锯齿波状，抑制了整流二极管尖峰。随着 i_p 的增大，至 t_8 时刻，i_p 与 i_{Lr} 相等，D_8 被迫关断，开关模态 7 结束。

$i_p(t)$ 是线性时间函数，有

$$i_p(t)=-\frac{U_{in}-nU_o}{n^2L_f+L_1}(t-t_7) \tag{5.96}$$

(8) 开关模态 8[$t_8 \sim t_9$]。t_8 时刻，D_8 关断，变压器原边向副边输出能量。t_8 以后，i_p 与 i_{Lr} 相等，继续按照式(5.96)的规律反向线性增大，至 t_9 时刻，Q_2 驱动关断，之后给 Q_2 结电容充电使得 Q_2 零电压关断，开关模态 8 结束。

$$i_{Lr}(t)=i_p(t)=-\frac{U_{in}-nU_o}{n^2L_f+L_l}(t-t_8) \tag{5.97}$$

2. 改进型电路的运行特点

(1) 两桥臂实现 ZVS 的不同条件。

通过上述工作原理的分析，可以得知超前臂和滞后臂开关管的工作状态不同，因此它们实现零电压开关的难易程度也不相同。但是超前臂和滞后臂开关管实现零电压开关有以下共同的条件：

① 需要足够多的能量抽走即将开通的开关管的结电容上储存的电荷；

② 需要足够多的能量为与即将开通的开关管在同一桥臂的另一个开关管的结电容充满电荷；

③ 需要足够多的能量抽走截止的输出整流二极管结电容上的部分电荷。

下面具体分析一下超前臂与滞后臂实现 ZVS 的不同。

① 超前臂实现 ZVS 条件。以开关模态 1 讨论超前臂开关管实现 ZVS 的条件。要使 Q_1 实现零电压开关，必须有足够多的能量给刚关断的开关管 Q_1 的结电容 C_1 充电，并抽走即将开通的同一桥臂的开关管 Q_2 结电容上的电荷及截止的输出整流二极管 D_6 结电容上的部分电荷。设所需的这些能量为 E_1，则有

$$E_1>E_{C_1}+E_{C_2}+E_{C'_{D6}}=\frac{1}{2}C_1U_{in}^2+\frac{1}{2}C_2U_{in}^2+\left[\frac{1}{2}C'_{D6}U_{in}^2-\frac{1}{2}C'_{D6}U_{C'_{D6}}(t_1)^2\right] \tag{5.98}$$

其中，E_{C_1} 为给刚关断的开关管 Q_1 的结电容 C_1 充电所需的能量；E_{C2} 为抽走即将开通的开关管 Q_2 结电容上电荷所需的能量；$E_{C'_{D6}}$ 为抽走截止的输出整流二极管 D_6 结电容上部分电荷所需的能量(由开关模态 1 的简化等效电路图 5.73 可以看出，t_0 时刻 C'_{D6} 两端电压为 U_{in}，t_1 时刻 C'_{D6} 两端电压为 $U_{C'_{D6}}(t_1)$)。

在开关模态 1 中两个钳位二极管均处于关断状态，因此实现超前臂零电压开关的能量是由谐振电感和输出滤波电感共同提供的，即

$$E_1=\frac{1}{2}I_0^2L_r+\frac{1}{2}I_0^2n^2L_f \tag{5.99}$$

其中，n^2L_f 是输出滤波电感折算值原边的等效值，一般来说，这个值很大，因此 E_1 很大，所以超前臂开关管能够在较宽的负载范围内实现零电压软开关。

② 滞后臂实现ZVS条件。以开关模态3和开关模态4讨论滞后臂开关管实现ZVS的条件。要使 Q_3 和 Q_4 实现零电压开关，必须有足够多的能量给刚关断的开关管 Q_4 的结电容 C_4 充电，并抽走即将开通的同一桥臂的开关管 Q_3 结电容上的电荷。设所需的这些能量为 E_2，则有

$$E_2 > E_{C3} + E_{C4} = \frac{1}{2}C_3U_{in}^2 + \frac{1}{2}C_4U_{in}^2 \tag{5.100}$$

滞后臂实现 ZVS 期间，变压器副边绕组被短路，副边输出滤波电感折算至原边为零，因此实现滞后臂零电压开关的能量只由谐振电感自己来提供，即

$$E_2 = \frac{1}{2}I_3^2L_r \tag{5.101}$$

由于谐振电感值远远小于 n^2L_f，因此 E_2 小于 E_1。与超前桥臂相比，滞后桥臂实现零电压软开关要困难很多，其负载范围也较小。但是这种变换器在[$t_1 \sim t_4$]时间段内，谐振电感电流保持不变，而一般的移相全桥 ZVS PWM 变换器在此时间段内，谐振电感电流是下降的，所以相对一般的该类型变换器而言，这种改进型变换器的滞后桥臂实现 ZVS 的负载范围较宽。

(2) 副边占空比丢失。变压器副边存在占空比丢失是全桥变换器的一个固有特性，该改进型变换器仍然存在占空比丢失现象。丢失占空比 D_{loss} 是指全桥变压器原边占空比与副边占空比的差值。在图 5.61 中，占空比发生在时间段[t_3，t_6] 和[t_{12}，t_{15}] 内，此时间段内，副边整流电压丢失了一部分方波电压，如画斜线的波形所示。造成占空比丢失的原因是变压器原边电流 i_p 从正向过零到负向的时间段[t_3，t_6] 与变压器原边电流 i_p 从负向过零到正向的时间段[t_{12}，t_{15}] 内，虽然变压器原边存在正向或者负向的方波电压，但是原边电流很小，不足以提供负载所需的电流，导致两个输出整流二极管同时导通，变压器副边被短路掉，输出整流电压 u_{rect} 为零，造成副边占空比丢失。副边占空比丢失的大小为

$$D_{loss} \approx \frac{4L_rI_o}{nU_{in}T} \tag{5.102}$$

式中，T 为开关周期；I_o 为负载电流。

可见，当输入电压 U_{in} 最低并且负载电流 I_o 最大时，副边占空比丢失达到最大值。另外，谐振电感值越大，副边占空比丢失越大；变压器变比越小，副边占空比丢失越大；开关频率越大，副边占空比丢失越大。

3. 改进型全桥变换器的电路设计

车载充电电源后级直流变换器的主电路如图5.67所示。主要包括:全桥逆变电路、谐振电感、钳位二极管、输出全波整流电路、滤波电路及保护电路。其中,继电器起到保护作用,当充电过程中任意故障发生时,断开继电器以切断负载与车载充电电源的连接。

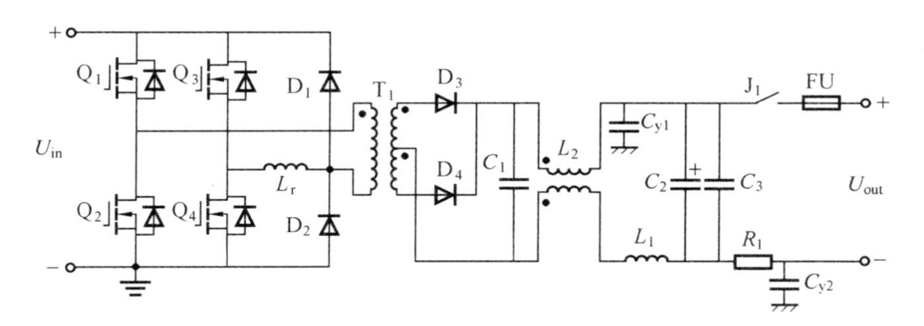

图5.67　后级电路主电路结构

(1) 主电路参数计算。

① 隔离变压器。为保证在整个输入电压范围内均能可靠工作,变压器的原副边变比应按照原边输入电压为最低值时来设计。取变压器副边的最大占空比为 $D_{\mathrm{Smax}}=0.8$,则副边最低电压值 U_{Smin} 为

$$U_{\mathrm{Smin}}/\mathrm{V}=\frac{U_{\mathrm{o}}+U_{\mathrm{L_f}}+U_{\mathrm{D}}}{D_{\mathrm{Smax}}}=\frac{120+0.5+1.2}{0.8}=152.125 \tag{5.103}$$

其中,U_{o} 是输出电压;$U_{\mathrm{L_f}}$ 是输出滤波电感 L_{f} 上的直流压降;U_{D} 是副边整流二极管的导通压降。所以变压器原副边变比为

$$N=\frac{U_{\mathrm{in\,min}}}{U_{\mathrm{Smin}}}=\frac{400-10}{152.125}=2.56 \tag{5.104}$$

其中,$U_{\mathrm{in\,min}}$ 是直流输入电压最低值。

开关频率对变换器性能有重要影响,它决定了电路大部分参数的选择。一般选取高开关频率可以减小磁性器件的体积,降低成本。但是随着开关频率的提高,变压器原副边占空比丢失,开关管的开关损耗等都会迅速变大,因此实际应用中需要折中考虑。选择开关频率为 $f_{\mathrm{s}}=50\ \mathrm{kHz}$。

EE型磁芯窗口面积较大,散热效果好,磁芯尺寸齐全,传输功率范围宽,适用于大功率场合。将两副EE型磁芯合并使用时,磁芯面积加倍,假设磁通摆幅和频率不变,则匝数减半,传输功率加倍。选择两副EE55/55/21型磁芯,单副磁芯有效面积 $A_{\mathrm{e}}=$

354.00 mm^2，窗口面积 $A_w=386.34\ \text{mm}^2$，$A_p=13.6764\ \text{cm}^4$，$A_L=7\ 100\ \text{nH/N}^2$。取最大磁通密度 $B_m=0.2\ \text{T}$。

副边匝数 N_s 由下式确定

$$N_s=\frac{U_o}{K_f f_s B_m A_e}=\frac{120}{4\times 50\times 10^3\times 0.2\times 354.00\times 10^{-6}\times 2}=4.24 \qquad (5.105)$$

式中，K_f 为波形系数，方波时取 4；磁芯有效面积取双倍，实际中选取 $N_s=5$ 匝，则变压器原边匝数为

$$N_p=N\times N_s=2.50\times 5=12.5 \qquad (5.106)$$

实际选取 $N_p=13$ 匝，则原副边的实际变比为 $N=2.6$。

② 谐振电感。谐振电感值应满足

$$\frac{1}{2}L_r I^2=\frac{4}{3}C_{mos}U_{in}^2 \qquad (5.107)$$

其中，I 为滞后臂开关管关断时变压器原边电流值；U_{in} 此处取输入直流母线电压最大值 $U_{in\,max}$；C_{mos} 为开关管的漏源极间结电容，可由所选开关管给出参数确定。

按照大于三分之一满载时，前后桥臂开关管均能够实现零电压开关设计。因为设计输出滤波电感上的电流波动率为 20%，所以电流纹波峰峰值 $\Delta i_{Lf}=4\ \text{A}$，在满载时

$$I=\frac{I_{omax}/3+\Delta i_{Lf}/2}{n}=3.33\ \text{A}$$

如取 $U_{in\,max}=410\ \text{V}$、$C_{mos}=315\ \text{pF}$，则由式(5.107)计算可得谐振电感值 $L_r=12.7\ \mu\text{H}$。

③ 输出滤波电感。在设计移相全桥变换器的输出电感时，要求输出滤波电感电流在某一设定的最小电流时仍能保持连续，那么输出滤波电感可按如下公式计算[14]

$$L_f=\frac{U_o}{2(2f_s)\times I_{omin}}\left(1-\frac{U_{omin}}{\dfrac{U_{in\,max}}{n}-U_{L_f}-U_D}\right) \qquad (5.108)$$

在工程设计中，根据经验一般要求输出滤波电感电流脉动率为最大输出电流的 20%，即在输出满载电流 10% 的情况下，输出滤波电感电流应保持连续。如取最小输出电流为 $I_{omin}=20\ \text{A}\times 10\%=2\ \text{A}$，输入电压为最大值时，可得到最大输出滤波电感为

$$L_f/\mu\text{H}=\frac{120}{2\times 2\times 50\times 10^3\times 2}\left(1-\frac{120}{\dfrac{410}{2.6}-0.5-1.2}\right)=69.2$$

实际取 $L_f=70\ \mu\text{H}$。

④ 输出滤波电容。输出滤波电容的容量与充电电源对输出电压峰峰值的要求有关，

可以由下式计算

$$C_f = \frac{U_o}{8L_f f_{cf}^2 \Delta U_{opp}}\left(1 - \frac{U_o}{\frac{U_{in}}{n} - U_{L_f} - U_D}\right) \tag{5.109}$$

其中，$f_{cf}=2f_s$ 为输出滤波电容的工作频率，由电路结构决定；ΔU_{opp} 为输出电压峰峰值，取1 V。输入电压 U_{in} 最高时取得最大值，则 C_f 约为100 μF。为了减小电容的等效串联电阻带来的影响，使用时一般都是两个或多个电容并联使用，考虑车载充电电源工作环境及电容存在寄生电阻等情况和电容耐压值的要求，实际使用两个220 μF/250 V的电解电容并联。

(2) 控制电路设计。基于TI公司的TMS320F2802x/3x Piccolo系列DSP微控制器中的TMS320F28027作为主控芯片设计的车载充电电源充电变换器环节控制电路功能框图如图5.68所示。

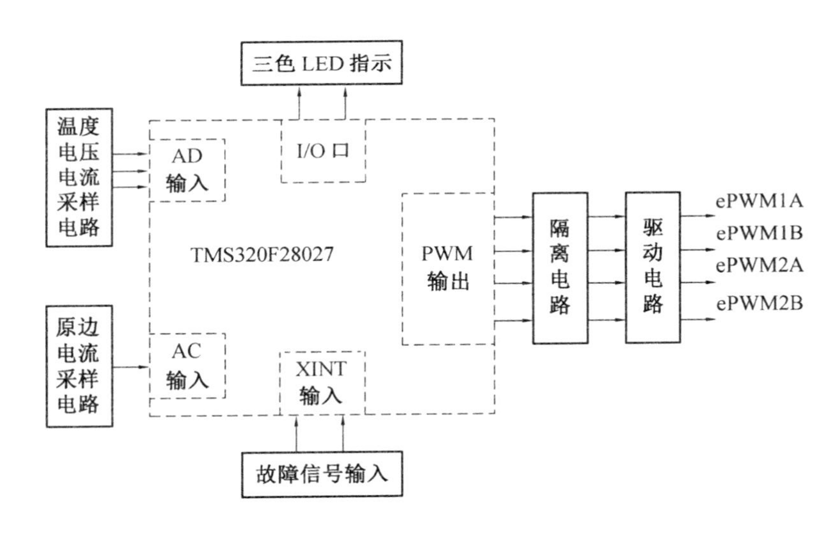

图5.68　车载充电电源控制板硬件框图

车载充电电源充电变换器环节控制电路是以实现全桥ZVS PWM变换器的移相控制为主要目标，兼顾车载充电电源对智能化及保护特性的要求而设计的。硬件组成主要包括：充电电压、充电电流和充电电源温度采样电路；变压器原边电流采样电路；故障信号输入电路，信号指示电路以及PWM输出隔离驱动电路。其中，充电电压信号通过电阻分压，输入到DSP的引脚；输出电流通过采样电阻，输入到DSP的引脚；对变压器原边电流采样则通过电流互感器，将变压器原边电流信号经转换输入模拟比较器引脚；隔离驱动采用光电耦合器和集成驱动芯片。

输入欠压、过压故障以及过流故障，要求控制器迅速做出反应，因此，将这三种信号进行处理后接到触发 DSP 的外部中断引脚，以便对相应的故障做出快速处理。输入过压、欠压检测电路如图 5.69 所示。当输入电压高于过压限值或低于欠压限值，输出端将由低电平跳变为高电平，由此产生的上升沿将触发 DSP 的外部中断 XINT1，执行故障保护程序，当故障恢复时，检测电路输出恢复低电平，由此产生的下降沿将触发 DSP 的外部中断 XINT1 中断，执行过压、欠压故障恢复程序。

变压器原边电流检测电路如图 5.70 所示，其中 J_1 接于变压器原边电流检测互感器，将电流转换成电压信号，当此电压信号高于过流限值时，比较器输出高电平，由此产生的上升沿将触发 DSP 的外部中断 XINT2，执行过流故障保护程序。

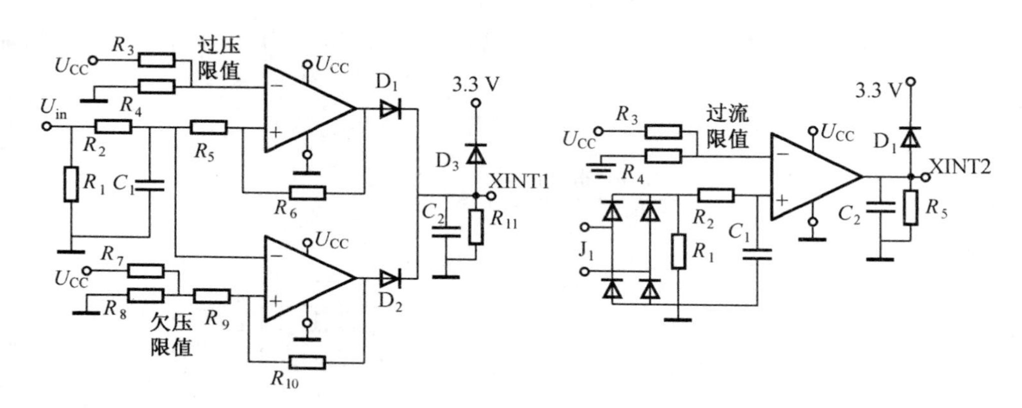

图 5.69 输入过压、欠压检测电路　　　图 5.70 变压器原边电流检测电路

车载充电电源过热故障时间惯性比较大，对快速性要求不高，因此，可以通过温度传感器将温度转换成低于 3.3 V 的电压信号，输入 DSP 的 A/D 采样引脚来进行过热保护处理。温度传感器采用 NS 公司的 LM35，其具有精度高和线性工作范围宽的优点。采用 LM35 的温度采样电路如图 5.71 所示。

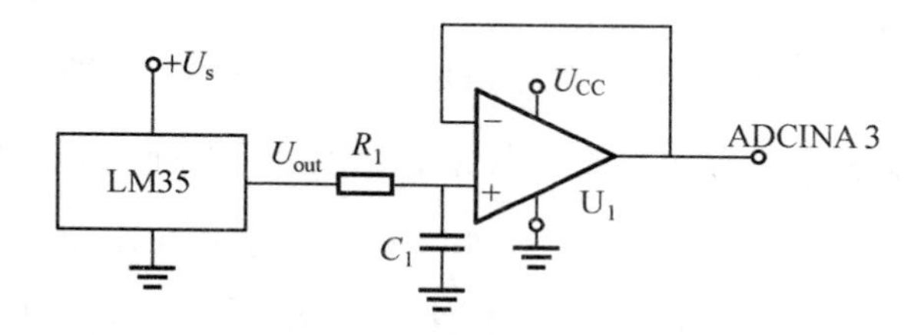

图 5.71 车载充电电源温度采样电路

(3) 移相控制软件设计。移相全桥变换器采用峰值电流控制模式，变换器控制部分框图如图 5.72 所示。

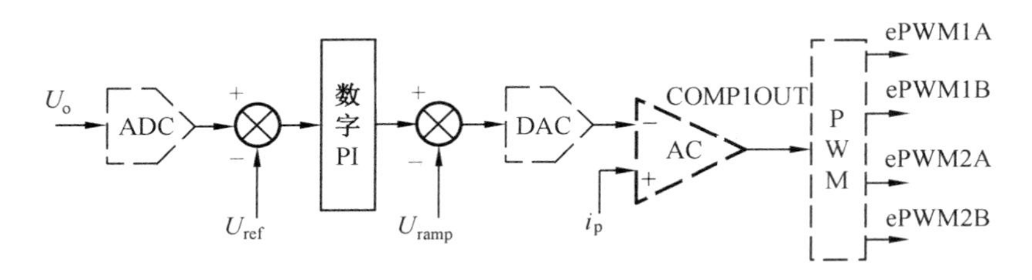

图 5.72　峰值电流模式控制部分框图

输出电压信号经 AD 转换后送到电压数字调节器，然后进行斜坡补偿计算产生峰值电流基准信号。将此基准信号写入 DAC 值(DACVAL)寄存器转换成模拟量，该模拟量与变压器原边电流 i_p 通过 DSP 的内部硬件模拟比较单元(AC)进行比较，产生 COMP1OUT 模拟比较事件，然后通过 ePWM 模块的相关寄存器配置，产生 PWM 信号。移相脉冲产生的原理如图 5.73 所示。其中，t 为死区时间，φ 为移相角。TMS320F28027 的每个 ePWM 模块由 ePWMxA 和 ePWMxB 两路 PWM 输出组成完整的 PWM 通道，可分别提供超前桥臂开关管 Q_1 和 Q_2 和滞后桥臂开关管 Q_4 和 Q_3 的驱动信号，而斜坡补偿信号则通过配置 ePWM3 的时基计数器来配合模拟比较器的斜坡补偿电路同步产生。

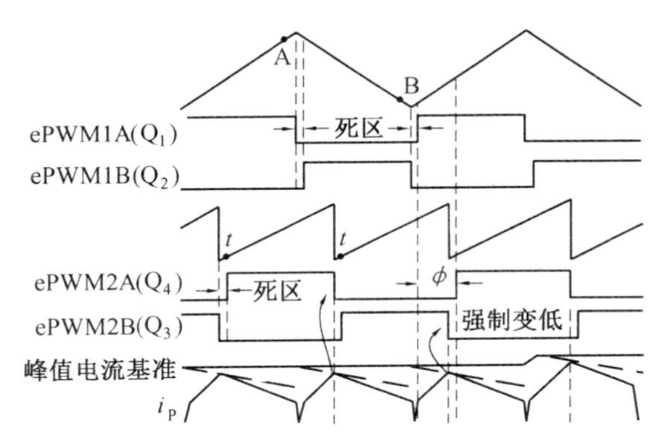

图 5.73　峰值电流模式 PWM 移相脉冲产生的原理图

将 ePWM1 模块的时基计数器设置成先递增后递减模式，通过对死区模块的死区时间以及极性配置来产生定周期、定脉宽、互补、带死区的两路 PWM 驱动信号。在 ePWM1 的时基计数器每个周期中靠近二分之一周期的 A 时刻和靠近周期的 B 时刻各产生一次中断，通过检测此时时基计数器方向状态来对 ePWM2 模块进行相应的 A、B 模式配置。中断处理流程图如图 5.74 所示。当 ePWM1 的时基计数器工作在连续递增状态时(时基计数器方向状态位 CTRDIR＝1)，对 ePWM2 模块做 A 模式配置。配置成 A 模式时事件流如图 5.75 所示。

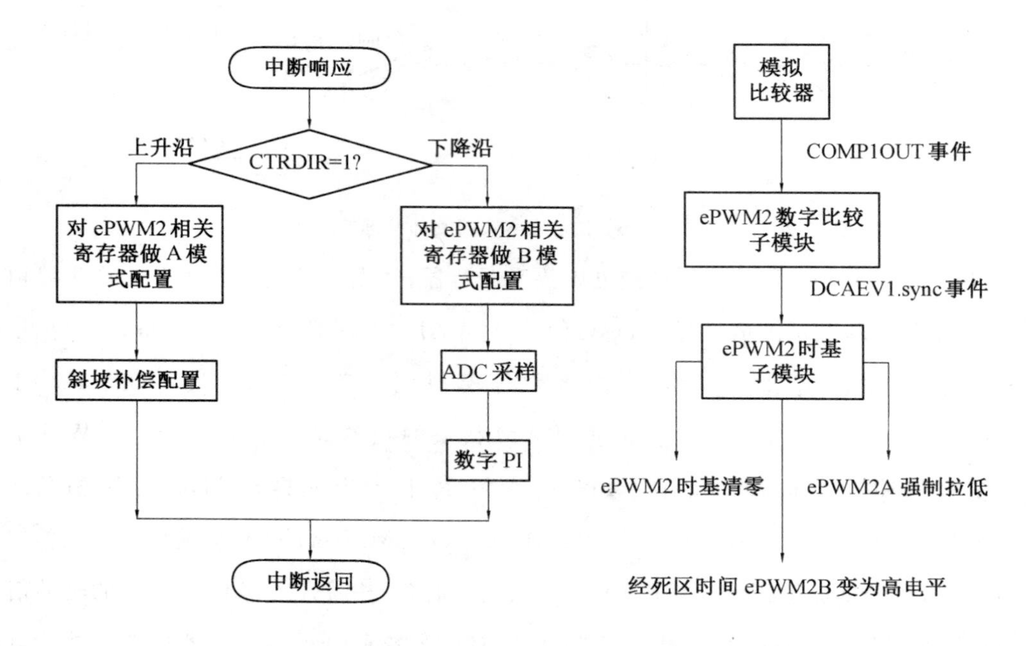

图 5.74 中断处理流程图　　　图 5.75 配置成 A 模式时事件流

模拟比较事件 COMP1OUT 发生时，作用于 ePWM2 的数字比较(DC) 子模块，产生 DCAEVT1 事件，将 ePWM2A 强制复位，ePWM2 模块时基计数器清零；经过死区时间 t 后，ePWM2B 置位，数字比较子模块动作流程如图 5.76 所示。当 ePWM1 的时基计数器工作在连续递减状态时做相应的 B 模式配置，如此交替便实现峰值电流模式移相控制。

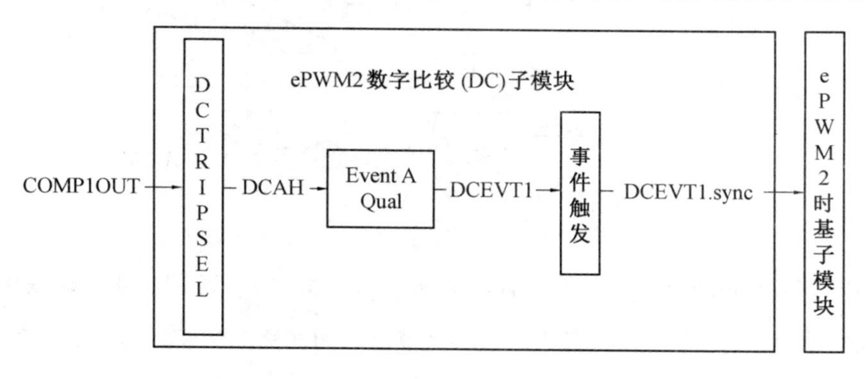

图 5.76 ePWM2 数字比较子模块动作流程

4. 移相变换器及充电电源实验测试

为了保证实验测试过程中供电电源和负载稳定，实际使用了单相交流可编程电源和直流可编程负载。

软开关的实现效果是移相全桥 ZVS PWM 变换器最为关键的性能指标之一。由该变换器的工作过程可知,四个开关管的关断过程一定是零电压关断,所以只要测试开通过程的波形即可。而移相全桥 ZVS PWM 变换器前后桥臂实现软开关的条件不同,并且在轻载条件下,实现 ZVS 困难,所以在分析软开关效果的同时说明了负载条件。

在四分之一额定负载条件下,超前桥臂实现软开关效果如图 5.77 所示。可以看出,在驱动信号出现之前,其漏源级之间电压已经下降到零,刚好实现了零电压软开关。滞后桥臂实现软开关较超前桥臂困难。因此,在超前桥臂刚好能够实现零电压软开关的负载条件下,滞后桥臂则无法实现零电压软开关。在二分之一额定负载条件下,滞后桥臂实现软开关效果如图 5.78 所示。可以看出,在负载较大时,滞后桥臂实现了零电压软开关,由此可以判断在充电电源的主要功率区间内,前后桥臂均能较好地实现零电压软开关。

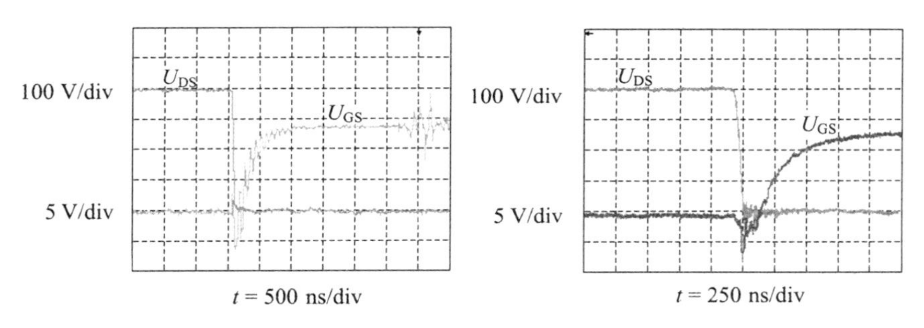

图 5.77　超前桥臂 ZVS 波形　　图 5.78　滞后桥臂 ZVS 波形

为了检验数字控制器的实际效果,进行了变换器的动态性能测试。测试条件为:输入电压为额定值 400 V,输出电压为额定值 120 V,负载在额定负载与二分之一额定负载之间切换。加减负载时,输出电压变化 ΔU_o,输出电流 I_o 波形如图 5.79 所示。

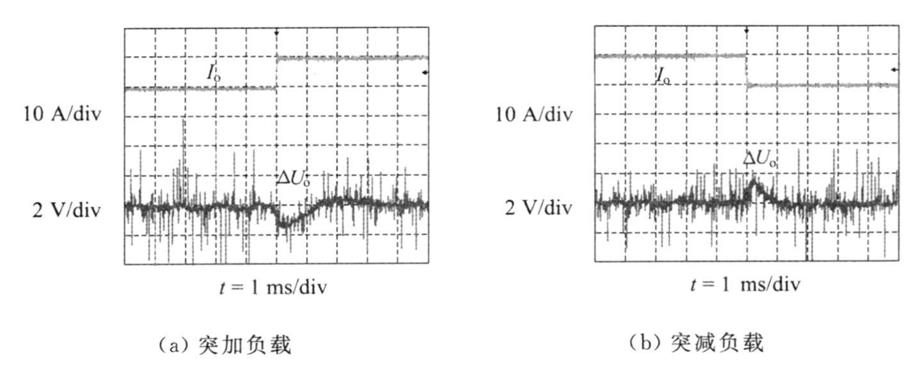

图 5.79　负载突变实验波形

从图中可以看出,突加负载与突减负载时,输出电压变化量均小于 2 V 且调节时间小于 2 ms,系统动态性能可以满足实际要求。

电动车用动力电池在整个使用过程中电池电压波动范围较小，因此在测试过程中可以通过保持车载充电电源输出电压恒定，输出功率变化时的效率曲线来模拟电池负载充电过程中的效率曲线。

车载充电电源样机的变换效率曲线如图 5.80 所示，包括前级交错并联有源功率因数校正电路的效率、后级隔离型充电变换电路的效率以及整机的效率三条曲线。

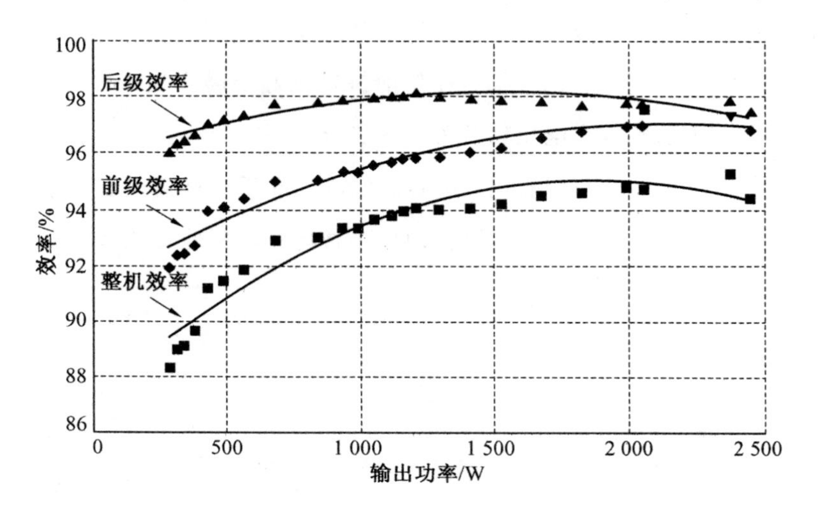

图 5.80 不同输出电流条件下的效率曲线

从图 5.80 中可以看出，车载充电电源在主要负载范围之内的效率均在 90% 以上，其中效率大于 93% 的功率区间为[0.7 kW，2.4 kW]。在额定负载条件下，前级交错并联 APFC 电路的效率约为 97.38%，后级隔离型充电变换电路的效率约为 97.87%，整机效率约为 95.31%，可以满足车载充电电源对效率的要求。

本章参考文献

[1] 陈永真. 电容器及其应用[M]. 北京：科学出版社，2009.

[2] LEE P W，LEE Y S，CHENG D K W，et al. Steady-state analysis of an interleaved boost converter with coupled inductors[J]. Industrial Electronics，IEEE Transactions，2000，47(4)：787-795.

[3] ILIC M，MAKSIMOVIC D. Interleaved zero-current-transition buck converter[J]. Industry Applications，IEEE Transactions，2007，43(6)：1619-1627.

[4] 黄军. 超级电容电动公交客车高效直流驱动系统的研究[D]. 哈尔滨：哈尔滨工业大学

博士论文,2010.

[5] 盖晓东.基于三单体直接均衡电路的串联储能电源组均衡技术研究[D].哈尔滨:哈尔滨工业大学博士论文,2010.

[6] PINHEIRO J R,GRUNDLING H A,VIDOR D L R,et al. Control strategy of an interleaved boost power factor correction converter[C]. Santa:Power Electronics Specialists Conference(PESC 99),1999(1):137-142.

[7] 何希才.新型开关电源及其应用[M].北京:人民邮电出版社,1996.

[8] REDL R,SOKAL N O,BALOGH L. A novel soft-switching full-bridge DC/DC converter:analysis,design considerations,at 1.5 kW,100 kHz[J]. IEEE Trans. on Power Electronics,1991,6(3):408-418.

[9] REDL R,BALOGH L,EDWARDS D W. Optimal ZVS full-bridge DC/DC converter with PWM phase-shift control:analysis,design considerations and experimental results[C]. Orlando:In Proceedings of Ninth Annual IEEE,Applied Power Electronics Conference and Exposition,IEEE,1994(1):159-165.

[10] 刘福鑫,阮新波.加钳位二极管的零电压全桥变换器改进研究[J].电力系统自动化,2004,28 (17):64-69.

[11] ZHANG Xin,CHEN Wu,RUAN Xinbo,etc. A novel ZVS PWM phase-shifted full-bridge converter with controlled auxiliary circuit[C]. Washington DC:24th Annual IEEE,Applied Power Electronics Conference and Exposition (APEC 2009),2009:1067-1072.

[12] WU Xinke,ZHANG Junming,YE Xin,et al. Analysis and derivations for a family ZVS Converter based on a new active clamp ZVS cell[J]. IEEE Trans. on Industrial Electronics,2008,55(2):773-781.

[13] MEZAROBA M,MARTINS D C,BARBI I. A ZVS PWM inverter with voltage clamping technique using only a single auxiliary switch[C]. Galway:31st AnnualPower Electronics Specialists Conference (PESC 00),2000,1:159-164.

[14] 周志敏,周纪海,纪爱华.现代开关电源控制电路的设计及应用[M].北京:人民邮电出版社,2005.

名词索引

注:后面数字为本书节的编号。